“十二五”普通高等教育本科国家级规划教材

普通高等教育“十一五”国家级规划教材

荣获中国石油和化学工业优秀出版物奖·教材一等奖

工业催化

第四版

黄仲涛　耿建铭　编著

化学工业出版社

·北京·

图书在版编目（CIP）数据

工业催化/黄仲涛，耿建铭编著．—4版．—北京：化学工业出版社，2020.8（2025.1重印）

“十二五”普通高等教育本科国家级规划教材
ISBN 978-7-122-36885-0

Ⅰ.①工…　Ⅱ.①黄…②耿…　Ⅲ.①化工过程-催化-高等学校-教材　Ⅳ.①TQ032.4

中国版本图书馆CIP数据核字（2020）第083827号

责任编辑：徐雅妮　　　装帧设计：关　飞
责任校对：王鹏飞

出版发行：化学工业出版社（北京市东城区青年湖南街13号　邮政编码100011）
印　　刷：北京云浩印刷有限责任公司
装　　订：三河市振勇印装有限公司
787mm×1092mm　1/16　印张17¾　字数465千字　2025年1月北京第4版第6次印刷

购书咨询：010-64518888　　　售后服务：010-64518899
网　　址：http：//www.cip.com.cn
凡购买本书，如有缺损质量问题，本社销售中心负责调换。

定　　价：49.00元

第四版前言

自 1994 年《工业催化》首版面世至今已 26 年。在这期间，科技进步日新月异，催化科学与技术得到了长足的发展，在能源、环保、新材料、生物技术等领域得到广泛的应用。环境友好和可持续性发展战略的实施对催化科学与技术提出了更高的要求，提供了更大的发展空间，也带来了新的挑战。

随着我国高校化工类专业教育模式与培养方案的调整，笔者在《工业催化》首版的基础上对内容进行了调整与更新，并于 2006 年和 2014 年分别出版了本教材的第二版和第三版。教材得到众多兄弟院校的支持与选用，并被评选为普通高等教育“十一五”国家级规划教材和“十二五”普通高等教育本科国家级规划教材。

随着新工科教育理念的兴起，本科化工专业课程体系的建设更加强调多学科跨界交叉融合，以强化对学生创新、实践能力的培养，也就是要提高学生认识、提出和定义问题的能力，利用科学和工程知识体系分析和解决问题的能力，以及自我终身学习的能力。鉴于此，本次修订试图对催化科学与技术近年来出现的新知识、新理念、新进展等内容进行更新和延展，以满足新时代的教育需求。

《工业催化》(第四版) 修订的主要内容有:

(1) 第 1 章中增加了超分子催化、单原子催化内容;

(2) 将第三版第 2 章 2.5 纳米材料结构扩写后，调整为第四版第 4 章 4.6 纳米催化，以反映 21 世纪以来催化科学与纳米技术相结合而取得的进展;

(3) 第 6 章以环境友好技术和新能源 (氢能) 技术为主线，把光催化和电催化的内容较为全面地引入本教材，反映光、电激发催化的基本原理以及在新能源、环保等领域所取得的进步;

(4) 第 7 章新增了生物催化技术在各工业领域的应用;

(5) 第 8 章中删去了微动力学分析法，精炼了催化剂设计的内容;

(6) 第 9 章工业催化剂的制备中，增补了目前研究过程中构建催化剂纳米结构时运用较多的水热/溶剂热制备技术;

(7) 第 10 章中删去了有关催化剂性能测试的陈旧内容;

(8) 第 11 章催化剂表征技术中更新了工作状态下的催化剂表征技术，以反映目前学术界、工业界对催化剂实时、原位、动态表征研究的重视;

(9) 这些年来我国科学家在催化领域新的研究成果不断涌现，本次修订补充介绍了他们的重大研究成果，及其对催化科学和技术进步的贡献。

本此修订再版，参考了国内外众多学者的研究成果，在此对引用文献的作者们表示由衷的敬意！

在本书第一版至第四版的出版过程中，化学工业出版社精心策划与组织，编辑人员为此付出了很多心血，在此特表感谢！

限于时间及笔者的学识水平，教材中难免有疏漏之处，敬请读者指正。

黄仲涛　耿建铭

2020 年 5 月于华南理工大学

目　　录

第 1 章　工业催化发展概述　/ 1

第 2 章　固体催化剂的结构基础　/ 12

第 3 章　吸附与多相催化　/ 25

第 4 章　固体催化剂及其催化作用　/ 49

第 5 章 络合催化与聚合催化 / 105

第 6 章 光催化与电催化 / 125

第 7 章 生物催化 / 156

第 8 章 工业催化剂的设计 / 170

第 9 章 工业催化剂的制备与使用 / 192

第10章　工业催化剂宏观物性测试与性能评价　/ 236

第11章　催化剂表征技术　/ 257

参考文献　/ 274

第1章 工业催化发展概述

众所周知，催化剂的研究和开发是化学工业的最核心问题之一。现代化学工业发展的巨大成就总是与催化剂的应用联系在一起，可以说，没有催化剂就不可能建立现代化学工业。催化剂的发现和催化学科的发展，是由人类的好奇心以及人类社会发展的需求推动的。为了使读者在学习工业催化课程之初对催化学科发展脉络有个基本了解，本书先简要介绍一下工业催化发展的历史。

1.1 催化概念的诞生 >>>

19 世纪前 30 年，许多研究者独立地观察到众多的化学现象，如：淀粉在酸存在下转化成葡萄糖；金属 Pt 粉浸在酒精中使后者一部分变为乙酸；将 H_2 通过置于空气中的 Pt 丝时伴随有火焰发生，这是第一个人造点火器的工作原理，不久后即为安全火柴所取代。基于这些观察的事实，J. J. Berzelius 于 1835 年提出“催化作用”（catalysis）概念，并且认为与催化作用相伴的还有“催化力”存在。“catalysis”一词来自于希腊：“cata”的意思是下降，而动词“lysis”的意思是分裂或破裂。当时认为“催化剂破坏阻碍分子反应的正常力”。后来的事实证明，Berzelius 的历史性贡献在于引入了“催化作用”的概念，而所谓的“催化力”是不存在的。

1.2 基础化工催化工艺的开发期 >>>

19 世纪后半叶至 20 世纪的前 20 年，工业催化进入了基础化学工业催化工艺开发的高峰时期。1860 年发明了氯化铜催化的氯化氢氧化制氯气的 Deacon 工艺过程，该工艺一直沿用至今；1875 年发明了 Pt 催化 SO_2 氧化制硫酸的催化工艺，该工艺奠定了硫酸工业的基础，也是化学工业的奠基工艺，由 BASF 公司将其推向工业化；其后不久，又发明了甲烷-水蒸气在 Ni 催化剂作用下催化转化制合成气，该 Ni 催化剂后来发展成著名的 Raney Ni 催化剂。1902 年 Ostwald 开发了 NH_3 氧化为 NO 的工艺，此系硝酸生产工艺；同年 Sabatier 开发了催化加氢工艺，为油脂加氢工业奠定了基础。1905 年 Ipatieff 以白土作催化剂，进行烃类的转化，包括脱氢、异构化、叠合等，为后来的石油加工工业奠定了基础。Ostwald 因对催化作用的研究工作和对化学平衡以及对化学反应速率的基本原理研究获得 1909 年的诺贝尔化学奖。Sabatier 也因发明了在细金属粉末存在下的有机化合物加氢法而获得 1912 年的诺贝尔化学奖。

此间最伟大、影响最深远的催化工艺开发是合成氨的工业化。1910 年德国 Karlsrule 大学宣布，由 N_2、H_2 直接合成 NH_3 取得了成功。当时 F. Haber 及其同事在 BASF 公司的赞助和支持下成功地完成了以下三项工作，才使合成氨的研究具备了推向工业化的基础。

① Haber 完成了 $N_2+3H_2 \longrightarrow 2NH_3$ 反应在加压下的热力学数据分析，1908 年他提出的平衡数据为在 200atm❶、600℃下，NH_3 的平衡浓度为 8%，从热力学原理上肯定了合成氨反应的可行性。

② 筛选出具有工业价值的熔铁催化剂。Karlsrule 大学当时宣布的催化剂为锇（Os）和铀（U），既昂贵又不好操作。Haber 的同事 Mittasch 经过 6500 多个实验（2500 多种配方）筛选出高活性、高稳定性和长寿命的合成氨用熔铁催化剂（主要为 Fe-Al-K 多组元成分），为后来的合成氨工业化奠定了基础。

③ 解决了合成过程的高压工程化问题，Haber 的另一位同事 C. Bosch 和 Haber 一同设计并加工了一套闭路循环合成反应的高压系统，如图 1-1 所示。

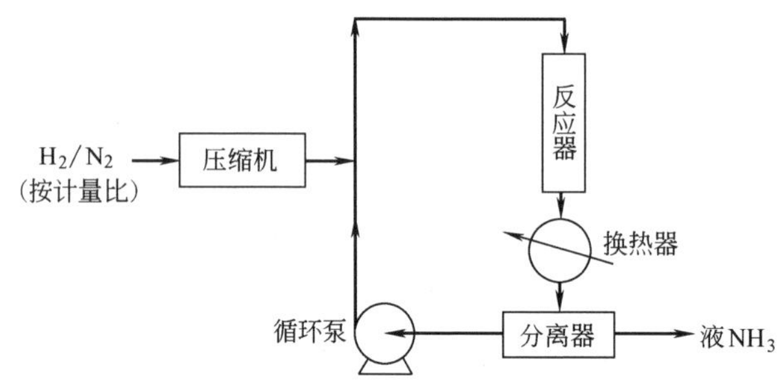

图 1-1 闭路循环合成反应的高压系统

NH_3 的催化合成是催化科学与技术中最为重要的发明，是适应了当时社会“固氮”的发展需要而顺势完成的。它不仅表现在工业生产上，还表现在催化基础研究方面。因为多相催化中的许多新概念、新研究方法和工具都是从该反应开始提出的。如高压气相反应平衡概念、活性吸附概念、BET 法测定比表面积、非均匀表面概念、反应计量数概念等。Haber 因此获得 1918 年的诺贝尔化学奖，Bosch 则因发明与发展化学高压技术获得 1931 年的诺贝尔化学奖。

合成氨的工业化带动了合成气的生产，因为需要 H_2 原料；促进了催化剂工业生产、压缩机生产以及其他化学工艺发展，对化学工业的现代化起到了很大的促进作用，为 1923 年高压合成甲醇工艺开发的成功奠定了基础。

继合成氨工业化后至 1930 年，从煤出发经费-托（F-T）合成得到液体燃料，是此期间另一项具有深远影响的催化工艺。

1.3 炼油和石油化学工业的蓬勃发展时期 >>>

20 世纪 30～70 年代属于催化科学与技术快速发展时期。1936 年美国西海岸发现了石油、天然气，石油经催化加工可以得到动力燃料成品油。流化床催化裂化工艺（FCC）是最重要的石油炼制工艺，1929 年由法国E. J. Houdry 开发，此人后加入美国太阳油公司，将催化裂化工艺推向工业化，使炼油工业迅速发展起来。与此同时，中东地区的沙特阿拉伯发现

❶ 1atm=101325Pa，全书同。

世界级大油田，一个以石油为基础的经济时代出现了。

前面已经提到，Ipatieff 用白土作催化剂对烃类的转化做了许多开创性研究，如烃的脱氢、异构化、加氢、叠合等，后来他移居美国，与他的学生 Pines 在 UOP 公司的资助下发明了高辛烷值的叠合汽油和烷基化汽油。

$$\text{气态烃} \xrightarrow{\text{SPA(固体磷酸催化剂)}} \text{低聚} \xrightarrow{\text{加氢}} \text{异辛烷(叠合汽油)}$$

$$i\text{-}C_4^0\text{(异丁烷)} + \begin{matrix} C_4^{=}\text{(碳四烯烃)} \\ C_3^{=}\text{(碳三烯烃)} \end{matrix} \xrightarrow{\text{HF 或 } H_2SO_4} \text{烷基化汽油}$$

美国自 20 世纪 30 年代发现石油、天然气开始，就有人将丙烯与 H_2O 在酸性催化剂作用下水合得到异丙醇，开始了石油化学工业。

1937 年，Ipatieff 的另一位学生 Haensel 从美国西北大学加盟到他的研究室，主要从事催化重整研究，从而创建了催化重整工艺。催化裂化工艺和催化重整工艺的创建，大大加速了炼油工业的发展。20 世纪 40 年代初正值第二次世界大战的关键时期，高辛烷值航空汽油是大战中战机性能的决定性因素。“大不列颠的海空战，催化剂代表胜利”（芝加哥论坛报标题）。尽管 Pt 重整催化剂在科学和技术上都获得了成功，但使用 3%的 Pt 作催化剂花费过大，后来 Chevnon 公司开发了 Pt-Re 双金属重整催化剂，Pt 用量仅为 0.2%～0.7%，取得了很大的进展。

炼油工艺的 FCC 和催化重整等加工过程，提供了大量的三烯（乙烯、丙烯、丁二烯）和三苯（苯、甲苯、二甲苯）等优质化工原料，再加上催化低聚和聚合技术的发明，为石油化学工业和高分子化工创造了发展空间。

1.4 合成高分子材料工业的兴起 >>>

早在 20 世纪 30 年代末，英国化学家在研究高压、高温下的气体行为时，发现乙烯在 O_2 的作用下变成了具有弹性的白色固体，并证明具有优良的绝缘性能。实际上这就是后来被普遍认可的高压聚乙烯过程，O_2 作为自由基聚合的引发剂。在第二次世界大战中将这种固体物质涂敷在雷达和电子武器上，绝缘良好，需求量很大。如果不是由于这种需要，这项工艺早已被放弃了，因为生产过程中经常发生爆炸，很危险。高压法虽然得到了聚乙烯(PE)，但并未因此形成高分子工业。第二次世界大战时期的德国，因受到盟军的封锁断绝了原油供应，因此应急研究合成燃料和润滑油。K. Ziegler 是该研究计划的主要化学家之一。1953 年的一天，他惊奇地发现反应釜中（釜壁）粘满了白色固体 PE。该过程没有高压、高温条件。经研究发现了金属 Ni 的催化作用，这种 PE 与高压法得到的 PE 不同，前者为线型高密度聚乙烯（HDPE），属结晶型。

早在 20 世纪 50 年代初，德国 K. Ziegler 与意大利 G. Natta 之间就建立了合作，由意大利蒙泰开尼公司出资（G. Natta 是该公司的董事长），Natta 派人到德国 Ziegler 研究所进修合作研究，派来的人将一些关键技术带回了米兰。Ziegler 的注意力仍放在聚合催化剂体系上，而 Natta 则把高级 α-烯烃的聚合列为当务之急。他对合成橡胶更感兴趣，认为聚乙烯为塑料，而聚丙烯可能有更好的弹性。Natta 后来集中了大批有才华的科学家研制等规结晶型聚丙烯，形成了 Natta 学派。1963 年诺贝尔化学奖授予 K. Ziegler 和 G. Natta 两人，表彰他们对聚合催化所做的杰出贡献。

Ziegler 的发明在两个方面改变了世界：一是引发了很多科学家利用金属有机化合物作

催化剂的研究；二是发现了聚烯烃工业合成的新方法。这种催化聚合的方法打开了生产HDPE的大门，几个月后就从实验室推向工业化。一个新的工业部门——聚合物高分子工业诞生了。最初的催化剂活性很低，生产能力也很低，PE成为商品之前必须除去残存的催化剂组分，而且花费很大，故开发高活性、高生产能力的催化剂体系，以免除PE产品脱灰成了最关键的问题。与此同时，采用共聚改性、氢调产品密度和分子量分布以及其他聚合工艺成了20世纪60～70年代的主要课题。通过聚合机理研究开发的负载在$MgCl_2$上的钛催化剂具有很高的活性，每克催化剂能够生产100kg PE，达到了完全免除PE脱灰的目的。

聚烯烃工业最激动人心的变革是1980年德国汉堡大学的两位科学家Kaminsky和Sinn发明了烯烃聚合的茂金属催化剂，它们是由两个环戊二烯（CP）中间夹一过渡金属（T_{Me}=Ti、Zr、Hf）构成的具有三明治结构的有机金属化合物$(CP)_2T_{Me}X_2$。与传统的Ziegler-Natta型催化剂的不同之处是活性中心单一，所以又称为单中心催化剂（single site catalyst），简称为SSC（见图1-2）。其最具价值的特点是通过设计催化剂结构即可控制聚合物产品的结构。例如Ⅰ型的SSC，只能制得无规的聚丙烯（PP）；Ⅱ型的SSC，可以制得等规的PP；而Ⅲ型的SSC，可以制得间规的PP。SSC催化剂是可溶的，通过甲基铝氧烷（MAO）活化，聚合产物的组成分子量分布窄，可使任何乙烯基不饱和单体（如环状烯烃、高级烯烃、极性烯烃）聚合，不像Ziegler-Natta型催化剂那样只能使乙烯、丙烯、1-丁烯等少数几种简单烯烃聚合。采用SSC聚合，可以获得新型聚合物，引起了全世界的极大兴趣。

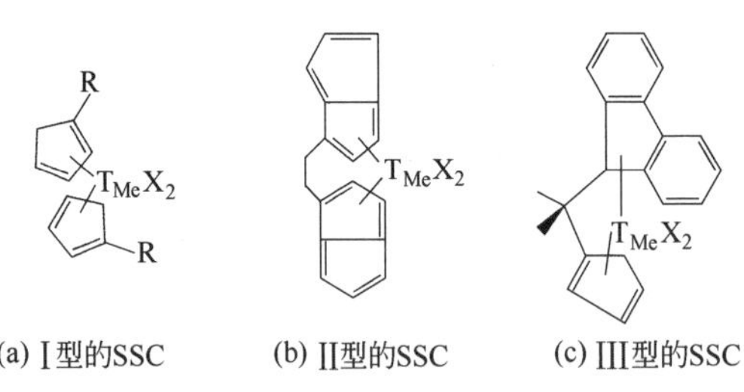

图1-2 单中心催化剂的结构图

1.5 择形催化与新一代石油炼制工业 >>>

20世纪50年代炼油工业使用的催化剂为白土或无定形硅铝酸盐，没有涉及结晶物。60年代初，在巴黎举行的第2届国际催化会议（ICC）上，Mobil公司的P. B. Wietz在会上报告了他们发现八面沸石（主要是X型分子筛、Y型分子筛）具有催化活性，并且成功用于FCC工艺中。由于FCC是最重要的石油炼制过程，世界生产能力约为5亿吨/年。与传统的无定形催化剂相比，沸石催化剂的活性要高得多，促进了过程工程的改良；更重要的是过程目标产物（汽油）的产率显著增加，由此带来的经济效益每年在100亿美元以上。故人们常将FCC中的沸石催化剂作为石油工业革命的真正标志。沸石具有规则的孔道和孔笼结构，宽敞的通道（孔容为0.1～0.35mL/g）和孔道口（0.8～3.3nm）可限制及区分进出的分子，使其具有形状及大小选择性，故称这种催化为择形催化。

1.6 手性催化与制药工业 >>>

自20世纪90年代以来的15年中，手性催化领域发展迅速，这反映出社会对手性化合物的需求量极大，特别是医药、农药和精细化学品。手性催化包括均相手性催化和多相手性催化两大体系。均相手性催化氢化、手性催化环氧化、手性催化甲酰化等反应取得了重大突破。闻名世界的均相手性催化合成L-dopa（左旋多巴），是一种用于帕金森病的药物，左旋体有效，右旋体为毒物。在 Mansanto 公司从事研究的三位科学家，先后采用不对称膦配体的 Ru 络合物催化剂，手性加氢合成左旋体大于 95％的产物，并由该公司推向工业化。这项成果获得了 2001 年的诺贝尔化学奖。

从工艺上讲，多相手性催化优于均相手性催化。多相手性催化可利用固体表面的不对称性和纳米孔道的立体选择性以提高对映选择性，从而拓展手性催化的研究思路和领域。

不对称催化反应的指标之一是对映体过量（enantiomeric excess），简记为 e. e.，计算式为

$$\text{e. e.} = OY(\%) = \frac{[R]-[S]}{[R]+[S]} \times 100\% \tag{1-1}$$

式中，OY 为光学收率；R、S 分别表示互为镜像的右旋、左旋两种对映异构体。

对映选择性是一种动力学现象。在没有手性中心的环境中，分子结构互为镜像的两种对映异构体形成的可能性是相同的；在有手性中心的环境中，二者空间构型不同的过渡态，其活化能不同，导致某种对映异构体优先选择形成。活化能不同的过渡态来源于手性试剂和底物（反应物）的相互作用。具有对映选择性的催化剂，应该具有控制不同底物的活化能力和控制反应产物的功能。手性催化剂与一般催化剂的不同在于，前者除要保证较高的收率外，还要保证较高的光学纯度。20 世纪 70 年代以前，酶几乎是唯一的不对称催化剂，现今不对称的金属配合物、生物碱等都属于此类。目前影响最大、应用最广的是手性膦配体催化剂。

多相手性催化是一个多学科交叉的新领域，涉及材料科学、有机化学、配位化学、物理化学等，通过各学科的融合和集整，以开展多相手性催化的深入研究。

通过总结 20 世纪百年来工业催化发展简史可以清楚地看到：催化是化学工业和影响人类未来的关键技术。化学工业对催化的需求可概括为两个主要目标：一是加速催化剂的开发工艺；二是发展选择性接近 100％的催化工艺。至于未来的催化发展，工业界和科技界有如下的想法：

① 结合科学实验、机理研究以及计算化学和分子模拟，尽可能地在分子水平上设计出催化剂。在第 12 届国际催化会议上，国际知名的催化学者 M. E. Davis 作了《多相催化剂的分子设计》报告，列举了蛋白质基（酶、抗体）催化剂的凸显面貌，并用之创导出两种新型固体催化剂材料，即有机功能化的分子筛和无定形刻印的有机硅。

② 发展高速测试和合成催化剂的方法。现今组合化学中所采用的高通量筛选法可能是一条途径，它用于药物合成筛选很成功。但也有人怀疑，因为组合化学高通量筛选对催化未能提供更进一步的了解。

③ 改进原位催化剂表征技术。过去 90 年中已经出现了大量的表面分析技术，借助于这些技术对固体表面几个原子层厚的结构面貌有了一定程度的了解。但应指出，绝大多数的表面探针是在极低的压力下，即小于 1atm 的 1 万亿（10^{12}）分之一的条件下完成的，与通常的催化反应发生的条件极不相同。对于这类超高真空（UHV）表征方法，它能否精确表征真实反应条件下的表面性质？现今表征技术的发展能够回答这种“压力断层”问题，采用远红外-可见光和频波产生振动光谱（sum frequency generation，SFG）、扫描透射显微镜（STM）以及紫外拉曼光谱，研究实际反应条件下的表面化学反应。Somorjai 认为：“在 UHV 下的表征信息是很重要的，它提供了表面参考态，即标准态。”再结合 SFG 和 STM 等手段，可以在跨越 13 个数量级的压力范围内探针试样，可在反应前、中、后进行。SFG 是一种特征界面的振动信息，有助于分析反应中间物和分子对表面反应的参加与否。Somorjai 还认为：“任何表面反应中，吸附诱导的表面重构是第一步，对这种重构过程细节的了解对改善催化剂操作性能具有关键作用。”重构促进并稳定了对催化剂的修饰；反之，

重构起破坏作用，就要设法抑制它。传统的催化剂制备是经验性配方，这种分子水平的表面科学分析有助于制备更好的催化剂。Weiss 已发现 STM 能监测不同反应条件下的表面重构。Stair 用 UV 激发代替可见光拉曼散射，提供强的诊断谱，帮助表面重构科学信息从 UHV 和模型催化剂移向实际的催化剂和实际的反应条件。

为了解决"材料鸿沟"问题，正在研究一种模型催化剂，即负载于金属氧化物薄片上的金属纳米簇状物。其复杂性类似于工业催化剂，但仍适合于表面科学分析技术研究。这种二维的模型催化剂由金属簇状物蒸发沉积在薄片金属氧化物上构成。簇状物的大小采用 TEM 表征，簇状物的形貌采用 IRAS 研究，电子结构采用扫描透射谱仪（STS）表征，由此可获得局部的电子结构信息。借助于"压力鸿沟"和"材料鸿沟"的表征研究，为工业催化剂的原位反应行为描绘出完整的信息，据此为改善和塑造出新型实用的催化剂提供了科学依据。

④ 开发具有特殊活性位结构的催化剂的制备方法。未来需要提高催化技术以获取最大效益的领域包括选择性氧化、烷烃低温活化以及副产物、废弃物最少的催化工艺等。下面还会分节展开论述。

1.7 21世纪催化科学技术前沿 >>>

随着人们对生存环境保护的日益重视、对国民经济可持续发展的日益关注，与能源、环境、农业以及医药卫生密切相关的化学工业正在经历着一场重大的革新。作为主导和起关键作用的催化科技，也必将面临众多新挑战和重大科技革命。兴起于 20 世纪末的纳米技术，是一个高科技领域，可以在单个原子、分子层面上对物质存在的种类、数量和结构形态进行精确的观测、识别与控制研究应用，它对面向 21 世纪的信息技术、生命科学、分子生物学、新材料等科学具有重大意义，科学家预测它必将引起一场产业革命，堪与 18 世纪的工业革命相媲美。

纳米技术可引导设计和生产催化剂，强化催化剂的活性和选择性，降低催化剂的消耗，将给化学工业和精细化学品等制造工业带来巨大的冲击。

1.7.1 纳米时代的催化研究：实验方法和理论方法

在多相催化剂的制造方面，利用纳米技术开发大的表面积/体积比和纳米粒子（1～100nm）活性结合位，构成了纳米粒子催化剂的基础研究和实际应用的主要推动力。20 世纪 90 年代中后期，人们惊奇地发现，纳米 Au 粒对烃类的氧化或者还原具有极高的催化活性。传统科学一直认为，作为一种实用的催化剂，金（Au）是催化惰性的。但是，当它的粒径降到几纳米时，这种惰性完全改变了。因此，现在设计、制造、生产、操作、表征纳米粒子，从 1nm 到 100nm 成为催化和纳米技术的中心。目的是：①开发设计策略以正确可控粒径、形貌、表面和空间构造性能为目标生产制造纳米粒子催化剂；②采用纳观（nano）探针表征或操作纳观结构催化剂；③获取对纳观尺度催化中纳观化学的基础了解。

开发纳米尺寸粒子催化剂会遭遇到两种挑战：一是制备可控的纳观维度；二是防止纳观尺度材料聚集的本性。纳米粒子的聚集会导致实际应用中纳观催化活性完全丧失。文献中记载了基于传统制备方法将裸露金属纳米粒子催化剂负载于载体材料上用于不同的催化反应。现在，篷盖以单层、聚合体或者蔓支体物的纳米粒子可快速裸露，都能达到类似于负载纳米粒子的催化活性。这类催化包括在篷壳中利用功能基的催化和在纳观晶体上暴露表面活性位的催化等。核-壳（CS）纳米粒子被作为催化材料的模型构建板块，以利用各种不同属性的优点，包括：粒径单分散性，可过程加工性，可溶度性，稳定度性，可调变性，能自组装性，可调控的光、电、磁和化学/生物性等。能够适用于核-壳策略的众多类型纳米粒子中，可广泛定义组成为核和壳不同物态的紧密相互作用体，包括无机/有机、无机/无机、有机/有机或者无机/生物的组合体。例如，单层功能化的 Pd 纳米粒子与 SiO_2 粒子，通过“瓶中造船”技术和热处理自组装成高活性、可循环使用的加氢和碳—碳键生成的多相催化剂。

传统的多相催化技术开发是经验科学。一种成功的商业催化剂配方，需要经历大量的试验筛选，涉及金属、化合物、促进剂、功能载体等等，开发过程既费时又耗财。公司获得的专利“Know-How”是绝对保密的，不公开交流，不利于科技发展。21 世纪以来，现代表面科学得到了快速发展，为多相催化在分子水平上的研究提供了方向。在北美和西欧，G. A. Somojai、G. Ertl 等众多科学家，据此完成了一定数目的催化反应机理研究。比如 NH_3 合成、CO 氧化、加氢脱硫、NO 的催化还原等，较清晰地了解了气固界面处的表面化学，促进了新型催化剂的开发。

很多工业催化剂是极小的金属粒子，粒径常在 1～100nm 范围内，沉积在多孔的高表面积（约 300m^2/g）载体上，其制备常用浸渍和共沉淀等化学方法在溶液中完成。这些传统的制备技术仅仅能控制粒径、形貌以及粒子间距，无法了解催化过程的细节，常为催化剂表面组成和结构的复杂性所覆盖。为了促进在分子水平上的研究，人们提出制备“模型催化剂”。第一组是单晶金属表面型，其优点是单晶表面有均匀的表面结构和组成，例如环己烯加氢，分别采用“模型催化剂”Pt（223）晶面和工业催化剂 Pt/SiO_2 研究该反应的动力学参数和产物的分布，得到的结果非常一致。由于该催化反应属于催化剂表面结构不敏感型的，因此这种“模型催化剂”还可用于研究催化剂中毒、助催化剂对催化活性的修饰等。

在“模型催化剂”研究思路的启示下，荷兰的催化理论科学家 R. A. Van Santen 提出用“簇状物”（Cluster）模型来进行分子多相催化的研究，他认为：发生在固体表面的多相催化反应，其基础是表面化学，簇状物模型是不能表述表面化学的。但是，全面考虑二维和三维几何构型，表面再构和孤岛的形成是属于簇状物范畴的。在沸石催化剂中，微孔的大小和形状可以阻碍特定的反应步骤，由于过渡态太大而无法形成，所以，可以用“簇状物模型”分析基元反应步骤的过渡态，借以预测某一催化反应的总反应速率。R. A. Van Santen 用理论计算分析了 CO 氧化速率的震荡发生。“簇状物模型”还可用于分析表面化学键的定域性和边界效应。量子化学计算法特别是密度函数理论（DFT）用于研究簇状物很成熟、方便，也开发了多种计算机程序，可用于用 Eyring 的过渡态理论预测反应速率常数，此处以 CH_4 在 Ni_{13} 簇状物上解离吸附过程的动力学参数，对比计算值与实验值以说明之。Ni_{13} 簇状物正八面体代表了（111）面的化学活性，如图 1-3 所示。过渡态产生吸附的 H 和 CH_3 基团。表 1-1 列出了 M_{13}（Co、Ni）相关过程的动力学参数。反应速率常数的指前因子和活化能是用 Eyring 速度理论计算的，以资对比。

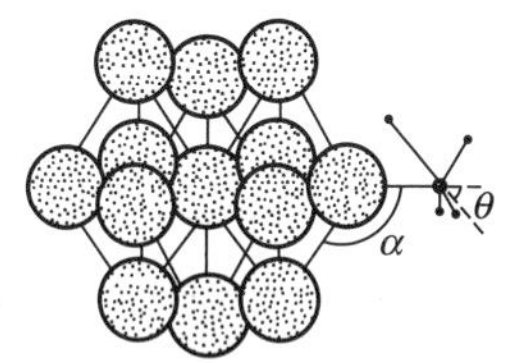

图 1-3　CH_4 在 Ni_{13} 簇状物上解离的过渡态

表 1-1　CH_4 在 M_{13} 簇状物上活化的动力学参数

M_{13} 簇状物	缔合脱附		解离脱附	
	指前因子/(m^2/g)	活化能/(kJ/mol)	指前因子/(m^2/g)	活化能/(kJ/mol)
Co	2.53×10^{-5}	95	7.24×10^{-3}	92
Ni	2.70×10^{-5}	86	8.55×10^{-3}	104

下面再用 CH_3OH 催化生成二甲醚的量化簇状物计算，着重于反应机理。这是典型的分子筛质子酸催化反应，反应分子（此处为 CH_3OH）为分子筛质子所质子化，用分子筛中切割出一小片的簇状物。这样的簇状物近似法，其反应物或者产物的过渡态不为分子筛微孔、笼的大小所控制，但其化学键性质会发生变化，90%仍为共价键，而 10%变为静电相互作用，这是由于反应物的质子化导致键的松弛化效应。因为 Si—O—Al 键角的松弛，键角变化 10°，故键能的松弛仅为kJ/mol 级。图 1-4～图 1-6 证明了相对应的结构和能量变化。

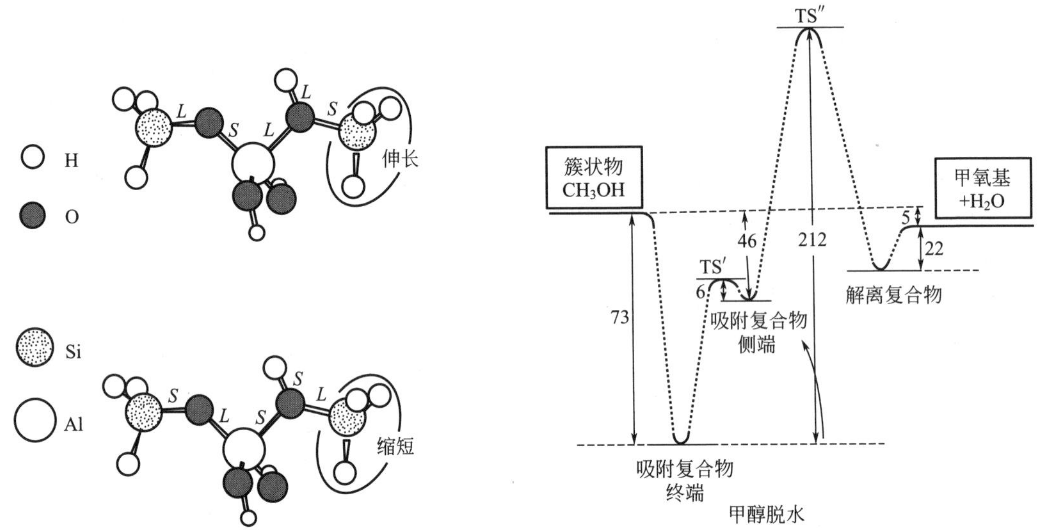

图 1-4 分子簇状物上有伸长(L)或缩短(S)的 Si—H 键

图 1-5 CH_3OH 质子化计算的反应能图

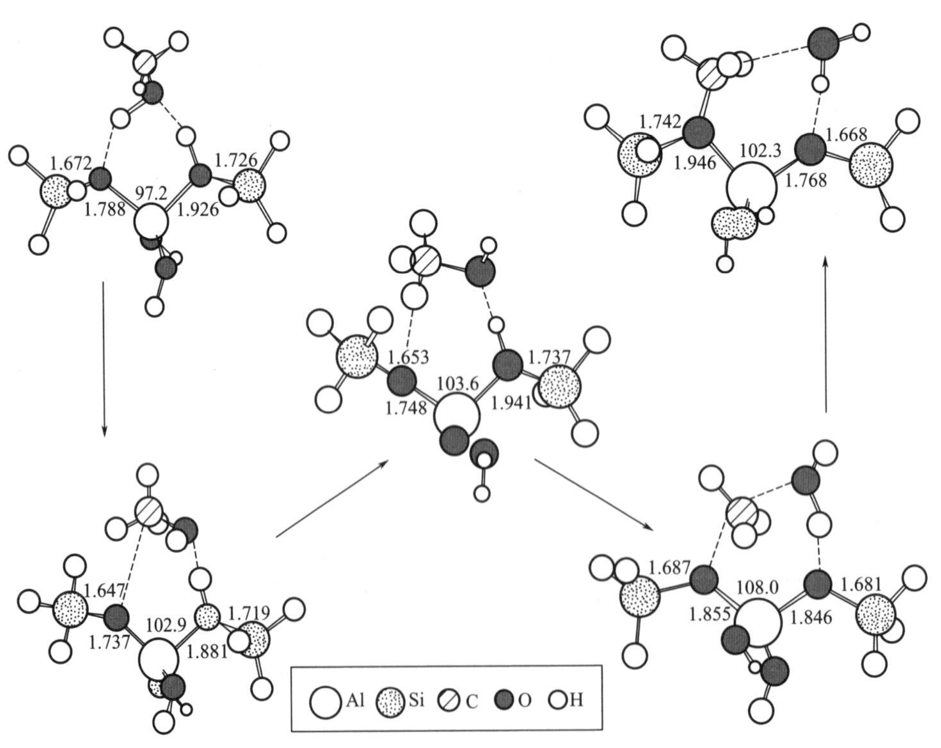

图 1-6 基态—过渡态—终态结构变化

1.7.2 催化反应追求的目标

传统工业催化反应追求的目标是宏观性的。反应活性、收率、催化剂的宏观稳定性和寿命，对于特定的条件也追求选择性。到了 21 世纪的今天，由于资源、能源的日益紧张，以及地球环境的污染，人们对生态环境重要性的认识和对健康、生命的关注日益提高，对于催化反应和过程工业过程，首先追求的是实现反应的“原子经济”和“零排放”，再不能使用传统过程工业那样的“高能耗”“低效率”“高污染”的运转模式。所以，必须研究开发更具活性和选择性的高效催化剂，设计制造高效的反应器，强化反应区与环境间的高效能量和质量的传递，以促进工业催化和反应器工程领域的发展。

过程经济追求的还有“绿色化”、与环境的“相容性”“循环经济”和“可持续发展”等。首先是争取“原子经济”和“零排放”；在达不到的情况下，要尽量做到“排放物”不污染环境，是环境的“相容物”，是“绿色化的”，或者设法转化为另一种过程或产品的原料，以达到循环利用，使地球上的资源和环境维持可持续发展。

1.7.3 催化反应的激活手段

传统的催化反应是由热能激发的，这也是人类利用能源的历史发展进程。由于热辐射向反应所输送能量的方向性、选择性不强，故靠热激发的化学反应的效率提高往往受到限制，“高效反应技术”需要另辟蹊径。开发高效催化反应技术，选择光、电、磁、声、微波、生物酶等激发手段，引发光催化、电催化、光电催化和生物酶催化等是可行的。再结合“绿色化学”及“清洁化工生产”需要，将“离子液体”和“超临界流体”［如超临界 CO_2（Sc-CO_2）等］组合成清洁高效催化反应技术，可能是符合可持续发展战略的方向的。事实上光催化、电催化、光电催化在能源开发环境保护方面已取得了诸多可喜的成果，并正向更有成效、更高效率的方向发展。

生物酶催化具有低温、高活性、高选择性的特点，自身易于降解，环境友好，用于有机合成、药物生产，经济可行，更具实用性。

1.7.4 超分子催化

超分子催化（Supramolecular Catalysis，SMC）是超分子化学的分支之一。超分子化学是由法国化学家 Jean-Marie Lehn 教授（超分子化学之父，1987 年诺贝尔化学奖得主）提出的。超分子是由两种或两种以上分子依靠分子间的相互作用而结合在一起，组成复杂的、有组织的，能保持一定的完整性且具有明确的微观结构和宏观特性的聚集体。超分子化学研究的是分子层次以上的化学，包括分子聚集体的结构、形成过程、组分间的相互作用以及综合性质，其中分子识别和自组装是主要的两个方面。超分子化学与生命科学、材料科学密切相关，也与分子信息论、分子智能化学这些具有划时代意义的概念和技术相关联，被公认为是 21 世纪化学发展的重要方向之一。

超分子催化或称为主体-客体催化（Host-Guest-Catalysis），是由美国 D. J. Cram 教授和法国 J. M. Lehn 教授分别提出的，两人共同获得了 1987 年诺贝尔化学奖。Cram 的主体-客体催化基本思想是：具有显著识别能力的冠醚可作为主体，有选择性地与某些底物（客体）进行配位结合，这种相互作用类似于生物酶与底物间的作用，就像一把钥匙打开一把锁一样，锁打开后，钥匙抽出来。催化剂是一把钥匙，将识别的反应物（底物）——锁打开，形成产物。Lehn 的超分子催化基本思想是：首先合成出具有特定结构的分子作为接受体，该接受体应具有选择性络合离子和分子的能力，再与底物借助分子内作用（范德华力、氢键、电性、磁性等）与接受体结合，形成超分子。这种超分子兼有分子识别、分子催化和选择性的功能。超分子催化的基本原理如图 1-7 所示。

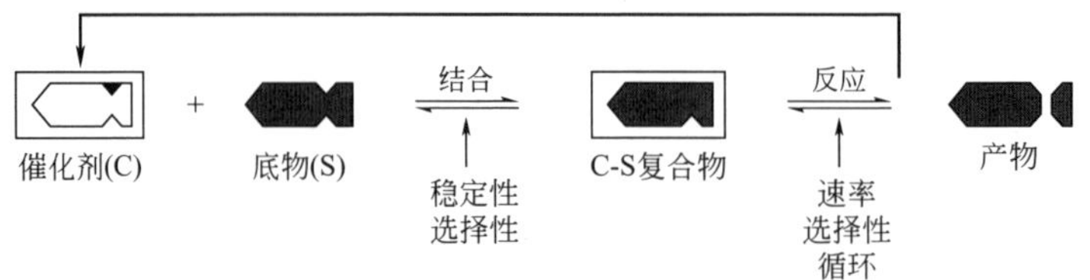

图 1-7 超分子催化基本原理

催化转化的必要条件是：催化剂具有识别反应物分子的功能，且能提供与反应物分子相互作用形成超分子的相互作用力。这种催化与传统的催化效应不同，传统催化是由反应分子与催化剂活性中心形成较强的共价键，从而选择性地加速分子的转化；而超分子催化是反应物与催化剂形成分子间的相互作用，比共价键要弱。

超分子催化剂主要有环冠醚阳离子受体（如环糊精）、活性离子受体、环芳类受体、金属卟啉化合物等，在水解、环氧化、氢转移、氢化羟基化等反应中得到应用。如以冠醚作催化剂，就是先对反应物分子进行选择性识别，然后才进行反应，将大而复杂的分子转变成小的目的产物。

超分子催化的特点是具有极高的化学选择性、区域选择性和手性选择性，因而自 20 世纪末以来受到了广泛的重视和极大的发展。

1.7.5 单原子催化

自 Hugh Stott Taylor 于 1925 年提出了固体表面活性中心概念以来，对均相催化剂活性中心概念的定义和作用已有了很好的认识，但对多相催化作用及反应机理的理解还有很多困难。

2011 年，中科院大连化物所张涛院士、清华大学李隽和美国亚利桑那州立大学 Jingyue Liu 在 CO 氧化反应的研究中，制备并使用了负载单金属原子的 Pt_1/FeO_x 催化剂，通过表征、催化评价和密度泛函理论计算，证实了分散在高表面区域载体上孤立的单个金属原子不仅具有催化活性，而且具有极强的稳定性和选择性，因而首次提出了“单原子催化”的概念。

单原子催化剂是指活性中心、活性组分完全以孤立的单原子形式存在，并通过与载体作用或与第二种金属形成合金得以稳定。相比于传统催化剂，单原子催化具有诸多优势：

① 活性组分分散度最大，即催化剂原子得到最大化利用；

② 活性位点的组成和结构单一，可避免因活性组分的组成和结构不均匀而导致副反应的发生，显著提高了目标产物的选择性；

③ 具有高活性和高选择性，且稳定易分离，可循环利用。

由于高度分散的金属原子具有较高的表面能，热力学状态不稳定，在较高的温度下将聚集成团簇甚至纳米颗粒，因此往往需要利用表面有不饱和缺陷位点的载体来锚定金属原子。载体和单原子金属间的相互作用是影响单原子催化剂性能的关键因素。单原子催化剂主要有金属单原子催化剂、非金属单原子催化剂和无金属单原子催化剂等。

由于单原子催化剂具有特殊的结构而呈现出显著不同于常规纳米催化剂的活性、选择性和稳定性，在各种先进电池（如锂硫电池、锌空气电池、燃料电池等）得到应用，在温和条件下的固氮反应、CO 催化氧化、CO_2 还原等能源、环保以及生物质领域也取得了大量成果。

由于单原子催化剂具有类似均相催化剂的均一和孤立的活性位点，该概念一经提出，便被认为有望成为架起多相催化与均相催化之间的桥梁，受到研究人员的广泛关注，研究发展也进行的异常迅速，成为当今催化科学的前沿热点之一。

第2章 固体催化剂的结构基础

固体材料有一定的形貌和结构特征。如果固体由长程的规整的单元结构组成，则为晶体。晶体仅由原子、离子或者分子规整排列构成，是为晶格。

2.1 固体中键合结构类型 >>>

每种固体的结构单元之间有种力将其联系在一起，控制着整体的性质。按作用力性质的不同可分为以下几种结构类型。

(1) 离子固体

离子固体是由阳离子和阴离子通过静电作用将它们联系在一起。这类固体熔点极高，因为要克服正负离子间极强的作用力。离子固体的一个重要结构参数是晶格能，取决于它的离子大小和电荷，可以定量计算。离子固体可以溶解于极性溶剂，如 H_2O，这是由于组成的离子和极性溶剂分子之间偶极-偶极相互作用的结果。因为在此过程中，离子的溶剂化代表了一种强的放热过程，使晶格遭到了破坏。

(2) 金属固体

金属固体具有高的传热、导电物性特性，有可煅打、可塑性和延韧性，还可拉成丝，碾成片。化学上金属固体离子化能力低，易为周围的环境腐蚀氧化。这就是为什么金属易形成复杂的地质型的氧化物、硫化物、硅酸盐及铝酸盐等沉积物的原因。还应该注意到，金属或者合金，也可能在标准状态（STP）下以液态存在，如汞（Hg）。Hg 液体是由其原子的电子构型所决定的，它的 6s 价电子由于其 4f 轨道上填满的亚层电子将核电荷屏蔽，使它们的有效核电荷更高，结果使这些价电子相对于其他金属的价电子较少共用而离域化，并且，6s 轨道的相对紧缩使电子更靠近于核，故较少与邻近原子结合。事实上 Hg 是仅有的未形成气态双原子分子金属。在力学上，各个原子也不能填充成固态晶格，因为晶格能不是补偿从价层迁移电子所需的能量。

金属固体中的键合最简单的是自由电子模型，更为全面的是电子能带模型。

(3) 共价网络固体

共价网络固体是由其构成的原子间形成极强方向的共价键。这样的键合排列导致高熔点，形成块状坚硬固体。由于原子排列的不同，也可观察到不同异构体具有不同的物理性质。例如碳形成三种同质异相体：金刚石是一种极硬的绝缘材料，可以透光；石墨较软，是黑色固体，能沿石墨层方向导电；富勒烯（C_{60}）不同于前述两种碳质异相体，它能溶于芳香烃溶剂，且能进行化学反应。其他的共价键合网络固体还有石英砂（SiO_2）$_x$、(BN)$_x$、(ZnS)$_x$、(HgS)$_x$ 以及硒的两种同质异相体：灰硒（Se_∞）和红硒（Se_8）$_x$。应该指出，尽管这类固体的结构单元是共价键合，但在层间可能由较弱的分子间力（如范德华力）相互作用结合在一起。

（4）分子固体

分子固体是通过较弱的分子间力结合在一起，如色散力、诱导力、取向力和氢键等。因为这些力较之离子键力或者金属键力的相互作用要弱很多，故分子固体总是以低熔点为其特征。例如：干冰（CO_2）、冰块（H_2O）、固态甲烷（CH_4）、蔗糖和有机高聚物等。

2.2 晶体结构

2.2.1 晶格、晶面及其标记

结晶体是具有点阵结构的物质，是从内部构造、微观结构上来认识物质。例如，纤维为直线点阵结构物质；云母、石墨为平面点阵结构物质；绝大部分的晶体物质具有空间点阵结构。空间点阵划分为平行六面体的晶格。包括：简单格子（P），$1/8\times8=1$，点数为 1；体心格子(I)，$1+1/8\times8=2$，点数为 2；面心格子(F)，$1/8\times8+1/2\times6=4$，点数为 4。

点阵抽象反映晶体结构中周期性结构，点阵点是结构单元的代表。晶胞是晶阵结构单元，有单晶胞和复晶胞之分，实际晶体与理想结构是有区别的。实际晶体不可能是无限的周期结构，由于共生、杂质等原因产生晶体缺陷，使点阵结构偏离理想。晶胞的轴交角和边长示于图 2-1。七大晶系的晶胞参数列于表 2-1。

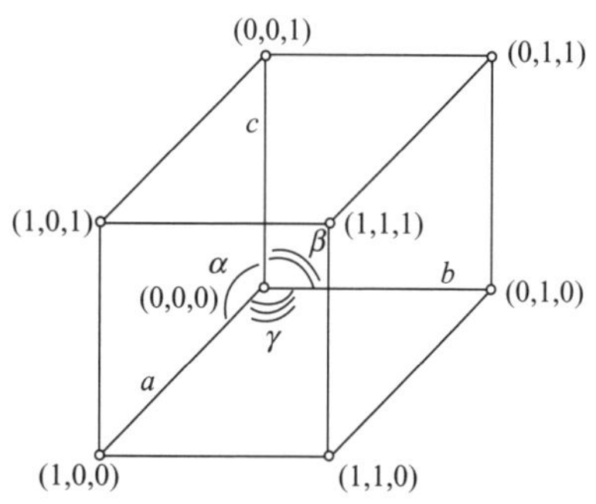

图 2-1 晶胞的轴交角与边长

（并不代表七大晶系的各晶胞的相关参数）

表 2-1 七大晶系的名称及参数

名称	晶胞向量长度	晶胞向量角
立方晶系(等轴的)	$\|a\|=\|b\|=\|c\|$	$\alpha=\beta=\gamma=90°$
四方晶系(等轴的)	$\|a\|=\|b\|\neq\|c\|$	$\alpha=\beta=\gamma=90°$
正交(斜方)晶系	$\|a\|\neq\|b\|\neq\|c\|$	$\alpha=\beta=\gamma=90°$
三方晶系	$\|a\|=\|b\|=\|c\|$	$\alpha=\beta=\gamma\neq90°,\gamma<120°$
六方晶系	$\|a\|=\|b\|\neq\|c\|$	$\alpha=\beta=90°,\gamma=120°$
单斜晶系	$\|a\|\neq\|b\|\neq\|c\|$	$\alpha=\gamma=90°,\beta\neq90°$
三斜晶系	$\|a\|\neq\|b\|\neq\|c\|$	$\alpha\neq90°,\beta\neq90°,\gamma\neq90°$

对于三维结晶体，通过格子点的不同晶面具有不同的取向，由于格子点（原子或分子）排列不同，性能也有差异。传统表述这种三维格子晶面的指标称为晶面指数，也称 Miller 指数（hkl），用晶面与晶轴相交的分数截距的倒数表示。截距用沿三个相互垂直轴的单位距离 a、b、c 表示。在立方晶系中［hkl］表示晶面的方向，垂直于（hkl）晶面。图 2-2标明了六方晶胞的晶面（以小括号表示）和晶面方向（以中括号表示）。

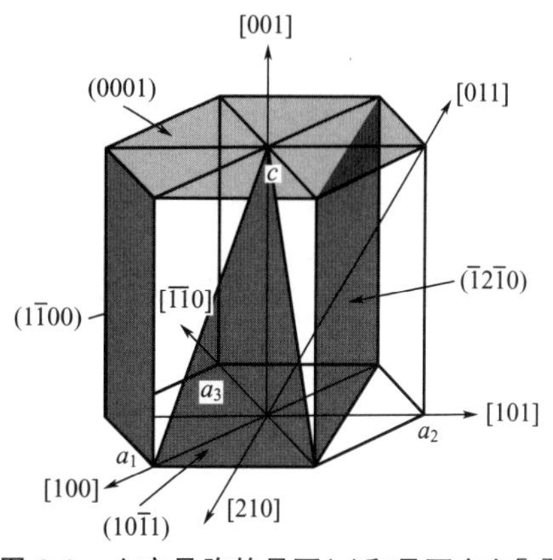

图 2-2 六方晶胞的晶面( )和晶面方向[ ]

($hkil$) 中的 $i=-h-k$

单位晶胞面 a、b、c、d 和代表晶胞指向的 e，见图 2-3。

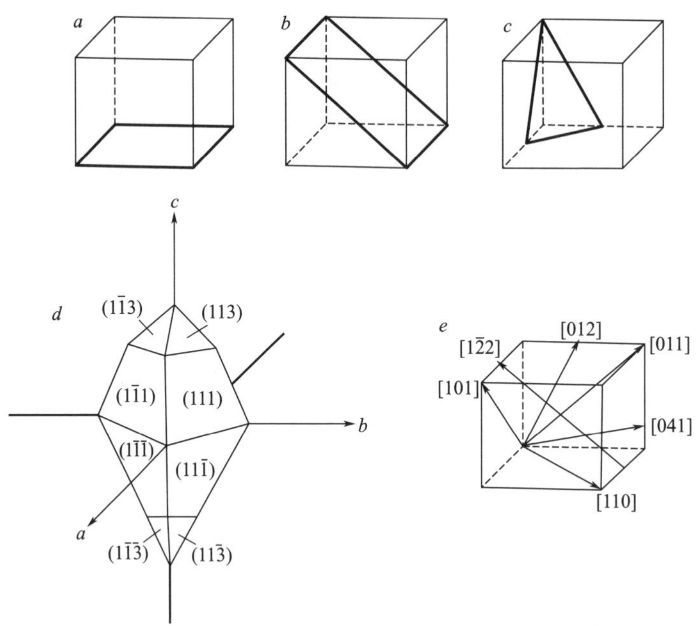

图 2-3 单位晶胞面 *a*、*b*、*c*、*d* 和代表晶胞指向的 *e*

2.2.2 填充分数

晶格结构中原子的填充分数（X_i）定义为：晶胞中原子所占的体积分数。它反映出晶体结构的体相面貌。由于晶格结构中原子间距的不同和最邻近的配位数各异（fcc 的配位数为 12，bcc 的配位数为 8，hcp 的配位数为 12），故原子填充分数随晶体的取向而变化。对于简单的立方结构，每个格子原子占有晶胞的$\frac{1}{8}$，于是，晶胞中的原子总数为$8\times\frac{1}{8}=1$，即 1 个原子。考虑到格子原子是半径为 r 的硬球，故得出原子填充分数为

$$X_{立方}=\frac{4\pi^3/3}{(2r)^3}=0.52 \qquad (2\text{-}1)$$

表明单位晶胞体积的 52%被占有。

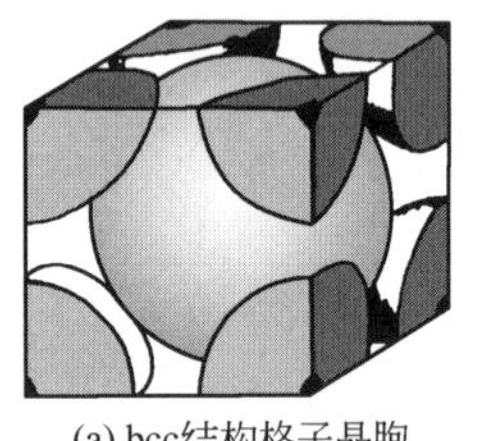

(a) bcc结构格子晶胞

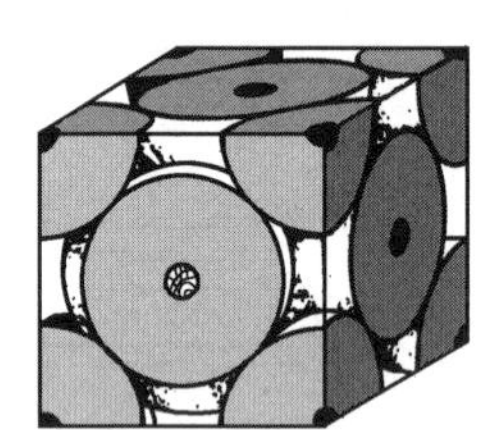
(b) fcc结构格子晶胞

图 2-4 格子晶胞

对于 bcc 结构的金属如 Fe，一个中心原子围以 8 个邻近的角顶原子，如图 2-4 所示。即相当于每个晶胞中有 2 个整原子，中心原子贡献 1 个原子体积，8 个角顶上的原子各贡献 1/8 个原子体积，合占 1 个整原子体积。格子常数 $a=\frac{4r}{\sqrt{3}}$的晶胞中填充分数 X_{bcc} 为

$$X_{bcc}=\frac{2(4\pi r^3/3)}{(4r/\sqrt{3})^3}=0.68 \qquad (2\text{-}2)$$

对于 fcc 金属如 Pt，8 个角顶原子总共贡献 1 个原子；6 个面心上的原子总共贡献 3 个原子；每个晶胞共给出 4 个原子。格子常数 $a=\frac{4r}{\sqrt{2}}$，所以 X_{fcc}为

$$X_{\mathrm{fcc}}=\frac{4(4\pi r^{3}/3)}{(4r/\sqrt{2})^{3}}=0.74 \tag{2-3}$$

由于 fcc 结构具有最高填充分数，常称为立方密堆结构。

金属镁晶体显示的密堆 hcp 结构，每个原子的配位数为 12，其晶胞的 $X_{\mathrm{hcp}}=0.74$。然而，在 fcc 材料结构和 hcp 材料结构之间似乎有一些差别，二者晶体的叠合序贯不同。对于 fcc 材料，晶体每三层叠合序贯为 ABCABCABC… ［见图 2-5(a)］；而对于这种特定的 hcp 晶格，记录显示的为等同周期的 ABABABA… ［见图 2-5(b)］。应该指出的是，在某种 hcp 晶体中，叠合序贯有两种不同类型的选择。当 A 球排列形成第一层后，其上可以再置于 B 处或者置于 C 处（见图 2-6），即 A 球形成的第一层三角孔的上面（B 处）或者下面（C 处）。

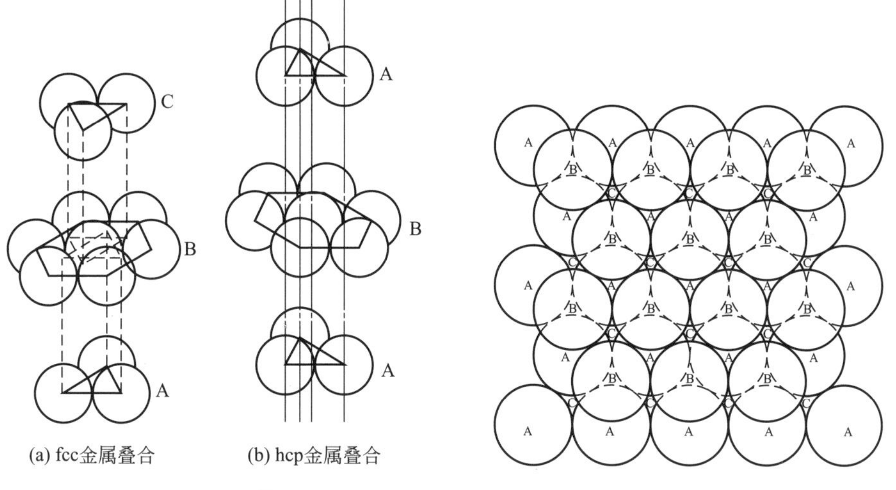

(a) fcc金属叠合　(b) hcp金属叠合

图 2-5　金属叠合

图 2-6　hcp 晶体结构中原子结点的叠合排布

（B 处在 A 层上，C 处在 A 层下）

在六方密堆排列中，等同大小的 A 原子形成两种三角形孔洞，一种是 B 直放在 A 原子密堆形成的孔洞上，造成一正四面体孔，如图 2-7(a) 所示；如果序贯叠合的两层在 hcp 中为 A-C，则 6 球围成一孔，形成一正八面体孔洞，如图 2-7(b) 所示。正八面体孔洞中围绕每个孔洞的平均配位数为 6，而正四面体孔洞的围球数为 8。正八面体孔洞数与球数相等，而正四面体孔洞数是球数的 2 倍。故在这种密堆结构中，可以用孔洞填充代替原子球的填充，从而给出

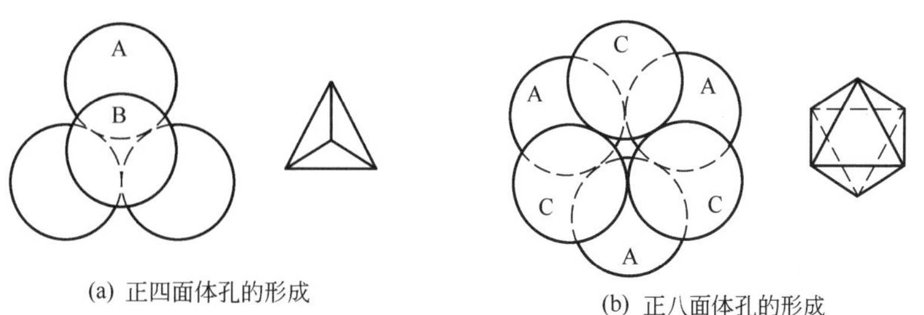

(a) 正四面体孔的形成　(b) 正八面体孔的形成

图 2-7　hcp 晶体结构

$$R_{正四面体}=0.225r$$
$$R_{正八面体}=0.414r$$

式中，r 为密堆球的半径。这种概念及数据可作为固体无机材料中的离子半径和 Pauling 晶格参数的计算基础。

2.2.3 表面层外气-固界层的结构

前面讨论了固体表面和体相的几何性质，关联到气-固界面发生的过程，如表面吸附和载体负载等，需要考虑表面外界层结构。显然，这是三维周期的晶体结构将变为二维周期的表面吸附层结构。在不存在总体混乱叠合的情况下，吸附层结构的标志可以与固体表面不一致，表明吸附层与固体表面层可能不具有结构有序化周期性；也可能二者相一致，即吸附层的晶胞结构与固体的原晶胞结构相同。现在一致认为在表面上被吸附的分子以六方密堆的方式排列。表 2-2 列出了某些表面吸附层结构的命名与表示法。

表 2-2 表面吸附层结构的命名与表示法

旋转对称性	Wood 表示法	矩阵表示法	旋转对称性	Wood 表示法	矩阵表示法
	(1×1)	$\begin{bmatrix}1 & 0\\0 & 1\end{bmatrix}$		(1×1)	$\begin{bmatrix}1 & 0\\0 & 1\end{bmatrix}$
四重	(2×2)	$\begin{bmatrix}2 & 0\\0 & 2\end{bmatrix}$	六重	(2×2)	$\begin{bmatrix}2 & 0\\0 & 2\end{bmatrix}$
	C(2×2)	$\begin{bmatrix}1 & -1\\1 & 1\end{bmatrix}$		$(\sqrt{3}\times\sqrt{3})R(30)$	$\begin{bmatrix}1 & -1\\1 & 2\end{bmatrix}$

如果吸附质之间存在短程相斥作用，则会形成更为混乱的表面叠堆，一般称为二维的“晶格气”；如果吸附质之间有相吸作用，则可形成簇团和二维的孤岛。这样混乱的表面形貌在高温涉及氧或硫化物的吸附中会出现。

2.2.4 体相和表相结构的不完整性

前面描述的氧化铝体相结构的不完整性，代表晶格原子堆砌时不完整性的一种类型。对于符合各种空间群对称的原子周期排布来说，可能还存在其他类型的偏离理想的情况。点缺陷是仅影响邻近原子的一种定位的不完整性。晶格原子周期性的破坏被认为是一种线或者面缺陷。另外，通常也遇到隙缝原子，同样离子空缺代表体相不完整性。Schottky 型点缺陷用晶体中阴离子和/或阳离子的空缺来表示［见图 2-8(a)］；Frankel 型点缺陷代表一种离子位移——晶格点到隙缝位置且产生晶格缺陷［见图 2-8(b)］。

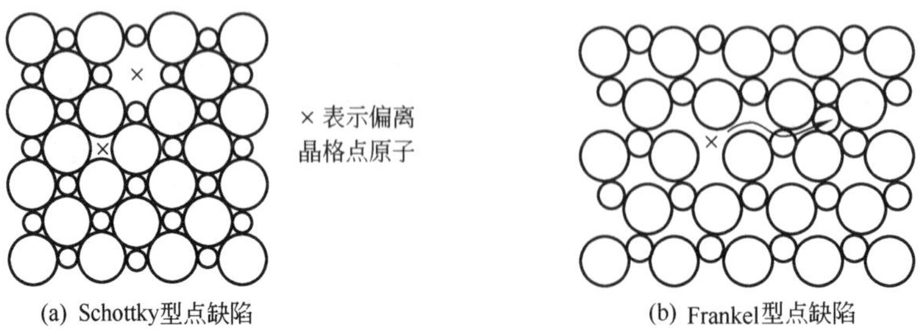

(a) Schottky型点缺陷　(b) Frankel型点缺陷

图 2-8 晶格体相的不完整性

另外，晶格周期性的破坏可能发生在某一特定的方向，影响整个一列原子。这样的线缺陷称为位错。最常见的位错有棱边位错和螺旋位错，如图 2-9 所示。

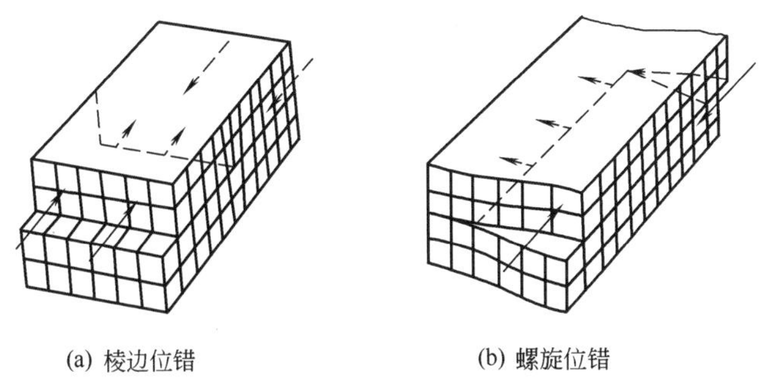

图 2-9　位错

棱边位错中，一个晶格平面的棱边在晶体的一个截面上是不连续的；螺旋位错中，一列原子环绕一垂直于晶面轴作螺旋位移。最后，还有面缺陷，常见的有堆砌层错和颗粒边界。前者涉及晶面的错配和误位，可以用图 2-10 来说明。对于一个面心立方的理想晶体，其晶面排列应为 ABCABCABC…，图 2-10(a) 中少了一个 A 层，而图 2-10(b) 中多了一个 A 层，图 2-10(c) 中多了半个晶面，从而造成层错。对于六方密堆的晶体，理想的排列为 ABABAB…也可能造成面缺陷的堆砌层错。

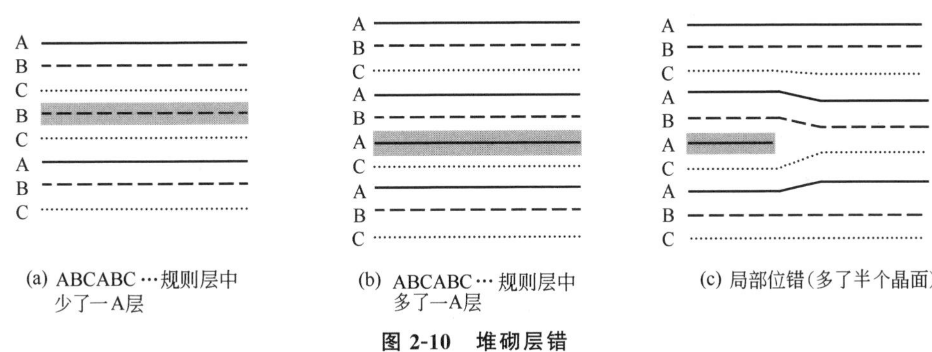

图 2-10　堆砌层错

颗粒边界涉及不同取向微小晶粒之间的误配。实际晶体常由许多小块晶粒拼嵌而成。由于微晶排列的不同取向，故晶粒之间的界域必然是非规整的。颗粒边界因此是一种面缺陷，如图 2-11 所示。

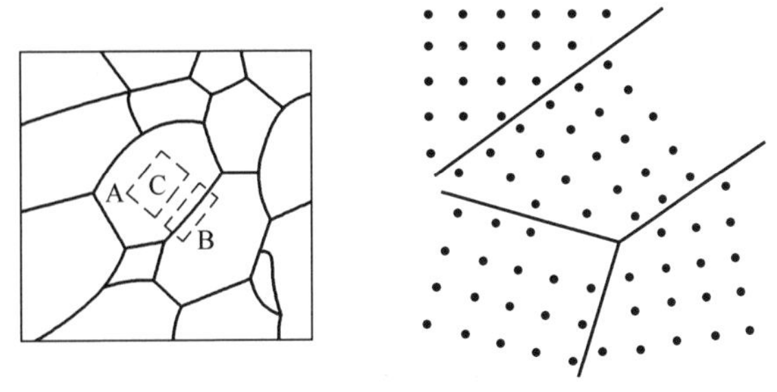

图 2-11　颗粒边界

A 晶面内，C 区内原子排列是规整的，B 为边界区；右图显示晶粒中部及边界的原子排列

由以上的分析可以看出，实际的晶体结构存在有多种不完整性。有的是点缺陷，有的是线缺陷，还有的是面缺陷等。晶体的许多性能是与这些缺陷的存在紧密相关联的。

2.3 分子表面化学 >>>

物质表面层的分子与内部分子的环境不同，内部分子所受四周邻近分子的作用力是对称的，各个方向的力彼此抵消。表面分子处于体相的终止面上，既受到来自本相内分子的作用，又受到不同相中分子的作用，因此表面的性质与内部不同。故对固体结构研究的一个重要趋势是“表面化”，即向表面结构扩展。

分子在表面上的运动引起了科学家的兴趣，因为这种运动反映了表面势垒的本质和表面的相互作用势，更为重要的是表面迁移是控制晶体生长的一个重要参数，对理解分子束外延生长和化学气相沉积过程很有帮助。当沉积在表面上的原子、分子很容易迁移时，它们会寻找一个最适合的晶体位置形成表面分子膜，可以通过下面将要介绍的扫描隧道显微镜（STM）观察到。这种表面分子膜可用来研究表面上的各种相互作用、表面键合情况、表面重构和表面化学反应等。变温 STM 还可观测表面过程随温度的变化，进而获得吸附、反应和脱附、扩散等的速率，大大增加了研究表面过程的数目和种类。

2.3.1 洁净固体表面的集合结构特征

测试技术研究表明，洁净的不含杂质的固体表面在原子水平上是很不均匀的。在平面上存在台阶、梯步、拐折以及空位、吸附质等。吸附的原子或分子可以是单个、成对或多个成岛状的，如图 2-12 所示。

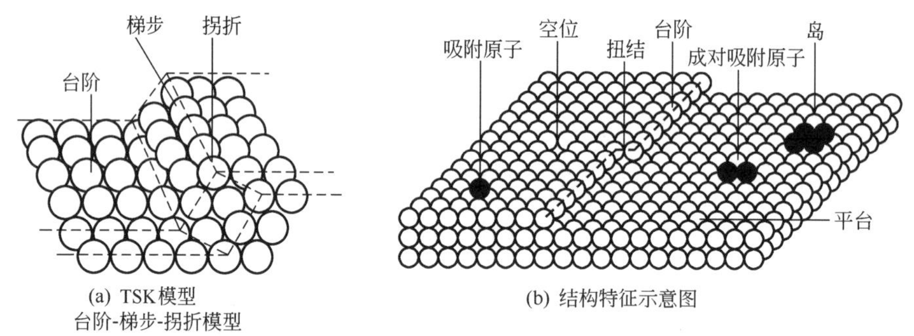

图 2-12 洁净固体表面

由于表面在原子水平上的不均匀性，所以就存在着各种不同类型的表面位，可以是拐折、梯步、空穴（点缺陷）、表面吸附原子等。尽管它们的平衡浓度都很低，远低于 1% 单分子层，但对表面的迁移、表面的物理和化学性质起着重要作用。从催化角度讲，它们都是活性较高的部位，对构成催化剂的活性都有不同的贡献。实验测试出的催化反应速率和产物分布，是各种表面位贡献加和的结果。这个概念对于反应机理的解释很重要。但实际上要阐明每种表面位的基元化学反应是非常困难的。

由于表面有多种类型的位，且这些位都比较活泼，所以原子在表面上的扩散迁移所需的活化能较之在体相中迁移的要低得多，故相应的速率要快得多。

在催化学科中，“活性位”概念虽然得到了众人的认可，但还存在一些问题。首先，它缺乏严格的定义；其次，没有有效的方法能够测定它，表面用 CO 分子或其他活性分子滴定

（即活性位滴定法）衍生的化学吸附位数，只表明该表面小于用 BET 法测定的几何表面，这些表面位并不代表催化反应的瓶颈。再一个理由是：表面科学研究证明，表面规整结构单元承担了催化活性的主体，而结构缺陷控制催化活性的概念就失去了基础，充其量只表明在某些特定条件下表面缺陷具有一定作用而已。对于酶催化来说，确定酶的动力学参数 k_{cat} 需要确定酶活性分子，简单地基于酶分子量计算，且给出酶活性位的上限；对于两步机理的酶催化来说，常用标记法测定，活性位概念完全失去意义。

由于表面在原子水平上呈现不均匀性，前述用一种简单的 Miller 指数定位完整平台晶面如（100）、（110）、（111）等方法，对于有台阶、梯步等表面就不再适用了。因为台阶原子可构成不同于平台原子的晶面，需要另一种 Miller 指数来描述；对于出现拐点原子的表面，还要用第三种 Miller 指数来描述。这样一来就需要利用三种 Miller 指数将平台原子面、台阶原子面和拐点原子面关联在一起来描绘。实际上利用结晶学的原理采用一种高 Miller 指数，再采用 Somorjai 等提出的分解高 Miller 指数的方法就可以了。

例如 FCCM（755）面，可以分解成 5(111)＋2(100)，即分解成低 Miller 指数（111）晶面和（100）晶面的组合。此处，低 Miller 指数的数字 5、2 分别表示（111）面和（100）面的原子数的宽度，常把较宽的那组晶面看作平台面，较窄的晶面看作台阶面。较详细分析的例证可参考 Somorjai 的专著。

2.3.2　洁净固体表面的弛豫和重构

根据低能电子衍射技术（LEED）等研究的结果，洁净固体表面有几种重要的结构变化，即弛豫（relaxation）、重构（reconstruction）和表面组成变化诱导的弛豫或重构。

位于表面的原子或分子，在一定的化学环境或物理环境下，寻求新的平衡位置，以致改变表面第一层和第二层原子之间的距离，这种现象结晶学中谓之弛豫。弛豫的结果，一般是两层原子间距收缩；理论上讲，膨胀也是可能的，只是这种表面结构仍未监测到。位于第一层的原子向第二层原子弛豫，导致原子间的键角变化，但并不影响到配位数的改变和表面原子的旋转对称性。故弛豫后表面晶胞与原来的保持相同。

重构是表面原子寻求新的平衡位置的另一种结构变化现象，它不仅改变原子间的键角，而且旋转对称性和配位数也都改变了。由 X 射线衍射结果可以看出，表面单位晶胞与体相中的是不同的。重构后的表面结构可以在很宽的温度范围内保持不变；但当表面温度变化过宽、过速时，也可能再次发生重构。

对于多原子固体，表面组成可能与体相很不相同，当吸附外来物质后，表面组成计量关系会发生变化，诱导表面原子间的弛豫。另外，当表面组成变化后，原子的价态也可能比原来的变高或变低，新的价态可能在组成变化后的表面得到稳定，进而导致表面的重构。所以吸附诱导的表面，弛豫与重构常常是相伴发生的。由于电子云密度的重新分布，位于表面的悬空键可以延伸，使弛豫延伸到几个原子层。表 2-3 列出了各种金属原子层间的弛豫数据，这是基于 LEED、STM、高能或低能离子散射谱仪、高分辨能量损失谱仪等的测试结果。图 2-13 给出了表面重构的模式（图 2-13 与表 2-3 来自同一论文，参见 Ber，Bunsenges. Phy Chem，1986，90：184）。

因为重构涉及表面原子的水平位移，故观测到表面周期性为（1×5），即 1 个单位网眼因子为体相值的 5 倍。洁净的 Pt(100) 表面层是结构介稳的，趋向于重构成为一准六方（hex）取向。然而，当表面在温度 400K 以上吸附 CO 于表面，覆盖度 $\theta>0.2$ 时，发生超结构变换 hex→(1×1)，此时一并发生吸附的 CO 分子在原（1×1）表面区顶形成一 C(2×2) 吸附层结构，如图 2-14 所示（参见 G. Ertl. Ilids，1988，90：284）。

表 2-3　各种金属原子层间的弛豫数据

金属	取向的表面	原子层间弛豫(垂直于前面第三层原子间距的变化)/%		
		Δ_{12}	Δ_{23}	Δ_{34}
Al	[110]	−8.6	+5.0	−1.6
V	[100]	−6.7	+1.0	
Fe	[211]	−10	+5	
Fe	[310]	−16	+12	−4
Ni	[110]	−8.4	+3.1	
Ni	[311]	−15.9	+4.1	−1.6
Cu	[110]	−10	+2	
Cu	[100]	−1.1		
Ag	[110]	−5.7	+2.2	−0.9

注：＋表示伸长；－表示收缩。

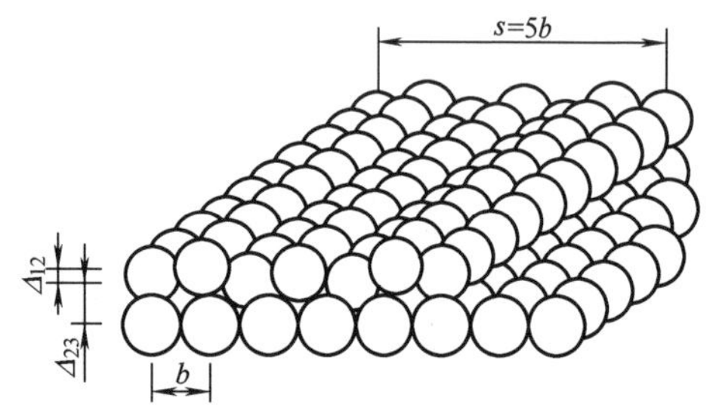

图 2-13　金属 Ir(100) 表面重构模式［表面周期性为（1×5）］

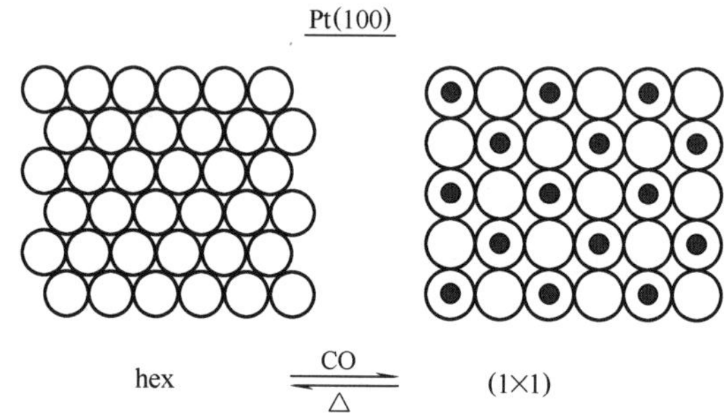

图 2-14　原（1×1）结构吸附 CO 后表面重构

上述这些固体表面的结构变化，有助于对不同类型表面结构的了解。

2.3.3　吸附单分子层的有序化膜

具有等价吸附位数 n_0 的均匀表面，吸附原子或分子数目 n/n_0 值，称作覆盖度（θ，$\theta=n/n_0$）。对于均匀的表面来说，单层吸附的覆盖度总是等于或小于 1。当洁净表面发生吸附时，由于形成表面化学键，故总有热释放出来。与吸附层联系在一起的吸附热 $\Delta H_{吸}$，显示单层中的原子和分子与吸附表面间的相互作用强度。两种实验得到的宏观参数 θ 和 $\Delta H_{吸}$，总能很好地表征单层吸附，以及吸附层中键合的性质。

作为被吸附物种结合能量的吸附热 $\Delta H_{吸}$ 总是正值。显然，温度越低，$\Delta H_{吸}$ 越大，分子滞留在表面上的时间越长，表面被覆盖得越多。根据已知的温度 T、压力 p 和 $\Delta H_{吸}$，即可估算吸附质的表面浓度 $[n_A]_S$（分子/cm^2）。位于固体表面上的分子，当其停留时间足够长，且当 $\Delta H_{吸}$ 与体相扩散活化能 $\Delta E_D^{\neq}$ 足够高到可与 $KT(\geqslant kT)$ 相比较时，定位于特定活性位上的表面分子可能沿表面滑动。这种吸附单层表面有序化，主要取决于位能垒的深度，该能垒表征一个原子或分子跳到相同表面层一个邻近的活性位所需的能量。$\Delta E_D^{\neq}$ 的大小与位能垒相当。当 $\Delta E_D^{\neq}$ 较小时，有序化限于低温；当温度升高时，吸附的原子易于移动；若温度过高，吸附的原子或分子就脱附或者挥发了。

完整有序化的表面代表着能量最为有利的表面构型。然而，真实的表面不可能是完整有序化的。因为某种热运动总使个别的吸附质分子跳入能量配准的位置之外，甚至在绝对零度下也有零点运动错位原子的平衡位置。其次，表面也不存在渐近式的平衡点，某些位错具有数小时级的半衰期，可以在吸附层中某些位错形成吸附粒子簇状物孤岛。所以表面完整有序化是不存在的，而完全混乱也不存在。

认识孤岛的形成是有意义的，因为据此可以由衍射实验判断表面覆盖状况。孤岛形成时，覆盖度比较低。要使覆盖度增加，使单层有序化成为可能，首先必须降低温度，使表面形成二维的有序化结构。除温度以外，影响表面有序化的因素还有脱附速率、体相扩散等，但温度的影响是指数性的。

固体表面有机分子的吸附特征对表面科学的诸多领域具有重要意义。吸附有机分子的有序化和取向，对于黏结、润滑和烃类的催化反应等都具有重要作用。近二十多年来，单分子膜、分子有序组装膜、分子有序组合体的研究蓬勃发展，形成了一个重要的领域。因为分子有序组合体是一种比分子复杂得多的功能单元，能用以复制某些生命现象和制备尖端材料及器件，具有极其广泛的应用前景。

固体表面上的吸附物种，一般是不迁移的，但可以交换，即从一个活性位上与另一个在表面或体相中的粒子交换。现今还知道，某相中一个吸附物种迁移至另一相，后者是不直接吸附的，这种现象称为溢流。溢流现象是在 20 世纪 50 年代初发现的，而后引起众多的研究，并于 1983 年在法国 Lyons 专门召开了第一次国际会议（FISSAS），讨论吸附物种的溢流现象。

溢流的定义：当一种在第一相活性吸附或形成的物种，迁移进入另一相，后者在相同条件下是不吸附或形成该物种的。这种结果可能是该物种在第二相与其他吸收的气体或活化反应作用给出的。机理上有连续的七步。

研究表明，与溢流相联系的第一种现象是增强了单金属、双金属负载型催化剂的吸附能力，主要表现为对 H_2 的反常吸附量和吸附速率；第二是增强了表面上的同位素交换；第三是改变了与单独存在时的微晶态或无定形态的化学等同性，它可以与载体或添加剂形成一种新的计量化合物，也可能溶入载体中形成固溶体。我国学者谢有畅、唐有祺等研究负载型催化剂的系统后发现，许多氧化物和盐在载体表面能够自发地呈单层分散，因为此时的单分散层是热力学上最为稳定的形态。

基于大量的实验研究得出，载体表面上形成的自发单层由密堆的氧化物或盐的阴离子所形成，阳离子占据阴离子的狭缝。估计载体的比表面积对 γ-Al_2O_3 为 $200m^2/g$；对 SiO_2 为 $300m^2/g$；对活性炭为 $1000m^2/g$；对不同的活性组分为 $0.1g/100m^2$ 或更高。在很多这类催化剂中单层分散并不对应于载体表面完全覆盖，更确切为亚单层分散。而且有一临界分散容量，超过此容量仍以残存的活性组分微晶相存在。对于 MoO_3/γ-Al_2O_3 体系，临界容量（阈值）为 $0.12g\ MoO_3/100m^2\ \gamma$-$Al_2O_3$，也就是说，有一 MoO_3 “分子”占据 $20Å^2$❶ 表面积。在实验误差范围内，极限分散容量等于或小于密堆单层容量，自发分散的活性组分在载体表面形成暴露于溢流材料中的体相扩散；最后，最重要的是关联溢流的负载型催化剂中强金属载体的相互作用（strong metal-support interaction，SMSI）。

SMSI 现象是 1978 年 Tauster 等（JACS，1978，100：170）在 Pt/TiO_2 催化剂上观察到的。以后有很多的研究报道。发生 SMSI 的催化体系主要是 M/TiO_2 型的，其中的金属组

---

❶ $1Å=10^{-10}m$，全书同。

分 M 为 Pt、Ni、Rh、Ru、Pd、Ir、Au 和 Ag，载体包括 TiO_2、V_2O_3、Ta_2O_5、TiO 和 Ti_2O_3。关于 SMSI 的作用机理，不同的研究者意见并不统一。但是氢的溢流现象具有主要作用，甚至是产生 SMSI 的必要前提条件。对 SMSI 机理共同的认可的前提条件是：载体先为氢还原，温度近 500℃，有能化学吸附氢并使之解离的金属存在。目前人们对 SMSI 的研究，虽然肯定了它普遍存在，但其属性和作用机理仍有待更深入的研究。

多相催化中活性组分存在的形态对催化作用是至关重要的。研究指出，活性组分分散于载体上可以是单层、逊单层和多层三种形式之一，更多的为逊单层而不是多层。这种现象普遍存在。

单层分散作为自发过程，热力学上必然要求其 $\Delta G<0$，故在载体表面上必然是熵增加。即单层与载体表面的表面键足够强，使熵效应起决定性作用。但是，未能观测到 Sn、Pb、Bi 和 Zn 等金属在 γ-Al_2O_3 表面的成功分散，估计这时所需能量过大。

活性组分的单层分散态，与其单独的微晶态有许多不同之处，可以在表面敏感的谱仪分析上显示出来。谢有畅、唐有祺两位学者及从事该现象研究的众多学者，通过 X 射线光电子能谱（XPS）、俄歇电子能谱（AES）、静态二次离子质谱（SSIMS）、离子散射谱（ISS）、拉曼光谱、外延 X 射线吸收光谱精细结构（EXAFS）、透射电镜（TEM）等，都观测到由二者间的差别产生的效应。这种单层分散态影响到负载催化剂的表面酸性、程序升温脱附（TPD）行为和对气态物质的吸附能力等，可从实验中观测到。

多相催化剂的制备紧密关联到活性组分在载体表面上的分散状态。故上述的自发单层分散对多相催化具有广泛的应用前景。

① 可借此制备高活性单层分散的催化剂。例如，20 世纪成功开发的高效 PE、PP 催化剂，就是基于在载体 $MgCl_2$ 上单层分散 $TiCl_3$ 制成的。应用这种高效催化剂给 PE、PP 工业带来了巨大的经济效益和技术成就。其次，对于许多商业应用的催化剂，使用自发单层分散技术，可使其制法得以改善和简化。最后，活性组分或其前驱体的单层分散容量，对确定所制催化剂的正确配量是极有用的，超过单层分散容量阈值，对催化剂活性是无益的。

② 借助单层分散技术作为表面修饰手段。

③ 通过单层分散技术制备负载型金属粒子，难以单层分散，但可用其氧化物或盐做单层分散，再经还原或热处理得到金属微粒。

④ 作为分子筛型载体的内表面修饰技术。

2.4 固体能带结构简介 >>>

化学教学中已介绍过原子轨道线性组合成分子轨道（LCAO-MO）理论。对于双原子分子，两个能量相近的 s 轨道叠合成 σ（成键）和 σ^*（反键）分子轨道。p 轨道可叠合为 σ/σ^*（p_zAO 的叠合）同样可以叠合为 π/π^*（p_x 和 p_y AO 的叠合）。对于含有 d 型 AO 的金属的叠合更为复杂，除可给出 σ/σ^*、π/π^* 外，还可以有 δ 成键/反键 MO，见表 2-4 与图 2-15。

表 2-4 多种类型原子轨道（A.O）之间叠加为成键轨道和反键轨道（*）

编号	原子轨道的组合	位相同相重叠	位相异相重叠(*)
1	s−s(σ)		
2	s−p(σ)		

续表

编号	原子轨道的组合	位相同相重叠	位相异相重叠(*)
3	p－p(σ)		
4	p－p(π)		
5	s－d(σ)		

6	p－d(σ)		

7	p－d(π)	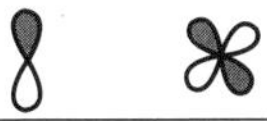	
8	d－d(π)		

9	d－d(δ)		
		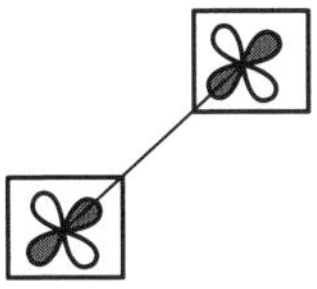	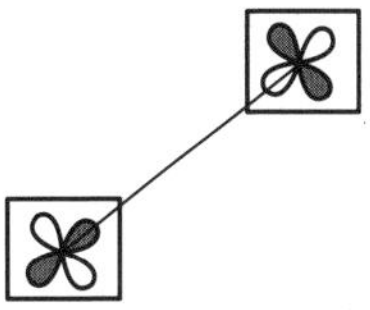

LCAO-MO 键合理论中一个关键性概念是：相互键合的 AO 数目会形成相同数目的 MO，在一种晶格中，当原子的数目增加至无穷大时，则在成键轨道与反键轨道区间能级差为零，即 $\Delta E = 0$，这是 Pauli 不相容原理的一种应用，即对 N 电子态必有 $N/2$ 个有效态以容纳相对应的电子密度。占驻有电子的能带称为价带，而未占驻电子的能带称为导带，如图 2-16 所示。

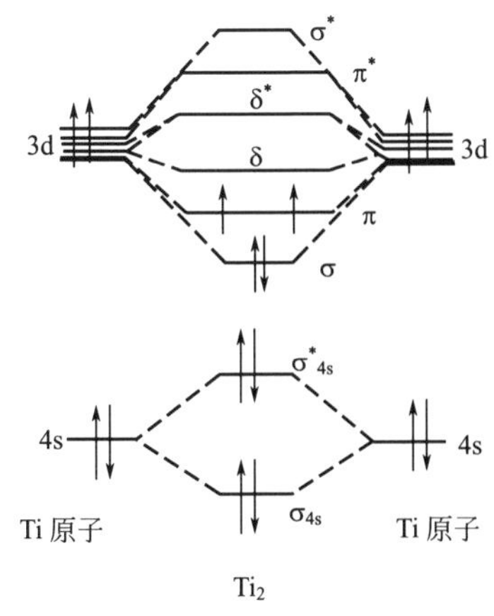

图 2-15　双原子 Ti_2 的 AO 叠加成键

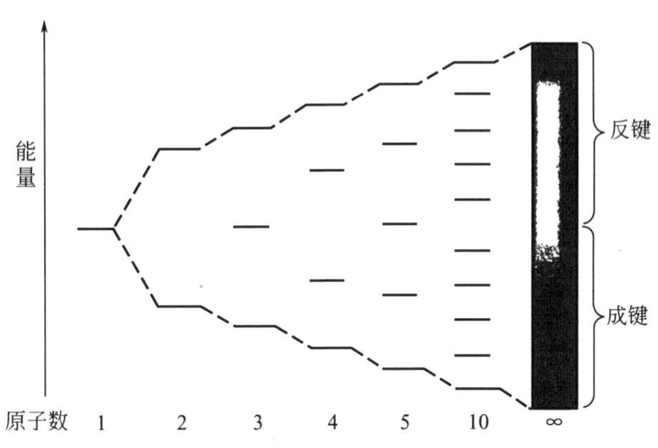

图 2-16　金属固体能带图

电子的传导对应于电子从价带跃迁到导带上，故金属在绝对零度时也是导体。对于半导体和绝缘体来说，其能带区有禁带存在，分别为 190kJ/mol 和>290kJ/mol。在高温下由于热电子激发于价带和导带之间跃迁，使半导体变为导体；而绝缘体由于禁带过宽，价带电子无法跃迁，故仍保留为非导体。图 2-17 和图 2-18 分别描绘了半导体和金属的电子能带形成过程。

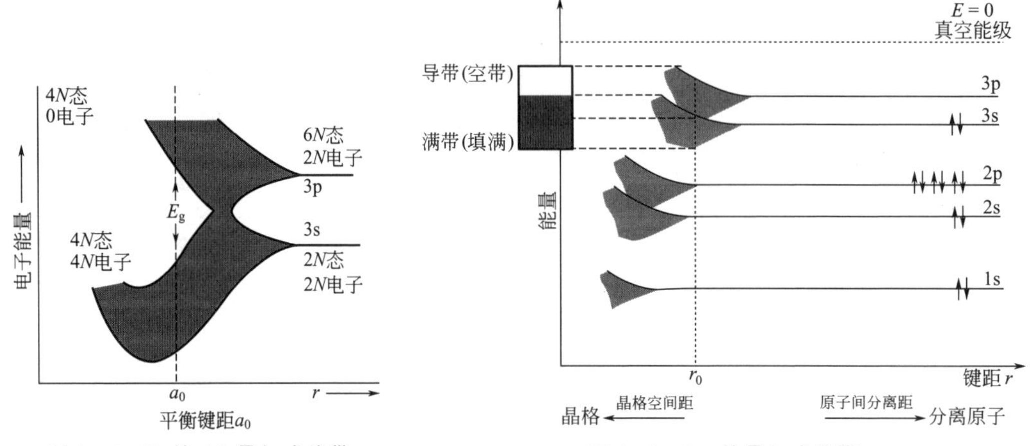

图 2-17 Si_x 的 AO 叠加成能带

图 2-18 Mg 的叠加成能带

对于金属，绝对零度下，电子占据的最高能级就是 Fermi 能级（费米能级）。对于研究和了解过渡金属的催化性能方面，Fermi 能级具有重要作用。金属能带结构理论表明，所有的过渡金属 Fermi 能级都落在 d 带内。任何金属的价态电子组态都是 $(n-1)$dns，如果有 x 个电子，则分布在 $d^{(x-1)}s^1$ 组态中。当过渡金属从 Ti、V、Cr、Mn、Fe、Co、Ni 向右移动时，d 带下降，这是因为 d 电子不能有效屏蔽核电荷造成的。d 带随右移变得更收缩，能带发散较小，能带填充增加，Fermi 能级下降。这种 Fermi 能级的变迁，能较好地解释这些过渡金属催化费-托合成的有效活性变化，见图 2-19。

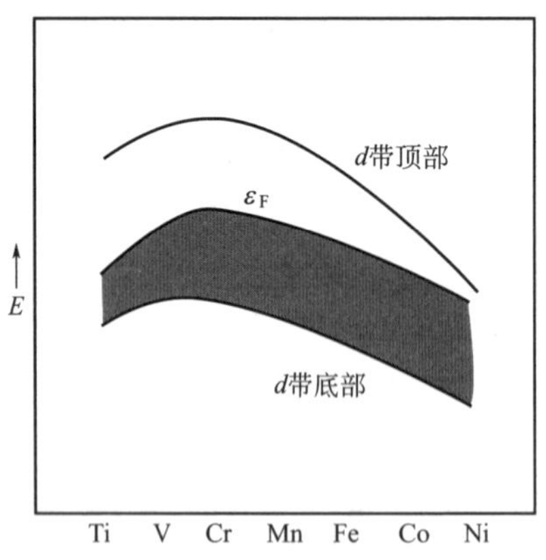

图 2-19 过渡金属 Fermi 能级的变化

第3章 吸附与多相催化

一个化学反应要在工业上实现，基本要求是该反应能以一定的反应速率进行。也就是说，要求在单位时间内能够获得足够数量的产品。在学习化学动力学时已经知道，欲提高反应速率可以有多种手段，如采用加热方法、光化学方法、电化学方法和辐射化学方法等。加热方法往往缺乏足够的化学选择性，其他的光、电、辐射等方法作为工业装置使用往往需要消耗额外的能量。应用催化的方法，既能提高反应速率，又能对反应方向进行控制，且原则上催化剂是不消耗的。因此，应用催化剂是提高反应速率和控制反应方向较为有效的方法。而对催化作用和催化剂的研究应用，也就成为现代化学工业的重要课题之一。本章首先介绍了催化作用与催化剂的基本概念和原理，催化剂的主要组成和功能，以及对工业催化剂的基本要求；其次是吸附概念、吸附的类型和吸附等温式，以及气体分子在金属和金属氧化物上的吸附行为；最后讨论多相催化的反应步骤。

3.1 催化作用与催化剂 >>>

3.1.1 催化作用的定义与特征

3.1.1.1 定义

根据IUPAC于1981年提出的定义，催化剂是一种能够加速反应速率而不改变该反应的标准Gibbs自由焓变化的物质。这种作用称为催化作用。涉及催化剂的反应称为催化反应。

在文献中还能见到其他的催化剂定义，其实质与上述定义是一致的。例如，催化剂是一种物质，它加速化学反应趋于平衡，而自身在反应的最终产物中不显示，或者说在反应过程中不会自始至终地参与。这里强调了催化剂作为一种化学物质，它能够与反应物相互作用，但是在反应终了时它保持不变。由于催化剂在反应终了时不变，故不改变反应物系的初始态，不改变反应的平衡点。

催化剂之所以能够加速化学反应趋于热力学平衡点，是由于它为反应物分子提供了一条较易进行的反应途径。以合成氨反应为例，工业上采用熔铁催化剂合成。若不采用催化剂，在通常条件下 N_2 分子和 H_2 分子直接化合是极困难的；即使有反应发生，其速率也极慢。因为这两种分子十分稳定，破坏它们的化学键需要大量的能量，在500℃、常压的条件下，反应的活化能为334.6kJ/mol，此种情况下氨的产率极低。但采用催化剂后则情况大不相同，这两种反应分子通过化学吸附使其化学键由减弱到解离，然后化学吸附的氢（H_a）与化学吸附的氮（N_a）进行表面相互作用，中间再经过一系列的表面作用过程，最后生成吸附态的氨分子，并从催化剂表面上脱附生成气态氨。

$$H_2 \longrightarrow 2H_a \tag{3-1a}$$

$$N_2 \longrightarrow 2N_a \tag{3-1b}$$

$$H_a + N_a \longrightarrow (NH)_a \tag{3-1c}$$

$$(NH)_a + H_a \longrightarrow (NH_2)_a \tag{3-1d}$$

$$(NH_2)_a + H_a \longrightarrow (NH_3)_a \tag{3-1e}$$

$$(NH_3)_a \longrightarrow NH_3 \tag{3-1f}$$

催化反应速率的控制步骤为式(3-1b)，即 N_2 分子的解离吸附，它所需的活化能仅为70kJ/mol，比无催化剂时低得多，所以反应速率得到很大提高，在500℃、常压的相同条件下，比相应的均相反应高出13个数量级（见图3-1）。但是，不论有无催化剂参加，反应初态和终态的焓值不变，故平衡转化率 x_e 是相同的，催化剂并不影响反应的平衡点。

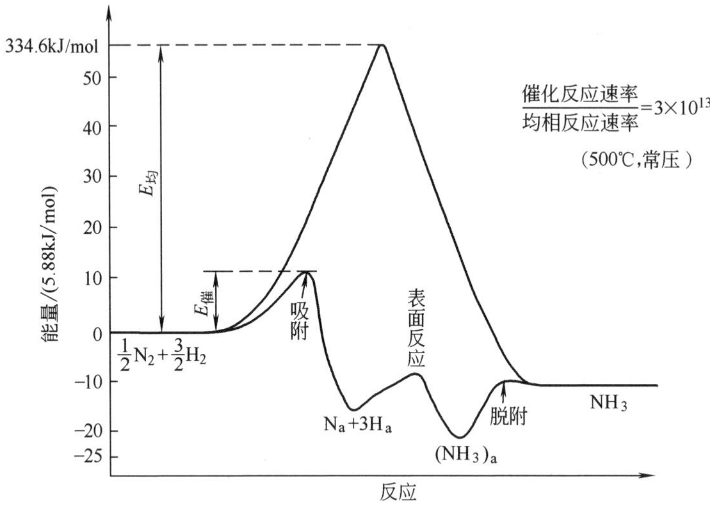

图 3-1 $\frac{1}{2}N_2+\frac{3}{2}H_2 \longrightarrow NH_3$ 的催化反应途径

3.1.1.2 特征

催化作用具有四个基本特征，可以根据上述定义导出，对于了解催化剂的功能是很重要的。

① 催化剂只能加速热力学上可以进行的反应，而不能加速热力学上无法进行的反应。如果某种化学反应在给定的条件下属于热力学上不可行的，这就告诉人们不要为它白白浪费人力和物力去寻找高效催化剂。因此，在开发一种新的化学反应的催化剂时，要求首先对该反应体系进行热力学分析，看它在该条件下是否属于热力学上可行的反应。

② 催化剂只能加速反应趋于平衡，而不能改变平衡的位置（平衡常数 K_f）。对于给定的反应，在已知条件下，其催化和非催化过程的 $-\Delta G_r^\ominus$ 值是相同的，即 K_f 值是相同的。以乙苯氧化脱氢生成苯乙烯为例，在600℃、常压条件下，乙苯与水蒸气分子的物质的量之比为1∶9时，按平衡常数计算，该反应达平衡后苯乙烯的最大产率为72.8%。这是热力学所预示的反应限度，常称为理论产率或平衡产率。为了尽可能地实现该产率，可以选择良好的催化剂使反应加速。但在上述条件下，要想用催化剂使苯乙烯产率超过72.8%是徒劳的。

根据 $K_f=\overrightarrow{k}/\overleftarrow{k}$，既然催化剂不能改变平衡常数 K_f 的数值，故它必然以相同的比例加速正、逆反应的速率。这个推论具有重要的实际意义。由此可以得出，对于可逆反应，能够催化正方向反应的催化剂，就应该能催化逆方向反应。例如，脱氢反应的催化剂同时也是加氢反应的催化剂，水合反应的催化剂同时也是脱水反应的催化剂，一般都是如此。这条规则对选择催化剂很有用。例如，由合成气合成甲醇，由氢、氮混合气合成氨，直接研究正方向反应需要高压设备，不方便，故早期研究中利用常压下的甲醇分解反应、氨分解反应，初步筛选相应的合成用催化剂，就是利用上述规则。

③ 催化剂对反应具有选择性。当反应有一个以上的不同方向时，或可导致热力学上可能的不同产物的生成，催化剂仅加速其中的一种，促进反应的速率与选择性是统一的。例如，以合成气为原料，在热力学上可能得到甲醇、甲烷、合成汽油、固体石蜡等不同的产物，利用不同的催化剂，可以使反应有选择性地向某一个所需的方向进行，生成所需的产品。这就是催化剂对反应具有选择性。

④ 催化剂的寿命。催化剂能改变化学反应的速率，其自身并不进入反应的产物，在理想情况下不为反应所改变。催化剂是一种化学物质，它借助于与反应物间的相互作用而起催化作用，在完成催化的一次反应后，又恢复到原来的化学状态，因而能循环不断地起催化作用。催化剂暂时介入反应，在反应物系的始态和终态间架起了新的通路，从而改变了反应的能态途径，可以沿一条更为省力的途径进行反应。催化剂在参与反应过程中先与反应物生成某种不稳定的活性中间络合物，后者再继续反应生成产物和恢复成原来的催化剂。这样不断循环起作用。所以，一定量的催化剂可以使大量的反应物转化成大量的产物。但在实际反应过程中，催化剂并不能无限期地使用，它自身作为一种哪怕是短暂的参与者，在长期受热和化学作用下，也会经受一些不可逆的物理的和化学的变化，如晶相变化、晶粒分散度的变化、易挥发组分的流失、易熔物的熔融等。这些过程导致催化剂活性下降。当反应持续进行时，催化剂要受到亿万次这种作用的侵袭，最后导致催化剂失活。

根据上述的催化作用以及催化剂定义和特征分析，有三种重要的催化指标：活性、选择性和稳定性。它们之中哪个最重要？对此很难做出回答，因为每种特定的催化过程有其特定的需要。从工业生产的角度来说，强调的是原料和能源的充分利用，多数的技术研究工作致力于现行流程的改进，而不是开发新的。据此，可以认为这三种指标的相对重要性，首先是追求选择性，其次是稳定性，最后才是活性。而对新开发的工艺及其催化剂，首先要追求高活性，其次是高选择性，最后才是稳定性。

3.1.2　催化剂的组成与载体的功能

3.1.2.1　催化剂的组成

工业催化剂通常不是单一的物质，而是由多种物质组成。绝大多数工业催化剂有三类可

❶ 1bar=10^5Pa，全书同。

以区分的组分，即活性组分、载体、助催化剂。这三类组成部分的功能及其相互关系如图 3-2 所示。

（1）活性组分

活性组分是催化剂的主要成分，有时由一种物质组成，如乙烯氧化制环氧乙烷使用的银催化剂，活性组分就是单一物质——银；有时则由多种物质组成，如丙烯胺氧化制丙烯腈使用的钼-铋催化剂，活性组分由氧化钼和氧化铋两种物质组合而成。在寻找和设计某种反应所需的催化剂时，活性组分的选择是首要步骤。目前，就催化科学的发展水平来说，虽然有一些理论知识可用作选择活性组分的参考，但确切地说仍然是经验的。历史上为了方便曾将活性组分按导电性的不同加以分类，见表 3-1。这样的分类，主要是为方便，并没有肯定导电性与催化之间存在着任何的关联。然而，二者都与材料原子的电子结构有关。另外，还有其他的分类方法。

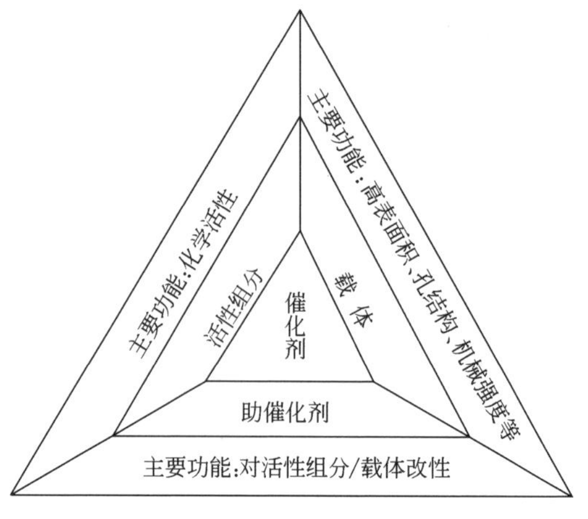

图 3-2 催化剂组分与功能的关系

表 3-1 活性组分的分类

类别	导电性（反应类型）	催化反应举例	活性组分示例
金属	导电体（氧化反应，还原反应）	选择性加氢 $C_6H_6 + 3H_2 \xrightarrow{Ni} C_6H_{12}$ 选择性氢解 $CH_3CH_2(CH_2)_nCH_3 + H_2 \xrightarrow{Ni,Pt} CH_4 + CH_3(CH_2)_nCH_3$ 选择性氧化 $C_2H_4 + [O] \xrightarrow{Ag} H_2C$—$CH_2$（环氧，O）	Fe、Ni、Pt Pd、Cu、Ni、Pt Ag、Pd、Cu
过渡金属氧化物、硫化物	半导体（氧化还原）	选择性加氢、脱氢 $C_6H_5CH{=}CH_2 + H_2 \xrightarrow{CuO} C_6H_5C_2H_5$ 氢解 $C_4H_4S + 4H_2 \xrightarrow{MoS_2} C_4H_{10} + H_2S$ 氧化 甲醇 $\xrightarrow{[O],Fe_2O_3\text{-}MoO_3}$ 甲醛	ZnO、CuO、NiO、Cr_2O_3 MoS_2、Cr_2O_3 Fe_2O_3-MoO_3
非过渡元素氧化物	绝缘体（碳离子反应，酸碱反应）	聚合、异构 正构烃 $\xrightarrow{Al_2O_3}$ 异构烃 裂化 $C_nH_{2n+2} \xrightarrow[(n=m+p)]{SiO_2\text{-}Al_2O_3} C_mH_{2m} + C_pH_{2p+2}$ 脱水 异丙醇 $\xrightarrow{\text{A 型分子筛}}$ 丙烯	Al_2O_3、SiO_2-Al_2O_3 SiO_2-Al_2O_3、分子筛 分子筛

在金属、半导体和绝缘体三类活性组分中，分析每一类的催化活性模型，都有一种以上的理论和实验背景材料。有关活性组分的催化理论讨论，将在后面进一步介绍。

（2）载体

载体是催化活性组分的分散剂、黏合物或支撑体，是负载活性组分的骨架。将活性组分、助催化剂组分负载于载体上所制得的催化剂，称为负载型催化剂。

载体的种类很多，可以是天然的，也可以是人工合成的。为了使用上的方便，可将载体划分为低比表面积和高比表面积两大类。常用载体的类型及其宏观结构参数见表 3-2。

表 3-2　常用载体的类型及其宏观结构参数

载体	比表面积/(m^2/g)	比孔容/(mL/g)	载体	比表面积/(m^2/g)	比孔容/(mL/g)
低比表面积			高比表面积		
刚玉	0～1	0.33～0.45	氧化铝	100～200	0.2～0.3
碳化硅	<1	0.4	SiO_2-Al_2O_3	350～600	0.5～0.9
浮石	0.04～1	—	铁矾土	150	0.25
硅藻土	2～30	0.5～6.1	白土	150～280	0.3～0.5
石棉	1～16	—	氧化镁	30～140	0.3
耐火砖	<1	—	硅胶	400～800	0.4～4.0
			活性炭	900～1200	0.3～2.0

低比表面积载体，有的是由单个小颗粒组成的，也有的是平均孔径大于 2000nm 的粗孔物质，还有一些比表面积特别低的，如刚玉、碳化硅等是无孔的。这类载体对负载的活性组分的活性影响不大，热稳定性高，常用于高温反应和强放热反应。高比表面积载体，其比表面积在 $100m^2/g$ 以上而孔径小于 1000nm 者，为许多工业催化过程所需要。因为多相催化反应是在界面上进行的，且经常是催化剂的活性随比表面积的增大而增加，为了获得较高的活性，往往将活性组分负载于大比表面积的载体上。

载体不仅关系到催化剂的活性、选择性，还关系到它们的热稳定性和机械强度，关系到催化过程的传递特性，故在筛选和制造优良的工业催化剂时，需要弄清载体的物理性质及其功能。

（3）助催化剂

助催化剂是加入到催化剂中的少量物质，是催化剂的辅助成分，其本身没有活性或者活性很小，但把它加入到催化剂中，可以改变催化剂的化学组成、化学结构、离子价态、酸碱性、晶格结构、表面构造、孔结构、分散状态、机械强度等，从而提高催化剂的活性、选择性、稳定性和寿命。助催化剂的功效往往很大，同一种活性组分加入不同的添加物，其效应不同，而且助催化剂的含量效应常比载体的含量效应敏感得多。

助催化剂可以元素状态加入，也可以化合状态加入。有时加入一种，有时则加入多种，几种助催化剂之间可以发生交互作用，所以助催化剂的作用问题是比较复杂的。助催化剂的选择和研究是催化领域中十分重要的问题。有关助催化剂的资料，文献上往往是不公开的，许多研究者的探索也常常集中在这一方面。

助催化剂按作用机理的不同，一般分为结构型和电子型两类。结构型助催化剂的作用主要是提高活性组分的分散性和热稳定性。通过加入这种助催化剂，使活性组分的细小晶粒间隔开来，不易烧结；也可以与活性组分生成高熔点的化合物或固熔体而达到热稳定，可提高活性。例如，合成氨用的铁催化剂，通过加入少量的 Al_2O_3 使其活性提高，寿命大大延长。其原因是 Al_2O_3 与活性铁形成了固熔体，有效地阻止了铁的烧结。光电子能谱的研究表明，Al_2O_3 主要稳定了铁原子晶格的最具活性的晶面。电子型助催化剂的作用是改变主催化剂的电子结构，提高催化活性及选择性。研究表明，金属的催化活性与其表面电子授受能力有关，这在后文中将要详细讨论。具有空余成键轨道的金属，对电子有强的吸引力，而吸附能力的强弱是与催化活性紧密相关的。在合成氨用的铁催化剂中，由于 Fe 是过渡元素，有空的 d 轨道可以接受电子，故在 Fe-Al_2O_3 中加入 K_2O 后，后者起电子授体作用，把电子传给 Fe，使 Fe 原子的电子密度增加，提高其活性，所以 K_2O 是电子型的助催化剂。

助催化剂除促进活性组分的功能以外，也可以促进载体功能。最明显的一例是调控载体的热稳定性。例如，Al_2O_3 有 γ 体和 α 体等不同的物相，前者比表面积大，后者比表面积小，当加热到 700℃以上的高温时，γ 体便逐步转变为 α 体，若在 γ-Al_2O_3 中加入少量 SiO_2 或 ZrO_2（加入量仅为 1%～2%）即可阻止在高温下发生这种相变。

表 3-3 中列出了常见的助催化剂及其作用功能。

表 3-3　常见的助催化剂及其作用功能

活性组分或载体	助催化剂	作用功能	活性组分或载体	助催化剂	作用功能
Al_2O_3	SiO_2、ZrO_2、P	促进载体的热稳定性	Pt/Al_2O_3	Re	降低氢解和活性组分烧结，减少积炭
	K_2O	减缓活性组分结焦，降低酸度	MoO_3/Al_2O_3	Ni、Co	促进 C—S 和 C—N 氢解
	HCl	促进活性组分的酸度		P、B	促进 MoO_3 的分散
	MgO	间隔活性组分，减少烧结	Ni/陶瓷载体	K	促进脱焦
SiO_2-Al_2O_3	Pt	促进活性组分对 CO 的氧化	Cu-ZnO-Al_2O_3	ZnO	阻止 Cu 的烧结，提高活性
分子筛（Y 型）	稀土离子	促进载体的酸度和热稳定性			

3.1.2.2　载体的功能

(1) 提供有效的表面和适宜的孔结构

将活性组分用各种方法负载于载体上，可以使催化剂获得大的活性表面和适宜的孔结构。催化剂的宏观结构，如比表面积、孔结构、孔隙率、孔径分布等，对催化剂的活性和选择性会有很大影响，而这种宏观结构又往往由载体来决定。有些活性组分自身不具备这种结构，就要借助于载体实现。如粉状的金属镍、金属银等，它们对某些反应虽有活性，但不能实际应用，要分别负载于 Al_2O_3、浮石或其他载体上，经成型后才在工业上使用。

维持活性组分高度分散是载体最重要的功能之一。图 3-3 所示为负载铂催化剂的分散度（八面体晶粒球表面上原子数 N_s 与晶粒中的原子总数 N_T 之比，即 N_s/N_T）与微晶粒径的关系。在 1～10nm，分散度迅速降低。理论上铂粒应尽可能地小，但是，在粒径为0.5～5nm 范围内，铂粒呈胶状铂黑。在 400～500℃温度下，这种胶粒会迅速烧结或者聚集，因为晶体在其 Hüttig 温度（$0.3T_m$）下表面原子具有足够的能量克服表面微弱的晶格间力，进行扩散并形成瓶颈状体。铂的熔点（T_m）为 2047K，如制成铂黑，在 400℃下 1h 就会聚

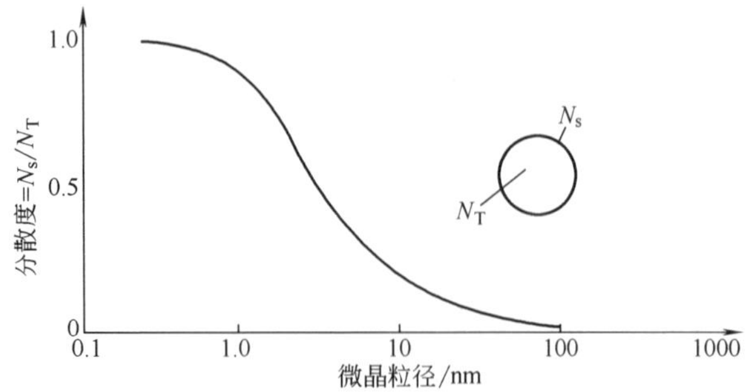

图 3-3　负载铂催化剂的分散度与微晶粒径关系

集成 50nm 的微晶，6 个月就能形成 200nm 的微粒，这样的不稳定性当然不能采用。若将它负载在载体上，烧结和聚集就会大大降低。而载体一般是高熔点物，是热稳定的。

(2) 增强催化剂的机械强度，使催化剂具有一定的形状

工业催化剂对其机械强度有一定要求，这经常是通过载体的选择和设计得到满足。催化剂的机械强度，是指其抗磨损、抗冲击、抗重力、抗压和适应温变、相变的能力。机械强度高的催化剂，能够经受住颗粒之间、颗粒与气流、器壁之间的磨损，催化剂运输、装填时的冲击，催化剂自身的重量负荷，以及反应终始、还原过程等发生的温变、相变所产生的应力，颗粒孔隙中结焦产生膨胀等而不致破裂或粉碎。机械强度差的催化剂，由于上述种种过程导致其破裂或粉化，造成流体分布不均，增加床层阻力，乃至被迫停车。

催化剂的机械强度与载体的材质、物性及制法有关。无机固体物的强度和硬度与其熔点间存在粗略的一般关系。低熔点的固体物具有低的硬度和强度，而高熔点者具有高的硬度和强度。制备负载型催化剂时，共胶法所得的强度一般大于共沉淀法，浸渍法又次之。有时为了提高强度可加入某种黏结剂以补强。另外，还可以利用载体赋予固体催化剂以一定形状和大小，使之符合工业反应器中流体力学的需要。有关机械强度的测试与表征，将在第 10 章中讨论。

(3) 改善催化剂的传导性

为了适应工业上强放（吸）热反应的需要，载体一般应具有较大的比热容和良好的导热性，使反应热能迅速传递出（进）去，避免局部过热而引起催化剂的烧结和失活或设备损坏，还可以避免高温下的副反应，从而提高催化剂的选择性。

(4) 减少活性组分的含量

使用贵金属（如 Pt、Pd、Rh 等）催化剂时，采用载体将活性组分高度分散，减少用量，具有重要意义。负载的金属量可以很低（如 0.3% Pt/Al_2O_3），也可以很高（如 70%Ni/Al_2O_3），取决于催化的反应及其工艺条件。在维持活性组分高度分散的前提下，负载量的多少对载体的作用是很重要的。对于微小的微晶，烧结是通过表面上的迁移和聚结发生的，除温度以外，微晶的浓度和原子在表面的淌度都是很重要的因素。所以，活性组分微晶即使在载体表面上彼此隔离开的情况下也有可能烧结。图 3-4 所示为负载型 Ni/Al_2O_3 催化剂上的负载量效应。随着 Ni 负载量的增加，镍总面积一直上升；甚至当 Ni 含量达到 40%时，微晶 Ni 仍是彼此足够分开，以致在还原处理时不发生广泛的烧结。然而，达到 50%以上时，微晶间的相互聚结增强了，微晶长大了，镍总面积下降了。单位催化剂体积的活性越过一极大值点。在超过 50%以上的负载量下，载体的间隔作用仍然有效。

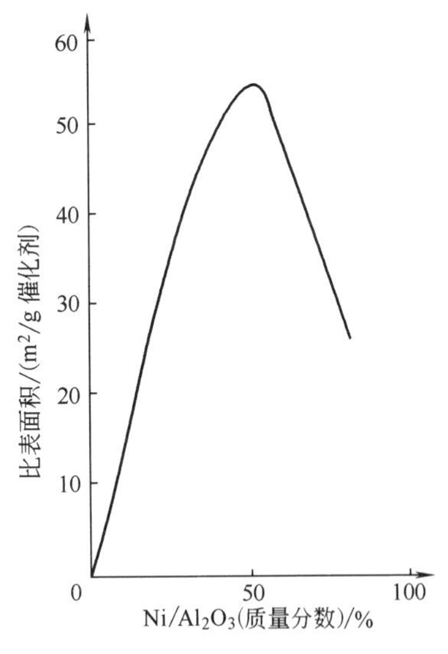

图 3-4 负载型 Ni/Al_2O_3 比表面积变化

(5) 载体提供附加的活性中心

在一般情况下，载体是无催化活性的，以避免导致不必要的副反应。对于高熔点、低比表面积的载体，情况正是如此。然而，对 γ-Al_2O_3 这类载体，其表面同时存在不同性质的酸活性中心，如在制备时不加以处理，就有诱发不期望的副反应的可能。但有时，载体的这种附加活性中心却能促使目的反应朝有利的方向进行。例如，低负载的 Pt/γ-Al_2O_3 重整催化

剂，金属 Pt 催化环烷烃脱氢成芳烃，而正构烷烃的异构化要依靠 Pt 和载体γ-Al_2O_3的酸中心对烷烃脱氢与烯烃的异构化共同完成。即

$$n\text{-}C_6^0 \xrightarrow[\text{Pt}]{-\text{H}} n\text{-}C_6^{=} \xrightarrow[\gamma\text{-Al}_2\text{O}_3]{\text{H}^+} i\text{-}C_6^{=} \xrightarrow[\text{Pt}]{+\text{H}} i\text{-}C_6^0$$

在这三步连串反应中，n-C_6^0 由 Pt 催化脱氢成 n-$C_6^{=}$，它迁移到 Al_2O_3 上异构化成i-$C_6^{=}$，随后再迁移到 Pt 上加氢成 i-C_6^0。此反应中，Pt 与 Al_2O_3 的活性中心必须是邻近接触到的，且 γ-Al_2O_3 有足够的酸度。这种催化剂的设计是载体功能的重要发展。

(6) 活性组分与载体之间的溢流现象和强相互作用

多相催化中的溢流（spillover）现象，是 20 世纪 50 年代初研究 H_2 在 Pt/Al_2O_3 上的解离吸附时发现的，现在发现 O_2、CO、NO 和某些烃分子吸附时都可能发生这种溢流现象。所谓溢流现象，是指固体催化剂表面的活性中心（原有的活性中心）经吸附产生出一种离子的或自由基的活性物种，它们迁移到其他活性中心上（次级活性中心）的现象。它们可以化学吸附诱导出新的活性或进行某种化学反应。如果没有原有的活性中心，这种次级活性中心不可能产生出有意义的活性物种，这就是溢流现象。它的发生至少需要两个必要条件：溢流物种发生的主源；接受新物种的受体，它是次级活性中心。前者是 Pt、Pd、Ru、Rh 和 Cu 等金属原子，后者是氧化物载体、分子筛和活性炭等。溢流现象的发现和研究，增强了对负载型多相催化剂和催化反应过程的了解。现在了解到，催化剂在使用中处于连续的变化状态，这种状态是温度、催化剂组成、吸附物种和催化环境的综合函数。据此可以认为，传统的 Langmuir-Hinshelwood 动力学模型，应基于溢流现象重新加以审定，因为从溢流现象研究中得知，催化加氢的活性物种不只是 H，而应是 H·、H^+、H_2、H^- 等的平衡组成；催化氧化的活性物种不只是 O，而应是 O·、O^-、O^{2-} 和 O_2 等的平衡组成。溢流现象的研究是催化领域中最有意义的进展之一。

氢溢流现象的研究，发现了另一类重要的作用，即金属、载体间的强相互作用，常简称为 SMSI（strong metal support interaction）效应。当金属负载于可还原的金属氧化物载体（如 TiO_2）上时，在高温下还原导致金属对 H_2 的化学吸附和反应能力的降低。这是由于可还原的载体与金属间发生了强相互作用，载体将部分电子传递给金属，从而减少了对 H_2 的化学吸附能力。所研究的金属主要是 Pt、Pd、Rh 等贵金属，目前研究工作虽然很活跃，但多偏重于基础研究，对工业催化的应用尚有待开发。

3.1.3 对工业催化剂的要求

一种良好的工业实用催化剂，应该具有三方面的基本要求，即活性、选择性和稳定性（或者说寿命）。此外，社会的发展还要求催化反应过程满足于循环经济的需要，即要求催化剂是环境友好的，反应剩余物是与生态相容的。

3.1.3.1 活性和选择性指标

活性是指催化剂影响反应进程变化的程度。对于固体催化剂，工业上常采用给定温度下完成原料的转化率来表达，原料转化率的百分数越大，活性越高；也可以用完成给定的转化率所需的温度表达，温度越低，活性越高；还可以用完成给定的转化率所需的空速表达，空速越高，活性越高；也有用给定条件下目的产物的时空收率来衡量的。在催化反应动力学的研究中，活性多用反应速率表达。对于固体催化剂，从实践中得出，活性高往往与流体接触面较大相联系。与催化剂单位表面积相对应的活性称为比活性。比活性 a 表示为

$$a=\frac{k}{S} \tag{3-2}$$

式中，k 为催化反应速率常数；S 为表面积或活性表面积。由此可见，催化剂的比活性只取决于它的化学组成与结构，而与其表面大小无关。这就是催化研究中采用比活性评选催化剂的原因。比活性概念对选择催化剂具有重要意义。故催化剂的活性可表示为

$$A=aS \tag{3-3}$$

高活性的催化剂材质，多为无定形物（分子筛除外）或非化学计量材料，因此催化活性可能关系到格子缺陷的存在，在后文将会进一步介绍。对于多组分催化剂，其活性与组分的物相结构、助催化剂性质以及载体的性能等都有关系。

催化剂的选择性，是指所消耗的原料中转化成目的产物的分率。对于工业催化剂来说，注重选择性的要求有时超过对活性的要求。这是因为选择性不仅影响原料的单耗，还影响到反应产物的后处理。当遇到转化率和选择性的要求难以两全时，就应根据生产过程的实际情况加以评选。如果反应原料昂贵或产物和副产物分离困难，宜采用高选择性的催化系统；若原料价格便宜，而产物与副产物分离不困难，则宜在高转化率条件下操作。催化燃烧是属于无选择性要求的反应，它只要求转化成 CO_2 和 H_2O 即可。影响选择性的因素很多，有化学的和物理的。但就催化剂的构造来说，活性组分在表面结构上的定位和分布，微晶的粒度大小，载体的孔结构、孔径分布和孔容都十分重要。对于选择性氧化等连串型的催化反应，降低内扩散的阻力是至关重要的，生成中间物时的传递与扩散是导致选择性变化的重要因素。

催化剂的活性和选择性的定量表达，常采用下述关系式。若以指定反应物进料的量作为计算基准，则

$$x(\text{转化率})=\frac{\text{已转化的指定反应物的量}}{\text{指定反应物进料的量}}\times 100\% \tag{3-4}$$

$$s(\text{选择性})=\frac{\text{转化成目的产物的指定反应物的量}}{\text{已转化的指定反应物的量}}\times 100\% \tag{3-5}$$

$$Y(\text{产率})=\frac{\text{转化成目的产物的指定反应物的量}}{\text{指定反应物进料的量}}\times 100\% \tag{3-6}$$

$$Y=xs \tag{3-7}$$

这种活性和选择性的表征方法，对于选用工业催化剂甚为方便。

此外，工业催化剂也常用时空产率表示其活性。所谓时空产率是指一定条件下（温度、压力、进料组成、进料空速均一定），单位时间内单位体积或单位质量的催化剂所得产物的量。将时空产率乘上反应器装填催化剂的体积或质量，直接给出单位时间内生产的产物数量，也直接给出完成一定的生产任务所需催化剂的体积或质量。所以，时空产率在生产和设计中使用起来很方便。

关于时空产率（$Y_{\mathrm{T.S.}}$）的计算，可举二例于下。

例 3-1　苯加氢生产环己烷，年产 15000t 环己烷的反应器，内装有 Pt/Al_2O_3 催化剂 $2.0m^3$，若催化剂的堆积密度为 $0.66g/cm^3$，计算其时空产率。

解　1 年按 300 天生产计算，则以单位体积（$1m^3$）催化剂计算的 $Y_{\mathrm{T.S.}}$ 为

$$Y_{\mathrm{T.S.}}=\frac{15000\times 1000}{2.0\times 300\times 24}=1041.67\mathrm{kg/(m^3\ 催化剂\cdot h)}$$

根据堆积密度为 $0.66g/cm^3$，则 $2.0m^3$ 的催化剂重 1320kg，故用单位质量（1kg）催化剂计算的 $Y_{\mathrm{T.S.}}$ 为

$$Y_{\mathrm{T.S.}}=\frac{15000\times 1000}{1320\times 300\times 24}=1.578\mathrm{kg/(kg\ 催化剂\cdot h)}$$

例 3-2 乙烯催化氧化制环氧乙烷，反应原料气中乙烯的体积浓度为 c_V，进料空速为 S_V [$m^3/(m^3$ 催化剂·h)]，乙烯的转化率为 x，生成环氧乙烷的选择性为 s，计算催化剂的时空产率。

解 根据题意，单位时间内单位体积催化剂通入的乙烯的物质的量为 $S_V c_V/22.4$kmol，其中转化为环氧乙烷的物质的量为 $S_V c_V xs/22.4$kmol。根据反应计量关系，1 分子乙烯可生成1 分子环氧乙烷，故转化为环氧乙烷的乙烯的物质的量，即为生成环氧乙烷的物质的量。此值乘以环氧乙烷的相对分子质量 44，即为以千克计的环氧乙烷的质量。以计算式表达为

$$Y_{T.S.}=\frac{S_V c_V xs\times 44}{22.4}\ \text{kg 环氧乙烷/(m}^3\text{ 催化剂·h)}$$

时空产率表示活性的方法虽很直观，但不确切。因为催化剂的生产率相同，其比活性不一定相同；其次，时空产率与反应条件密切相关，如果进料组成和进料速度不同，所得的时空产率亦不同。因此，用它来比较活性应当在相同的反应条件下进行。但是，在生产中要严格控制相同的反应条件是相当困难的，只能达到反应条件相近。故这种活性表示法用于筛选催化剂的好坏会走弯路。某种催化剂的生产率低，不一定是由于它的活性组分不当，有可能是表面积和孔结构等的不利因素所致。故评价催化剂不能单用时空产率作为活性指标，要同时测定催化剂的总表面积、活性表面积、孔径与孔径分布等。

3.1.3.2 稳定性和寿命指标

催化剂的稳定性，是指它的活性和选择性随时间变化的情况。测定一种催化剂的活性和选择性费时不多，而要了解其稳定性和寿命则要花费很多时间。对于工业催化剂来说，稳定性和寿命是至关重要的。工业催化剂的稳定性，包括热稳定性、化学稳定性和机械稳定性三方面。温度对固体催化剂的影响是多方面的，它可能使活性组分挥发、流失，负载金属烧结或微晶粒长大等。影响的情况大致有这样的规律：当温度为 $0.3T_m$（Hüttig 温度）时，开始发生晶格表面质点的迁移；当温度为 $0.5T_m$（Tammann 温度）时，开始发生晶格体相内的质点迁移。原料中的杂质、反应中形成的副产物等可能在活性表面吸附，将活性表面覆盖，进而导致催化剂中毒。工业原料很少是纯净的，而多数载体又都是优良的吸附剂，因吸附杂质、毒物而使催化剂活性下降乃至中毒。负载的双金属组元催化剂，其活性要求两种组元保持一定的配比，当其中一种组元易发生选择性吸附杂质或毒物时，活性就会下降或失活。在某些催化剂的活性表面上，由于氢解、聚合、环化和氢转移等副反应的干扰，导致表面沾污、阻塞或结焦。工业催化剂的机械稳定性也是重要的性能指标。在固定床反应器中，要求催化剂颗粒有较好的抗压碎强度；在流化床反应器中，要求它有较强的抗磨损强度；在催化剂使用过程中，还要求有抗化学变化或相变引起的内聚应力等。

工业催化剂的寿命，是指在工业生产条件下，催化剂的活性能够达到装置生产能力和原料消耗定额的允许使用时间；也可以是指活性下降后经再生活性又恢复的累计使用时间。催化剂寿命越长越好。各种催化剂的寿命长短很不一致，有的长达数年之久，有的短到几秒钟活性就会消失。如催化裂化用的催化剂几秒钟之内就要再生、补充和更换。催化剂的活性变

化，一般可分为三段，如图 3-5 所示。

可以再生反复使用的工业催化剂，其再生与寿命的关系如图 3-6 所示。

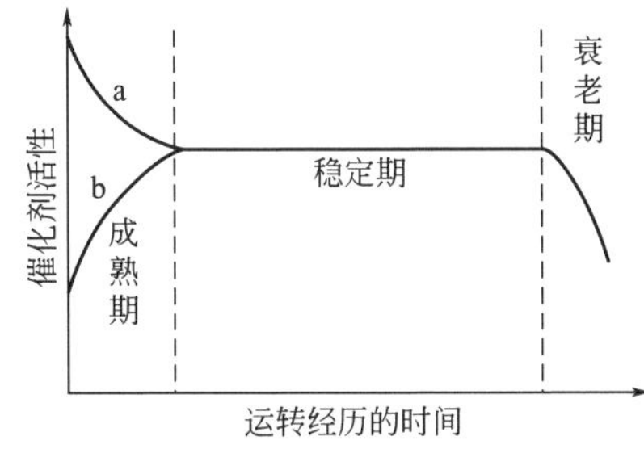

图 3-5　催化剂活性随时间变化的曲线

a—起始活性很高，很快下降达到老化稳定；
b—起始活性很低，经一段诱导达到老化稳定

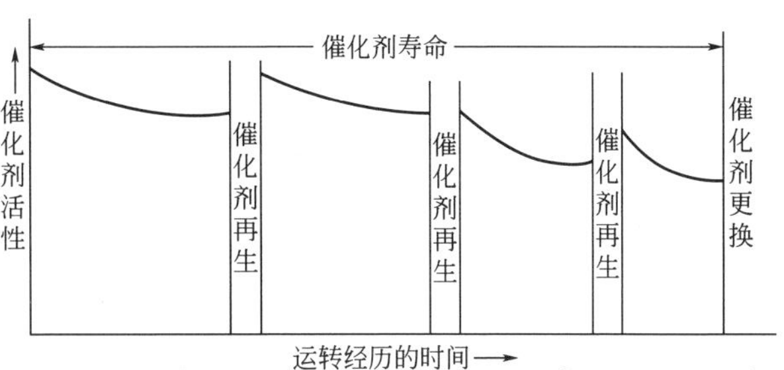

图 3-6　催化剂再生、运转时间与寿命的关系

工业催化剂除上述三方面的基本要求外，还从生产角度方面提出了一些要求，如粒度大小和外形，导热性能和自身的比热容，制造工艺与重现性、再生性等。

3.1.3.3　环境友好和自然界的相容性

时至今日，社会发展对技术和经济提出了更高的要求。适应于循环经济的催化反应过程，其催化剂属性不仅要具有高转化率和高选择性，还要涵盖可持续发展概念的要求，即应该是无毒无害、对环境友好的，反应应尽量遵循“原子经济性”，且反应的剩余物与自然相容的要求，也就是“绿色化”的要求。

用于持续化学反应的催化剂在自然界已经发展了亿万年，这就是所谓的生物催化剂——酶。酶催化能够在温和条件下高选择性地进行有机反应，而且反应剩余物与自然界是相容的。

众所周知，高分辨率的衍射手段在酶的活性位确定及其与蛋白质的相互作用的研究中起到了决定性的作用。采用这种手段，可以透彻地了解酶在某种给定反应中各部分所起作用的机理，继而可通过致变物来修饰酶的某些组件，扩大酶的催化性能，促进酶对温度、pH 值的稳定性或增强其对某些潜在毒物的抵抗能力。这些来自酶催化和抗体的灵感启示，与来自均相催化剂单活性位的结合，能够帮助设计开发出更具活性和选择性的固体催化剂。

3.2　三个重要的催化概念 >>>

催化学科的早期发展主要是经验性的，当然，也不是说对催化化学完全没有基础研究。大家一致公认的早期催化概念中具有里程碑意义的有下述三个：

① Arrhenius 在 19 世纪 80 年代提出的反应能垒概念；

② Langmuir 在 20 世纪 20 年代建立的表面吸附概念；

③ Taylor 等在 20 世纪 20 年代后期提出的活性中心概念。

其他一些学者如 Hinshelwood、Horiati、Polanyi、Bond 等结合吸附、脱附、表面反应等发展基本动力学和热力学概念，则有助于解释和理解多相催化，为人们认识催化过程、开发催化剂提供了重要的实践指南。

3.3 分子的化学吸附 >>>

3.3.1 吸附等温式

为了定量地表达固体催化剂（也是吸附剂）对气态反应物（吸附质）的吸附能力，需要研究吸附速率和吸附平衡及其影响因素。除吸附剂和吸附质的本性外，最重要的影响因素是温度和压力。达到平衡时的气体吸附量称为平衡吸附量，它是吸附物系（包括吸附剂和吸附质）的性质、温度和压力的函数。对于给定的物系，在温度恒定和达到平衡的条件下，吸附量与压力的关系称为吸附等温式或称吸附平衡式，绘制成的曲线称为吸附等温线，如图 3-7 所示。由图中可知，当在给定的温度 T_1 下，吸附量 V 开始随 p 变化；当达到吸附饱和时，$V=V_m$，它与 p 无关。此 V_m 值对应于单分子饱和吸附层的形成。吸附等温线的测定和吸附等温式的建立，以定量的形式提供了气体的吸附量和吸附强度；为多相催化反应动力学的表达式提供了基础；也为固体表面积的测定提供了有效的方法。吸附等温式有经验式和理论式两类。

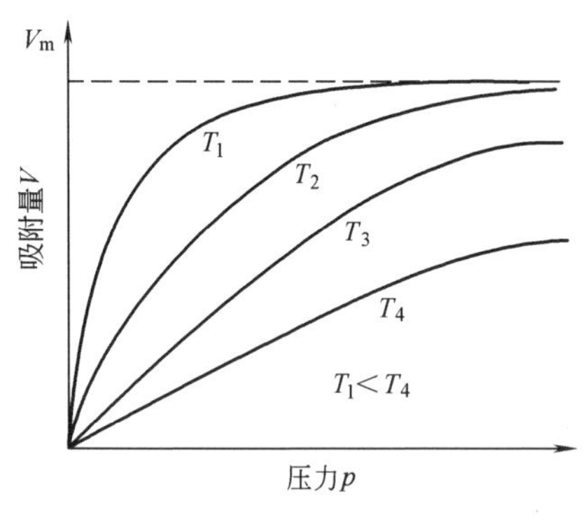

图 3-7　吸附等温线图

3.3.1.1　简单的 Langmuir 吸附等温式

这是一种理想的化学吸附模型，在物理化学中已经讲过。由于它在吸附理论的发展和多相催化中起着重要的作用，类似于理想气体状态方程式对物态 p-V-T 方程的作用，故在此简要重述。

该模型认定：吸附剂表面是均匀的；吸附的分子之间无相互作用；每个吸附分子占据一个吸附位，吸附是单分子层的。遵循 Langmuir 等温式的吸附为理想吸附。该等温式可表述为

$$\frac{\theta}{1-\theta}=Kp \tag{3-8}$$

即

$$\theta=\frac{Kp}{1+Kp} \tag{3-9}$$

式中，θ 为吸附气体所占据的表面覆盖分率；K 为吸附平衡常数；p 为气体的分压。

当 p 很低时，式(3-9) 中的分母 $1+Kp\approx1$，则

$$\theta=Kp \tag{3-10}$$

当 p 很高时，式(3-9) 可改写成

$$1-\theta=\frac{1}{1+Kp}\approx\frac{1}{Kp} \tag{3-11}$$

式(3-9)～式(3-11) 中表达的 θ 与 p 的关系，如图 3-8 所示。

根据表面覆盖分率 θ 的意义，可将其表示为 $\theta=V/V_m$，代入式(3-9) 后重排，得

$$\frac{p}{V}=\frac{1}{V_mK}+\frac{p}{V_m} \tag{3-12}$$

式(3-12) 是 Langmuir 等温式的另一种表达式。若以 p/V 对 p 作图得一直线，由直线的斜率可求出单分子层形成的饱和吸附量 V_m，由截距和 V_m 可求出平衡常数 K。某一吸附体系是否遵循 Langmuir 方程，可用相应的实验数据根据式(3-12) 作图验证。

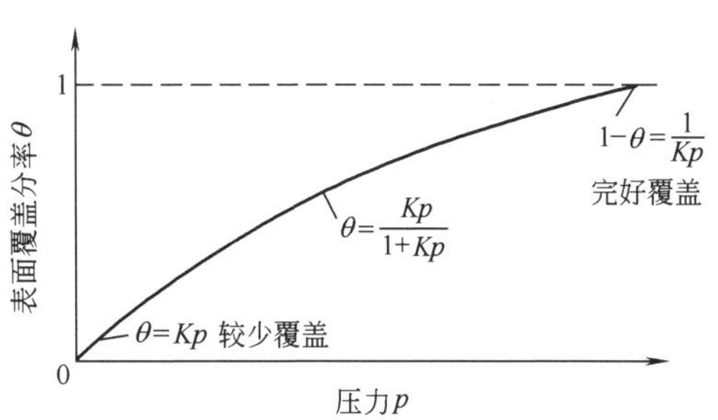

图 3-8　表面覆盖分率 θ 与气体分压 p 的关系

3.3.1.2　解离吸附的 Langmuir 等温式

吸附时分子在表面发生解离，如 H_2 在许多金属上的吸附都伴随解离，每个原子 H 占据一个吸附位；又如 CH_4 在金属上的吸附也解离成 $\cdot CH_3$ 和 H 原子。解离吸附可以写为

$$A_2 + \text{—}\overset{|}{S}\text{—}\overset{|}{S}\text{—} \rightleftharpoons \text{—}\overset{\overset{A}{|}}{S}\text{—}\overset{\overset{A}{|}}{S}\text{—}$$

吸附速率　　$v_{吸}=k_a p(1-\theta)^2$

脱附速率　　$v_{脱}=k_{-a}\theta^2$

达到吸附平衡时：$v_{吸}=v_{脱}$，$k_{-a}\theta^2=k_a p(1-\theta)^2$。所以

$$\frac{\theta}{1-\theta}=\left(\frac{k_a}{k_{-a}}p\right)^{1/2}=\sqrt{Kp} \tag{3-13}$$

即

$$\theta=\frac{\sqrt{Kp}}{1+\sqrt{Kp}} \tag{3-14}$$

当压力较低时，$1+(Kp)^{1/2}\approx 1$，得

$$\theta=\sqrt{Kp}$$

即解离吸附分子在表面上的覆盖分率与分压的平方根成正比。这一结论可用于判定所进行的吸附是否发生了解离吸附。

3.3.1.3　竞争吸附的 Langmuir 等温式

两种物质 A 和 B 的分子在同一吸附位上吸附，称为竞争吸附。这种吸附等温关系对于分析阻滞剂和两种反应物的表面反应动力学十分重要。令 A 的覆盖分率为 θ_A，B 的覆盖分率为 θ_B，则表面空位的分率为 $(1-\theta_A-\theta_B)$。若两种分子吸附时都不发生解离，则

A 的吸附速率　　$v^A_{吸}=k^A_a p_A(1-\theta_A-\theta_B)$

B 的吸附速率　　$v^B_{吸}=k^B_a p_B(1-\theta_A-\theta_B)$

A 的脱附速率　　$v^A_{脱}=k^A_{-a}\theta_A$

B 的脱附速率　　$v^B_{脱}=k^B_{-a}\theta_B$

当吸附达到平衡时，分别对 A 和 B 建立平衡表达式

$$\frac{\theta_A}{1-\theta_A-\theta_B}=K_A p_A \tag{a}$$

$$\frac{\theta_B}{1-\theta_A-\theta_B}=K_B p_B \tag{b}$$

式(a) 中的 $K_A=k^A_a/k^A_{-a}$，式(b) 中的 $K_B=k^B_a/k^B_{-a}$。联立式(a) 与式(b) 求解，可得

$$\theta_A=\frac{K_A p_A}{1+K_A p_A+K_B p_B} \tag{3-15}$$

$$\theta_B=\frac{K_B p_B}{1+K_A p_A+K_B p_B} \tag{3-16}$$

式(3-15) 和式(3-16) 意味着，在两种竞争吸附的物质中，一种物质的分压增加，其表面覆盖分率也随之增大，而另一种物质的覆盖分率就减小。因为能吸附的表面位在给定的条件下是有限的，故 A 与 B 此时的吸附是互为竞争性的。这两种物质竞争吸附的能力，也可从吸附平衡常数 K_A 和 K_B 的大小中体现出来。

若有多种气体分子可在同一吸附剂的吸附位上发生竞争吸附，其中第 i 种分子的表面覆盖分率 θ_i 与其平衡分压 p_i 的关系可表示为

$$\theta_i=\frac{K_i p_i}{1+\sum_i K_i p_i} \tag{3-17}$$

以上讨论都是理想吸附下的 Langmuir 等温式。

3.3.1.4 非理想的吸附等温式

偏离 Langmuir 型的吸附谓之非理想吸附。偏离的原因可以是：表面的非均匀性；吸附分子之间有相互作用，一种物质分子吸附后使另一种分子于其邻近的吸附变得更容易或更困难；发生多层吸附。基于这些原因，分别建立几种经验的吸附等温式，其中最有影响的是 Tëmкин 等温式和 Freundlich 等温式。

Tëmкин 等温式为

$$\theta=\frac{1}{f}\ln ap \tag{3-18}$$

式中，f 和 a 为两个经验常数，与温度和吸附物系的性质有关。该式是在研究 N_2、H_2、NH_3 体系于铁催化剂上的化学吸附基础上而总结出的，无极值，对于中等吸附程度有效。研究表明，该物系的吸附热变化随覆盖程度的增加而线性下降。这就是说，表面上的各吸附位不是能量均匀的，且吸附的分子之间有相互作用，先吸附的分子发生在最活泼最易吸附的部位，后吸附的分子就不及前面的那样牢靠。氮在铁膜片上的吸附遵从 Tëmкин 等温式。

Freundlich 等温式为

$$\theta=kp^{1/n}\quad (n>1) \tag{3-19}$$

式中，k 和 n 为两个经验常数。k 与温度、吸附剂种类和表面积有关；n 是温度和吸附物系的函数。此式假定吸附热的变化随覆盖程度的增加按对数关系下降。该等温式预示，不应存在饱和吸附量，因为压力增至一定程度后表面的吸附就会饱和。故吸附质蒸气压较高时此等温式不适用，其适用范围为 θ 在 0.2～0.8。在指定范围内，H_2 在 W 粉上的化学吸附遵从此等温式。

应用经验等温式时要注意一点，在中等覆盖程度的情况下，往往是两种甚至多种等温式都符合实测结果。

3.3.1.5 Brunauer-Emmett-Teller 吸附等温式（BET 公式）

物理吸附观测到的等温线可以有多种形式，基本上分为五种类型，如图 3-9 所示。自由表面上的物理吸附，可连续从不足单分子层区变为超过单分子层区。类型Ⅰ的等温线在自由表面上是不会出现的，但它可以是一种多微孔固体（孔径小于或等于 2nm）的吸附特征，其孔径大小与吸附分子的大小是同一数量级，故所形成的吸附层数是受到严格限制的。类型

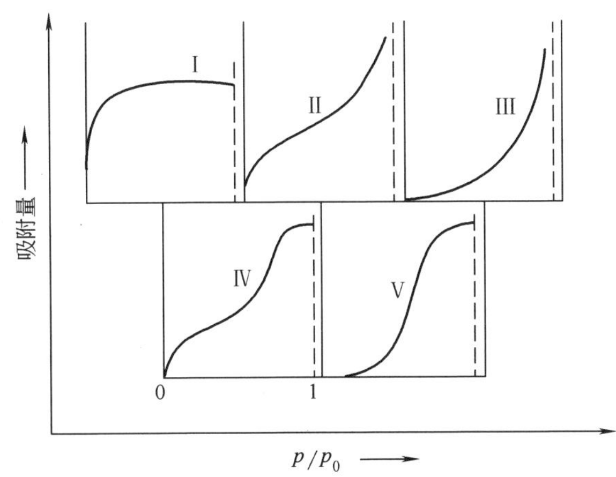

图 3-9　五种类型的物理吸附等温线

p_0—常压下的饱和蒸气压；p—测试条件下的蒸气压；p/p_0—相对压力；垂直虚线表示$(p/p_0)=1$

Ⅱ和Ⅲ是大孔固体（孔径大于 50nm）的自由表面上多分子层物理吸附，BET 等温式属于类型Ⅱ。类型Ⅳ和Ⅴ属于过渡性孔的固体（孔径为 2～50nm）中的吸附，包括发生在孔中的毛细管冷凝。该类型的等温线都伴随有滞后环，图中未画出，在环区吸附与脱附不是同一条线。

BET 等温式的建立是在 Langmuir 吸附理论基础上发展的，主要基于两点假定：物理吸附借助于分子间力，被吸附的分子与气相分子之间仍有此种力，故可发生多层吸附，但第一层吸附与以后多层吸附不同，后者与气体的凝聚相似，吸附达平衡时，每一吸附层上的蒸发速率必等于凝聚速率，故能对每层写出相应的吸附平衡式。经过一定程序的数学处理，可得到著名的 BET 等温式

$$\frac{p}{V(p_0-p)}=\frac{1}{V_m C}+\frac{C-1}{V_m C}\cdot\frac{p}{p_0} \tag{3-20}$$

式中，V 为吸附量；p 为吸附时的平衡压力；p_0 为吸附气体在给定温度下的饱和蒸气压；V_m 为表面形成单分子层所需的气体体积；C 为与吸附热有关的常数。此等温式为固体吸附剂、催化剂的表面积测定提供了强有力的基础，具体应用将在第 10 章中讨论。

3.3.2　金属表面上的化学吸附

在已知的催化反应中，70%以上的反应涉及某种形式的金属组分。例如大多数的有机催化加氢和脱氢，都使用金属催化剂。在催化理论研究中使用金属也比较适合，因为它们制备成纯净的形式比较容易，也易于表征。吸附和催化中的许多概念和理论，都是源于对金属体系的研究。

3.3.2.1　化学吸附研究用的金属表面

化学吸附是分子参与反应的前奏和重要步骤，其效应极类似于将分子激发到第一电子激发态，使化学吸附的分子有时更接近于将要转化成的产物分子。为了了解在金属表面发生化学吸附的机理和分子的化学状态，需要进行一些基础研究工作，这是十分重要的。用于这种研究的金属表面，应该有已知的化学组成，应该是清洁的或易于清洁的，至少表面上杂质的性质和浓度是可以弄清楚的。为此，用于金属化学吸附研究的试样主要有四类：金属丝，用电热处理易于使其表面清洁；金属薄膜，在高真空条件下将金属丝加热至其熔点，用冷凝蒸

发出的金属原子制成；金属箔片，采用离子轰击使之洁净；金属单晶，应用最为普遍。许多金属的单晶可以做得很大，约 $1cm^3$，将其切开，仅暴露某一特定的晶面，特别适合于分子化学吸附层结构的基础性研究。这样的单晶表面当然不适合于作工业催化剂，因为其表面积过小，工业催化剂都是多晶的。但是，很多重要的信息来自于这种研究，可以帮助人们了解多晶材料上发生的过程。

3.3.2.2 金属表面上分子的吸附态

分子吸附在催化剂表面上，与其表面原子间形成吸附键，构成分子的吸附态。吸附键的类型可以是共价键、配位键或离子键。吸附态的形式有以下几种：

① 某些分子在吸附之前先必须解离，因为很多这类分子不能直接与金属的“表面自由价”成键，必须先自身解离，成为有自由价的基团，如饱和烃分子、分子氢等。

② 具有孤对电子或 π 电子的分子，可以非解离化学吸附，通过相关的分子轨道的再杂化进行。例如乙烯的化学吸附，就是通过 π 电子分子轨道的再杂化进行的。吸附前碳原子的化合态为 sp^2 杂化态，吸附发生后变为吸附键中的 sp^3 杂化态。乙炔的化学吸附与乙烯相似。碳原子的化合态，从吸附前的 sp 杂化态变为吸附键中的 sp^2 杂化态。苯的化学吸附也是通过 π 电子分子轨道实现的，吸附前苯分子的 6 个 π 电子通过吸附与金属原子之间形成配位键，如下所示

$$C_6H_6 + nM \longrightarrow$$

nM

CO 分子的化学吸附，既有 π 电子的参加，又有孤对电子的参加，所以它可以有多种吸附态。可以线型吸附在金属表面；也可以桥式与表面上的两个金属原子桥联；在足够高的温度下，还可以解离成碳原子和氧原子吸附。线型、桥式以及 σ—π 键合的结构如下所示。

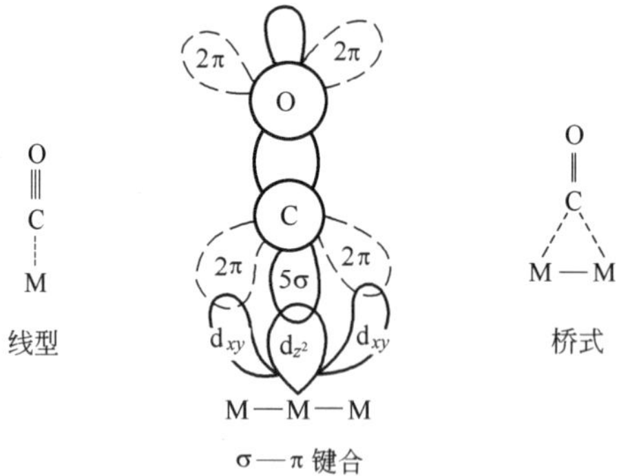

线型结构和桥式结构很容易用红外光谱谱图分析区分。所谓 σ—π 键合，是指 CO 化学吸附形成吸附键时，碳原子占用孤对电子的 5σ 轨道与金属原子的空 d_{z^2} 轨道形成 σ 键；而金属原子占用 d_{xy} 轨道的电子，与 CO 分子中空的 π^* 轨道形成 π 键。借助于这种 σ—π 键合，使 CO 达到吸附和活化。CO 在 Rh、Pd、Pt 等贵金属上的吸附，相应的羰基络合物中都存在这种 σ—π 键结构。

有关金属表面上分子吸附态的深入讨论，涉及分子轨道理论和众多结构谱仪分析，在此不展开讨论。仅有一点需要特别强调指出，通过红外光谱和低能电子衍射等物理方法检测出的分子吸附态仅为表面发现的分子物种中丰度最大者，它们与催化过程中所说的活性中间物可能毫不相干，故对这些物理方法做出的结论要特别慎重。

3.3.2.3 分子在金属上的活化及其吸附强度

在催化反应中，金属特别是过渡金属的重要功能之一，是能将双原子分子解离活化，为其他反应分子或反应中间物提供这些活化的原子。H_2、O_2、N_2、CO 等是一些重要的双原子分子，N、O、H 和 C 原子与过渡金属表面原子形成的吸附键强度，为原子化和反应所需的活化原子提供了热力学的推动力。了解这些吸附键的强度，对于了解多相催化反应的机理是有帮助的。一般地说，金属对气体分子化学吸附强度的顺序为

$$O_2 > C_2H_2 > C_2H_4 > CO > H_2 > CO_2 > N_2$$

O_2 最易吸附，N_2 最难吸附。有的金属能够吸附所有这些气体分子，有的只能吸附 O_2，多数是居中间的，只能吸附从 O_2 到 H_2。金是所有金属中唯一的例外，它甚至对 O_2 也不发生化学吸附。在室温、10^2Pa 条件下，金属按其对气体分子化学吸附能力的分类见表 3-4。分类的正确性与金属的物理状态有关。例如，工业铜催化剂弱化学吸附氢，而纯铜则不吸附，但这并不影响此表合理的定性描述。

表 3-4 金属按其对气体分子化学吸附能力的分类

类别	金属	O_2	C_2H_2	C_2H_4	CO	H_2	CO_2	N_2
A	Ti、Zr、Hf、V、Nb、Ta、Cr、Mo、W、Fe、Ru、Os	+	+	+	+	+	+	+
B_1	Ni、Co	+	+	+	+	+	+	−
B_2	Rh、Pd、Pt、Ir	+	+	+	+	+	−	−
B_3	Mn、Cu	+	+	+	±	−	−	−
C	Al	+	+	+	+	−	−	−
D	Li、Na、K	+	+	−	−	−	−	−
E	Mg、Ag、Zn、Cd、In、Si、Ge、Sn、Pb、As、Sb、Bi	+	−	−	−	−	−	−

注：+表示强化学吸附；±表示弱化学吸附；−表示不吸附。

从表中可以看出，强吸附的都是过渡金属，它们的价层都有一个以上的未配对电子（d 电子或/和 d 空轨道）；吸附能力较弱的都是非过渡金属，属于价层为 s 电子或 p 电子的金属。吸附分子与金属表面原子的键合，未配对的 d 电子或未占用的 d 空轨道的存在是必要的，故显示出表中分类的特征。

各种金属解离吸附双原子分子的能力与它们形成相应的体相化合物的能力是并行的。为了定量地比较气体在各种金属表面上化学吸附的强度，可从实验中测量摩尔吸附热。它是 1mol 物质从气态转变成化学吸附态所产生的焓变。对于无解离的分子吸附，这种焓变就是键焓，可以直接与相应的体相化合物的生成焓相联系，且可用不同的方法测定。相比较时只能采用相同的测试方法和同一种表面，后者是难以做到的，故最好采用多晶金属膜进行。图 3-10～图 3-13 所示分别为金属氧化物的生成焓和 O_2 的吸附焓；金属氮化物的生成焓和 N_2 的吸附焓；氢的化学吸附焓；CO 的化学吸附焓。CO_2 的化学吸附焓类似于 CO，这说明 CO_2 吸附后解离。

3.3.2.4 金属表面上化学吸附的应用

金属负载型的催化剂和多组分的金属催化剂，常需借用气体化学吸附方法测量金属的表面积。常用的化学吸附气体是 H_2、CO、O_2 和 N_2O。用这种方法测量金属的表面积，最主要的特点是测试易于实施，结果有良好的重复性，金属原子与吸附物种间的化学计量关系能够准确确定，故可用这种实测数据推算金属表面原子数目和金属表面积。

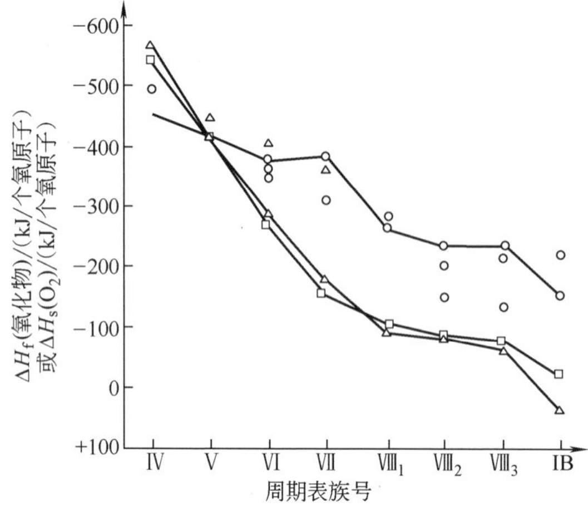

图 3-10 金属氧化物的生成焓 ΔH_f 和 O_2 的吸附焓 ΔH_s 与周期系的函数关系

○ 第一长周期系；□ 第二长周期系；△ 第三长周期系

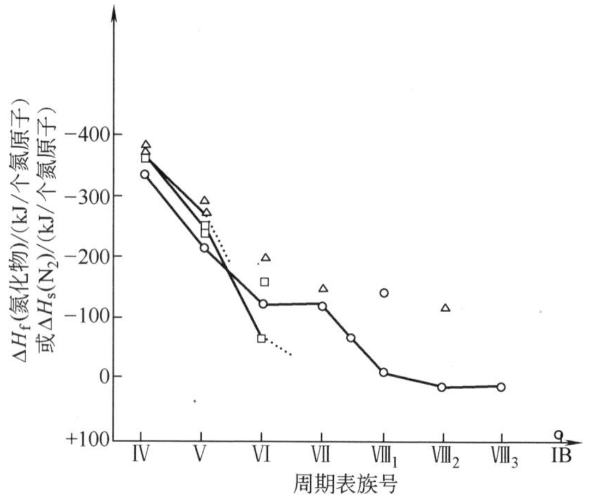

图 3-11 金属氮化物的生成焓 ΔH_f 和 N_2 的吸附焓 ΔH_s 与周期系的函数关系

○ 第一长周期系；□ 第二长周期系；△ 第三长周期系

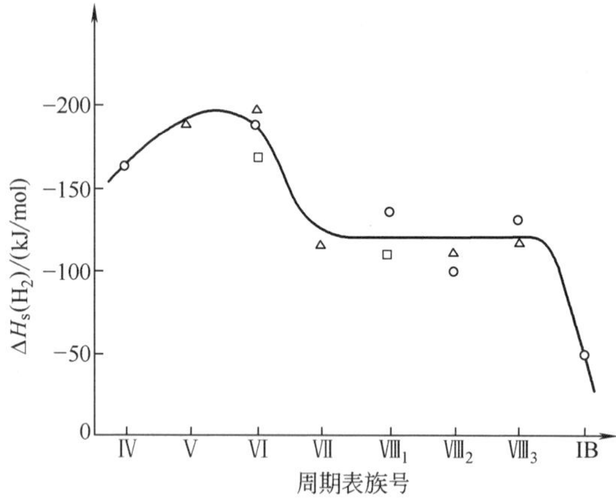

图 3-12 氢的化学吸附焓 ΔH_s 与周期系的函数关系

○ 第一长周期系；□ 第二长周期系；△ 第三长周期系

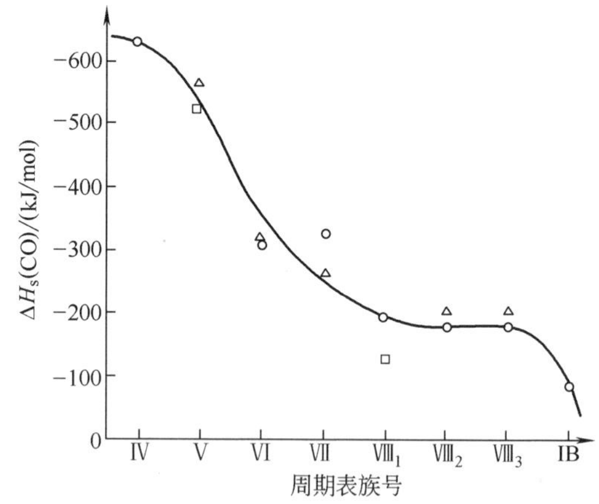

图 3-13 CO 的化学吸附焓 ΔH_s 与周期系的函数关系

○ 第一长周期系；□ 第二长周期系；△ 第三长周期系

单分子覆盖的化学计量数 x_m，定义为与每个吸附质分子相结合的表面金属原子的数目。H_2 解离吸附，每个氢原子与一个金属表面原子相键合，故化学计量系数为 2。设 n_s 为单位表面积上金属原子的数目，n_m^s 为单分子层的吸附量，则金属的总表面积 A 可表示为

$$A = n_m^s x_m n_s^{-1} \tag{3-21}$$

对于多晶表面的 n_s，经过适当的换算，收集的数据见表 3-5。

正确可靠的测量结果，尚需消除许多因素：吸附质气体在金属中的溶解，与金属形成化合物，载体的固有吸附能力，金属与载体之间因强相互作用产生的溢流现象等。

除上述的化学吸附法可用于金属表面积的测定外，吸附-滴定法也可用于此目的。它是利用化学吸附的物种与气相物种之间的反应进行的。经典的表征手段是氢氧滴定法（HOT），可参见本书第 11 章的相关内容。它利用的是吸附的氧与气相的氢之间的反应

$$O(s) + \frac{3}{2}H_2(g) \longrightarrow H(s) + H_2O \tag{3-22}$$

表 3-5　单位多晶表面上的金属原子数目（n_s）

金属	与 n_s 相对应的表面原子面积/$10^{-19}m^2$	金属	与 n_s 相对应的表面原子面积/$10^{-19}m^2$	金属	与 n_s 相对应的表面原子面积/$10^{-19}m^2$	金属	与 n_s 相对应的表面原子面积/$10^{-19}m^2$
Cr	1.63	Mn	1.40	Pd	1.27	Ta	1.25
Co	1.51	Mo	1.37	Pt	1.25	Th	0.74
Cu	1.47	Fe	1.63	Re	1.54	Ti	1.35
Au	1.15	Ni	1.54	Rh	1.33	W	1.35
Hf	1.16	Nb	1.24	Ru	1.63	V	1.47
Ir	1.30	Os	1.59	Ag	1.15	Zr	1.14

当负载催化剂的载体为氧化物时，生成的水由载体吸收掉，吸附为单分子层覆盖；当催化剂为非负载的粉末时，生成的水用冷阱除去。这里一个吸附的氧原子 O（s），净消耗 3 个 H，除生成 H_2O 用去 2 个 H 外，还有 1 个 H 为单原子层覆盖，故氢压的变化相当于裸露金属表面化学吸附氢的 1.5 倍。典型的吸附-滴定法是先将氧在室温、10～20kPa 下吸附，再用氢在相同条件下滴定。对于非负载的试样，室温会使分散的金属聚结，滴定应在 195K 下进行。

3.3.3　氧化物表面上的化学吸附

在氧化物表面上的化学吸附，要比金属表面上的复杂，研究也更困难。因为：

第一，氧化物表面都含有两种类型的物种——阳离子和阴离子，而且它们的相对量及其空间排布随晶面变化；在同一吸附物中是否两类物种都参加不易确定。

第二，氧化物的热稳定性彼此很不相同，位于过渡元素前的元素氧化物，即所谓陶瓷性的氧化物，高温稳定；而过渡金属及其后的元素氧化物，在真空条件下一般失氧，尤其是受热时更会如此。故对其分子吸附态难以进行研究。

第三，很多实用性的氧化物催化剂多系二元以上的复合氧化物，其表面组成很难确定，故对此种情况下的化学吸附研究要特别小心。

根据氧化物固体导电性能的差异，可将它们分成两类，即半导体和绝缘体。下面分别讨论其化学吸附。

3.3.3.1　半导体氧化物上的化学吸附

半导体氧化物的显著特点，是它的阳离子有可调变的氧化数，这种阳离子总是由过渡元素或稀土元素形成。吸附的发生，伴随着相当数量的电子在其表面与吸附质之间传递。当这些氧化物在空气中受热时，有的失去氧，阳离子氧化数降低，直至变成原子态。例如，ZnO 受热发生下述变化

$$2Zn^{2+}+2O^{2-} \longrightarrow 2Zn+O_2$$

导电是依靠与 Zn 原子相结合的电子，因为电子带负电，所以称 ZnO 为 n 型半导体。有的受热获得氧，阳离子的氧化数升高。例如，NiO 受热发生下述变化

$$2Ni^{2+}+2O^{2-}+\frac{1}{2}O_2 \longrightarrow 2Ni^{3+}+3O^{2-}$$

一个 O_2 分子，要使 4 个 Ni^{2+} 变成 Ni^{3+}，同时在晶格中增加 2 个 O^{2-}，造成晶格中正离子的缺位，称做正空穴。依靠这种正空穴传递而导电的导体，称为 p 型半导体。各种金属氧化物半导体的分类见表 3-6。

表 3-6 金属氧化物半导体的分类

空气中加热的效应	类别	示例
失去氧	n 型	ZnO、Fe_2O_3、TiO_2、CdO、V_2O_5、CrO_3、CuO
获得氧	p 型	NiO、CoO、Cu_2O、PbO、Cr_2O_3

当吸附 O_2 或其他氧化性气体时，对于 p 型氧化物来说，电子从氧化物表面传递到吸附质 O_2 上，金属离子的氧化数升高。如上述的 NiO，表面形成氧离子覆盖层。对于 n 型氧化物来说，可分为两种情况：当表面组成恰好满足化学计量关系（一般很少如此）时，则不发生化学吸附 O_2；若不满足化学计量关系，而又缺少 O^{2-} 时（一般是如此），会有较小程度的吸附，以补偿 O^{2-} 空位，并将阳离子再氧化以满足化学计量关系。

当吸附 H_2、CO 等还原性气体时，对于 n 型和 p 型半导体氧化物来说都一样，电子从吸附质向氧化物表面传递，导致金属离子的还原。例如，H_2 可能发生异裂化学吸附。$H_2+M^{2+}\cdots O^{2-}\longrightarrow HM^{+}\cdots OH^{-}$，加热时 OH^- 分解生成水和阴离子空位，等量的阳离子还原成金属原子或低价阳离子。CO 首先吸附在阳离子上，再与 O^{2-} 反应，反应式为 $(CO)\cdots M^{2+}+O^{2-}\longrightarrow M+CO_2$，加热时 CO_2 逸出，金属还原成原子或低价阳离子。故这类气体的吸附很强，且多为不可逆性的。

对于半导体氧化物的化学吸附研究，缺乏像金属化学吸附那样的定量结果，但是，此处讨论的原则和过程，可能有助于了解它们的催化功能，以及这些体系的催化氧化、还原等过程，其步骤可能与此相似。

3.3.3.2 绝缘体氧化物上的化学吸附

因为绝缘体氧化物是属于化学计量关系的氧化物，如 MgO、SiO_2、Al_2O_3 等都是绝缘体。这类氧化物的阳离子既不能氧化，也不能还原，所以不能用氧化物的氧化还原性来解释其化学吸附性能。由于这些氧化物自身的酸碱度可能差别很大，所以它们有的能够吸附酸性的吸附质。例如，K_2O-SiO_2-Al_2O_3 能够化学吸附 CO_2，并且用于估测 K_2O 的表面积，因为确信 K_2O 中的 O^{2-} 位是吸附中心。有的能够吸附碱性的吸附质，如 γ-Al_2O_3 能够化学吸附 NH_3。由于这些氧化物自身具有酸碱性，故它们都能与水及其他的极性分子反应。如

$$M^{x+}+O^{2-}\xrightarrow{H_2O}(HO^{-}\cdots M^{x+})+OH^{-}$$

$$M^{x+}+O^{2-}\xrightarrow{CH_3OH}(CH_3O^{-}\cdots M^{x+})+OH^{-}$$

在通常条件下，固体 SiO_2 和 Al_2O_3 等的表面上，覆盖一层吸附的水，可以认为表面羟基化了。这些羟基牢靠地附着在表面上，通过不太高温的加热是很难将它们完全除去的。当这些氧化物悬浮在水中时，分子中的 M—OH 基团，视 M 元素的电负性不同，可按酸或按碱解离。这种属性是它们能够负载金属离子，成为负载型催化剂载体的重要原因。它们自身也可以作为酸碱型的催化剂。例如，γ-Al_2O_3 是醇脱水制烯的催化剂。两种不同的绝缘体氧化物组合而成的复合体，有时会得到更强的固体酸。

3.3.3.3 氧化物表面积的测定

单一组分的氧化物，其总表面积可以用前述的物理吸附法测定；如果是多组分样品，欲测定其中某一组分（金属或氧化物）的比表面积，就要利用选择性吸附的办法测定特定组分的表面积。例如，Cr_2O_3/Al_2O_3 催化剂中 Cr_2O_3 组分的表面积测定，就是采用氮的氧化物作为 Cr_2O_3 选择性化学吸附进行的。先进行无 Cr_2O_3 时 Al_2O_3 可能对 N_2O 化学吸附的空白测定，然后再测 Cr_2O_3/Al_2O_3 催化剂的化学吸附数据。实验表明，这种吸附遵循

Freundlich吸附等温式。将不同温度下的吸附等温线作图，找到共同的交点，即 N_2O 在 Cr_2O_3 表面上形成单分子覆盖层的吸附量，再乘以每个 N_2O 吸附分子的截面因子，即 $0.159nm^2$，即可得出 Cr_2O_3 的表面积。

又如合成氨用的熔铁催化剂，其组成中 K_2O 的表面积测定采用 CO_2 的选择性化学吸附。平衡吸附量包括物理吸附和化学吸附两部分，用室温排气法将物理吸附部分脱除，仅保留化学吸附的量。K_2O 中的 O^{2-} 位是化学吸附中心，据此可推算出 K_2O 所占的表面积。由于 CO_2 也可能在洁净的 Fe 表面上化学吸附，故带来一定的误差，这一点是要注意的。

3.4 多相催化的反应步骤

在多相催化反应过程中，从反应物到产物一般经历下述步骤（见图 3-14）：

① 反应物分子从气流中向催化剂表面和孔内扩散；

② 反应物分子在催化剂内表面上吸附；

③ 吸附的反应物分子在催化剂表面上相互作用或与气相分子作用进行化学反应；

④ 反应产物自催化剂内表面脱附；

⑤ 反应产物在孔内扩散并扩散到反应气流中去。

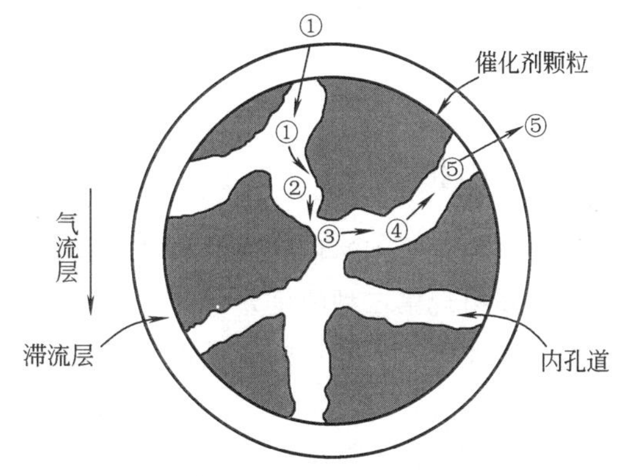

图 3-14　多相催化反应过程中各步骤的示意图

上述步骤中的第①步和第⑤步为反应物、产物的扩散过程，从气流层经过滞流层向催化剂颗粒表面的扩散或其反向的扩散，称为外扩散。从颗粒外表面向内孔道的扩散或其反向扩散，称为内扩散。这两个步骤均属于传质过程，与催化剂的宏观结构和流体流型有关。第②步为反应物分子的化学吸附，第③步为吸附分子的表面反应或转化，第④步为产物分子的脱附或解吸（见图 3-15）。②～④三步均属于表面进行的化学过程，与催化剂的表面结构、性质和反应条件有关，也称做化学动力学过程。多相催化反应过程，包括上述的物理过程和化学过程两部分。

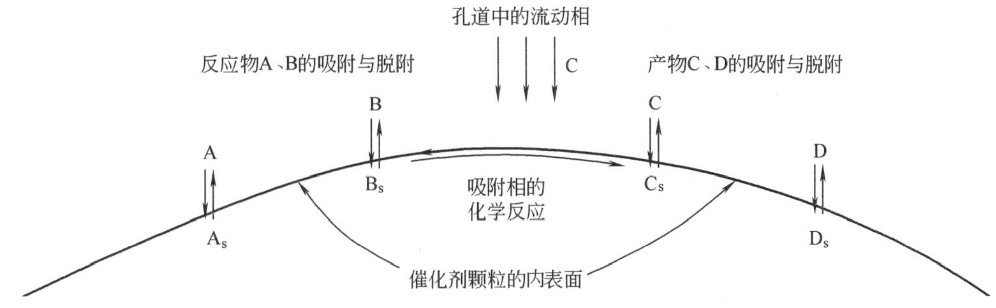

图 3-15　多相催化反应中的吸附、表面反应和脱附过程

3.4.1 外扩散

在反应条件下，催化剂颗粒周围由反应物分子、产物分子和稀释剂分子等混合物组分形

成一稳定的滞流层，一个反应物分子必须穿过此滞流层才能到达催化剂颗粒的外表面。因为滞流层阻碍这种流动，故在颗粒的外表面和气流层之间形成一浓度梯度。按照 Fick 定律，反应分子穿过此层的通量正比于浓度梯度

$$通量=D_E(c_h-c_s)$$

式中，D_E 为外扩散系数；c_h 为均匀气流层中反应物的浓度；c_s 为反应物在催化剂颗粒外表面的浓度。

实际上最重要的是流体与催化剂颗粒之间的物质传递，这时最有用的关系是利用无量纲传质因子 j_D 与物质性质借助雷诺数（Reynold 数，Re）表示的关系，即

$$j_D=1.66Re^{-0.51}\quad (Re<190) \tag{3-23}$$

$$j_D=0.98Re^{-0.41}\quad (Re>190) \tag{3-24}$$

此二式常用于求算气-固相间的传质系数 k_g 值。j_D 因子是通过施密特数（Schmidt 数，Sc）与 k_g 关联在一起。

外扩散速率的大小及其施加的影响，与流体的流速、催化剂颗粒粒径以及传递介质的密度、黏度等有关。实际上仅根据气流线速和粒径就可以做出判断。

3.4.2 内扩散

当反应物分子到达催化剂颗粒外表面，经反应后尚未转化的部分，就会在外表面与内孔的任一点间出现第二种浓度差，穿过这种浓度梯度的过程，即所谓的内扩散，将反应分子带到内表面活性中心。穿过的通量正比于第二种浓度差

$$通量=D_I(c_s-c)$$

式中，c 为内孔中某定点的反应分子浓度；D_I 为内扩散系数。

内扩散较之外扩散更为复杂，既有容积扩散（以容积扩散系数 D_B 表示），又有努森（Knudsen）扩散（以努森扩散系数 D_K 表示）。前者是分子之间的碰撞远大于与催化剂孔壁碰撞时出现的扩散，后者是分子与催化剂孔壁间的碰撞，且孔道的平均直径小于分子平均自由程时出现的扩散。Satlerfield 的专著论述了 D_B 和 D_K 与温度 T、总压 p_T 和孔半径 r_p 的关系。即

$$D_B \propto \frac{T^{3/2}}{p_T} \tag{3-25}$$

$$D_K \propto T^{1/2} r_p \tag{3-26}$$

由于催化剂内孔构造的复杂性，通常是利用实验测出有效扩散系数 D_{eff}，再通过平均扩散系数 $\bar{D}$ 与 D_B 和 D_K 关联起来。

$$D_{eff}=\frac{\bar{D}\varepsilon_p}{\tau} \tag{3-27}$$

$$\bar{D}=\frac{D_B D_K}{D_B+D_K} \tag{3-28}$$

式中，ε_p 为孔隙率，一般取为 0.3～0.8；τ 为孔道的形状因子，一般取为 3～4，与扩散体系的性质有关，包括改变扩散路径和截面积造成的影响。通常采用 $D_{eff}=0.25\bar{D}$。

对于分子筛类型的催化剂，其内孔结构尺度与分子大小线度属于同一数量级，分子在这种孔道中的相互作用非常复杂，还可能存在表面迁移作用，目前尚未建立有效的理论分析。这种扩散效应对催化反应的速率和选择性影响很大，属于择形催化。Weisz 称其为构型扩散

（以构型扩散系数 D_c 表示），引起许多研究工作者的极大兴趣。

由于催化反应经受着内、外扩散的限制，常使观测到的反应速率较之催化剂本征的反应速率要低，故存在一个效率因子（η）问题，将其定义为

$$\eta=\frac{观测的反应速率}{本征反应速率}<1 \tag{3-29}$$

催化剂颗粒越大，内扩散限制越大。本征反应速率较大时，η 就会变得很小。η 因子定量地表达了催化剂内表面利用的程度。因为内表面是主要的反应表面，反应物分子能到达内表面的不同深度，故内表面各处的反应物浓度不同，反应速率和选择性也就有差异，亦即在相同的体相浓度下，内表面各处是不等效的。外扩散传递与表面反应是连串过程，而内扩散传递与内表面上的反应是并行的。引入 η 因子后，就可以将 $\gamma=f(c_s,T_s)$ 变为 $\gamma=\eta f'(c_0,T_0)$，即可将多相过程当作拟均相过程处理。影响 η 的因素就是影响反应速率和选择性的因素。有关 η 的求法是通过 Thiele 模数（ϕ）给出的，ϕ 是无量纲的内扩散模数，反映了催化剂颗粒形状的影响。η 与 ϕ 的关系如图 3-16 所示。ϕ 很小时属于反应控制区，ϕ 很大时属于内扩散控制区，二者之间的 ϕ 区反映内扩散速率与反应速率大体相当。η 与 ϕ 的关系见第 10 章式(10-4)。

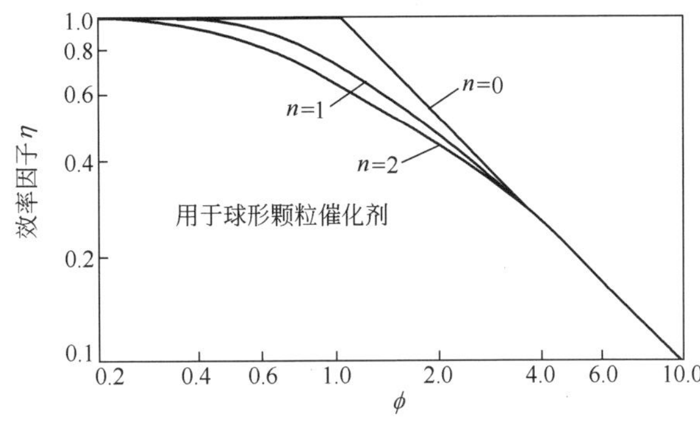

图 3-16　n 级催化反应的 η 因子

3.4.3　反应物分子的化学吸附

当反应物分子通过扩散到达催化剂活性表面附近时，它们可能进行化学吸附，与活性表面相互作用产生新的化学物种。根据反应机理，与其他反应物分子作用，遵循一条能量最有利的途径转化。催化中的吸附总是化学吸附。化学吸附本身是一个复杂的过程，分两步进行，即物理吸附和化学吸附。物理吸附是借助分子间力，吸附力弱，吸附热小（8～20kJ/mol），且是可逆的，无选择性，分子量越大越容易发生。化学吸附与一般的化学反应相似，是借助于化学键力，遵从化学热力学和化学动力学的传统定律，具有选择性特征，吸附热大（40～800kJ/mol），一般是不可逆的，尤其是饱和烃分子的解离吸附。吸附的发生需要活化能。化学吸附是反应分子活化的关键一步。化学吸附为单分子层吸附，具有饱和性。

发生化学吸附的原因，是由于位于固体表面的原子具有自由价，这些原子的配位数小于固体内原子的配位数，使得每个表面原子受到一种内向的净作用力，将扩散到其附近的气体分子吸附形成化学键。化学吸附键合的现代模型，包括几何的（基团的）和电子的（配位的）效应两方面，气体分子基于这两种效应寻求与表面适合的几何对称性和电子轨道，以进

行化学吸附。对这些特性的了解对于催化剂的调制和改善是十分重要的。

3.4.4 表面反应

化学吸附的表面物种在二维的吸附层中并非静止不动的，只要温度足够高，它们就成为化学活性物种，在固体表面迁移，随之进行化学反应。例如，在式(3-1）表达的机理中，化学吸附的氢（H_a）和化学吸附的氮（N_a）在表面接触时，若表面的几何构型和能量是适宜的，就会发生下述表面反应

$$\underset{\text{S}}{\overset{\text{N}_a}{|}} + \underset{\text{S}}{\overset{\text{H}_a}{|}} \longrightarrow \underset{\text{S}}{\overset{\left(\begin{matrix}\text{H}\\|\\\text{N}\end{matrix}\right)_a}{|}} + \underset{\text{S}}{|} \tag{3-30}$$

这种表面反应的成功进行，要求 N_a 和 H_a 的化学吸附不宜过强，也不能过弱。过强则不利于它们的表面迁移、接触；过弱则会在进行反应之前脱附流失。一般关联催化反应速率与吸附强度的曲线，呈现“火山型”。

若式(3-30）为催化反应速率的控制步骤，则列出该催化反应速率表达方程时需要的吸附等温式。

3.4.5 产物的脱附

脱附是吸附的逆过程，因此，遵循与吸附相同的规律。吸附的反应物和产物都有可能脱附。就产物来说，不希望在表面上吸附过强，否则会阻碍反应物分子接近表面，使活性中心得不到再生，成为催化剂的毒物。若目的产物是一种中间产物，则又希望它生成后迅速脱附，以避免分解或进一步反应。

第4章

固体催化剂及其催化作用

前面介绍了催化作用与催化剂基本概念，以及吸附和多相催化的基本原理。在此基础上，本章将展开介绍各类催化剂及其催化作用规律，包括固体酸碱、分子筛、金属、金属氧化物和金属硫化物，最后介绍纳米催化。

4.1 酸碱催化剂及其催化作用 >>>

在石油炼制和石油化工中，酸催化剂占有重要的地位。烃类的催化裂化，烯烃的催化异构化，芳烃和烯烃的烷基化，烯烃和二烯烃的低聚、共聚和高聚，烯烃的水合制醇和醇的催化脱水等反应，都是在酸催化剂的作用下进行的。工业上应用的酸催化剂多数是固体酸，有些场合也用液体酸。例如，环己酮肟重排为己内酰胺反应，早期用硫酸催化剂，现在用磷酸催化剂。20 世纪 60 年代以来，又发现一些新型的固体酸催化剂，其中最具影响的是分子筛型催化剂，其次是硫酸盐型酸性催化剂。这些体系的研究，对于固体酸催化剂的组成、结构、活性等与其表面酸中心的形成和酸性质的联系有了进一步的了解。

4.1.1 固体酸、碱的定义和分类

固体酸：一般可认为是能够化学吸附碱的固体，也可以理解为能够使碱性指示剂改变颜色的固体。按照 Brönsted 和 Lewis 的定义：能够给出质子或接受电子对的固体称作固体酸，而能够接受质子或给出电子对的固体称作固体碱。

固体碱：能够接受质子或给出电子对的固体称作固体碱。

质子酸碱（B 酸、B 碱）示例如下

$$\underset{\text{B酸}}{H_3PO_4/\text{硅藻土}} + \underset{\text{B碱}}{R_3N} \rightleftharpoons \underset{\text{B碱}}{H_2PO_4^-/\text{硅藻土}} + \underset{\text{B酸}}{R_3NH^+}$$

（H^+ 由 H_3PO_4 转移至 R_3N；逆反应中 H^+ 由 R_3NH^+ 转移至 $H_2PO_4^-$）

非质子酸、碱（L 酸、L 碱）示例如下

$$\underset{\text{L酸}}{Cl_3Al} + \underset{\text{L碱}}{:NR_3} \longrightarrow \underset{\text{络合物}}{Cl_3Al:RN_3}$$

这种定义对于了解各种固体所显示的酸、碱现象是适合的，对于解释固体酸、碱的催化作用也是很方便的。

固体酸的分类和固体碱的分类见表 4-1 和表 4-2。

表 4-1 固体酸的分类

1. 天然黏土类：高岭土、膨润土、活性白土、蒙脱土、天然沸石等
2. 浸润类：H_2SO_4、H_3PO_4 等液体酸浸润于载体上，载体为 SiO_2、Al_2O_3、硅藻土等
3. 阳离子交换树脂
4. 活性炭在 573K 下热处理
5. 金属氧化物和硫化物：Al_2O_3、TiO_2 CeO_2、V_2O_5、MoO_3、WO_3、CdS、ZnS 等
6. 金属盐：$MgSO_4$、$SrSO_4$、$ZnSO_4$、$NiSO_4$、$Bi(NO_3)_3$、$AlPO_4$、$TiCl_3$、BaF_2 等
7. 复合氧化物：SiO_2-Al_2O_3、SiO_2-ZrO_2、Al_2O_3-MoO_3、Al_2O_3-Cr_2O_3、TiO_2-ZnO、TiO_2-V_2O_5、MoO_3-CoO-Al_2O_3、杂多酸、合成分子筛等

表 4-2 固体碱的分类

1. 浸润类：NaOH、KOH 浸润于 SiO_2、Al_2O_3 上；碱金属、碱土金属分散于 SiO_2、Al_2O_3、炭、K_2CO_3 上；R_3N 浸润于 Al_2O_3 上；Li_2CO_3/SiO_2 等
2. 阴离子交换树脂
3. 活性炭在 1173K 下热处理或用 N_2O、NH_3 活化
4. 金属氧化物：MgO、BaO、ZnO、Na_2O、K_2O、TiO_2、SnO_2 等
5. 金属盐：Na_2CO_3、K_2CO_3、$CaCO_3$、$(NH_4)_2CO_3$、$Na_2WO_4\cdot 2H_2O$、KCN 等
6. 复合氧化物：SiO_2-MgO、Al_2O_3-MgO、SiO_2-ZnO、ZrO_2-ZnO、TiO_2-MgO 等
7. 用碱金属离子或碱土金属离子处理、交换的合成分子筛

4.1.2 固体表面的酸、碱性质及其测定

固体表面酸碱性质的完备表述，包括：酸、碱中心的类型，酸、碱强度和酸、碱量。

4.1.2.1 酸位的类型及其鉴定

为了阐明固体酸的催化作用，常常需要区分 B 酸中心和 L 酸中心。研究 NH_3 和吡啶在固体酸表面上吸附的红外光谱可以做出这种区分。研究表明，NH_3 在 SiO_2-Al_2O_3 上吸附的模式，可以是物理吸附的 NH_3，可以是配位键合的 NH_3，也可以是 NH_4^+ 型。每种吸附模式可用它们的吸收谱带鉴别。分析相应谱带的相对强度表明，L 酸位对 B 酸位之比为 4∶1。吡啶配位键合于表面的谱带与吡啶正离子的谱带大不相同，表 4-3 列出了这种差别。

表 4-3 固体酸表面上吡啶的 IR 谱带（1400～1700cm^{-1}） 单位：cm^{-1}

氢键合的吡啶	配位键合的吡啶	吡啶正离子	氢键合的吡啶	配位键合的吡啶	吡啶正离子
1400～1447(VS)	1447～1450(VS)	1485～1500(VS)	1485～1490(W)	至 1580(V)	至 1620(S)
1485～1490(W)	1488～1503(V)	1540(S)	1580～1600(S)	1600～1633(S)	至 1640(S)

注：VS—极强；W—弱；S—强；V—可变。

图 4-1 所示为在不同组成的 SiO_2-ZnO 上吡啶吸附的红外光谱谱图，试样在 773K 的空气中焙烧了 3h。从图中看出，所有的混合氧化物上都有 1450cm^{-1}、1490cm^{-1} 和 1610cm^{-1} 带，它们是吡啶配位键合于 L 酸位的特征峰。但在所有的试样中，都未观测到 1540cm^{-1} 峰，该峰是吡啶正离子的特征峰，是吸附于 B 酸位形成的。所以，在该混合氧化物上酸位的类型，都是 L 酸位。以吡啶作吸附质的 IR 谱法，是广泛应用的方法，也是最适合的方法。现在，也有报道用 ^{13}C NMR 和 ^{15}N NMR研究的吡啶吸附谱以区分酸类型的。当然还有其他方法，这里不再一一列举。

4.1.2.2 固体酸的强度和酸量

酸强度的概念是指给出质子的能力（B 酸强度）或接受电子对的能力（L 酸强度）。对于固体酸来说，因为其表面上物种的活度系数是未知的，通常都是用酸强度函数 H_0 表示。

H_0 也称为 Hammett 函数。若一固体酸表面能够吸附一未解离的碱，并且将它转变成为相应的共轭酸，且转变是借助于质子自固体酸表面移向吸附碱，即

$$[HA]_s + [B]_a \xrightarrow{H^+} [A^-]_s + [BH^+]_a$$

则酸强度函数 H_0 可表示为

$$H_0 = pK_a + \lg \frac{[B]_a}{[BH^+]_a} \qquad (4\text{-}1)$$

式中，$[B]_a$ 和 $[BH^+]_a$ 分别为未解离的碱（碱指示剂）和共轭酸的浓度；pK_a 为共轭酸 BH^+ 解离平衡常数的负对数，类似于 pH。若转变是借助于吸附碱的电子对移向固体酸表面，即

$$[A]_s + [:B]_a \longrightarrow [A:B]$$

则 H_0 可表示为

$$H_0 = pK_a + \lg \frac{[:B]_a}{[A:B]} \qquad (4\text{-}2)$$

此处 $[A:B]$ 是吸附碱 B 与电子对受体 A 形成的络合物 AB 的浓度。H_0 越小酸强度越强；H_0 越大酸强度越弱。

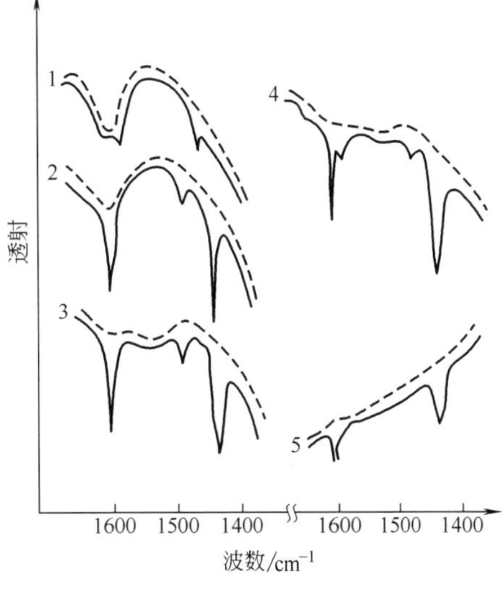

图 4-1　吡啶吸附在不同组成吸附剂上的红外光谱谱图

1—SiO_2；2—SiO_2-ZnO(9/1)；3—SiO_2-ZnO(7/3)；4—SiO_2-ZnO(1/9)；5—ZnO

关于固体酸强度的测定，主要有两种方法，即用指示剂指示的胺滴定法和气态碱吸附、脱附法，现分别简述如下。

(1) 胺滴定法

选用一种适合的 pK_a 指示剂（碱），吸附于固体酸表面上，它的颜色将示出该酸的强度。由于指示剂（碱）与其共轭酸颜色不同，如果固体酸吸附指示剂刚好使之变色，即在等当点，此时的 $[B]_a = [BH^+]_a$。根据式(4-1) 得 $H_0 = pK_a$。即由指示剂的 pK_a 值可得到固体酸强度函数 H_0。滴定时先称取一定量的固体酸悬浮于苯中，隔绝水蒸气条件下加入几滴所选定的指示剂，用正丁胺进行滴定。利用各种不同 pK_a 值的指示剂，就可求得不同强度酸的 H_0。表 4-4 列出了用于测定酸强度的指示剂（碱）。胺滴定法在测定酸强度的同时也可测出总酸量，后者的测定下面还将论述。由于该法不能区分 B 酸和 L 酸各自的强度和酸量，故需要采用红外光谱法、核磁共振法等以区分酸中心的性质；又因为指示剂的酸型色必须比碱型色深，且试样的颜色必须要浅，这些都给该法的应用带来一定的局限性。

表 4-4　用于测定酸强度的指示剂（碱）

指示剂	碱型色	酸型色	pK_a	H_2SO_4 的质量分数/%①	指示剂	碱型色	酸型色	pK_a	H_2SO_4 的质量分数/%①
中性红	黄	红	+6.8	8×10^{-8}	苯偶氮二苯胺	黄	紫	+1.5	2×10^{-2}
甲基红	黄	红	+4.8	—	结晶紫	蓝	黄	+0.8	0.1
苯偶氮萘胺	黄	红	+4.0	5×10^{-5}	对硝基二苯胺	橙	紫	+0.43	—
二甲基黄	黄	红	+3.3	3×10^{-4}	二肉桂丙酮	黄	红	−3.0	48
2-氨基-5-偶氮甲苯	黄	红	+2.0	5×10^{-3}	蒽醌	无色	黄	−8.2	90

① 与某 pK_a 相当的硫酸的质量分数。

（2）气态碱吸附法

当气态碱分子吸附在固体酸位中心时，强酸位吸附的碱比弱酸位吸附得更牢固，使其脱附也更困难。当升温排气脱附时，弱吸附的碱将首先排出，故依据不同温度下排出（脱附）的碱量，可以给出酸强度和酸量。实验采用石英弹簧秤重量吸附法测定。用于吸附的气态碱有 NH_3、吡啶、正丁胺等，现在推荐更好的是三乙胺。测试方法已发展为程序升温脱附法（TPD 法）。

所谓 TPD 法，是将预先吸附了某种碱（吸附质）的固体酸（吸附剂或催化剂），在等速升温且通入稳定流速的载气条件下，表面吸附的碱到了一定的温度范围便脱附出来，在吸附柱后用色谱检测器记录碱脱附速率随温度的变化，即得 TPD 曲线。这种曲线的形状、大小及出现最高峰时的温度 T_m 值，均与固体酸的表面性质有关。例如以吡啶和正丁胺为吸附质，用 TPD 法研究阳离子（NH_4^+、Ca^{2+} 等）交换分子筛的吸附性能，发现这种分子筛存在两种酸性中心，其低温脱附中心与弱酸位相对应，高温脱附中心与强酸位相对应。图 4-2 所示为 NH_3 吸附在阳离子交换的 ZSM-5 型分子筛上的 TPD 谱图 。从图中明显地看出H-ZSM-5 的两种不同峰位：一处在 723K，强酸位；另一处在 463K，弱酸位。

固体酸表面上的酸量，通常表示为单位质量或单位表面积上酸位的物质的量（mmol/g 或 mmol/m^2）。酸量也称作酸度，指酸的浓度。测量酸强度的同时就测出了酸量，因为对于不同酸强度，酸量分布不同。例如，不同组成含量的 ZnO-Al_2O_3 二元化合物，当经过在 773K 下空气中焙烧时，各自的酸强度与酸量如图 4-3 所示。在任意酸强度下，ZnO 的摩尔分数为 10％时观测到的酸量最大。

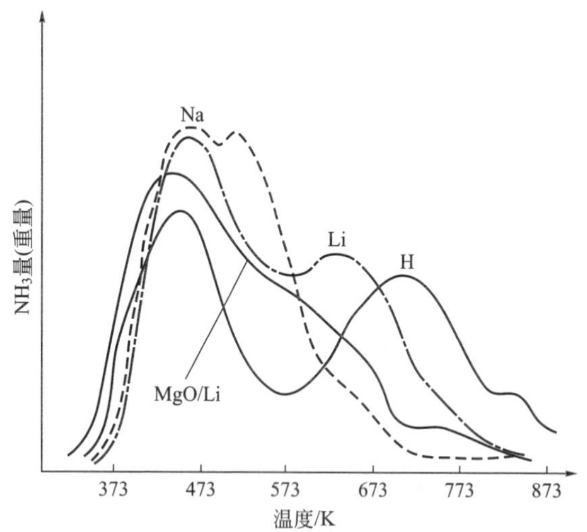

图 4-2 NH_3 吸附在阳离子交换的 ZSM-5 型分子筛上的 TPD 谱图

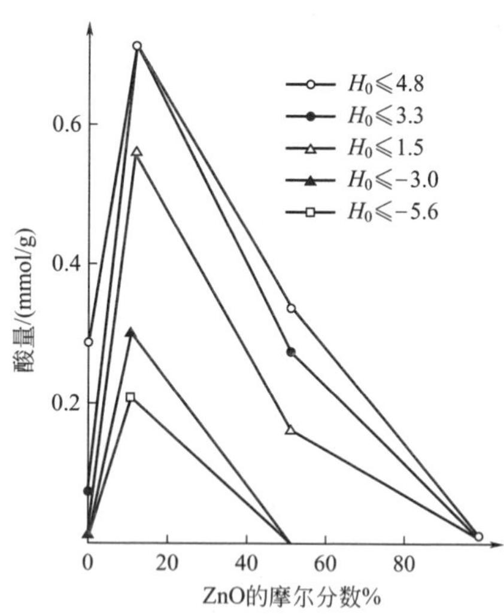

图 4-3 ZnO-Al_2O_3 对 ZnO 的摩尔分数变化的不同酸强度下的酸量

4.1.2.3 固体碱强度与碱量

固体碱的强度，定义为表面吸附的酸转变成为共轭碱的能力，也定义为表面给出电子对于吸附酸的能力。碱量，用单位质量或单位表面积碱的物质的量表示（mmol/g 或 mmol/m^2）。碱量也称碱度，即碱中心的浓度。碱强度和碱量的测定，主要采用吸附法和滴定法。常用的气态酸吸附质是 CO_2、氧化氮和苯酚蒸气。近年来，也有人建议用吡咯作为酸性分子。滴定法采用酸性指示剂存在下的苯甲酸。此外，用 NH_4^+ 在红外光谱中伸缩振动的波数位移，也能评价与 H 作用的碱位强度。

4.1.2.4　酸-碱对协同位

某些反应，已知虽由催化剂表面上的酸位所催化，但碱位也或多或少地起一定的协同作用。有这种酸-碱对协同位的催化剂，有时显示更好的活性，甚至其酸-碱强度较单个酸位或碱位的强度更低。例如，ZrO_2 是一种弱酸和弱碱，但它分裂 C—H 键的活性较更强酸性的 SiO_2-Al_2O_3 高，也较更强碱性的 MgO 高。这种酸位和碱位协同作用，对于某些特定的反应是很有利的，因而也具有更高的选择性。这种反应在酶催化中常见。所以，有时不仅需要知道酸位和碱位的强度，而且还需要知道酸位-碱位对的协同匹配（酸位与碱位间距、它们自身的强度大小等）。现在，可以用吸附的苯酚 TPD 谱图表征催化剂酸位-碱位对的性质。即酸碱双功能的催化活性。

4.1.3　酸、碱中心的形成与结构

4.1.3.1　金属氧化物

单组分碱金属氧化物作为碱催化剂，已知由 Rb_2O 催化丁烯异构化。碱土金属氧化物中的 MgO、CaO 和 SrO，是典型的固体碱催化剂，经高温热处理后可使活性很高。这些氧化物都是由相应的碳酸盐或氢氧化物经热分解而来。除碱性外，碱土金属氧化物还显示出给予电子的性能，可用在其表面上吸附电中性样针分子而形成阴性自由基得以证实。例如，在 MgO 表面上吸附硝基苯就形成相应的阴性自由基。在 CaO 表面上也观测到这种硝基苯阴性自由基的生成。用滴定法测量指出，这种给予电子的部位与碱位是不同的。可以将碱位称为 B 碱，而给予电子部位称为 L 碱。当这些氧化物由碳酸盐或氢氧化物形成时，在空气中焙烧比在排气焙烧形成 L 碱位要少得多。滴定法证明，不论在空气中或在排气中形成的 L 碱位远较 B 碱位少。通过吸附和催化行为的研究表明，碱土金属氧化物表面上存在有四种强度不同的碱活性位，即羟基和活性位Ⅰ、Ⅱ、Ⅲ。结构分析和量化计算证明，这种碱强度的差异主要由碱位中心氧原子配位金属原子数不同所致。随着预处理和焙烧温度的逐步升高，碱强度不同的活性位按羟基、位Ⅰ、位Ⅱ、位Ⅲ的顺序逐步显示，如图 4-4。位Ⅰ、位Ⅱ、位Ⅲ三种活性的催化功能也不相同。$S_{Ⅰ}$ 主要是催化异构化反应；$S_{Ⅱ}$ 除能催化异构化外，还能催化 H-D 同位素交换反应；$S_{Ⅲ}$ 主要起催化加氢的功能。

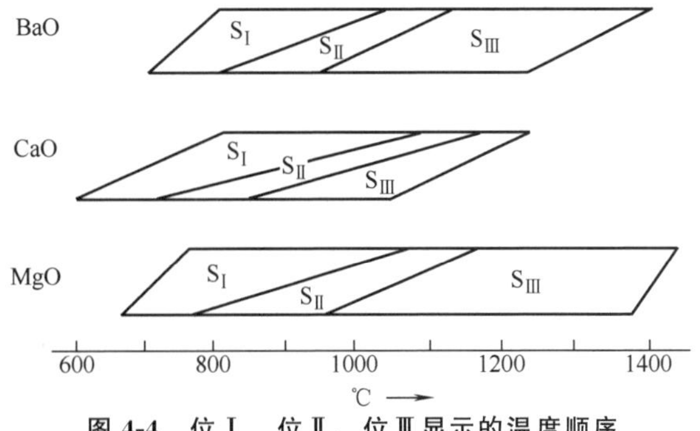

图 4-4　位Ⅰ、位Ⅱ、位Ⅲ显示的温度顺序

氧化铝是广为应用的吸附剂和催化剂，更多场合用作金属（如 Pt、Pd 等）和金属氧化物（Cr、Mo 等氧化物）催化剂的载体。它有多种不同的晶型变体，如 γ、η、χ、θ、δ、κ

等，依制取所用的原料和热处理条件的不同，可以出现前述的各种变体，如图 4-5 所示。最稳定的形式为无水的 α-Al_2O_3，它是 O^{2-} 的六方最紧密堆砌体，Al^{3+} 占据正八面体位的 2/3。对于催化剂来说，各种变体中最重要的是 γ-Al_2O_3 和 η-Al_2O_3。二者都系有缺陷的尖晶石结构，彼此的差别在于：四方晶格结构的扭曲程度（$\gamma>\eta$）；六边形层的堆砌规整性（$\eta>\gamma$）；Al—O 键距（$\eta>\gamma$，相差为 0.05～0.1nm）。也有人提出二者的 Al^{3+} 在四面体中的浓度不同。二者的比表面积为 150～250m^2/g，孔容为 0.4～0.7cm^3/g。二者的表面既有酸位，也有碱位。酸位属 L 酸，碱位属 OH 基，都可用 IR 表征证明。为了说明 γ-Al_2O_3 和 η-Al_2O_3 表面酸位和碱位的形成及其强度分布，分别由 Peri 和 Knözinger 提出了两种氧化铝表面模型，如图 4-6 和图 4-7 所示。

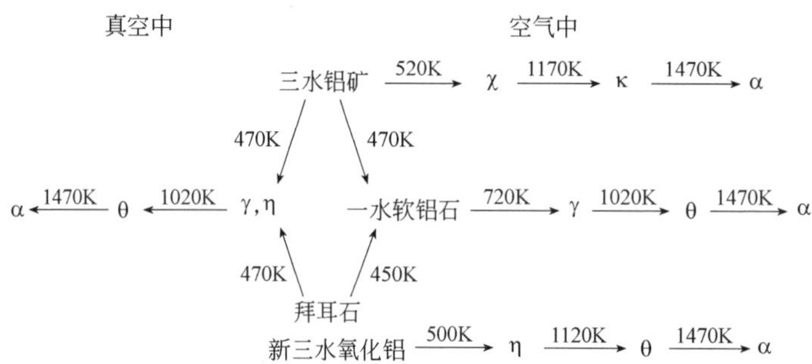

图 4-5 氧化铝及其水合物的相互转化

Peri 的 γ-Al_2O_3 模型认为：全羟基化 γ-Al_2O_3 的（100）面下面，有定位于正八面体构型上的 Al^{3+}，当表面受热脱水时，成对的羟基按统计规律随机脱除。对应于 770K 下脱羟基达 67%时，不会产生 O^{2-} 缺位；当温度为 940K 脱羟基达 90.4%时，会形成包括邻近的裸露 Al^{3+} 和 O^{2-} 缺位。一般 Al^{3+} 为 L 酸中心，O^{2-} 为碱中心。羟基邻近于 O^{2-} 或 Al^{3+} 的环境不同，可区分成五种不同的羟基位（A、B、C、D、E 位），如图 4-6 所示。A 位有四个 O^{2-} 邻近，因为 O^{2-} 诱导效应使该位碱性最强，有最高的 IR 谱波数；C 位无 O^{2-} 邻近，酸性最强。这种模型能圆满地解释表面羟基的五种 IR 谱带。

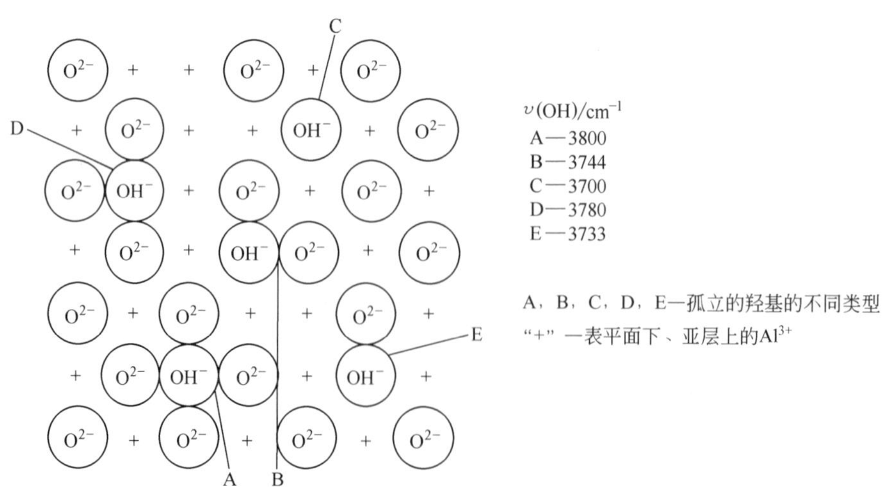

图 4-6 J. Peri 建议的 γ-Al_2O_3 上酸、碱位的示意图

（Peri J B，J Phy Chem，1965，(211)：220）

Knözinger 的模型除考虑邻近 O^{2-} 对羟基的诱导效应外，还考虑了（100）面以外的晶面影响。表面羟基的 IR 谱波数差别是由其净电荷所决定的。这种净电荷取决于表面羟基的不同配位（或称构型差别），可用 Pauling 的静电价规则求出。脱除羟基以降低表面净电荷。图 4-7 示出了相应的净电荷和 IR 谱波数。

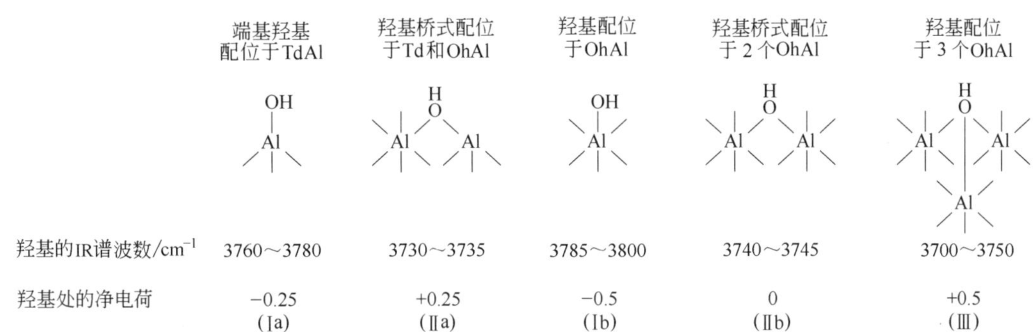

图 4-7　Knözinger 建议的氧化铝模型

Td—正四面体构型；Oh—正八面体构型

4.1.3.2　复合氧化物

关于二元复合氧化物的酸性起源，田部浩三根据氧化物的电价模型和它们显示酸碱性的长期观测，提出了下述假定：在二元氧化物的模型结构中，负电荷或正电荷的过剩是产生酸性的原因。模型结构的描绘遵循两个原则：当两种氧化物形成复合物时，两种正电荷元素的配位数维持不变；主组分氧化物的负电荷元素（氧）的配位数（指氧的键合数），对二元氧化物中所有的氧维持相同。例如，TiO_2 占主要组分的 TiO_2-SiO_2 二元复合氧化物的结构模型和 SiO_2 占主要组分的 TiO_2-SiO_2 二元复合氧化物的结构模型，如图 4-8 所示。在图 4-8(a) 中，正电荷过剩，应显 L 酸性；在图 4-8(b) 中，负电荷过剩，应显 B 酸性。因为这时需要两个质子维持六个二配位氧造成负二电荷的电中性。故无论在哪种情况下，TiO_2 与 SiO_2 组成的二元复合物都显酸性，因为不是正电荷过剩（L 酸）就是负电荷过剩（B 酸）。

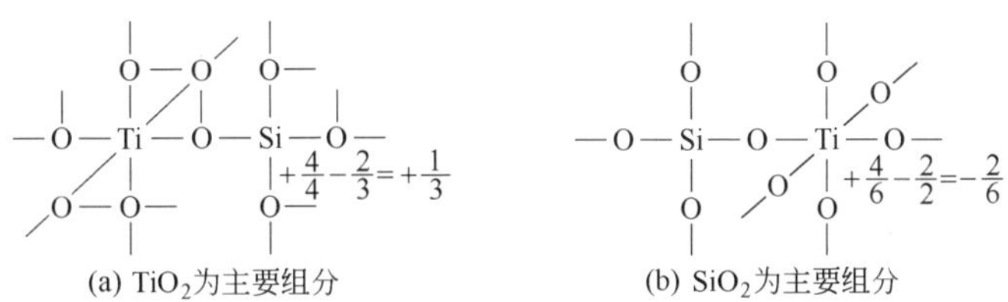

图 4-8　TiO_2-SiO_2 二元复合氧化物的模型结构

图 4-8(a) 中，两种氧化物复合时，Si 的配位数为 4，Ti 的配位数为 6；Si 的 4 个正电荷分布在 4 个键上，即每个键一个正电荷；而 O^{2-} 的配位数按上述原则的要求应为 3，故 2 个负电荷分布在 3 个键上，即每个键为 −2/3。故总的电荷差为 $\left(+\frac{4}{4}-\frac{2}{3}\right)\times 4=+\frac{4}{3}$。

图 4-8(b) 中，两种氧化物复合时，Ti 的配位数为 6，Si 的配位数为 4；Ti 的 4 个正电荷分布在 6 个键上，即每个键 +4/6 电荷；而 O^{2-} 的配位数按上述原则的要求应为 2，故 2 个负电荷分布在 2 个键上，即每个键为 −2/2。故总电荷差为 $\left(+\frac{4}{6}-\frac{2}{2}\right)\times 6=-2$。

又例如 $ZnO-TiO_2$ 二元氧化物系，无论主要组分为何种物质，按上述两原则描绘的模型结构都无过剩的电荷，所以该二元氧化物无酸性。实验证实了这种推测。田部浩三对 32 种二元氧化物进行了预测，经实验证明其中 29 种与预测的相一致。假定的有效性达 91%。表 4-5 列出了二元氧化物酸量的预测与实测。但需要指出，二元氧化物指的是复合物，机械混合的不遵从这种预测；其次，预测的是酸量，不是酸强度。二元氧化物复合也有增加碱量的，但未发现有规律性。

表 4-5 二元氧化物酸量预测与实测

二元复合氧化物 1 2	$\alpha=\frac{V}{C}$ α_1	α_2	田部浩三预测的酸量增加	实验结果	预测的有效性	二元复合氧化物 1 2	$\alpha=\frac{V}{C}$ α_1	α_2	田部浩三预测的酸量增加	实验结果	预测的有效性
TiO_2-CuO	4/6	2/4	○	○	○	Al_2O_3-MgO	3/6	2/6	○	○	○
TiO_2-MgO		2/6	○	○	○	Al_2O_3-B_2O_3		3/3	○	○	○
TiO_2-ZnO		2/4	○	○	○	Al_2O_3-ZrO_2		4/8	×	○	×
TiO_2-CdO		2/6	○	○	○	Al_2O_3-Sb_2O_3		3/6	×	×	○
TiO_2-Al_2O_3		3/6	○	○	○	Al_2O_3-Bi_2O_3		3/6	×	×	○
TiO_2-SiO_2		4/4	○	○	○	SiO_2-BeO	4/4	2/4	○	○	○
TiO_2-ZrO_2		4/8	○	○	○	SiO_2-MgO		2/6	○	○	○
TiO_2-PbO		2/8	○	○	○	SiO_2-CaO		2/6	○	○	○
TiO_2-Bi_2O_3		3/6	○	○	○	SiO_2-SrO		2/6	○	?	?
TiO_2-Fe_2O_3		3/6	○	○	○	SiO_2-BaO		2/6	○	?	?
ZnO-MgO	2/4	2/6	○	○	○	SiO_2-Ga_2O_3		3/6	○	○	○
ZnO-Al_2O_3		3/6	×	○	×	SiO_2-Al_2O_3	3/4	3/6	○	○	○
ZnO-SiO_2		4/4	○	○	○	SiO_2-La_2O_3		3/6	○	○	○
ZnO-ZrO_2		4/8	×	×	○	SiO_2-ZrO_2		4/8	○	○	○
ZnO-PbO		2/8	○	×	×	SiO_2-Y_2O_3		3/6	○	○	○
ZnO-Sb_2O_3		3/6	×	×	○	SiO_2-Fe_2O_3		3/6	○	○	○
ZnO-Bi_2O_3		3/6	×	×	○	ZrO_2-CdO		2/6	○	○	○

注：1. V—正电元素的价态；C—正电元素的配位数；○—预测结果与实测结果一致；×—预测结果与实测结果不一致；?—未确定。

2. 田部浩三假定的正确性：$\frac{29}{32}=91\%$。

影响酸位和碱位产生的因素有：二元氧化物的组成；制备方法；预处理温度。这些对脱 H_2O、脱 NH_3、改变配位数和晶型结构都有影响。典型的二元氧化物有含 SiO_2 的系列，其中以 SiO_2-Al_2O_3 研究得最为广泛，固体酸和固体酸催化剂的概念就是据此建立的。SiO_2-TiO_2 也是强酸性的固体催化剂。Al_2O_3 系列二元氧化物中，用得较广泛的是 Al_2O_3-MoO_3。加氢脱硫和加氢脱氮催化剂，就是用 Co 或 Ni 改性的 Al_2O_3-MoO_3 二元硫化物体系。它们的主要催化功能与其酸性的关系也有研究。近年来，对于 TiO_2 和 ZrO_2 的二元氧化物也有了一些研究。

4.1.4 固体酸、碱的催化作用

均相酸、碱催化反应在石油化工中也有一些应用。例如，环氧乙烷经硫酸催化水解为乙二醇，环己酮肟在硫酸催化下重排为己内酰胺，环氧氯丙烷在碱催化下水解为甘油等。这些反应的特征，在基础化学类课程中已有讨论。多相酸碱催化反应所用的催化剂，为前述的固体酸和固体碱，也可以是液体酸碱的负载物，它们在炼油工业、石油化工和化肥工业等中占有重要的地位。这类催化反应的特点分述如下：

4.1.4.1 酸位的性质与催化作用关系

酸催化的反应，与酸位的性质和强度密切相关。不同类型的反应，要求酸催化剂的酸位性质和强度也不相同。

① 大多数的酸催化反应是在 B 酸位上进行的。例如，烃的骨架异构化反应，本质上取决于催化剂的 B 酸位；二甲苯的异构化、甲苯和乙苯的歧化、异丙苯的脱烷基化以及正己烷的裂化等反应，单独 L 酸位是不显活性的，有 B 酸位的存在才起催化作用。不仅如此，催化反应的速率与 B 酸位的浓度之间存在良好的关联。

② 各种有机物的乙酰化反应，要用 L 酸位催化，通常的 SiO_2-Al_2O_3 固体酸对乙酰化反应几乎毫无催化活性，常采用的催化剂为 $AlCl_3$、$FeCl_3$ 等典型的 L 酸。又如乙醇的脱水制乙烯也是在 L 酸催化下进行的，常用 γ-Al_2O_3 作催化剂。

③ 有些反应，如烷基芳烃的歧化，不仅要求在 B 酸位上发生，而且要求非常强的 B 酸（$H_0 \leqslant -8.2$）。有些反应，随所使用的催化剂酸强度的不同，发生不同的转化。例如，4-甲基-2-戊醇脱水，当活性中心酸强度达 $H_R \leqslant 4.75$ 时可发生（H_R 是以芳基甲醇为指示剂建立的酸强度函数）；当酸强度达 $H_R \leqslant 0.82$ 时，脱水产物可进行顺-反异构和 1,2-双键位移；如果酸强度进一步增至 $H_R \leqslant -4.04$，双键可继续位移；当 H_R 达 -6.68 时，烯分子发生骨架异构。

④ 催化反应对固体酸催化剂酸位依赖的关系是复杂的，有些反应要求 L 酸位和 B 酸位在催化剂表面邻近处共存时才进行。例如重油的加氢裂化就是如此，该反应的主催化剂为 Co-MoO_3/Al_2O_3 或 Ni-MoO_3/Al_2O_3，在 Al_2O_3 中原来只有 L 酸位，引入 MoO_3 形成了 B 酸位，引入 Co 或 Ni 是为了阻止 L 强酸位的形成，中等强度的 L 酸位在 B 酸位共存下有利于加氢脱硫的活性。L 酸位和 B 酸位的共存，有的是协同效应，如重油加氢裂化；有时 L 酸位在 B 酸位邻近处存在，主要是增强 B 酸位的强度，因此也就增加了它的催化活性。有些反应虽不为酸所催化，但酸的存在会影响反应的选择性和速率。例如，烃在过渡金属氧化物催化剂上的氧化，由于这些氧化物的酸碱性能影响反应物和产物的吸附和脱附速率，或成为副反应的活性中心，故酸、碱不催化氧化反应，但能影响它的速率和选择性。尽管很多反应同属于酸催化类型，但不同类型的酸活性中心会有不同的催化效果。

4.1.4.2 酸强度与催化活性和选择性的关系

固体酸催化剂表面，不同强度的酸位有一定分布。不同酸位可能有不同的催化活性。例如，γ-Al_2O_3 表面就有强酸位和弱酸位。强酸位是催化异构化反应的活性部位，弱酸位是催化脱水反应的活性部位。固体酸催化剂表面上存在着一种以上的活性部位，是它们的选择性特性所在。表 4-6 列出了一些二元氧化物的最大酸强度、酸类型（酸位）和催化反应的示例。

表 4-6　二元氧化物的最大酸强度、酸类型和催化反应示例

二元氧化物	最大酸强度	酸类型	催化反应示例
SiO_2-Al_2O_3	$H_0 \leqslant -8.2$	B 型 L 型	丙烯聚合、邻二甲苯异构化 异丁烷裂解
SiO_2-TiO_2	$H_0 \leqslant -8.2$	B 型	1-丁烯异构化
SiO_2-MoO_3(10%)	$H_0 \leqslant -3.0$	B 型	三聚甲醛解聚，顺式-2-丁烯异构化
SiO_2-ZnO(70%)	$H_0 \leqslant -3.0$	L 型	丁烯异构化
SiO_2-ZrO_2	$H_0 = -8.2$	B 型	三聚甲醛解聚
WO_3-ZrO_2	$H_0 = -14.5$	B 型	正丁烷骨架异构化
Al_2O_3-Cr_2O_3(17.5%)	$H_0 \leqslant -5.2$	L 型	加氢异构化

一般涉及 C—C 断裂的反应，如催化裂化、骨架异构、烷基转移和歧化反应等，要求强酸中心；而涉及 C—H 断裂的反应，如氢转移、水合、环化、烷基化等，则需要弱酸中心。下面用丁烯的双键异构化予以说明。丁烯双键的异构涉及位于双键或邻近双键处 C—H 的断裂和形成。实验表明，异构化反应的速率随催化剂酸强度的增加而增加。1-丁烯异构成顺/反式-2-丁烯的选择性或者顺式-2-丁烯-2 异构成反式-1-丁烯的选择性，明显地与酸强度相关。图 4-9 所示为顺式-2-丁烯异构化成反式-1-丁烯之比与 $MeSO_4/SiO_2$ 催化剂酸强度的关系。金属离子（Me）的电负性代表酸强度。催化反应速率和选择性随酸强度增加的变化，可以用线性自由能关系和动力学数据的过渡态叔丁基阳离子的稳定度得到解释。

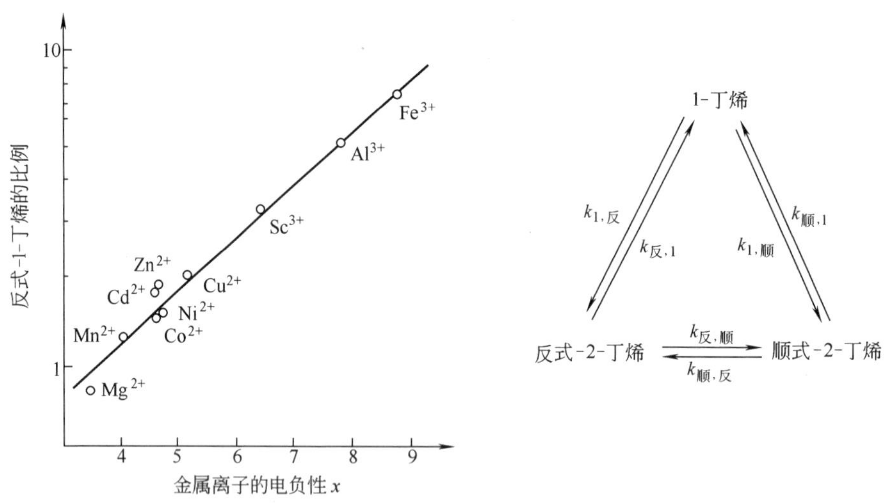

图 4-9　顺式-2-丁烯在各种金属硫酸盐催化剂上异构化与金属离子电负性 x 的关系

4.1.4.3　酸量（酸浓度）与催化活性的关系

许多实验研究表明，固体酸催化剂表面上的酸量与其催化活性有明显的关系。在酸强度一定的情况下，催化活性与酸量之间或呈线性关系或呈非线性关系。例如，三聚甲醛在各种不同的二元氧化物酸催化剂上的解聚，在催化剂酸强度 $H_0 \leqslant -3$ 的条件下，催化活性与酸量呈线性关系，如图 4-10 所示。又例如，苯胺在 ZSM-5 分子筛（一种固体酸，后文要详述）催化剂上与甲醇的烷基化反应，苯胺的转化率和 ZSM-5 的酸量（以 SiO_2/Al_2O_3 表示）呈非线性关系，如图 4-11 所示。图中清楚地表明，不仅转化率与酸量有关，而且弱酸位的存在是必要的。

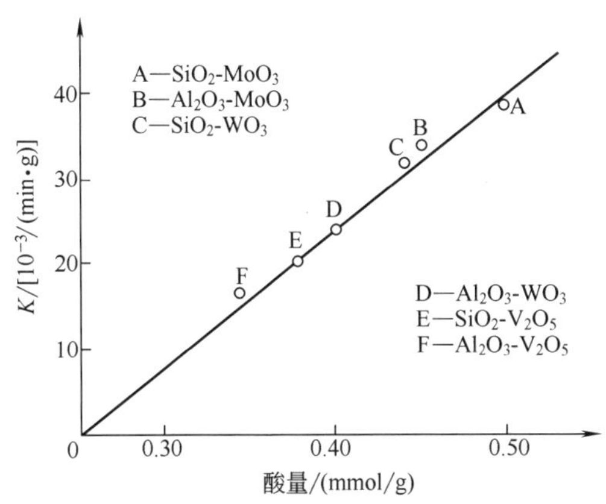

图 4-10　在 $H_0 \leqslant -3$ 的各种催化剂上酸量与三聚甲醛解聚的一级速率常数的线性关系

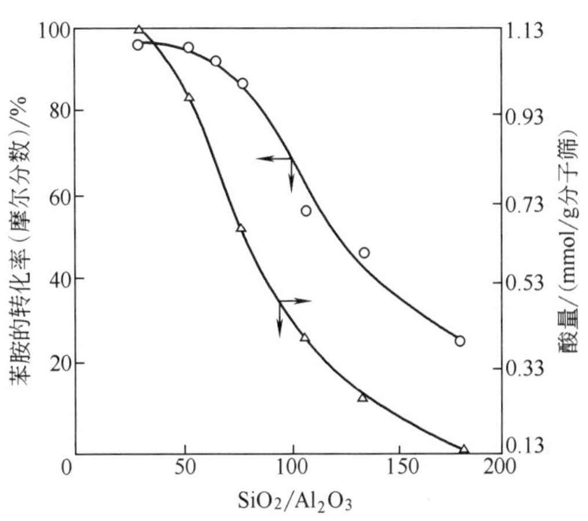

图 4-11　不同 SiO_2/Al_2O_3 比的 ZSM-5 催化剂的酸量对苯胺转化率的影响

4.1.5　超强酸及其催化作用

固体酸的强度若超过 100％硫酸的酸强度，则称为超强酸。因为 100％硫酸的酸强度用 Hammett 酸强度函数表示时为 $H_0=-11.9$，故固体酸强度 $H_0<-11.9$ 者称为固体超酸或称超强酸。表 4-7 列出了这类超强酸，包括固体本身的和负载的两类。

表 4-7　固体超强酸

序号	酸	载体	序号	酸	载体
1	SbF_5	SiO_2-Al_2O_3，SiO_2-TiO_2，SiO_2-ZrO_2，Al_2O_3-B_2O_3，SiO_2，HF-Al_2O_3	5	SbF_5-HF	Pt，Pt-Au，Ni-Mo，PE，活性炭
			6	SbF_5-CF_3SO_3H	γ-Al_2O_3，$AlPO_4$，骨炭
2	SbF_5，TaF_5	Al_2O_3，MoO_3，ThO_2，Cr_2O_3	7	Nafion(全氟磺酸树脂)	
3	SbF_5，BF_3	石墨，Pt-石墨	8	TiO_2-SO_4^{2-} 等	
4	BF_3，$AlCl_3$	离子交换树脂，硫酸盐，氯化物	9	H-ZSM-5	

固体超强酸又可分为含卤素和不含卤素两大类。由于含卤素的固体超强酸制备的原料价格较高，催化剂虽然活性高，但稳定性较差，且卤素对设备也有一定的腐蚀性。目前，研究的兴趣主要集中在不含卤素的固体酸催化剂的制备及其应用上。主要有以 SO_4^{2-} 促进的锆系（SO_4^{2-}/ZrO_2）、钛系（SO_4^{2-}/TiO_2）和铁系（SO_4^{2-}/Fe_3O_4），以及以金属氧化物如 WO_3、MoO_3 和 B_2O_3 等作为促进剂（负载物）制备的 WO_3/Fe_3O_4、WO_3/SnO_2、WO_3/TiO_2、MoO_3/ZrO_2 和 B_2O_3/ZrO_2 等固体超强酸。作为酸催化剂而应用于异构、裂解、酯化、醚化、酰化、氯化等各种催化反应，如替代传统的 H_2SO_4 和氟磺酸，可克服工艺过程中的环保、设备腐蚀和分离困难等问题，因而被认为是“绿色”催化剂，具有广阔的应用前景。

4.1.5.1　制备方法

制备此类固体酸催化剂主要有浸渍法、机械混合法和凝胶法等几种方法。如分别在 TiO_2、$Zr(OH)_4$ 和 $Fe(OH)_3$ 上负载 $(NH_4)_2SO_4$ 或 H_2SO_4，然后在一定温度下（一般为 500～600℃）进行焙烧，即可得到固体超强酸。所用的载体一般可以用 Ti、Zr 和 Fe 的可溶性盐经氨水或铵盐沉淀为无定形的氢氧化物而得到。

4.1.5.2　超强酸的酸强度测定

采用 Hammett 指示剂法和正丁烷骨架异构化成异丁烷法。已知用 100％H_2SO_4 无法催化正丁烷的异构化反应，故能使之异构化的固体酸即为超强酸。

4.1.5.3 固体超强酸酸中心的形成机理

以 SO_4^{2-} 促进的 SO_4^{2-}/M_xO_y 型固体超强酸的酸中心主要是由于 SO_4^{2-} 在表面上的配位吸附，在 M—O 上的电子云强度偏移，产生 L 酸中心。而在干燥和焙烧过程中，由于所含的结构水发生解离吸附而产生了 B 酸中心。一般认为，焙烧的低温阶段是催化剂表面游离 H_2SO_4 的脱水过程；高温有利于促进剂与固体氧化物发生固相反应而形成超强酸；而在更高温度时，则容易造成促进剂 SO_4^{2-} 的流失。固体超强酸表面上酸中心形成的理论模型如图 4-12 所示。

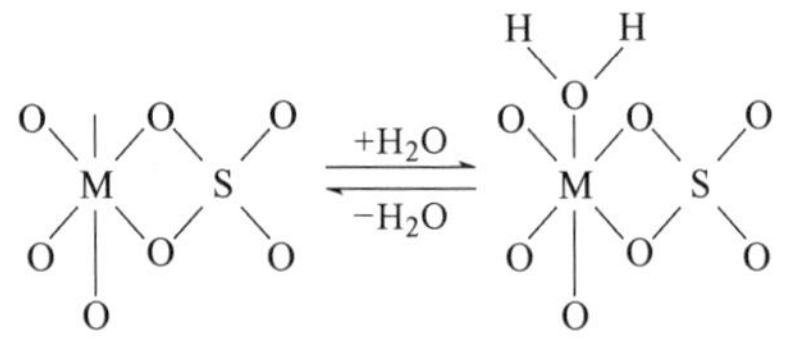

(a) Lewis酸(L酸)　(b) Brönsted酸(B酸)

图 4-12 B 酸和 L 酸的形成机理

4.1.5.4 固体超强酸的失活

一般认为，固体超强酸的失活有以下几方面的原因：表面上的促进剂 SO_4^{2-} 的流失，如酯化、脱水、醚化等反应过程中，水或水蒸气的存在会造成超强酸表面上的 SO_4^{2-} 流失；反应体系中反应物、中间物和产物在催化剂表面进行的吸附、脱附及表面反应或积炭现象的发生，造成超强酸催化剂的活性下降或失活；反应体系中由于毒物的存在，使固体超强酸中毒，或者由于促进剂 SO_4^{2-} 被还原，S 从 +6 价降至 +4 价，使 S 与金属结合的电负性显著下降，配位方式发生变化，导致酸强度减小而失活。以上几种失活都是可逆的，可以通过重新处理恢复催化剂的酸性，从而恢复活性。

4.1.5.5 固体超强酸载体的改性

对于单组分的 SO_4^{2-} 促进型的固体超强酸，由于在反应过程中 SO_4^{2-} 较易流失而导致催化剂易失活，寿命短。通过对催化剂载体的改性，提供适合的比表面积，增加酸量、酸的种类，增强抗毒物的能力等，都可以改善固体超强酸的性能。目前主要从以下几方面进行研究。

(1) 其他金属或金属氧化物改性

金属氧化物的电负性和配位数对与促进剂 SO_4^{2-} 形成的配位结构有着很深刻的影响，所以并不是所有的金属氧化物都具备合成固体超强酸的条件，且金属氧化物与 SO_4^{2-} 以单配位、螯合双配位和桥式配位（见图 4-13）结合时，能在固体表面产生较强的 L 酸和 B 酸中心。目前研究较多的是引入 Al、Al_2O_3、MoO_3 等。详细内容可参考相关文献。

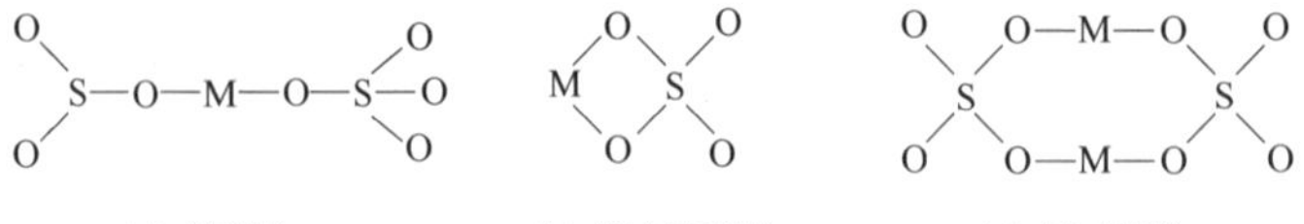

(a) 单配位　(b) 螯合双配位　(c) 桥式配位

图 4-13 金属氧化物和促进剂的配位图

(2) 稀土元素改性

稀土元素引入固体超强酸，可以提高催化剂的性能，如用 Dy_2O_3 改性 SO_4^{2-}/Fe_3O_4，Dy_2O_3 可稳定催化剂中的 SO_4^{2-}，令其在反应过程中不易流失，提高了合成反应中催化剂的稳定性，而含稀土的固体超强酸催化剂在合成羟基苯甲醚及酯化反应中，显示出较高的催化活性和较好的稳定性。另外，催化剂还可以重复使用。

(3) 纳米技术改性

以纳米氧化物作为载体，往往具有高的表面原子密度和高的比表面积，显示出独特的性质。

(4) 分子筛改性

通过适当的方法，将超强酸负载在分子筛上，可以制得负载型的分子筛超强酸。它同时具有分子筛的高比表面积、均匀规整的孔结构、热稳定性和超强酸的强酸性。这使得固体超强酸工业化应用的前景变得更加光明。目前报道的用于载体改性的分子筛主要有：ZSM-5、HZSM-5、MCM-41 和 SBA。将 SO_4^{2-}/ZrO_2 负载在上述的分子筛上，制成不同的固体超强酸。此外，含锆分子筛也可作为载体制取固体超强酸 SO_4^{2-}/Zr-ZSM-5、SO_4^{2-}/Zr-ZSM-11、中孔 SO_4^{2-}/Zr-HMS。有关分子筛的知识将在后面章节介绍。

4.1.6　超强碱及其催化作用

由于超强酸被定义为酸强度超过 $H_0=-11.9$（100% H_2SO_4 的 Hammett 酸强度函数)，强度较中性物质 $H_0=7$ 低了 19 个单位，因而提出强度较中性物质高出 19 个单位的碱性物质（碱强度函数 $H_-\geqslant 26$）为超强碱。

相较于固体酸，对固体碱的研究起步较晚，发展也没有那么系统和完整。从目前的研究来看，按照载体和碱位性质的不同，固体碱大致可以分为有机固体碱、有机无机复合固体碱以及无机固体碱等几类。其中无机固体碱又可分为金属氧化物型和负载型两类。

通常有机固体碱主要指端基为叔胺或叔膦基团的碱性树脂，如端基为三苯基膦的苯乙烯和对苯乙烯共聚物。此类固体碱的优点是碱强度均一，但热稳定性差。有机无机复合固体碱主要是负载有机胺和季铵碱的分子筛。前者的碱位是能提供孤对电子的氮原子，而后者的碱位是氢氧根离子。由于活性位以化学键和分子筛相结合，所以活性组分不会流失，碱强度也均匀，但同样不能应用于高温反应。

无机固体碱制备简单，碱强度分布范围宽且可调，热稳定性好而备受关注。此类固体碱主要包括金属氧化物、水合滑石类阴离子黏土和负载型固体碱。表 4-8 列出了一些无机固体超强碱。

表 4-8　无机固体超强碱

无机固体超强碱	原材料，制法	预处理温度/K	强碱度函数 H_-	无机固体超强碱	原材料，制法	预处理温度/K	强碱度函数 H_-
CaO	$CaCO_3$	1173	26.5	MgO-Na	Na，蒸发处理	923	35
SrO	$Sr(OH)_2$	1123	26.5	Al_2O_3-Na	Na，蒸发处理	823	35
MgO-NaOH	NaOH，浸渍	823	26.5	Al_2O_3-NaOH-Na	NaOH、Na，浸渍	773	37

已知的固体超强碱包括经特殊处理的碱金属和碱土金属氧化物、Na-MgO、K-KOH-Al_2O_3 等以及负载型分子筛固体超强碱，以下分别进行介绍。

(1) 氧化物固体超强碱

将碱金属或其盐加入到某些氧化物中，可导致形成超强的碱中心。如用金属钾的液氨溶液浸渍 Al_2O_3，可以得到碱强度 $H_->37$ 的固体超强碱 $K(NH_3)/Al_2O_3$，其催化能力很强，在 −62℃下，只需 6min 即可使 180mmol 的正戊烯异构化为 2-戊烯，或在 10min 内使 40%的二甲基-1-丁烯转化为二甲基-2-丁烯，活性远高于 Na/Al_2O_3 和 Na/MgO。KF/Al_2O_3 同时具有超强碱性和亲核性，在丁烯异构化和 Michael 加成等有机合成反应中的活性超过了 KOH/Al_2O_3。经程序升温分解、红外光谱表征，证实其主要强碱位为［A—OH…F］。将 KF 负载在 ZrO_2

上，也可制得 KF/ZrO_2 超强碱，在 0℃时对丁烯异构化反应的活性也很高。

(2) 分子筛型固体超强碱

将 10%～20%的 KNO_3 负载在 KL 沸石上并经 873K 活化后，可以得到 $H_- = 27.0$ 的固体超强碱。该材料是一种可以在 273K 下催化顺式-2-丁烯异构化的超强碱，在 1h 内转化约 3.5mmol/g 的顺式-2-丁烯，活性超过 $KF/AlPO_4$-5 约 30 倍。并且其反应产物中反式-2-丁烯和 1-丁烯的初始比例为 3.0，这不同于普通固体强碱的催化特性，而与 $CaCO_3$ 在 1173K 抽真空分解产生的 CaO 超强碱催化剂的特性相类似。目前在对固体超强碱的研究中，氧化物超强碱多侧重于增大表面积的方面，而分子筛超强碱多侧重于提高其碱强度方面，以满足石油化工、精细化工中的催化需求。

4.1.7 杂多化合物及其催化作用

杂多化合物催化剂一般是指杂多酸及其盐类。杂多酸是由杂原子（如 P、Si、Fe、Co 等）和配位原子（即多原子如 Mo、W、V、Nb、Ta 等）按一定的结构通过氧原子配位桥联组成的一类含氧多酸，或为多氧族金属配合物，常用 HPA 表示。其兼具酸碱性和氧化还原性。杂多化合物催化剂作为固体酸具有以下一些特点：

① 可通过杂多酸组成原子的改变来调节其酸性和氧化还原性；

② 一些杂多酸化合物表现出准液相行为，因而具有一些独特的性质；

③ 结构确定，兼具一般配合物和金属氧化物的主要结构特征，热稳定性较好，且在低温下不存在较高活性；

④ 是一种环境友好的催化剂。

4.1.7.1 杂多酸的结构特征

固体杂多酸由杂多阴离子、阳离子（质子、金属阳离子、有机阳离子）、水和有机分子组成，有确定的结构。通常把杂多阴离子的结构称为一级结构，把杂多阴离子、阳离子和水或有机分子等的三维排列称为二级结构。目前已确定的有 Keggin、Dawson、Anderson、Silverton、Strandberg 和 Lindgvist 结构，具体如下

Keggin 结构	$XM_{12}O_{40}{}^{n-}$	Silverton 结构	$XM_{12}O_{42}{}^{n-}$
Dawson 结构	$X_2M_{18}O_{62}{}^{n-}$	Strandberg 结构	$X_2M_5O_{23}{}^{n-}$
Anderson 结构	$XM_6O_{24}{}^{n-}$	Lindgvist 结构	$XM_6O_{24}{}^{n-}$

其中，X 为杂原子；M 为尖顶原子。

目前研究主要集中在 Keggin 结构。如磷酸根离子和钨酸根离子在酸性条件下缩合即可生成典型的磷钨酸杂多酸（十二磷钨酸）。

$$12WO_4^{2-} + HPO_4^{2-} + 23H^+ \longrightarrow (PW_{12}O_{40})^{3-} + 12H_2O$$

Keggin 结构分为三个层次：第一层次是杂多阴离子；第二层次包括杂多阴离子的三维排布、平衡阳离子和结晶水等；第三层次包括离子大小、孔结构等。就催化而言，这三个层次都有影响，如图 4-14 所示。

杂多化合物的第一层次结构对反应物分子具有特殊的配位能力，是影响杂多化合物催化活性和选择性的重要因素。第二层次结构的稳定性较差，易受外界条件的影响而发生变化。配位阳离子的电荷、半径、电负性的不同对杂多化合物的酸性和氧化还原性都有影响，因此可以据此来调节杂多化合物的催化活性和选择性。另外，无论是在水溶液还是在固态物中，其均具有确定的分子结构，它们是由中心配位杂原子形成的四面体和多酸配位基团形成的八面体通过氧桥连接而成的笼状大分子，具有类似沸石的笼状结构。非极性分子仅能在其表面

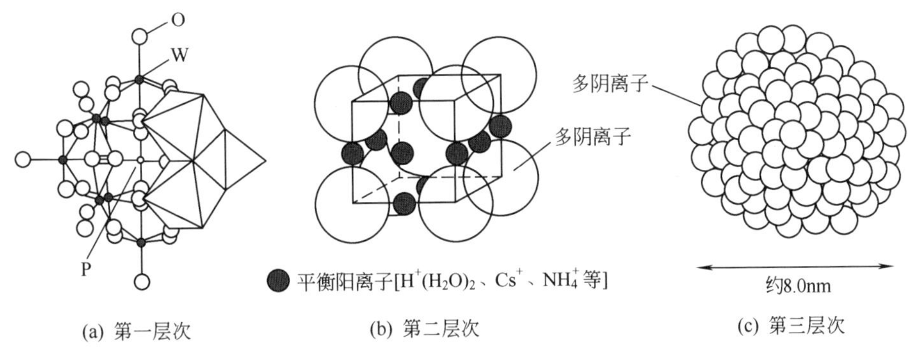

(a) 第一层次　(b) 第二层次　(c) 第三层次

图 4-14　Keggin 结构

反应，而极性分子不但在表面，还可以扩散到晶格体相中进行反应，即所谓的“假液相”行为。这是杂多酸催化剂的独特现象，在催化反应中具有重要作用。

4.1.7.2　杂多酸催化剂的催化性能

固体杂多酸催化剂有三种形式：纯杂多酸、杂多酸盐（酸式盐）和负载型杂多酸（盐）。由于具有确定的结构，一些性能可以在杂多酸阴离子的分子水平上来表征，因而可以基于分子剪裁技术，按照需要通过杂原子或多原子的调变，或引入含手性基团的配体及一些功能过渡金属以达到特殊的目的。酸性和氧化还原性是杂多酸化合物和催化作用最密切相关的两种化学性质。

(1) 酸性

杂多酸阴离子的体积大，对称性好，电荷密度低，因而表现出较传统无机含氧酸（H_2SO_4、H_3PO_4 等）更强的 B 酸性。传统杂多酸的酸性顺序为

$H_3PW_{12}O_{40}(PW_{12}) > H_4PW_{11}VO_{40} > H_3PMo_{12}O_{40}(PMo_{12}) \sim H_4SiW_{12}O_{40}(SiW_{12}) > H_4PMo_{11}VO_{40} \sim H_4SiMo_{12}\text{-}O_{40}(SiMo_{12}) \gg HCl、HNO_3$

其酸性的调变可以通过选择适当的阴离子的组成元素、部分成盐（酸式盐），形成不同的金属离子盐或分散负载在载体上来实现。

(2) 氧化还原性

除酸性以外，杂多酸催化剂还具有氧化还原性，其阴离子甚至在获得 6 个或更多的电子时也不会分解。其氧化能力的强弱由杂原子和多原子共同决定，多原子影响较大。

杂多酸是很强的质子酸（B 酸），而它们的盐则既有 B 酸中心，也有 L 酸中心。根据其催化性能，在催化中涉及的主要有水合与脱水、酯化和醚化、烷基化和酰基化、异构化、聚合和缩合、裂解和分解、氧化和硝化等反应过程。

(3) 杂多酸催化剂的催化位

固态杂多酸含有 B 酸，且有三种不同的质子酸位，如图 4-15 所示。一般的多相催化属于表面型的，如图 4-15(a) 所示。第二种属于体相Ⅰ型的，即所谓“假液相”，反应速率与体相酸度紧密关联，如图 4-15(b) 所示。第三种属于体相Ⅱ型，反应范围遍及三维体相，且在高温时表现为催化氧化行为，如图 4-15(c) 所示。当然，实际情况可能会随着杂多酸的类型、反应物分子和反应条件的变化而有所不同。杂多酸催化剂的重要特征是它们既可以显示酸性功能，也可以显示氧化功能，在特定的反应体系中可以协同体现。如在甲基丙烯醛的催化反应中，杂多酸催化剂的这两种功能协同作用，酸功能主要是表面型的，而氧化功能是体相型的。

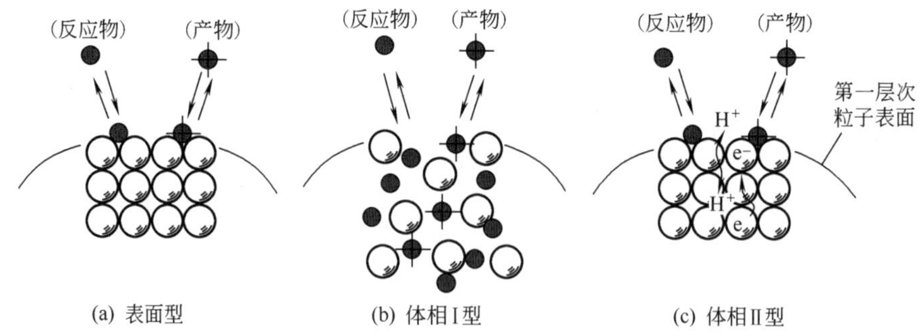

图 4-15 杂多酸的三种相催化位

4.1.7.3 杂多酸化合物的催化应用

在炼油过程中，目前主要采用离子交换树脂催化剂将甲醇或乙醇和异丁烯醚化，制得配方汽油中需添加的含氧组分甲基叔丁基醚（MTBE）和乙基叔丁基醚（ETBE）。虽然树脂催化活性高，但热稳定性差，在工艺中需增加多段换热装置导出热量以控制树脂床层的温度。而分子筛催化剂的活性不如离子交换树脂。杂多酸类的催化剂则具有良好的活性和热稳定性。Sikata 等采用杂多酸催化剂，在 50℃、催化剂 0.5g、V(甲醇)∶V(异丁烯)∶V(N_2)=1∶1∶3、总进料速率 90mL/min 的条件下，将甲醇与异丁烯气相合成 MTBE。结果见表 4-9。

表 4-9 各种杂多酸催化剂的比表面积、酸强度和催化活性

催化剂	比表面积/(m^2/g)	酸强度(H_0)	甲醇转化率/%	催化剂	比表面积/(m^2/g)	酸强度(H_0)	甲醇转化率/%
$H_6P_2W_{18}O_{62}$	2.1	−3.6	17.5	$H_6CoW_{12}O_{40}$	3.4	−0.6	<0.1
$H_3PW_{12}O_{40}$	9.0	−3.4	0.2	SO_4^{2-}/ZrO_2	9.3	—	<0.1
$H_4SiW_{12}O_{40}$	9.0	−2.9	1.3	SiO_2-Al_2O_3	546	—	<0.1
$H_4GeW_{12}O_{40}$	5.3	−2.9	0.6	HZSM-5	332	—	<0.1
$H_5BW_{12}O_{40}$	0.8	−1.3	<0.1				

注：样品的比表面积是在 150℃处理后测定的；H_0 是在乙腈溶液中测定的。

从表中结果可以看出，虽然杂多酸的比表面积较小，但却表现出较 SiO_2-Al_2O_3、HZSM-5 和超强酸 SO_4^{2-}/ZrO_2 高得多的活性。$H_6P_2W_{18}O_{62}$ 的活性最高，这是由于这些杂多酸具有“准液相”行为的缘故。Texaco 公司发表的专利，使用 TiO_2、SiO_2 负载磷钨酸和磷钼酸，也得到了很好的效果。

在化学工业中，烯烃水合制取各种醇类化学品是一类重要的有机合成反应。工业上一般采用负载型的 H_3PO_4 作催化剂，需要高温高压，且烯烃的单程转化率较低，还存在 H_3PO_4 流失带来的催化剂活性降低以及设备腐蚀问题。而采用杂多酸浓溶液作为催化剂使丙烯、丁烯、异丁烯水合制取异丙醇、丁醇和叔丁醇的过程均已工业化。虽然杂多酸的活性高，但由于是均相反应，仍会带来设备腐蚀和污染的问题。将杂多酸负载化即可很好地解决这些问题。如英国石油化学品有限公司采用 SiO_2 负载磷钨酸和硅钨酸催化剂，在气相条件下实现了烯烃的水合，而且活性较负载 H_3PO_4 的催化剂更高更稳定，结果见表 4-10。

杂多酸是一个多电子体，具有强氧化和还原性。在催化氧化过程中有着重要的应用前景。如以分子氧为氧化剂时，活性最好的是 Mo、V 的杂多酸；以环氧化物为氧化剂时，活性最好的是含 W 的杂多酸。杂多酸在以分子氧为反应底物时，是氧化反应机理。在均相反

表 4-10 负载杂多酸催化剂用于烯烃水合反应的结果

项目	反应条件				产量/[g/(g·h)]		
	t/℃	p/kPa	n(水)∶n(烯烃)	GHSV /[g/(min·cm³)]	H_3PO_4/SiO_2	SiW/SiO_2	PW/SiO_2
乙烯水合制乙醇	240	6895	0.3	0.02	71.5	102.9	86.2
丙烯水合制异丙醇	200	3895.7	0.32	0.054	179.5	190.0	204.1
丁烯水合制仲丁醇	200	3895.7	0.32	0.054	0.016	0.16	0.1

应中，有机物底物分子被杂多酸按化学计量比所氧化，而还原后的杂多酸则被分子氧所氧化，构成一个催化循环。在多相反应中，有机物分子被杂多酸的晶格氧（O^{2-}）所氧化，消耗的晶格氧由分子氧补充，也构成了一个循环。在以过氧化物为反应底物时，杂多酸活化氧物种，参与形成环氧化物中间体，但不会直接消耗自身的氧原子。杂多酸在均相氧化反应中大部分是亲电反应，以破坏不饱和键，形成环氧化物或环氧化物中间体为特征。而多相反应一部分是亲核反应，一般不触动不饱和键，典型的反应是氧化脱氢和选择性氧化。另一部分是亲电反应，主要是饱和醇、醛和酮的气相氧化。

杂多酸催化剂成功工业化的有甲基丙烯醛氧化为甲基丙烯酸的反应。由于杂多酸类催化剂具有酸性和氧化还原性，使其在一些多步反应过程的复杂反应，如低碳烃的选择性氧化中，有着极广阔的应用前景。

4.1.8 离子交换树脂催化剂及其催化作用

在 4.1.1 节中提及作为固体酸的阳离子交换树脂和作为固体碱的阴离子交换树脂。这些离子交换树脂具有许多优点，如在水溶性酸作催化剂的情况下，会遇到设备腐蚀、副反应多、产品品质较差、后续分离困难以及污染等问题，而使用离子交换树脂则可避免这些问题，大大简化后续的分离操作工序，而且催化剂还可以重复使用。当然，离子交换树脂的耐温性和耐磨性不太好，价格比较昂贵，这些是其缺点。

4.1.8.1 离子交换树脂的结构

普通的离子交换树脂是交联了二乙烯基苯的聚苯乙烯树脂。通过调节二乙烯基苯的含量，可以调变此类树脂的三维网络结构，这样制得的树脂称为凝胶型共聚物。而大网络树脂可通过苯乙烯和二乙烯基苯的共聚制得，具有较大的比表面积。

在共聚物中引入不同的官能团即可制得阳离子树脂和阴离子树脂。如使用硫酸将共聚物中的苯环磺化，即可制得强酸型阳离子树脂，而引入羧基则可制得弱酸性阳离子树脂。对于强碱型离子树脂可以通过在共聚物中引入季铵基团而制得。表 4-11 列出了一些此类离子交换树脂的特性。

表 4-11 苯乙烯-二乙烯基苯树脂的物理性质

离子交换树脂	类型	官能团	比表面积 /(m²/g 树脂)	孔容积 /(mL/mL 树脂)	离子交换容量 /(mmol/g 树脂)
Amberlyst 15	网络型	$—SO_3^-M^+$	43	0.32	4.3
Amberlite IR-120	凝胶型	$—SO_3^-M^+$	<0.1	0.018	4.3
Amberlite IRA-900	网络型	$—N^+(CH_3)_3X^-$	27	0.27	4.4
Amberlite IRA-400	凝胶型	$—N^+(CH_3)_3X^-$	<0.1	0.004	3.7
Amberlite IRA-93	网络型	$—N(CH_3)_2$	25	0.48	4.6

凝胶型和网络型阳离子交换树脂的最高使用温度分别为 390K 和 420K。阴离子交换树脂的最高使用温度为 340～370K。

另一类是 DuPont 公司率先制备的全氟磺酸离子交换树脂（Nafion）。结构式如下

$$\begin{array}{l} -\!\!\left(CF_2-CF_2\right)\!_m CF-CF_2- \\ \qquad\qquad\qquad\quad | \\ \qquad\qquad\qquad O(CF_2\underset{\underset{CF_3}{|}}{C}FO)_n CF_2CF_2SO_3H \end{array}$$

由于全氟磺酸树脂 C—F 具有很高的键能（4.85×10^5J/mol），氟原子的半径较大（0.64×10^{-10}m），能很好地保护树脂中的 C—C，因而其化学稳定性强，类似 Telfon 树脂，能抗酸碱以及其他的氧化还原试剂。在绝大多数溶剂中，Nafion 树脂会变得膨胀但不会溶解，而且具有很高的化学稳定性和热稳定性。在无水体系中 Nafion 的最高使用温度在 450K 左右，在含水体系中为 420～510K。实验测得 Nafion 的 Hammett 函数 $H_0=-12\sim-10$，相当或强于浓度为 96%～100%的硫酸，因此它是一种很好的强酸催化剂。其缺点是通常呈致密无孔状态，比表面积低（往往小于 0.02m^2/g），使得其内部大量的酸性中心不能为化学反应所用，在非溶胀溶剂和气相中催化活性较低。

为了增加全氟磺酸树脂的比表面积，可以将树脂分割成细小颗粒，但这给反应过程中的操作带来极大的不便。也有将全氟树脂与加压的流体如 SO_2 或 CO_2 接触，进行溶胀，然后将树脂加热至其软化点以上，迅速减压，使气体从树脂中“逃逸”出来，从而使树脂快速膨胀造成多孔结构，同时又将该结构快速冷却以稳定其结构，可以制得比表面积最高达5m^2/g 的全氟磺酸树脂。

此外，将全氟磺酸树脂负载在载体上也引起了广泛的关注。1996 年，DuPont 公司将 Nafion 树脂复合在多孔的 SiO_2 网络中，制成了新型的且具有大比表面积的 Nafion/SiO_2 复合材料。在非溶胀介质中显示出了很好的催化活性，自此大大扩展了全氟磺酸树脂的催化应用。另外，将全氟磺酸树脂在一定温度和压力下制成醇溶液（甲醇、乙醇、丙醇、丁醇或它们的混合物皆可），然后浸渍到 Al_2O_3、AlF_3、ZrO_2、SiO_2、SiO_2-Al_2O_3、MgO、高岭土、膨润土、活性炭、多孔玻璃或聚四氟乙烯上，这些负载催化剂对支链烯烃的烷基化、正构烷烃的异构化、甲苯的歧化、苯的烷基化等都有较好的催化作用。

4.1.8.2 离子交换树脂的催化应用实例

(1) 醇与烯烃的醚化反应

甲醇与异丁烯、乙醇与异丁烯、甲醇与 2-甲基-1-丙烯可由酸性阳离子树脂催化醚化合成 MTBE（甲基叔丁基醚）、ETBE（乙基叔丁基醚）和 TAME（新戊基甲基醚）。这些都可作为汽车内燃机用汽油的辛烷值增高剂。Amberlyst-15、Dower-M32 等大孔磺酸树脂已用于大规模生产 MTBE。

(2) 酯化反应

酯化反应常用硫酸作催化剂，这往往造成副反应多、设备腐蚀严重、后续分离繁杂、废液污染环境等问题。而使用离子交换树脂就可以很好地解决以上问题。如马来酸二甲酯（DMM）、马来酸二乙酯（DEM）及马来酸二丁酯（DBM）是生产聚合物乳液、热塑性及热固性塑料的重要原料，它们可以分别由顺酐与甲醇、乙醇和丁醇酯化而得到。顺酐与乙醇在酸性离子交换树脂的催化下，酯化产率很高，已由 Rohm&Hass 公司和 BASF 公司实现了工业化。

(3) 烷基化反应

Amberlyst-15、Nafion 及 Nafion/SiO_2 树脂可以催化苯与长链烯烃C_9～C_{13}的烷基化反应，在 80℃时，反应的转化率可达 99%以上。其中 Nafion/SiO_2 较 Amberlyst-15、Nafion 的催化活性高约 400 倍。除烯烃作烷基化试剂以外，醇、醚、卤代烃与芳香化合物也可进行烷基化反应。Harmer 等用离子交换树脂作催化剂对苯、对二甲苯与苯甲醇的烷基化反应做了研究，结果显示 Nafion/SiO_2 的活性最高，约为 Nafion 的 2 倍，而 Amberlyst-15 则无效果。其他的如具有广泛商业用途的烷基化反应也可使用离子交换树脂作催化剂。

(4) Knoevenagel 缩合和醇醛缩合反应

Knoevenagel 缩合

$$RCHO + CH_3COCH_2COOC_2H_5 \longrightarrow CH_3CO\underset{\underset{CHR}{\|}}{C}COOC_2H_5 + H_2O$$

$$RCHO + H_2C\begin{matrix} \diagup COOC_2H_5 \\ \diagdown COOC_2H_5 \end{matrix} \longrightarrow RHC{=}C\begin{matrix} \diagup COOC_2H_5 \\ \diagdown COOC_2H_5 \end{matrix} + H_2O$$

醇醛缩合

$$2RCH_2CHO \longrightarrow RCH_2\overset{\overset{OH}{|}}{C}HCHRCHO$$

$$2RCH_2\overset{\overset{O}{\|}}{C}R' \longrightarrow RCH_2\overset{\overset{OH}{|}}{C}R'CHR\overset{\overset{O}{\|}}{C}R'$$

就 Knoevenagel 缩合和醇醛缩合反应而言，含氨基的弱碱性树脂较含季铵离子的强碱性树脂更为有效。而强碱性树脂对腈乙基化反应则更为有效。

腈乙基化反应

$$CH_2{=}CHCN + ROH \longrightarrow ROCH_2CH_2CN$$

典型的阴离子交换树脂在偶极非质子性溶剂 DMF 的作用下对 CO_2、环氧丙烷合成碳酸亚丙酯的反应活性更高，且重复使用仍能保持较高的反应活性。

4.2 非纳米分子筛催化剂及其催化作用 >>>

分子筛是结晶型的硅铝酸盐，具有均匀的孔隙结构。分子筛结构中含有大量结晶水，加热时可汽化除去，故分子筛又称为沸石。自然界存在的常称沸石，人工合成的称为分子筛。它们的化学组成可表示为

$$M_{x/n}[(AlO_2)_x \cdot (SiO_2)_y] \cdot ZH_2O$$

式中，M 为金属阳离子；n 为金属阳离子的价数；x 为 AlO_2 的分子数；y 为 SiO_2 的分子数；Z 为水的分子数。因为 AlO_2 带负电荷，金属阳离子的存在可使分子筛保持电中性。当金属阳离子的化合价 $n=1$ 时，M 的原子数等于 Al 原子数；若 $n=2$，M 的原子数为 Al 原子数的 1/2。

已发现的天然沸石约有四十余种，人工合成的多达一二百种。常用的主要有：方钠型沸石，如 A 型分子筛；八面型沸石，如 X 型、Y 型分子筛；丝光型沸石（M 型）；高硅型沸石，如 ZSM-5 等。分子筛在各种不同的酸性催化反应中，能够提供很高的活性和特殊的选择性，且绝大多数反应是由分子筛的酸性引起的，也属于固体酸类。由于分子筛在工业上得

到了广泛的应用，尤其是在炼油工业和石油化工中作为工业催化剂占有重要的地位，而且其催化性能具有独特的一面，故单独作为一节讨论。

4.2.1 分子筛的结构构型

分子筛的结构构型可以分成四个方面、三种不同的结构层次来表述。第一个结构层次也就是最基本的结构单元是硅氧四面体（SiO_4）和铝氧四面体（AlO_4），它们构成了分子筛的骨架。图 4-16 所示为硅（铝）氧四面体的示意图。在分子筛结构中，相邻的四面体由氧桥联结成环。环是分子筛结构的第二个结构层次。环有大有小，按成环的氧原子数划分，有四元氧环、五元氧环、六元氧环、八元氧环、十元氧环和十二元氧环等，如图4-17所示，图中还绘出了窗孔氧环与分子筛结构的对应关系。环是分子筛的通道孔口，对通过的分子起筛分作用。由于多元环上的原子并不都是位于同一平面上，有扭曲和褶皱，同种氧环的孔口其大小在动态与静态时也不相同。氧环通过氧桥相互联结，形成具有三维空间的多面体，各种各样的多面体是分子筛结构的第三个结构层次，如图 4-18 所示。多面体有中空的笼，笼是分子筛结构的重要特征。笼多种多样，如 α 笼，它是 A 型分子筛骨架结构的主要孔穴，由 12 个四元环、8 个六元环以及 6 个八元环组成的二十六面体，笼的平均孔径为 1.14nm，空腔体积为 760Å^3。α 笼的最大窗孔为八元环，孔径为 0.41nm。八面沸石笼是构成 X 型和 Y 型分子筛骨架结构的主要孔穴，由 18 个四元环、4 个六元环和 4 个十二元环组成的二十六面体，笼的平均孔径为 1.25nm，空腔体积约为 850Å^3。最大窗孔为十二元环，孔径为 0.74nm。八面沸石笼文献上也称超笼。β 笼，主要用于构成 A 型、X 型和 Y 型分子筛的骨架结构，是最重要的一种孔穴。其形状宛如削顶的正八面体，空腔体积为 160Å^3，窗口孔径约 0.66nm，只允许 NH_3、H_2O 等尺寸较小的分子进入。此外，六方柱笼和 γ 笼的体积都较小，一般分子进不到笼里去。各种笼的结构和三种不同结构层次的关联如图 4-19 所示。不同结构的笼再通过氧桥相互联结形成各种不同结构的分子筛，如 A 型、X 型和 Y 型分子筛。

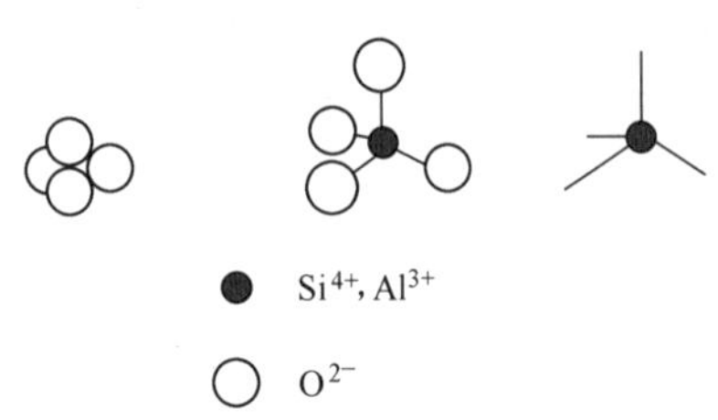

图 4-16 硅（铝）氧四面体示意

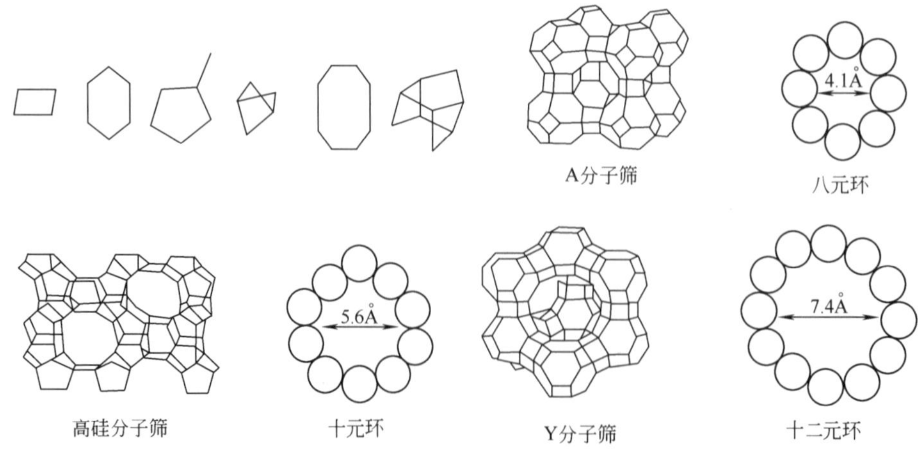

图 4-17 各种氧环与分子筛结构的对应关系

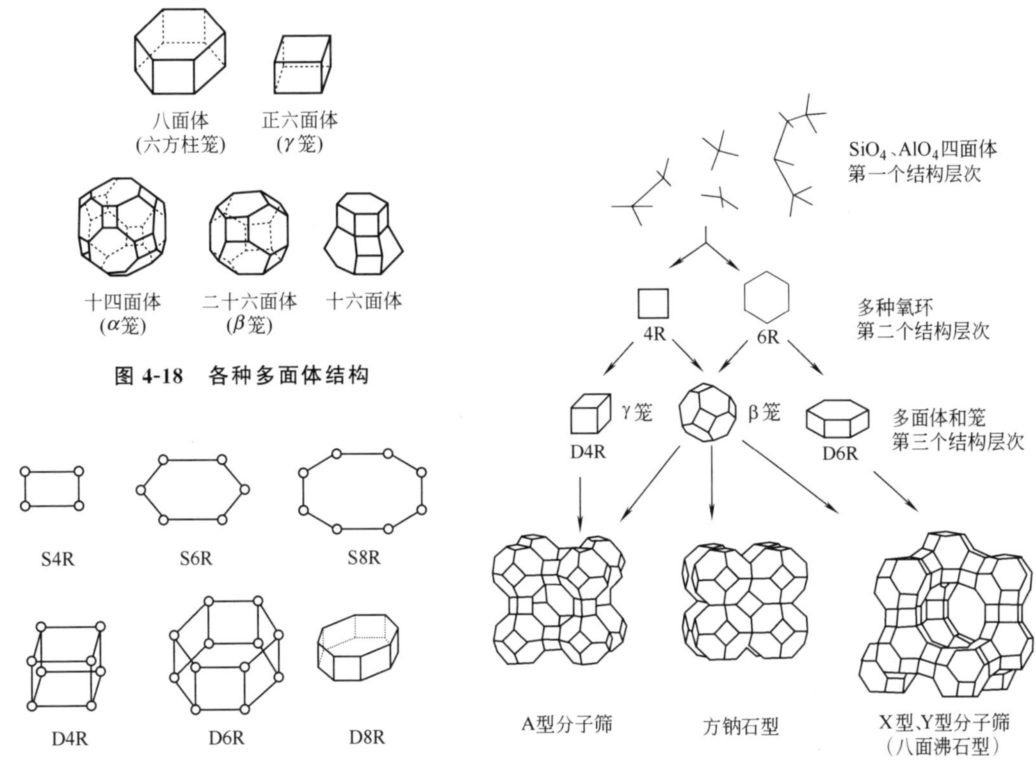

图 4-18　各种多面体结构

图 4-19　单氧环、双氧环与多面体的关联

图 4-20　分子筛的结构层次

(1) A 型分子筛结构

A 型分子筛结构类似于 NaCl 的立方晶系结构。若将 NaCl 晶格中的 Na^+ 和 Cl^- 全部换成 β 笼，并将相邻的 β 笼用 γ 笼联结起来，就得到 A 型分子筛的晶体结构，如图 4-20 所示。由图可知，8 个 β 笼联结后形成一个方钠石型结构，如用 γ 笼作桥联结即得到 A 型分子筛结构。中心有一个大的 α 笼。α 笼之间的通道有一个八元环的窗口，其直径约为 4Å，故称为 4A 分子筛。如果这种 4A 分子筛上 70% 的 Na^+ 为 Ca^{2+} 交换，八元环孔径可增至 5Å，对应的沸石称为 5A 分子筛；反之，若 70% 的 Na^+ 为 K^+ 交换，八元环孔径缩小到 3Å，对应的沸石称为 3A 分子筛。

(2) X 型和 Y 型分子筛结构

X 型和 Y 型分子筛结构类似于金刚石的密堆立方晶系结构。若以 β 笼这种结构单元取代金刚石的碳原子结点，且用六方柱笼将相邻的两个 β 笼联结，即用 4 个六方柱笼将 5 个 β 笼联结在一起，其中一个 β 笼居中心，其余 4 个 β 笼位于正四面体的顶点，就形成了八面沸石型的晶体结构，如图 4-20 所示。用这种结构继续联结下去，就得到 X 型和 Y 型分子筛结构。在这种结构中，由 β 笼和六方柱笼形成的大笼为八面沸石笼，它们相通的窗孔为十二元环，其平均有效孔径为 0.74nm，这就是 X 型和 Y 型分子筛的孔径。这两种型号彼此间的差异主要是 Si/Al 比不同，X 型为 1～1.5，Y 型为 1.5～3.0。在八面沸石型分子筛的晶胞结构中，阳离子的分布有三种优先占驻的位置，即位于六方柱笼中心的 $S_{Ⅰ}$、位于 β 笼的六元环中心的 $S_{Ⅱ}$ 以及位于八面沸石笼中靠近 β 笼的四元环上的 $S_{Ⅲ}$。

(3) 丝光沸石型分子筛结构

丝光沸石型分子筛结构与 A 型和八面沸石型的结构不同，没有笼，而是层状结构。结构中含有大量的五元环，且成对地联结在一起，每对五元环通过氧桥再与另一对联结。联结处形成四元环，如图 4-21 所示。这种结构单元的进一步联结，就形成图 4-21(c) 所示的层状结构。层中有八元环和十二元环，后者呈椭圆形，平均直径为 0.74nm，是丝光沸石的主孔道。这种孔道是一维的，即直通道。

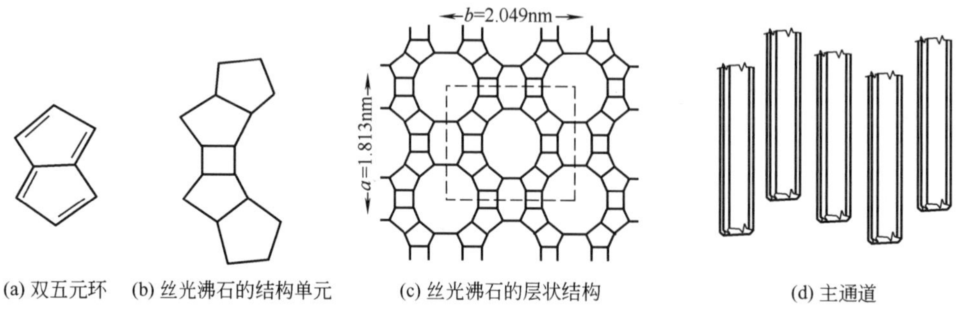

(a) 双五元环 (b) 丝光沸石的结构单元 (c) 丝光沸石的层状结构 (d) 主通道

图 4-21 丝光沸石的结构演变

(4) 高硅沸石 ZSM 型分子筛结构

高硅沸石 ZSM 型分子筛结构有一个系列，广为应用的为 ZSM-5，与之结构相同的有 ZSM-8 和 ZSM-11；另一组有 ZSM-21、ZSM-35 和 ZSM-48 等。ZSM-5 常称为高硅型沸石，其 Si/Al 比可高达 50 以上，ZSM-8 可高达 100，这组分子筛还显示出憎水的特性。它们的结构单元与丝光沸石相似，由成对的五元环组成，无笼状空腔，只有通道。ZSM-5 有两组交叉的通道，一种为直通的，另一种为“之”字形相互垂直，都由十元环组成。通道呈椭圆形，其窗口孔径约为 0.55～0.6nm。有关 ZSM-5 的结构和通道，如图 4-22 所示。

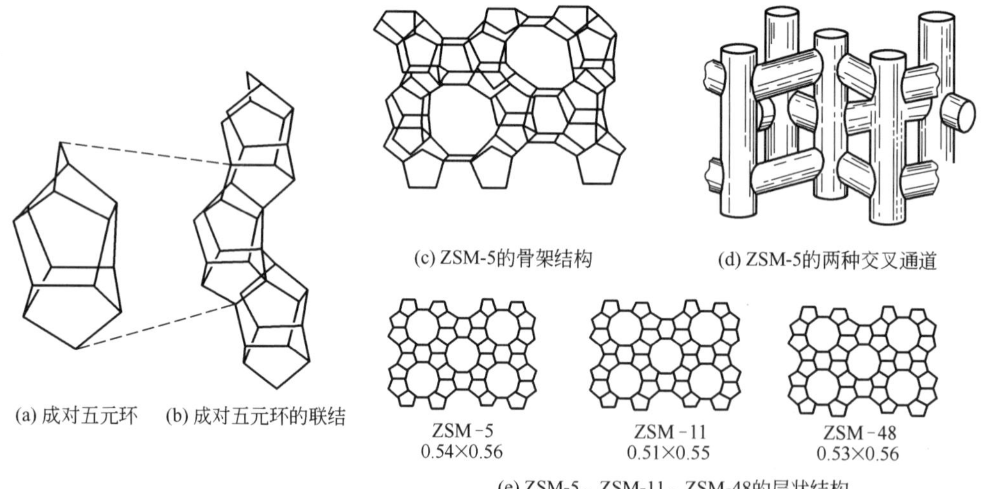

(a) 成对五元环 (b) 成对五元环的联结 (c) ZSM-5的骨架结构 (d) ZSM-5的两种交叉通道 (e) ZSM-5、ZSM-11、ZSM-48的层状结构

图 4-22 高硅沸石的结构演变

属于高硅族的沸石还有全硅型的 Silicalite-1，结构与 ZSM-5 相同；Silicalite-2 的结构与 ZSM-11 相同。

(5) 磷酸铝系分子筛结构

磷酸铝系分子筛结构是继 20 世纪 60 年代 Y 型分子筛、70 年代 ZSM-5 型高硅分子筛之后，于 80 年代出现的第三代新型分子筛，包括 AlPO-5（0.7～0.8nm）、AlPO-11（0.6nm）、AlPO-34（0.4nm）等结构，以及 MAPO-n 系列和 AlPO 经 Si 化学改性而成的 SAPO 系列等。目前的研究表明，磷酸铝系分子筛如图 4-23 所示。

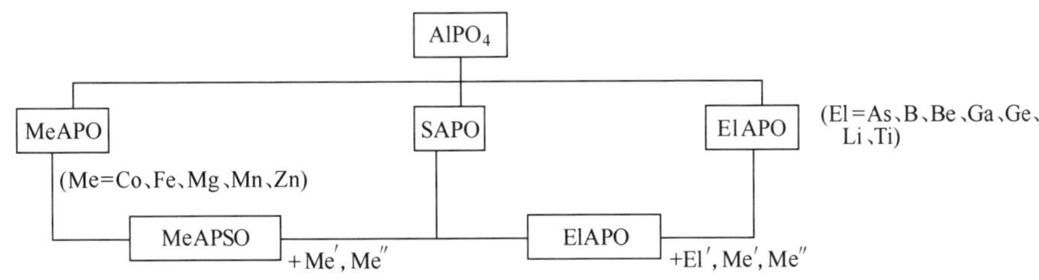

图 4-23 磷酸铝系分子筛

已鉴别磷酸铝系分子筛有24种以上的结构，超过200种的组成骨架。明确了一些结构性的概念，如元素间的键合概况，详见表4-12。骨架元素与氧的半径比和T—O（T=Al、P）间距小于正常四面体配位的相应参数。$AlPO_4$-n系的典型结构，包括孔径大小、氧环大小和对O_2、H_2O等的吸附孔容等参数，见表4-13。其中，$AlPO_4$-5的骨架结构如图4-24(a)所示。$AlPO_4$-n的骨架是电中性的。所以，都没有离子交换能力。另外，还有一种合成的VPI-5分子筛，它是磷铝基分子筛族新奇的一员，具有十八元氧环，孔径约为1.2～1.3nm，其骨架结构如图4-24(b)所示。

表 4-12 $AlPO_4$-n系分子筛中的键合概况

观测到的键合			不可能的键合		
Al—O—P	Me—O—P	Si—O—Si	P—O—P	P—O—Si	Me—O—Al
Si—O—Al	Me—O—P—O—Me	电中性、负电荷的网络结构	Me—O—Me	Al—O—Al	正电荷的网络结构

表 4-13 $AlPO_4$-n系分子筛的结构

结构	孔径/nm	氧环大小	孔容/(cm³/g)		结构	孔径/nm	氧环大小	孔容/(cm³/g)	
			O_2	H_2O				O_2	H_2O
$AlPO_4$-5	0.8	12	0.18	0.3	$AlPO_4$-17	0.46	8	0.27	0.35
$AlPO_4$-11	0.61	10	0.11	0.16	$AlPO_4$-20	0.3	6	0	0.24
$AlPO_4$-14	0.41	8	0.19	0.28	$AlPO_4$-31	0.8	12	0.09	0.17
$AlPO_4$-16	0.3	6	0	0.3	$AlPO_4$-33	0.41	8	0.23	0.23

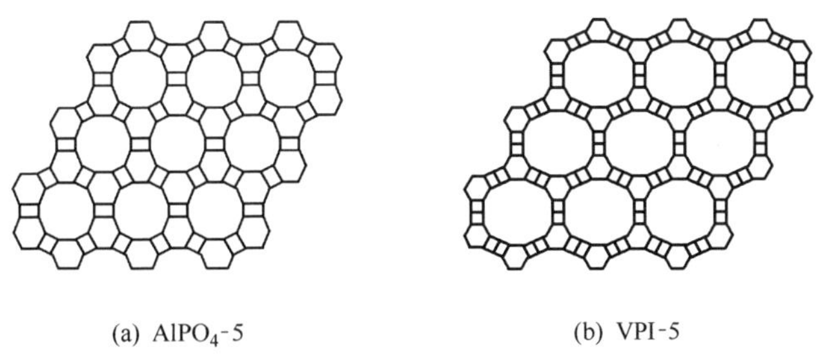

(a) $AlPO_4$-5　　(b) VPI-5

图 4-24 $AlPO_4$-5和VPI-5的骨架结构

4.2.2 分子筛催化剂的催化性能与调变

由于分子筛具有明确的孔腔分布，具有极高的内表面积（典型的达600m²/g），有良好的热稳定性（依赖于其骨架组成，在空气中热处理可达1000℃），故广泛用作工业催化剂或催化剂载体。在沸石分子筛结构内部进行催化反应，始于 20 世纪 50 年代后期 Mobil 公司的实验室，该发现标志着分子筛催化研究的开端。多相催化过程通常需要考虑三个性能指标，即催化剂活性、选择性和操作稳定性。现在就分子筛催化剂而言，已可能做到一个个单独而系统地进行调变。

有关分子筛的制备，要专门论述，限于篇幅，此处从略。

4.2.2.1 分子筛酸位的形成与其本征催化性能

(1) 分子筛 HY 上的羟基显酸位中心

经铵离子交换的 NH_4-Y 分子筛，热处理后在 650K 左右释放 NH_3，在 770～820K 释放 H_2O。

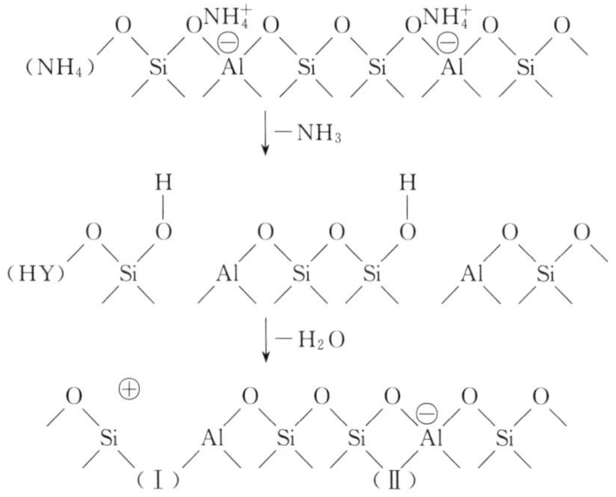

```
             O       O NH4+  O      O       O NH4+  O      O
            / \     /  ⊖    / \    / \     /  ⊖    / \    / \
 (NH4)         Si       Al        Si     Si       Al       Si
              / \      / \       / \    / \      / \      / \
                          ↓ -NH3
              H                            H
              |                            |
         O    O        O      O            O        O      O
        / \  /        / \    / \          /        / \    / \
 (HY)      Si       Al     Si      Si          Al       Si
          / \      / \    / \     / \         / \      / \
                          ↓ -H2O
      O    ⊕           O     O      O        O      O
     / \              / \   / \    / \  ⊖   / \    / \
        Si         Al      Si      Si     Al       Si
       / \  (Ⅰ)   / \    / \     / \ (Ⅱ) / \      / \
```

模式(A)

这种变换由红外谱图羟基伸缩振动带强度的变化得到充分的证明。羟基伸缩振动带在 $3540cm^{-1}$ 和 $3643cm^{-1}$ 处的强度随处理温度的变化和在其上吸附吡啶导致带的消失，都证明 HY 分子筛的羟基是酸位中心，并可用下述的平衡表示

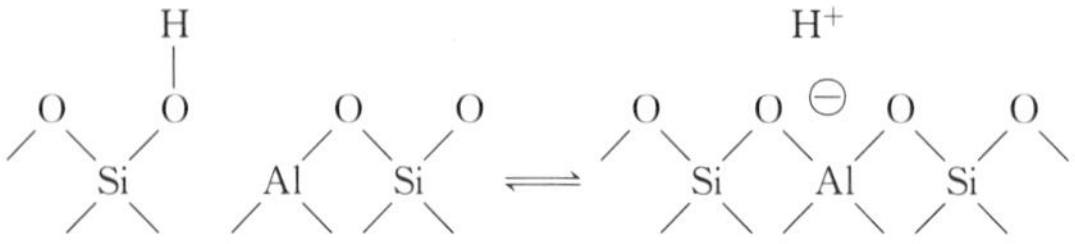

```
        H                                     H+
        |
   O    O        O     O            O      O ⊖   O     O
  / \  /        / \   / \          / \    / \   / \   / \
     Si       Al     Si     ⇌         Si     Al      Si
    / \      / \    / \              / \    / \     / \
```

当温度升高时，上述平衡向右移动，导致羟基数目减少，故其红外谱带强度下降。当温度升高到 770K 以上时，开始显示 L 酸位中心，它是与三配位铝原子相联系的，是由 HY 进一步脱水形成的［见模式(A)］。

(2) 骨架外的铝离子会强化酸位，形成 L 酸位中心

在模式(A) 中，局部结构（Ⅰ）是不稳定的，三配位的铝离子易从分子筛骨架上脱出，以 $(AlO)^+$ 或 $(AlO)_p^+$ 形式存在于孔隙中。

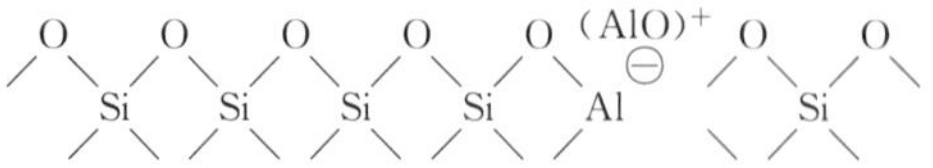

```
   O      O      O      O      O (AlO)+  O      O
  / \    / \    / \    / \    /    ⊖    / \    / \
     Si     Si     Si     Si     Al          Si
    / \    / \    / \    / \    / \         / \
```

这种骨架外的铝离子，可成为 L 酸位中心；当它与羟基酸位中心相互作用时，可使之强化。这种经强化的酸位可表示为

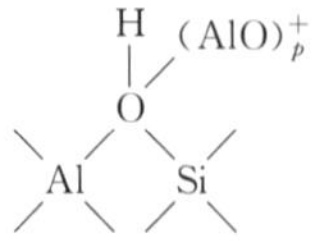

```
      H  (AlO)p+
      | /
      O
    /   \
  Al     Si
 / \    / \
```

现在，这种脱骨架铝离子对分子筛酸度的影响，已为许多的实验研究所证实。

(3) 多价阳离子也可能产生羟基酸位中心

Ca^{2+}、Mg^{2+}、La^{3+} 等多价阳离子，经交换后可以显示酸位中心。

$$[Ca(OH)_2]^{2+} \longrightarrow [Ca(OH)]^+ + H^+$$

配位于多价阳离子的 H_2O 分子，经热处理发生解离，形成下述局部结构

H
O　O　O　O　O　O　O
Si　Al　Si　Si　Al　Si

(4) 过渡金属离子还原也能形成酸位中心

例如

$$Cu^{2+} + H_2 \longrightarrow Cu^0 + 2H^+$$

$$Ag^+ + \frac{1}{2}H_2 \longrightarrow Ag^0 + H^+$$

AgY 分子筛的催化活性，由于气相 H_2 的存在而得到很大的强化，高于 HY 分子筛，后者的活性不受 H_2 的影响。研究认为，过渡金属簇状物存在时，可促使分子 H_2 与质子（H^+）之间的相互转化。如银簇状物（Ag_n）促使 H_2 与 $2H^+$ 之间相互转化。

$$2(Ag_n)^+ + H_2 \rightleftharpoons 2(Ag_n) + 2H^+$$

(5) 分子筛酸性的调变

前述 Y 型分子筛中酸位中心形成的机理，原则上也适用于其他类型的分子筛。对于耐酸性更强的分子筛，如 ZSM-5、丝光沸石等，可以通过稀盐酸直接交换将质子引入，但这种方法常导致分子筛骨架脱铝。这就是 NaY 要先变成 NH_4Y，然后再变成 HY 的原因所在。

羟基酸位的比催化活性，是因分子筛而异的。丝光沸石的比催化活性为 Y 型分子筛比催化活性的 17 倍以上；菱沸石中羟基的比催化活性为 HY 分子筛的 3 倍以上。一般来说，羟基的比催化活性是分子筛中 Al/Si 的函数，Al/Si 越高，羟基的比催化活性越高。

4.2.2.2　分子筛催化剂的择形催化性质

因为分子筛结构中有均匀的小内孔，当反应物和产物的分子线度与晶内孔径相接近时，催化反应的选择性常取决于分子与孔径的相应大小。这种选择性称为择形催化选择性。导致择形催化选择性的机理有两种：一种是由孔腔中参与反应的分子的扩散系数差别引起的，称为质量传递选择性；另一种是由催化反应过渡态空间限制引起的，称为过渡态选择性。择形催化共有以下四种不同的形式。

(1) 反应物的择形催化

反应混合物中的某些能反应的分子因过大而不能扩散进入催化剂孔腔内，只有那些直径小于内孔径的分子才能进入内孔，在催化剂活性部位进行催化反应。例如，丁醇的三种异构体的催化脱水，如用非择形的催化剂 CaX，正构体较之异构体更难以脱水；若用择形催化剂 CaA，则 2-丁醇完全不能反应，带支链的异丁醇的脱水速率也极低，正丁醇则很快转化，因为正构体的分子线度恰好与 CaA 催化剂的孔径相对应。反应物的择形催化在炼油工业中已获得多方面的应用，如油品的分子筛脱蜡、重油的加氢裂化等（见图 4-25）。

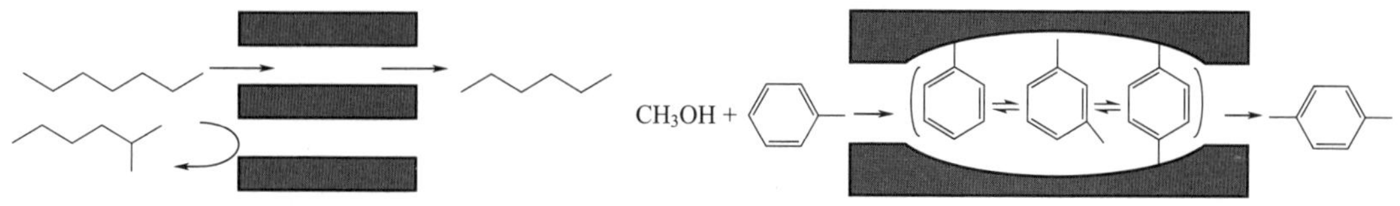

图 4-25　反应物的择形催化　　　图 4-26　产物的择形催化

（2）产物的择形催化

当产物混合物中的某些分子过大，难以从分子筛催化剂的内孔窗口扩散出来，成为观测到的产物，就形成了产物的择形选择性，如图 4-26 所示。这些未扩散出来的大分子，或者异构成线度较小的异构体扩散出来，或者裂解成较小的分子，乃至不断裂解、脱氢，最终以炭的形式沉积于孔内和孔口，导致催化剂的失活。例如，Mobil 公司开发的碳八芳烃异构化的 AP 型分子筛择形催化剂，是一种大孔结构的类 Ω 型分子筛，其窗口只允许对二甲苯（P-X）从反应区扩散出去，其余的异构体保留在孔腔内并主要异构成 P-X。这就是石化工业生产中由混合二甲苯经择形催化生产 P-X 的技术原理，它保证 P-X 产物极高的选择性。

（3）过渡状态限制的择形催化

有些反应，其反应物分子和产物分子都不受催化剂窗口孔径扩散的限制，只是由于需要内孔或笼腔有较大的空间，才能形成相应的过渡状态，不然就受到限制，使该反应无法进行；相反，有些反应只需要较小空间的过渡态，就不受这种限制。这就构成了限制过渡态的择形催化。二烷基苯分子酸催化的烷基转移反应，就是这种择形催化的一例。反应中某一烷基从一个分子转移到另一个分子上去，涉及一种二芳基甲烷型的过渡状态，属双分子反应。产物含一种单烷基苯和各种三烷基的异构体混合物，平衡时对称的 1,3,5-三烷基苯是各种异构体混合物的主要组分。在非择形催化剂 HY 和 SiO_2/Al_2O_3 中，这种主要组分的相对含量接近于该反应条件下非催化的热力学平衡产量分布。而在择形催化剂 HM（丝光沸石）中，对称的三烷基苯的产量几乎为零。表 4-14 列出了相应的数据。这表明对称的异构体的形成受到阻碍。因为 HM 的内孔无足够大的空间适应于体肥的过渡状态，而其他的非对称的异构体的过渡状态由于需要的空间较小，因此可以形成，如图 4-27 所示。

表 4-14　甲、乙苯烷基转移反应过渡状态限制的择形催化

有催化剂或热反应	HM	HY	SiO_2/Al_2O_3	非催化(热力学平衡)
反应温度/℃	204	204	315	315
1,3-二甲基-5-乙基苯占 C_{10} 总量的百分数/%	0.4	31.3	30.6	46.8
1-甲基-3,5-二乙基苯占 C_{11} 总量的百分数/%	0.2	16.1	19.6	33.7

ZSM-5 催化剂常用于这种过渡状态选择性的催化反应，如用它催化的低分子烃类的异构化反应、裂化反应、二甲苯的烷基转移反应等。ZSM-5 催化剂的最大优点是阻止结焦，具有比其他分子筛或无定形催化剂更长的寿命，这对工业生产十分有利。因为 ZSM-5 较其他分子筛具有较小的内孔，不利于焦生成的前驱物聚合反应所需的大过渡状态。在 ZSM-5 催化剂中，焦多沉积于外表面，而 HM 等大孔的分子筛，焦在内孔中生成，如图 4-28 所示。

为了发生择形催化，要求催化剂的活性部位尽可能在孔道内。分子筛的外表面积只占总表面积的 1%～2%，外表面上的活性部位要设法毒化，使之不发挥作用。

（4）分子交通控制的择形催化

在具有两种不同形状和大小的孔道分子筛中，反应物分子可以很容易地通过一种孔道进入到催化剂的活性部位，进行催化反应，而产物分子则从另一孔道扩散出去，尽可能地减少逆扩散，从而增大反应速率。这种分子交通控制的催化反应是一种特殊形式的择形选择性，称为分子交通控制择形催化，如图 4-29 所示。例如，ZSM-5催化剂和全硅沸石都具有两种类型的孔结构：一种接近于圆形，横截面为 0.54nm×0.56nm，呈“之”字形；另一种为椭圆形，横截面为 0.52nm×0.58nm，呈直筒形，与前者相垂直。反应物分子从圆形“之”字形孔道进入，而较大的产物分子则从椭圆形直筒形孔道逸出。

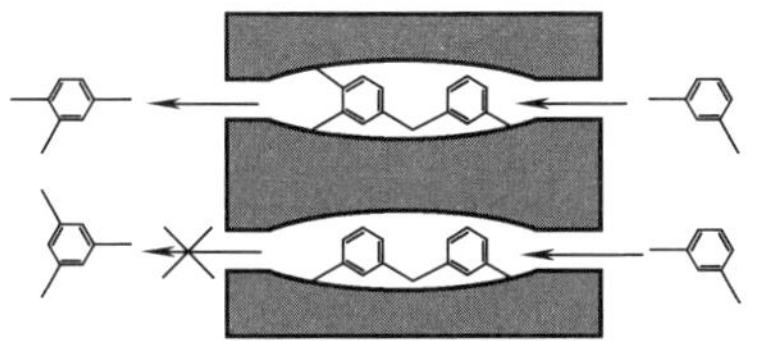

图 4-27　过渡状态限制的择形催化

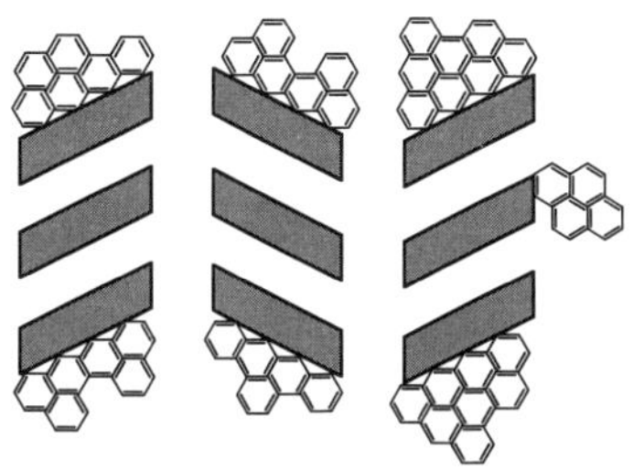

(a) 高硅和全硅分子筛的结焦(小孔道)

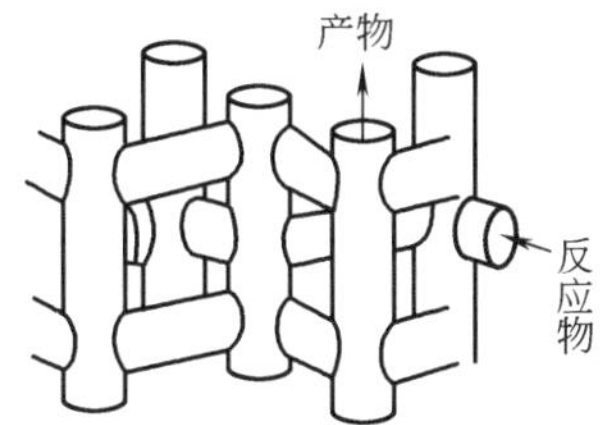

“之”字形孔道0.54nm×0.56nm
直筒形孔道0.52nm×0.58nm

图 4-29　分子交通控制的择形催化

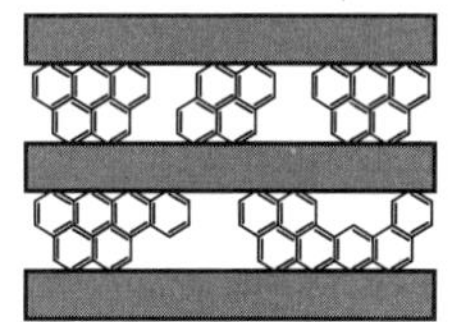

(b) 丝光沸石及其他大孔沸石中的结焦(大孔道)

图 4-28　结焦形态和部位的择形催化

4.2.2.3　择形催化剂的性能要求与调变

有些分子筛的窗口大小适合于择形催化，但在反应条件下可能遭到毁坏。例如，金属负载型的分子筛催化剂，在适当的温度下，金属离子向孔外迁移，活性中心也随之向外迁移，导致择形选择性的丧失。

择形选择性的调变，可以通过毒化外表面活性中心；修饰窗孔入口的大小，常用的修饰剂为四乙基原硅酸酯；也可改变晶粒大小等。

择形催化的最大实用价值，在于利用其表征孔结构的不同。区分酸性分子筛的方法之一，是比较化学相似最小分子尺寸明显不同的两种化合物混合在一起的反应速率。1981 年 Frilette 等提出了鉴别不同酸性分子筛的限制指数 C. I. (constraint index) 的概念和方法。它基于正己烷和 3-甲基戊烷裂解速率之比，二者以 50∶50 的比例混合，在相同的温度下，都用转化 10% 和 60% 的停留时间比较。例如，在 315℃ 下，各种不同中间孔的分子筛，C. I. 值在 1～12 之间。大孔丝光沸石、β-分子筛，R. E. -Y 和 ZSH-4，它们的 C. I. 值为 0.4～0.6；毛沸石为 3.8；ZSM-5 为 8.3 等。

择形催化在炼油工艺和石油化工生产中取得了广泛的应用。除前述的分子筛脱蜡和择形异构化以外，还有择形重整、甲醇合成汽油、甲醇制乙烯、芳烃择形烷基化等。

4.2.3　中孔分子筛催化剂及其催化作用

按照国际材料学会的规定，材料孔径小于 2nm 的为微孔材料，孔径在 2～50nm 之间的属于介孔（中孔）材料，孔径大于 50nm 的为大孔材料。以往的沸石分子筛以及 20 世纪 80 年代发展起来的磷酸铝系分子筛，孔径大多局限在微孔范围（<2nm）。直至 1992 年，Mobil 公司的研究人员首次在碱性介质中以烷基季铵盐型阳离子表面活性剂为模板剂，水热晶化硅酸盐或硅铝酸盐凝胶一步合成了具有规整孔道结构的 M41S 型中孔分子筛，并提出了液晶模板机理来解释 M41S 系列介孔分子筛的合成机制。中孔分子筛的结构和性能介于无定形无机多孔材料（如无定形硅铝酸盐）和具有晶体结构的无机多孔材料（如沸石分子筛）之间。其主要特征为：

① 具有规则的孔道结构；

② 孔径分布窄，且在 1.3～30nm 范围内可以调节；

③ 经优化合成条件或后处理，可具有良好的热稳定性和一定的水热稳定性；

④ 颗粒具有规则的外形，在微米尺度内保持高度的孔道有序性。

以常见的 MCM-41 为例，其主要结构参数为：孔径 3.5nm；晶格参数约 4.5nm；壁厚约 1nm；比表面积约 $1000m^2/g$；比孔容约 1mL/g。此类中孔分子筛大大超出了常规分子筛（孔径小于 1.5nm）的孔径，且具有一定的稳定性。因此在涉及一些大分子的催化反应中有着特殊的应用，如石油化工中涉及的重质油大分子的转化等。

中孔分子的合成主要有水热合成法、室温合成、微波合成、相转变法等。制备过程中，以表面活性剂为模板，利用溶胶-凝胶法（sol-gel）、乳化（emulsion）或微乳化（microemulsion）等方法，再通过有机物和无机物之间的界面作用组装成中孔分子筛。对所应用的表面活性剂而言，涉及胶束、液晶、乳液、微孔等不同相态的形成过程；对无机物种而言，涉及溶胶-凝胶过程、配位化学、无机物种不同化学状态的热力学分布和无机物种的缩聚动力学等；而对界面组装过程，则涉及两相在界面的组装作用力（如静电、氢键或范德华力等），且最终的组装结构是对热力学和几何因素都有利的结果。过程中涉及的影响因素众多，从而影响了人们对其合成规律的了解，增加了对其合成机理研究的难度。不同研究人员的看法不一，比较有代表性的有两种观点，如图 4-30 所示。

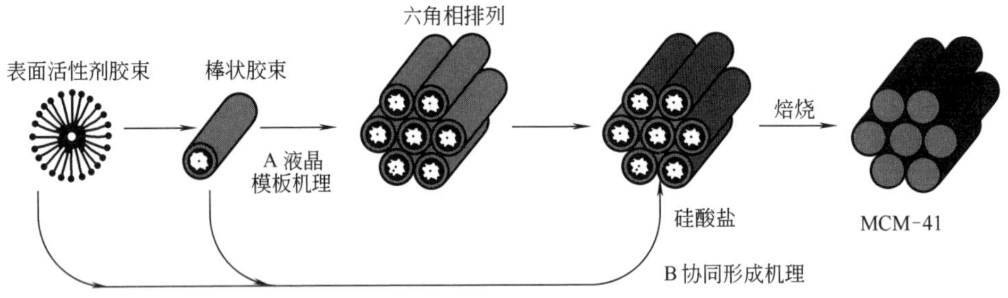

图 4-30 MCM-41 的两种形成机理

第一种观点是液晶模板机理（liquid-crystal templating mechanism，LCTM）。该机理是基于合成产物和表面活性剂溶致液晶相之间具有相似的空间对称性而提出的。该机理认为中孔分子筛的合成以表面活性剂的不同溶致液晶相为模板，如图 4-30 中 A 所示。随着人们对中孔分子筛研究的深入，发现了液晶模板机理的局限性，继而又提出了第二种观点，即协同作用机理（cooperative formation mechanism，CFM），如图 4-30 中 B 所示。该机理认为表面活性剂中间相（mesophase）是胶束和无机物种相互作用的结果。这种相互作用表现为胶束加速无机物种的缩聚过程和无机物种的缩聚反应对胶束形成类液晶相结构有序体的促进作用。胶束加速无机物种的缩聚过程主要是由于两相界面之间的相互作用导致无机物种在界面的浓缩而产生的。此机理能够解释中孔分子筛合成中的诸多实验现象。

目前，人们根据不同的组装路线，采用不同的表面活性剂，合成了 M41S、SBA-*n* 系列、HMS、MSU-X、MSU-V、MSU-G、KIT-1、SBA-15 等。表 4-15 列出了中孔分子筛的类型和性能。

中孔分子筛的优越性在于它具有均一且可调的中孔孔径、稳定的骨架结构，比表面积大且可进行内表面的修饰，以及可以对无定形骨架组成进行掺杂改性，从而形成多变的性质。但由于此类材料通常为无定形孔壁，且易与水等极性介质作用而导致热稳定性和水热稳定性的不足，且合成时所用的模板剂往往与骨架结构有较强的静电匹配或氢键作用，使得模板剂

表 4-15 中孔分子筛的类型和性能

类型	孔径/nm	孔道结构	结构导向剂	合成路线
MCM-41	均一，1.5～10	一维孔道，六边形	$C_nH_{2n+1}MeN^+$ (n=8～16)	静电组装
MCM-48	均一，2.0～3.0	三维孔道，立方相	$C_nH_{2n+1}MeN^+$ (n=8～16)	静电组装
KIT-1	均一，约 3.7	无序排列，呈三维孔道	$C_nH_{2n+1}MeN^+$ (n=8～16)＋有机酸	静电组装
HMS	均一，2.1～4.5	六边形，worm-like 状	$C_nH_{2n+1}NH_2$ (n=8～16)	氢键组装
MSU-X	均一，2.0～5.8	立体交叉成 worm-like 状	聚环氧乙烷(PEO)	氢键组装
MSU-V	均一，2.7～2.7	层状	$NH_2(CH_2)_nNH_2$ (n=12～22)	氢键组装
MSU-G	均一，2.7～4.0	三维孔道，层状	$C_nH_{2n+1}NH(CH_2)_2NH_2$ (n=10,12,14)	氢键组装
MSU-S	均一，3.0～3.3	六边形	十六烷基三甲基溴化铵	静电组装
MSU-15	均一，5.0～30	六边形	PEO-PPO-PEO 共聚物	静电组装
MSU-H	均一，8.2～11	六边形	Pluronic P123($EO_{20}PO_{20}EO_{20}$)	氢键组装

较难脱除，影响了中孔分子筛的稳定性。对稳定性的改善研究主要通过以下几方面进行：表面疏水；增加壁厚或使孔壁晶体化，加强骨架强度；中孔材料附晶生长于微孔表面等。

目前，对中孔分子筛的作用研究主要以 MCM-41 及其改性产物为主。MCM-41 本身可以作催化剂、吸附剂或催化剂载体。但由于纯硅的 MCM-41 离子交换能力小，酸含量及酸强度低，催化氧化能力不强。通常要对其改性，直接引入 Al、Ti 等杂原子；离子交换引入 Cu^{2+}、Ni^+ 等；负载金属氧化物 NiO、MoO、杂多酸、钠米粒子等；或者使用对孔内表面积进行修饰或功能化的方法以提高其催化性能，从而在催化反应，特别是在重质油加工和大分子参与的反应中得到较好的应用。如 Kloetstra 等通过交换 TPA^+ 后，在 MCM-41 的内表面部分晶化形成一层 ZSM-5 的结构，大大提高了其酸性和催化裂化减压渣油的能力。Al-MCM-41 在烯烃低聚、芳烃和 α-烯烃的烷基化反应都表现出较好的催化活性。

4.3 金属催化剂及其催化作用 >>>

金属催化剂是一类重要的工业催化剂。主要包括：块状金属催化剂，如电解银催化剂、熔铁催化剂、铂网催化剂等；分散或负载型的金属催化剂，如 Pt-Re/η-Al_2O_3 重整催化剂、Ni/Al_2O_3 加氢催化剂等，这是主要的一大类；合金催化剂，如 Cu-Ni 合金加氢催化剂等；金属互化物催化剂，如 $LaNi_5$ 可催化合成气转化成烃，是 20 世纪 70 年代初开发的一类新型催化剂，也是磁性材料，是氢的贮存器；金属簇状物催化剂，如烯烃氢醛化制羰基化合物的多核 $Fe_3(CO)_{12}$ 催化剂，至少要有 2 个以上的金属原子，以满足催化活化引发所必需。这五类金属催化剂中，前两类是主要的，后三类自 20 世纪 70 年代后有了新的发展。表 4-16 列出了工业上重要的金属催化剂及催化反应。

表 4-16 工业上重要的金属催化剂及催化反应

典型催化剂与类别	主催化反应	反应类型
熔铁催化剂($Fe-K_2O-CaO-Al_2O_3$)	$N_2+3H_2 \rightleftharpoons 2NH_3$	加氢
雷尼镍(Raney Ni)	HO—⟨苯环⟩ $+3H_2 \rightleftharpoons$ HO—⟨环己基⟩	加氢
雷尼镍(Raney Ni)	$R'HC{=}CHR+H_2 \rightleftharpoons H_2C(R')-CH_2(R)$	加氢
铂网	$2NH_3+\frac{5}{2}O_2 \rightleftharpoons 2NO+3H_2O$	氧化

续表

典型催化剂与类别	主催化反应	反应类型
Ag(电解)	$CH_3OH+\frac{1}{2}O_2 \longrightarrow HCHO+H_2O$	氧化
Ni/Al_2O_3 Pt/Al_2O_3	苯 $+3H_2 \rightleftharpoons$ 环己烷	加氢
Ni/Al_2O_3	$CO+3H_2 \rightleftharpoons CH_4+H_2O$	甲烷化
Ag/刚玉	$C_2H_4+\frac{1}{2}O_2 \longrightarrow H_2C—CH_2$（环氧乙烷，O 桥连）	环氧化
$Pt/\eta\text{-}Al_2O_3$ $Pt\text{-}Re/\eta\text{-}Al_2O_3$ $Pt\text{-}Ir\text{-}Pb/\eta\text{-}Al_2O_3$	催化重整 {烷基异构化、环烷脱氢、环化脱氢、加氢裂化}	重整
Ni-Cu 合金 Ni-Cr 合金	己二腈＋氢 $\rightleftharpoons$ 己二胺	加氢
$Fe_3(CO)_{12}$铁簇状物	烯烃氢醛化反应制醇	氢醛化
$LaNi_5$ 金属互化物	$CO+H_2 \longrightarrow CH_4+H_2O+C_2 \sim C_{16}$(少量)	F-T 合成①

① 未工业化。

几乎所有的金属催化剂都是过渡金属，这与金属的结构、表面化学键有关。金属适合作哪种类型的催化剂，要看其对反应物的相容性。发生催化反应时，催化剂与反应物要相互作用（除表面外），不深入到体内，此即相容性。例如，过渡金属是很好的加氢、脱氢催化剂，因为 H_2 很易在其表面吸附，反应不进行到表层以下。但一般金属不能作氧化反应的催化剂，因为它们在反应条件下很快被氧化，一直进行到体相内部，只有“贵金属”（Pd、Pt、Ag）在相应温度下能抗拒氧化，可作氧化反应的催化剂。故对金属催化剂的深入认识，要了解其吸附性能和化学键特性。金属的吸附性能在前文已做了相应的描述，此处不再重复。

4.3.1 金属和金属表面的化学键

研究金属化学键的理论方法有三种：能带理论、价键理论和配位场理论，各自从不同的角度说明金属化学键的特征。

(1) 能带模型

根据量子力学的原理分析，金属晶格中每一个电子运动的规律，可用“Bloch 波函数”描述，称其为“金属轨道”。每一个轨道在金属晶体场内有自己的能级。由于有 N 个轨道，且 N 很大，因此这些能级靠得非常紧密，以至于它们形成了连续的带，如图 4-31 所示。

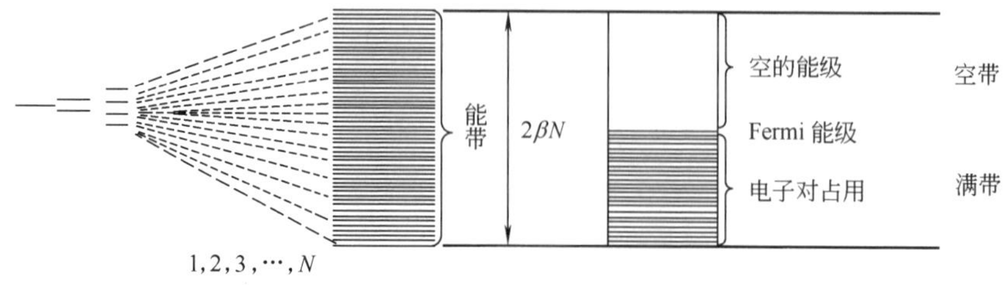

图 4-31 能级示意图

如图 4-31 所示，β 为能级分裂因子。能级图形成时是用单电子波函数，由于轨道的相互作用，能级会一分为二。故 N 个金属轨道会形成 $2N$ 个能级，其总宽度为 $2\beta N$。电子占用能级时遵循能量最低原则和 Pauli 原则（即电子配对占用）。故在绝对零度下，电子成对地从最低能级开始一直向上填充，电子占用的最高能级称为 Fermi 能级。

s 轨道组合成 s 带，d 轨道组合成 d 带。因为 s 轨道相互作用强，故 s 带较宽，一般由 6～7eV 至 20eV；d 轨道相互作用较弱，故 d 带较窄，约为 3～4eV。各能带的能量分布是不一样的。s 带随核间距变大时能量分布变化慢，而 d 带则变化快，故在 s 带和 d 带之间有交叠。这种情况对于过渡金属特别如此，也十分重要，如图 4-32 所示。

能带内各能级分布的状况可用能级密度 $N(E)$ 表示。$N(E)\mathrm{d}E$ 表示单位体积能级位于 E 与（$E+\mathrm{d}E$）之间的数目。带顶与带底的 $N(E)$ 为零，两带之间的区间称为禁带，它是电子波能量量子化的反映［因为波长 λ 不能连续，故 $\lambda=h/(2mE)^{1/2}$ 中的 E 值是有禁止的］，如图 4-33 所示。

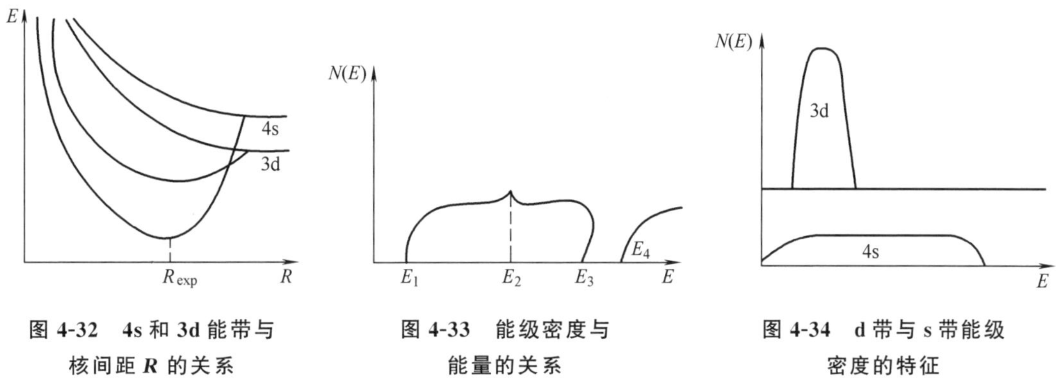

图 4-32 4s 和 3d 能带与核间距 R 的关系

图 4-33 能级密度与能量的关系

图 4-34 d 带与 s 带能级密度的特征

s 能级为单态，只能容纳 2 个电子；d 能级为五重简并态，可以容纳 10 个电子。故 d 带的能级密度为 s 带的 20 倍。d 带图形表现为高而窄，而 s 带的图形则矮而胖，如图 4-34 所示。Cu 原子的价层电子组态为：$3d^{10}4s^1$，故金属 Cu 中的 d 带是为电子充满的，为满带；而 s 带只占用一半。它们的能级密度分布如图 4-35(a) 所示。Ni 原子的价层电子组态为：$3d^8 4s^2$，故金属 Ni 的 d 带中某些能级未被充满，可以看作 d 带中的空穴，称为“d 带空穴”，如图 4-35(b) 所示。这种空穴可以通过金属物理实验技术（磁化率测量）测出，它对应于 0.54 个电子，是从 3d 带溢流到 4s 带所致。“d 带空穴”的概念对于理解过渡金属的化学吸附和催化作用是至关重要的，因为一个能带的电子全充满时，它就难以成键了。

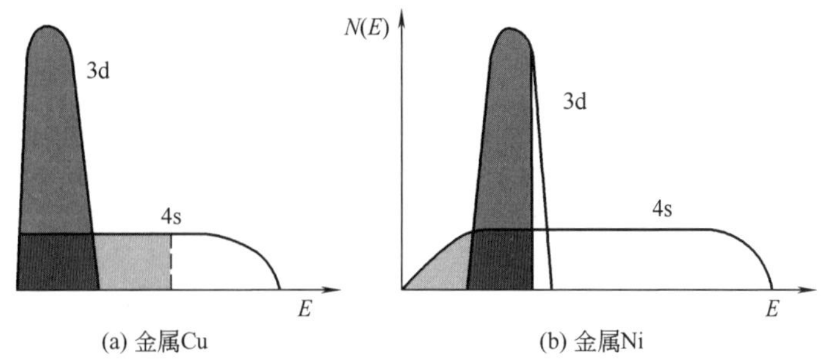

图 4-35 金属 d 能带与 s 能带电子填充情况

金属的能带模型，对于 Cu、Ag、Au 这类金属的能级密度分析，与实验测试结果基本相符。对于金属的电导和磁化率等物性，能较好地解释。但是，对于 Fe、Co 等金属的能级密度分析和表面催化的定量分析，常相去甚远。这是因为该模型未考虑到轨道的空间效应、轨道间的杂化组合，以及轨道相互作用的加宽等。20 世纪 70 年代以来，金属价电子区的分布情况可以用光电子能谱分析（UPS、XPS）更确切地测出。有关这些新的发展，可参阅专门著作。

（2）价键模型

价键理论认为，过渡金属原子以杂化轨道相结合，杂化轨道通常为 s、p、d 等原子轨道的线性组合，称为 spd 或 dsp 杂化。杂化轨道中 d 原子轨道所占的百分数称为 d 特性百分数，以符号 d%表示，它是价键理论用以关联金属催化活性及其他物性的一个特性参数。金属的 d%越大，相应的 d 能带中的电子填充越多，d 空穴就越少。d%与 d 空穴是从不同角度反映金属电子结构的参量，且是相反的电子结构表征。它们分别与金属催化剂的化学吸附和催化活性有某种关联。就广为应用的金属加氢催化剂来说，d%在 40%～50%之间为宜。

（3）配位场模型

这里所说的配位场模型，是借用络合物化学中键合处理的配位场概念而建立的定域键模型。在孤立的金属原子中，5 个 d 轨道是能级简并的，引入面心立方的正八面体对称配位场后，简并的能级发生分裂，分成 t_{2g} 轨道和 e_g 轨道。前者包括 d_{xy}、d_{xz} 和 d_{yz}；后者包括 $d_{x^2-y^2}$ 和 d_{z^2}。d 能带以类似的形式在配位场中分裂成 t_{2g} 能带和 e_g 能带，e_g 能带高，t_{2g} 能带低。因为它们是具有空间指向性的，所以表面金属原子的成键具有明显的定域性。如图 4-36所示，这些轨道以不同的角度与表面相交，这种差别会影响轨道键合的有效性。例如，空的 e_g 金属轨道与氢原子的 1s 轨道在两个定域相互键合，一个在顶部，另一个与半原子层深的 5 个 e_g 结合，如图 4-37 所示。利用该模型，原则上可以解释金属表面的化学吸附。例如，图 4-38 所示为 H_2 和 C_2H_4 在 Ni 表面上的化学吸附模式。不仅如此，它还能解释不同晶面之间化学活性的差别、不同金属间的模式差别和合金效应。众所周知，吸附热随覆盖度增加而下降，最满意的解释是吸附位的非均一性，这与定域键合模型观点一致。Fe 催化剂的不同晶面对 NH_3 合成的活性不同，如［110］面的活性为 1，则［100］面的活性为它的 21 倍；而［111］面的活性更高，为它的 440 倍。这已在实验中得到证实。

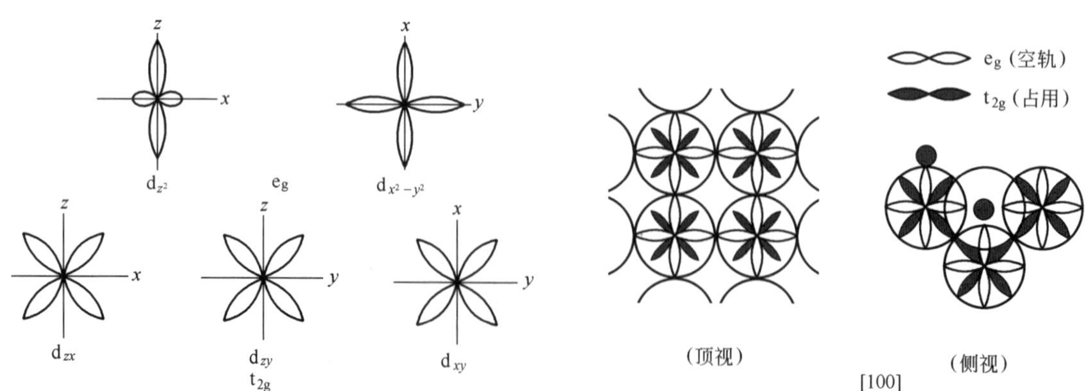

图 4-36 d 轨道的配位场分裂

图 4-37 表面原子的定域轨道

上述金属键合的三种模型，都可用特定的参量与金属的化学吸附和催化性能相关联，它们是相辅相成的。

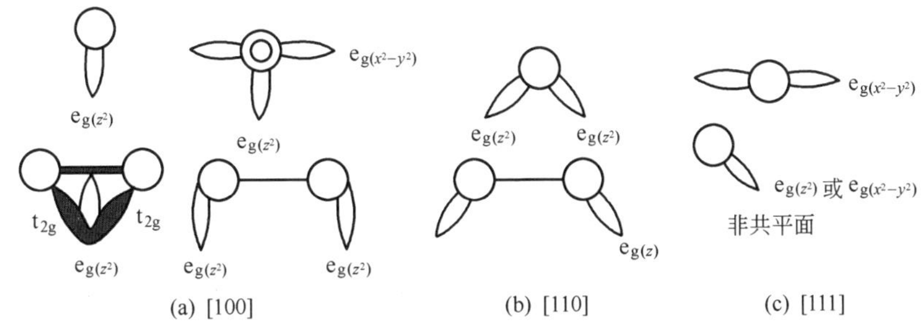

图 4-38　H_2 和 C_2H_4 在金属 Ni 表面的化学吸附模式

4.3.2　金属催化剂催化活性的经验规则

(1) d 带空穴与催化活性

金属能带模型提供了 d 带空穴概念，并将其与催化活性关联起来。一种金属的 d 带空穴越多，表明其 d 能带中未被 d 电子占用的轨道或空轨越多，磁化率越大。因为磁化率与金属的催化活性有一定关系，随金属和合金的结构以及负载情况不同而不同。从催化反应的角度看，d 带空穴的存在使其有从外界接受电子和吸附物种并与之成键的能力。但也不是 d 带空穴越多其催化活性就越大，因为过多可能造成吸附太强，不利于催化反应。例如，Ni 催化苯加氢制环己烷，催化活性很高，Ni 的 d 带空穴为 0.6（与磁矩对应的数值，不是与电子对应的数值）；若用 Ni-Cu 合金作催化剂，则催化活性明显下降，因为 Cu 的 d 带空穴为零，形成合金时 d 电子从 Cu 流向 Ni，使 Ni 的 d 带空穴减少，造成加氢活性下降。又例如，用 Ni 催化苯乙烯加氢制乙苯，有较好的催化活性。如用 Ni-Fe 合金代替金属 Ni，加氢活性下降。因 Fe 是 d 带空穴较多的金属，为 2.22。合金形成时 d 电子从 Ni 流向 Fe，增加 Ni 的 d 带空穴。这说明 d 带空穴不是越多越好。

(2) d%与催化活性

金属的价键模型提供了 d%概念。尽管如此，此 d%主要是一个经验参量。d%与金属催化活性的关系，可用下式说明

$$D_2 + NH_3 \xrightarrow{\text{金属催化}} NH_2D + HD$$

实验研究测出，不同金属催化同位素交换反应的速率常数与对应金属的 d%有较好的线性关系，如图 4-39 所示。

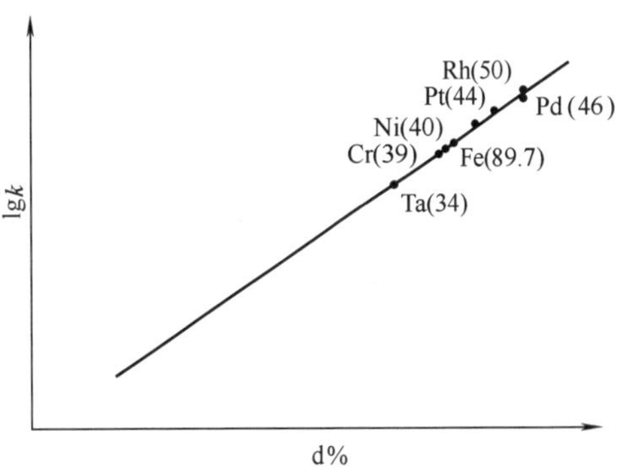

图 4-39　D、H 同位素交换反应的 lg*k* 与金属催化剂 d%的关系

d%不仅以电子因素关联金属催化剂的活性，而且还可以控制原子间距或格子空间的几何因素去关联。因为金属晶格的单键原子半径与 d%有直接的关系，电子因素不仅影响原子间距，还会影响其他性质。一般 d%可用于解释多晶催化剂的活性大小，而不能说明不同晶面上的活性差别。

(3) 晶格间距与催化活性

晶格间距对于了解金属催化活性有一定的重要性。实验发现，用不同的金属膜催化乙烯

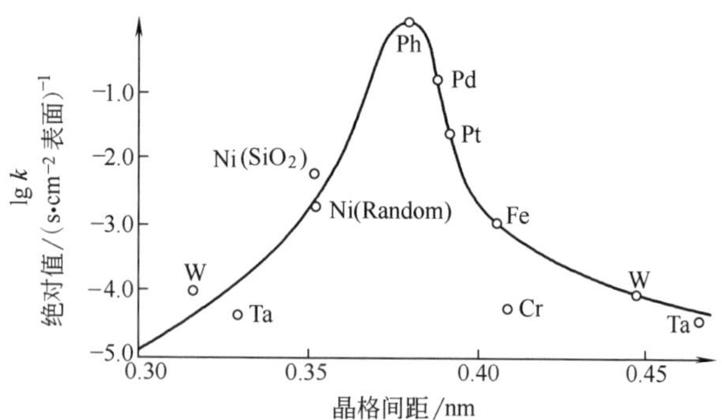

图 4-40 金属膜催化乙烯加氢的活性与晶格中金属原子对间距的关系

加氢，其催化活性与晶格间距有一定的关系，如图 4-40 所示。活性用固定温度的反应速率作判据，Fe、Ta、W 等体心晶格金属，取［110］面的原子间距作为晶格参数；Rh、Pd、Pt 等面心晶格金属，取单位晶胞的 a_0 作为晶格参数。活性最高的金属为 Rh，其晶格间距为 0.375nm。这种结果与以 d%表达的结果（除金属 W 以外）完全一致。

Валандин 的多位理论对解释某些金属催化加氢和脱氢反应有较好的效果，得到不少实验研究的支持。其中心思想是：一种催化剂的活性在很大程度上取决于是否存在正确的原子空间群晶格，以便聚集反应分子和产物分子。以苯加氢和环己烷脱氢为例，只有原子的排布呈六角形且原子间距为 0.24～0.28nm 的金属才具有催化活性，Pt、Pd、Ni 金属符合这种要求，是良好的催化剂，而 Fe、Th、Ca 则不是。

然而，低能电子衍射（LEED）技术和透射电子显微镜（TEM）对固体表面的研究发现，金属吸附气体后表面会发生重排，表面进行催化反应时也有类似的现象，有的还发生原子迁移和原子间距增大等。这些都说明，金属催化剂的活性反映的是反应区间的动态过程，与静态晶格相对应的观点值得怀疑。晶格间距表达的只能是催化体系所需的某种几何参数而已。

4.3.3 负载型金属催化剂的催化活性

金属催化剂尤其是贵金属，由于价格昂贵，常将其分散成微小的颗粒附着于高表面积和大孔隙的载体之上，以节省用量，增加金属原子暴露于表面的机会。这样就给负载型的金属催化剂带来一些新的特征。

4.3.3.1 金属的分散度

金属在载体上微细的程度用分散度 D 表示，其定义为每克催化剂中表面的金属原子占总的金属原子的比例

$$D=\frac{n_s}{n_t}=\frac{\text{表面的金属原子}}{\text{总的金属原子}} \tag{4-3}$$

因为催化反应都是在位于表面上的原子处进行，故分散度好的催化剂，一般其催化效果就好。当 $D=1$ 时意味着金属原子全部暴露。后来，IUPAC 建议用暴露百分数（P. E.）代替 D。对于一个正八面体晶格的 Pt，其颗粒大小与 P. E. 的对应关系如下

Pt 颗粒的棱长	1.4nm	2.8nm	5.0nm	1.0μm
P. E.	0.78	0.49	0.30	0.001

一般工业重整催化剂，其 Pt 的 P. E. 大于 0.5。关于 D 或 P. E. 的测试方法，可参阅催化剂表征的有关书刊。

金属在载体上微细分散的程度，直接关系到表面金属原子的状态，影响这种负载型催化剂的活性。通常晶面上的原子有三种类型，有的位于晶角上，有的位于晶棱上，有的位于晶面上。以削顶的正八面体晶体表面为例，其表面位的分布如图 4-41 所示。这是一种理想的

结构形式，只存在（100）和（111）面。显然，位于角顶和棱边上的原子，较之位于面上的配位数要低。随着晶粒大小的变化，不同配位数位的比重也会变，相对应的原子数也随之改变，如图 4-42 所示。这样的分布指明，涉及低配位数位的吸附和反应，将随晶粒的变小而增加；而位于面上的位，将随晶粒的增大而增加。

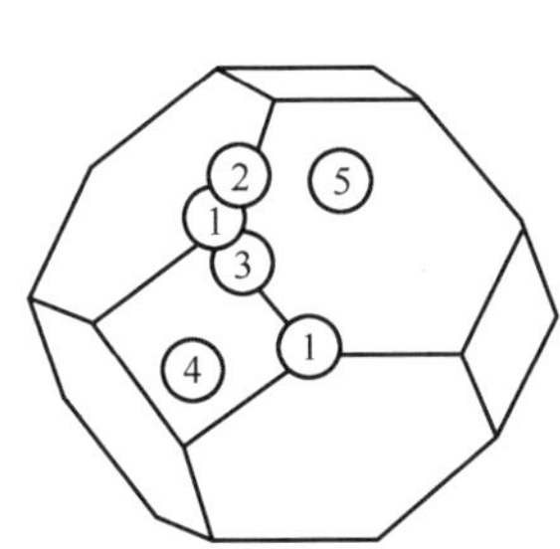

图 4-41 削顶正八面体晶体表面位分布

1—顶位；2—棱位(111)-(111)；3—棱位(111)-(100)；4—面位(100)；5—面位(111)

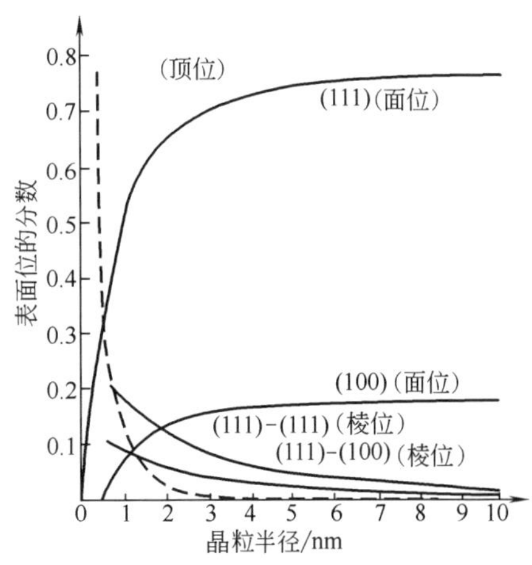

图 4-42 各种表面位分数随晶粒大小的变化

4.3.3.2 载体的效应

在前文已详细地讨论过了载体的效应，此处仅就负载金属的还原做些分析。研究发现，在氢气中，非负载的 NiO 粉末可在 673K 下完全还原成金属，而分散在 SiO_2 或 Al_2O_3 载体上的 NiO，还原就困难多了，可见金属的还原性因分散在载体上而改变了。一般载体在活性组分还原操作条件下（通常在 673K 以下）本不应还原，由于已还原的金属具有催化活性，会把化学吸附在表面原子上的氢转到载体上，使之随着还原。前文讨论过的溢流现象就是这种原因。

除阻滞金属离子的还原外，载体也会影响金属的化学吸附。这是由于金属与载体之间有强相互作用。受此作用的影响，金属催化的性质可以分为两类：一类是烃类的加氢、脱氢反应，其活性受到很大的抑制；另一类是有 CO 参与的反应，如 $CO+H_2$ 反应、CO+NO 反应，其活性得到很大提高，选择性也增强。后一类反应的结果，从实际应用角度来说，利用 SMSI 以解决能源及环保等问题具有潜在意义。

4.3.3.3 结构非敏感和敏感反应

对于金属负载型的催化剂，Boudart 等总结归纳出影响转换频率（活性表达的一种新概念）的三种因素，即：在临界范围内颗粒大小的影响和单晶的取向；一种活性的第Ⅷ族金属与一种较少活性的Ⅰb 族金属，如 Ni-Cu 形成合金的影响；从一种第Ⅷ族金属替换成同族中另一种金属的影响。根据对这三种影响因素敏感性的不同，催化反应可以区分成两大类：一类是涉及 H—H、C—H 或 O—H 的断裂或生成的反应，它们对结构的变化、合金化的变化或金属性质的变化敏感性不大，称为结构非敏感反应；另一类是涉及 C—C、N—N 或 C—O 的断裂或生成的反应，对结构的变化、合金化的变化或金属性质的变化敏感性较大，称为结构敏感反应。例如，环丙烷加氢就是一种结构非敏感反应。用宏观的单晶 Pt 作催化剂（无分散，$D\approx0$）与用负载在 Al_2O_3 或 SiO_2 上的微晶（1～1.5nm）作催化剂（$D\approx1$），测得的转化频率基本相同。氨在负载铁催化剂上的合成是一种结构敏感的反应，因为该反应的转化频率随铁分散度的增加而增加。反应的活性中心为配位数等于 7 的特定表面原子 C_7，其化学吸附 N_2 成为速率控制步骤。根据理论计算，它的相对浓度在小晶粒上较之在大晶粒上要少。Fe［111］面暴露 C_7 原子较其他晶面大 2 个数量级，故 Fe［111］面催化合成 NH_3 的活性与之相对应。所有这些都已得到实验证实。

造成催化反应结构非敏感性的解释，Boudart 归纳为三种不同的情况。

① 表面再构　在负载 Pt 催化剂上，H_2-O_2 反应的结构非敏感性是由于氧过剩，致使 Pt 表面几乎完全为氧吸附单层所覆盖，将原来 Pt 表面的细微结构掩盖了，造成结构非敏感。

② 提取式的化学吸附　结构非敏感反应与正常情况相悖，活性组分晶粒分散度低的（扁平的面）较之高的（顶与棱）更活泼。例如，二叔丁基乙炔在 Pt 上的加氢就是如此。因为催化中间物的形成，金属原子是从它们的正常部位提取出的，故是结构非敏感的。

③ 与基质的作用　这种结构非敏感的原因是活性部位不是位于表面上的金属原子，而是金属原子与基质相互作用形成的金属烷基物。环己烯在 Pt 和 Pd 上的加氢，就是由于这种原因造成的结构不敏感反应。

以上几种解释并未形成定论，还有待进一步研究。

4.3.4　金属簇状物催化剂

原子或分子簇（或称团簇）是几个至上千个原子、分子或离子通过物理或化学键合而成的相对稳定的聚集体，其物理和化学性质随所含的原子数目不同而变化。团簇的空间尺度在几埃（Å）至数百埃之间。用无机分子来描述显得太大，用小块固体来描述又太小。其许多性质既不同于单个的原子、分子，又不同于固体和液体，因而人们把团簇视为介于原子、分子与宏观固体之间物质结构的新层次，是各种物质由原子、分子向大块物质转变的过渡态，或者是凝聚态物质的初始状态。团簇现象广泛存在于自然界和人类的实践活动中，涉及许多过程和现象，如催化、燃烧、晶体生长、成核和凝固、临界现象、相变、溶胶、薄膜形成等，构成物理和化学学科的一个交叉点。

团簇在化学特征上表现出随团簇的原子或分子个数 n 的增大而产生的奇偶振荡性和幻数特征。金属原子簇在不同 n 值时反应速率常数的差别可达 10^3。化学反应性、平衡常数等也出现了奇偶振荡性特征。这里就不一一展开。

关于Ⅷ族羰基簇化合物的催化性能，以 Fe、Co、Ru 的同核和异核簇合物作为催化剂，在烯烃的醛化反应和氢羰甲基化反应（Reppe 反应）中具有较高的催化活性和选择性。而在乙烯的氢甲酰化反应中，使用 Ru-Co 或 Re-Fe 双金属簇合物的催化活性远大于单金属的催化剂。

用氧化铝载体分别负载 Pt 原子簇化合物 $Pt_3(\mu\text{-}Co)_3(pph_3)_4$ 和 $[Pt_3(CO)_6]_5[N(C_2H_5)_4]_2$，用于催化正庚烷的转化，在无梯度反应器内进行，反应温度 500℃，压力 1.2MPa，空速为 $3.0h^{-1}$，其反应活性、异构化的选择性和稳定性都高于常规的 Pt 催化剂。

对于甲苯加氢反应，普通的金属催化剂颗粒在 1～10nm 时，反应是结构非敏感的，但在负载型的 Ir_4 和 Ir_6 簇催化剂的催化中心上，负载的 Ir_4 催化剂的催化反应速率数倍于 Ir_6 催化剂，这表明原子簇的结构对催化反应有着很大的影响，表现为结构敏感反应。

4.3.5　合金催化剂及其催化作用

金属的特性会因加入其他金属形成合金而改变。研究表明，它们对化学吸附的强度、催化活性与选择性等效应，都会改变。故合金催化剂是金属催化剂中新的一类，应单独讨论。

4.3.5.1　合金催化剂的重要性及其类型

双金属合金催化剂的应用，在多相催化发展史上曾写下过辉煌的一页。炼油工业中Pt-Re 及 Pt-Ir 重整催化剂的应用，开创了无铅汽油的生产。汽车废气催化燃烧所用的 Pt-Rh 及 Pt-Pd 催化剂，对防治空气污染起到了重要的作用。这两类催化剂的应用，对改善人类生活环境起着极为重要的作用。

双金属系中作为合金催化剂研究的主要有三大类。第一类为第Ⅷ族和第 $\mathrm{I_B}$ 族元素所组成的双金属系，如 Ni-Cu、Pd-Au 等；第二类为两种第 $\mathrm{I_B}$ 族元素所组成的，如 Ag-Au、Cu-Au 等；第三类为两种第Ⅷ族元素所组成的，如 Pt-Ir、Pt-Fe 等。第一类催化剂用于烃的氢解、加氢和脱氢等反应，曾对它们的催化特性做过广泛的研究；第二类催化剂曾用于改善部分氧化反应的选择性；第三类催化剂曾用于增强催化剂活性的稳定性。

4.3.5.2　合金催化剂的催化特征及其理论解释

合金催化剂虽已得到广泛应用，但对其催化特征了解甚少，较单金属催化剂的性质复杂得多，主要来自组合成分间的协同效应，不能用加和的原则由单组分推测合金催化剂的催化性能。例如，Ni-Cu 催化剂可用于乙烷的氢解，也可用于环己烷脱氢。催化剂活性与组成的关系如图 4-43 所示。由图可知，只要加入 5%的铜，该催化剂对乙烷的氢解活性较纯 Ni 约少 1000 倍。继续加入 Cu，活性下降，但速度较缓慢。这一现象说明 Ni 与 Cu 之间发生了合金化相互作用，如若不然，两种金属的微晶粒独立存在而彼此不影响，则加入少量 Cu 后，催化剂的比催化活性与 Ni 单独的催化活性相近。实验研究证实了上述论点。

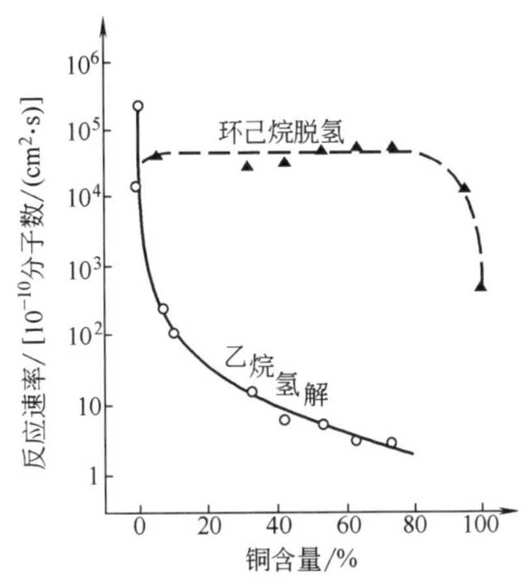

图 4-43　Ni-Cu 催化剂中 Cu 含量对不同反应活性的影响

由此可以看出，金属催化剂对反应的选择性，可通过合金化加以调变。以环己烷转化为例，用 Ni 催化剂可使之脱氢生成苯（目的产物）；也可经由副反应氢解生成甲烷等低碳烃。当加入 Cu 后，氢解活性大幅度下降，而脱氢影响甚少，因此具有良好的脱氢选择性。

合金化不仅改善催化剂的选择性，也能促进稳定性。例如，轻油重整的 Pt-Ir 催化剂，较之 Pt 催化剂的稳定性大为提高，其主要原因是 Pt-Ir 形成合金，避免或减少了表面烧结。Ir 有强盛的氢解活性，抑制了表面积炭的生成，促进活性的继续维持。

4.3.6　非晶态合金催化剂及其催化作用

非晶态合金又称为金属玻璃或无定形合金，是在 20 世纪 60 年代初被发现的。这类材料大多由过渡金属和类金属（如 B、P、Si）组成，通常是在熔融状态下的金属经淬冷而得到类似于普通玻璃结构的非晶态物质，又称为金属玻璃。其微观结构不同于一般的晶态金属，在热力学上处于不稳定或亚稳定状态，从而显示出短程有序、长程无序的独特的物理化学性质。其特点已被广泛应用于磁性材料、防腐材料等，而在催化材料上的应用，则始于 20 世纪 80 年代初，现已引起催化界的极大关注。

4.3.6.1 非晶态合金催化剂的特性

① 短程有序 一般认为，非晶态合金的微观结构短程有序区在 10^{-9}m 范围内。其最邻近的原子间的距离和晶态的差别很小，配位数也几乎相同。表面含有很多配位不饱和原子，在某种意义上来说可以看作含有具有很多缺陷的结构，而且分布均匀，从而具有较高的表面活性中心密度。

② 长程无序 随着原子之间距离的增大，原子间的相关性迅速减弱，相互之间的关系处于或接近于完全无序的状态，也就是说非晶态合金是一种没有三维空间原子排列周期性的材料。从结晶学观点来看，它不存在通常晶态合金中所存在的晶界、位错和偏析等缺陷，组成的原子之间以金属键相连并在几个晶格范围内保持短程有序，形成一种类似原子簇的结构，且大多数情况下是悬空键。这对催化作用是有重要意义的。

③ 调整组成 非晶态合金可以在很大范围内对其组成进行调整（这有别于晶态合金），从而可连续地控制其电子、结构等性质，也就是说，可根据需要方便地调整其催化性质。

4.3.6.2 非晶态合金催化剂的制备

非晶态合金催化剂的制备方法主要有以下几种：

① 液体骤冷法 基本原理是将熔融的合金用压力将其喷射到高速旋转的金属辊上进行快速冷却（冷却速度高达 10^6K/s）从而使液态金属的无序状态保留下来，得到非晶态合金。

② 化学还原法 在一定条件下用含有类金属的还原剂（如 $NaBH_4$、NaH_2PO_4 等）将金属（常为过渡金属）盐中的金属离子还原沉淀，并经洗涤、干燥后得到非晶态合金材料。显然，还原过程中体系内各组分的浓度、pH 值、类金属的种类和含量都将对非晶态合金的非晶性质产生影响。

③ 电化学制备法 利用电极还原或用还原剂还原电解液中的金属离子，以析出金属离子的方法来获得非晶态材料。例如电镀和化学镀的方法，超临界法也被应用于非晶态催化材料的制备。

④ 浸渍法 负载型非晶态合金的制备一般采用浸渍法。如负载型 Ni-P 非晶态合金就是将 $Ni(NO_3)_2 \cdot 6H_2O$ 的乙醇溶液浸渍到载体（如 SiO_2、Al_2O_3 等）上，然后用 KBH_4 溶液还原，再经洗涤、干燥即可得到。

4.3.6.3 非晶态合金催化剂的应用

非晶态合金催化剂主要有两大类：一类是第Ⅷ族过渡金属和类金属的合金，如 Ni-P、Co-B-Si 等；另一类是金属与金属的合金，如 Ni-Zr、Cu-Zn、Ni-Ti 等。非晶态合金催化剂主要用于电极催化、加氢、脱氧、异构化及分解等反应。

(1) 电极催化

早期的研究发现，用 HF 处理后的 Pd-Zr、Zi-Zr 等非晶态合金较之未处理的对氢电极反应要有效得多。用于电解水的比较好的电极组合是 $Fe_{60}Co_{20}Si_{10}B_{10}$ 作阴极、$Co_{50}Ni_{25}Si_{15}B_{10}$ 作阳极，比用 Ni/Ni 作电极可以节省 10%的能量。由于非晶态合金材料具有半导体及超导体的特性，因此又是极好的电催化剂，Fe、Co、Ni 和 Pd 系非晶态合金可用于甲醇燃料电池的电极催化剂。如用 Zn 处理后得到的多孔性非晶态合金 Pd-P、Pd-Ni-P、Pd-Pt-P 等的效果都较好，超过了 Pt/Pt 电极的活性。

(2) 加氢

将 Fe-Ni 系含 P 和 B 的非晶态合金催化剂与相同组分的合金催化剂相比较，对于 Co 加氢反应，所有的非晶态合金催化剂的活性都高很多，而且其对低碳烯烃的选择性高，而晶态合金催化剂的产物主要是甲烷。对于乙烯、丙烯、1,3-丁二烯等低碳烯烃的加氢，Ni-P 和 Ni-B 非晶态合金也比晶态合金催化剂的活性高。在液相苯加氢反应中，Ni-P 非晶态催化剂、超细 Ni-P 和负载型 Ni-P/SiO_2、Ni-W-P/SiO_2 等非晶态催化剂也表现出优于骨架镍活性的特点（见表 4-17）。

表 4-17　改性 Ni-P 非晶态合金催化剂和 Raney Ni-P 合金催化剂的性能比较

催化剂	组成	Ni 的比表面积/(m^2/g)	TOF/$10^{-3}s^{-1}$	R_{H2}/[mmol/(h·gNi)]
Raney Ni-P	$Ni_{91}P_9$	38	24.2	52.7
Raney Ni-P(结晶)①	$Ni_{93}P_7$	15	12.5	12.8
Raney Ni	Ni	43	8.40	18.0
Ni-P/$SiO_2$②	$Ni_{86}P_{14}$	21	31.2	34.7
Ni-W-P/$SiO_2$③	$Ni_{81.5}W_{1.2}P_{17.3}$	19	42.4	40.8
超细 Ni-P	$Ni_{86}P_{14}$	5.2	30.8	7.60

① 新鲜 Raney Ni-P 在 673K、N_2 气流中处理 2h。
② Ni 负载量为 11.5%。
③ Ni 负载量为 11.2%；W/Ni(原子比)=1.5%。
注：反应条件为 1.0g 催化剂，10mL 苯，40mL 乙醇，$p(H_2)=1.0$MPa。

(3) 其他

非晶态合金催化剂在不饱和烃加氢、脱氢反应、NO 分解反应中也得到了应用。非晶态合金催化剂是一种处于非平衡态的材料，有向结晶体方向转化的趋势。这种不稳定性使得其应用范围受到限制，一般只能在较低的温度下使用。解决的方法是加入第三种成分，如稀土元素或类金属（P、B 等）进行改性，以达到稳定非晶态结构的目的。

4.3.7　金属膜催化剂及其催化作用

通过催化反应和膜分离技术相结合来实现反应和分离一体化的工艺，就是所谓的膜催化技术。采用该技术，可使反应产物选择性地分离出反应体系或向反应体系选择性提供原料，促进反应平衡的右移，提高反应转化率。此外，对于以生产中间产物为目的的连串反应，如烃类的选择性氧化等，则更具意义。

膜反应器的材料主要有金属膜、多孔陶瓷、多孔玻璃和碳膜等无机膜、高分子有机膜、复合膜和一些表面改性膜等。有机膜成膜性能优异，孔径均匀，通透率高，但热稳定性、化学稳定性和力学性能较差，其应用特别是在化学反应过程中所要经受诸如高温、高压、抗溶剂性而受到很多的限制。无机膜则以其良好的热稳定性和化学稳定性而受到重视。根据其分离机理分为两类：一类是多孔膜，气体以努森扩散的机理透过膜，分离选择性较差；另一类为致密膜，如金属钯膜。气体（如 H_2）以溶解扩散的机理透过膜，H_2 的选择透过性极高，但透过的通量小。由于受到其他膜的非对称性结构和功能层薄化的启发，人们通过物理化学方法在多孔支撑体上沉积金属薄层，从而形成非对称结构的金属复合膜。作为膜材料，其功能既可以是有催化活性的，也可以是惰性的。催化活性组分浸渍或散布于膜内。惰性膜仅作选择性分离用，如反应物选择性进入反应体系或产物选择性移出反应体系。还可以是集催化活性和分离功能为一体的膜。作为催化反应的应用，要求其具有高的选择透过性、高通量、膜的比表面积与体积之比大，且在高温时耐化学腐蚀性、机械稳定性和热稳定性良好，以及高催化活性和选择性。膜反应器根据膜的功能可以分为如图4-44所示的几类。

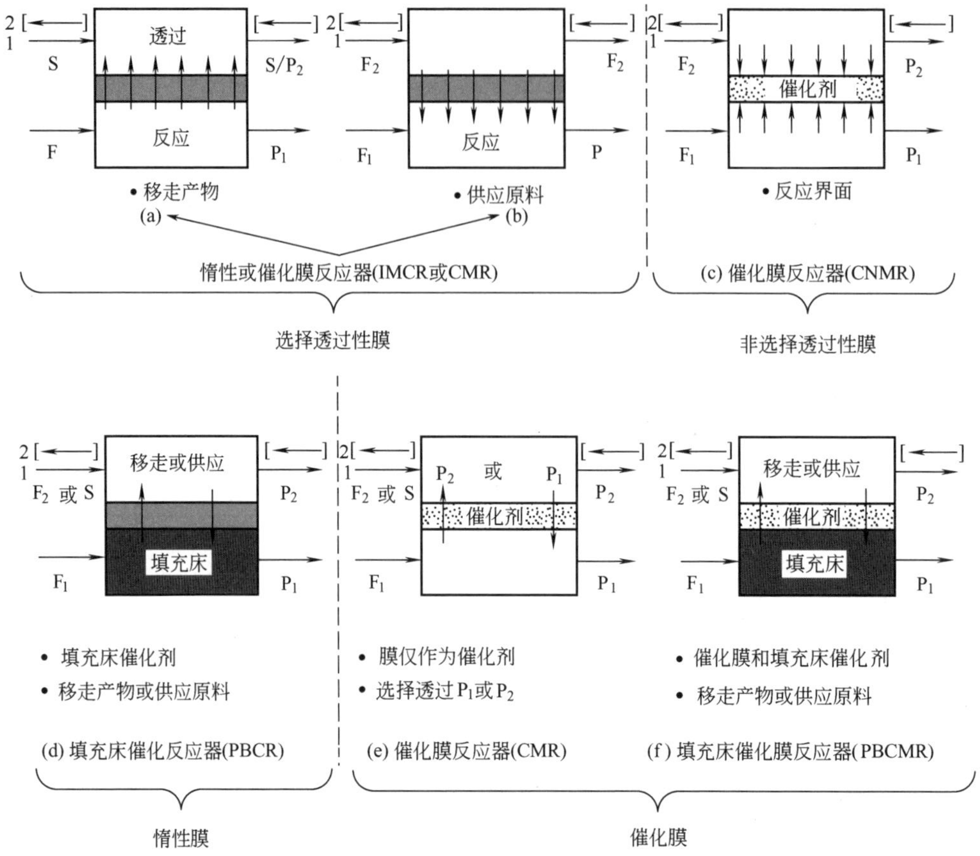

图 4-44　按功能分类的膜反应器

F_1,F_2—反应进料；S—吹扫；P_1,P_2—产物；1—顺流；2—逆流

金属膜主要有透氧膜（如 Ag 膜）和透氢膜。可用于透氢膜的金属材料很多，但除金属钯外，其他金属的抗氧化和抗氢脆的能力较差。下面主要讨论钯和钯合金的复合膜。

早在 1866 年，Thomas Graham 就发现了 Pd 具有很强的吸氢能力，且氢气还能以较高的速率透过 Pd 膜。苏联学者 Gryaznov 在研究 Pd 及 Pd 与 Al、Ti、Ni、Cu、Mo、Ru、Ag 等二元合金的加氢和脱氢活性反应时发现，含元素周期表中Ⅵ～Ⅷ族金属的 Pd 合金加氢、脱氢活性比纯 Pd 高，含 I_B 族金属的 Pd 合金活性比纯 Pd 小。应用膜催化反应器在加氢和脱氢过程中的研究很多。也有研究者将脱氢和加氢反应联系起来，在膜反应器的一侧进行脱氢反应，脱去的氢透过膜与另一侧的反应物再进行加氢反应，即所谓的反应偶合。如 Basov 和 Gryaznov 把环己醇脱氢和苯酚加氢制环己酮偶合起来，使用 Pd-Ru 合金膜反应器在 683℃时得到苯酚的转化率为 39%，环己酮的选择性为 95%。通过控制 H_2 压力和进料速度，使得苯酚的一步加氢最大产率达到 92%。表 4-18 列出了一些金属及合金膜的催化反应实例。

表 4-18　金属及合金膜催化反应实例

反应体系	膜材料	反应温度/℃	备注
$CH_4 \longrightarrow C_2H_6 + H_2$	Pd(0.3mm)	350～440	脱氢反应
$HI \longrightarrow H_2 + I_2$	Pd-Ag	500	脱氢反应,转化率提高 20 倍

续表

反应体系	膜材料	反应温度/℃	备注
环己烷$\longrightarrow$环己烯$+H_2$	多孔 Pd-23%Ag	125	10kPa 脱氢反应
呋喃$+H_2\longrightarrow$四氢呋喃	Pd-Ni	140	加氢反应
$CO_2+H_2\longrightarrow CO+H_2O$	Ru 涂覆在 Pd-Cu 合金膜上	<187	加氢反应
环己烯$+H_2\longrightarrow$环己烷	Au 涂覆在 Pd-Ag 合金膜上	70～200	加氢反应
反应(1)$C_2H_6\longrightarrow C_6H_6+3H_2$ 反应(2)$H_2+O_2\longrightarrow H_2O$	Pd-25%Ag	407～490	反应偶合
反应(1)环己醇$\longrightarrow$环己酮$+H_2$ 反应(2)苯酚$+H_2\longrightarrow$环己酮	Pd-98%Ru	1374～282	反应偶合

H_2 通过 Pd 膜是一个复杂的过程，对于致密的 Pd 膜而言，H_2 在膜中是通过溶解扩散机理来进行传输的，一般包括以下几个步骤：H_2 在膜表面进行解离化学吸附；吸附的表面氢原子溶解在体相中；溶解的氢在浓度差的推动下从体相中向膜的另一侧扩散；氢扩散至膜的另一侧表面并脱附，如图 4-45 所示。

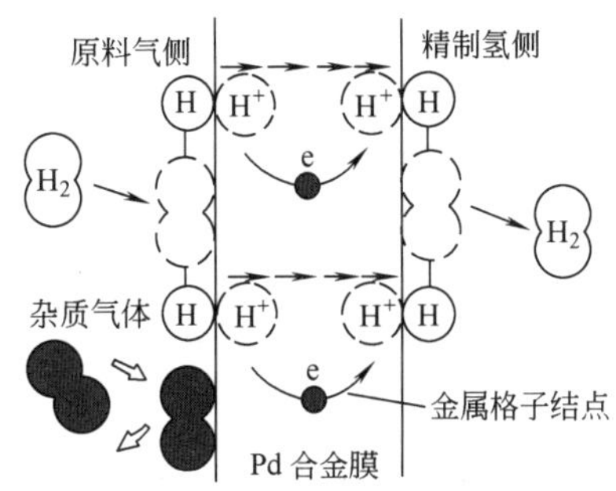

图 4-45 H_2 透过 Pd 膜的解离-溶解-扩散机理

根据溶解扩散机理和菲克第一扩散定理，H_2 透过 Pd 膜的渗透通量 J 为

$$J=\frac{k(p_1^n-p_2^n)}{l} \tag{4-4}$$

式中，k 为渗透系数；p_1、p_2 分别为膜进入侧和渗透 H_2 分压；n 为氢溶解度与压力的关系常数；l 为膜的厚度。

若气相中的氢原子浓度和溶解在 Pd 膜界面中的氢原子达到平衡，则氢原子浓度正比于氢气分压的平方根。假设氢原子在膜体相内的扩散是整个过程的控制步骤，则

$$J=\frac{DS(p_1^{0.5}-p_2^{0.5})}{l} \tag{4-5}$$

式中，D 为氢的扩散系数；S 为氢的溶解系数。

由式(4-4) 和式(4-5) 可以得到 $J=DS$，即氢的渗透系数是其扩散系数和溶解系数之积。

一般情况下，氢气的体相扩散是控制步骤。氢气透过膜的速率与膜厚成反比。要提高 Pd 膜的透过量，首先考虑减小 Pd 膜的厚度。但由于机械强度的限制，Pd 膜必须保持大于 150μm 的厚度。负载型复合金属膜就可以很好地解决这些问题。如将 Pd 膜镀到适合的支撑体上，膜厚可减小至 5μm，H_2 通量可以比无支撑的 Pd 膜提高 1 个数量级。同时，也可大大节省 Pd 的用量，且有利于抑制氢脆现象的发生。此外，由于 Pd 及其合金在常温下能选择性地溶解约为其自身体积 700 倍的氢气，而对其他杂质气体的溶解很弱，因而致密 Pd 膜能得到分离纯度达 100%的氢气。

用化学镀的方法将 Pd 镀到多孔不锈钢支撑体上制成负载型 Pd 膜催化剂，使用 Cu/ZnO/Al_2O_3 作催化剂，在双夹套膜反应器中，350℃下进行甲醇蒸汽重整反应，可以得到高纯度的氢气。双夹套膜反应使得重整和氢化可在各自不同的反应区同时反应。氢化所放出的热量可以传输到重整反应区进行热量补偿。当氢的回收率达 74%时，可以达到能量的“自

平衡”。

金属复合膜催化剂的制备方法主要有物理气相沉积（PVD）、化学气相沉积（CVD）、电镀和化学镀等，这里就不展开讨论了。

4.4 金属氧化物催化剂及其催化作用 >>>

这类催化剂，就金属氧化物来说常为复合氧化物，即指多组分的氧化物，如 V_2O_5-MoO_3、Bi_2O_3-MoO_3、TiO_2-V_2O_5-P_2O_5、V_2O_5-MoO_3-Al_2O_3、MoO_3-Bi_2O_3-Fe_2O_3-CoO-K_2O-P_2O_5-SiO_2（此七组分催化剂的代号为 C_{14}，是第三代生产丙烯腈的催化剂）。组分中至少有一种组分是过渡金属氧化物。组分与组分之间可能相互作用，作用的情况常因条件不同而异。复合氧化物系常是多相共存，如 Bi_2O_3-MoO_3 就有 α 相、β 相、γ 相。有所谓的活性相概念，它们的结构十分复杂，有固溶体、杂多酸、混晶等。

就催化作用与功能来说，有的组分是主催化剂，有的为助催化剂或载体。主催化剂组分单独存在就有催化活性，如 MoO_3-Bi_2O_3 中的 MoO_3；助催化剂组分单独存在无活性或活性很小，加入主催化剂中就使活性增强，如 Bi_2O_3。助催化组分的功能，可以是调变生成新相，或调控电子迁移速率，或促进活性相的形成等。依其对催化剂性能改善的不同，有结构助催化剂、抗烧结助催化剂、增强机械强度和促进分散性等不同的助催功能。调变的目的，总是放在活性、选择性和稳定性的较大提高上。

金属氧化物催化剂虽然可以在多种不同的工艺过程中使用，如烃类的选择性氧化、NO_x 的还原、烯烃的歧化与聚合等。但主要催化的反应类型是烃类选择氧化型。其特点是，反应系高放热的，有效的传热、传质十分重要，要考虑防止催化剂的飞温；有反应爆炸区存在，故在操作条件上分为“燃料过剩型”与“空气过剩型”两种。这类反应的产物，相对于原料或中间物要相对稳定，故有“急冷措施”，以防止进一步反应或分解；为了保持高选择性，常在低转化率水平操作，采用第二反应器或原料循环等。

这类作为氧化用的氧化物催化剂，可分成三类：过渡金属氧化物，易从其晶格中传递出氧给反应物分子，组成含有 2 种以上且价态可变的阳离子，属非计量的化合物，晶格中的阳离子常能交叉互溶，形成相当复杂的结构；金属氧化物，用于氧化的活性组分为化学吸附型氧种，吸附态可以是分子态、原子态乃至间隙氧；原态不是氧化物，而是金属，但其表面吸附氧形成氧化层，如 Ag 对乙烯、甲醇的氧化，Pt 对氨的氧化。

4.4.1 半导体的能带结构及其催化活性

催化感兴趣的半导体，是过渡金属的氧化物和硫化物。与金属不同，它们的能带结构是不叠加的，形成分开的带，彼此的区别如图 4-46 所示。图中实线构成的能带，已为形成晶格价键的电子所占用，是已填满的价带。虚线构成的能带为空带。只有当电子受热或辐照激发从价带跃迁到空带上才有电子。这些电子在能量上是自由的，在外加电场的作用下，电子导电。此带称为导带。与此同时，由于电子从满带中跃迁形成的空穴，以与电子相反的方向传递电流。在价带与导带之间，有一能量宽度为 E_g 的禁带。金属的 E_g 为零，绝缘体的 E_g 很大，各种半导体的 E_g 居于金属和绝缘体之间。具有电子和空穴两种载流体传导的半导体，称为本征半导体，在催化中并不重要。因为化学变化过程的温度一般在 300～700℃ 范围内，不足以产生这种电子跃迁。

催化中重要的是非化学计量的半导体，有 n 型和 p 型两大类，其能带结构见图 4-46。在 n 型半导体中，例如非计量的化合物 ZnO，存在 Zn^{2+} 过剩，它们处于晶格的间隙中，由于

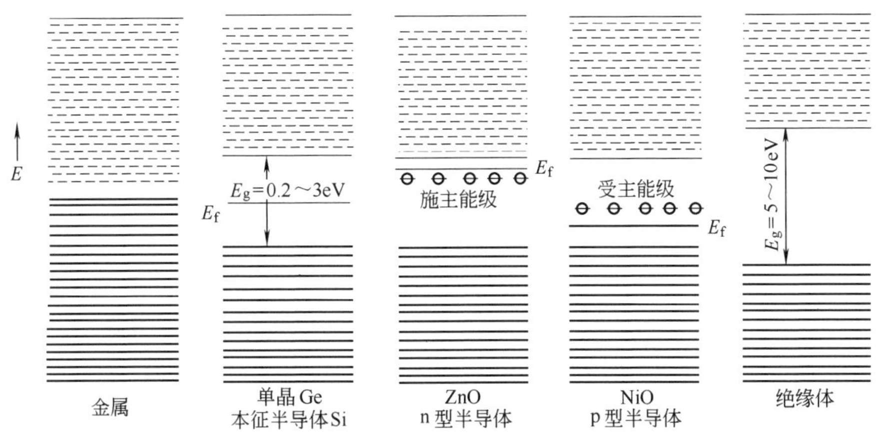

图 4-46　各种固体的能带结构

晶格要保持电中性，间隙处过剩的 Zn^{2+} 拉住一个电子在附近，形成 eZn^{2+}，在靠近导带附近形成一附加能级。温度升高时，此 eZn^{2+} 拉住的电子释放出来，成为自由电子，是 ZnO 导电的来源。提供电子的附加能级称为施主能级。在 p 型半导体中，例如 NiO，由于缺正离子造成非计量性，造成阳离子空位。为了保持电中性，在空位附近有两个 Ni^{2+} 变成 $Ni^{2+}\oplus$，后者可看作为 Ni^{2+} 束缚一个空穴"$\oplus$"。温度升高时，此空穴变成自由空穴，可在固体表面迁移，成为 NiO 导电的来源。空穴产生的附加能级靠近价带，容易接受来自价带的电子，称为受主能级。

Fermi 能级 E_f 是表征半导体性质的一个重要物理量，可用以衡量固体中电子逸出的难易，它与电子的逸出功 ϕ 直接相关。ϕ 是将一个电子从固体内部拉到外部变成自由电子所需的能量，此能量用以克服电子的平均位能，E_f 就是这种平均位能。因此，从 E_f 到导带顶的能量差就是逸出功 ϕ，如图 4-47 所示。显然，E_f 越高电子逸出越容易。本征半导体的 E_f 在禁带中间；n 型半导体的 E_f 在施主能级与导带之间；p 型半导体的 E_f 在受主能级与满带之间。

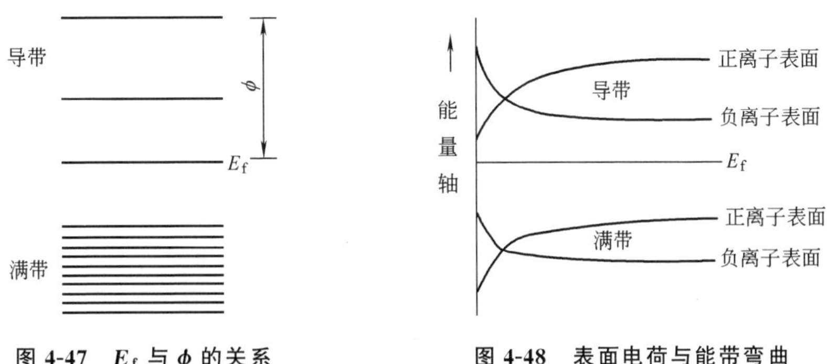

图 4-47　E_f 与 ϕ 的关系　　图 4-48　表面电荷与能带弯曲

当半导体表面吸附杂质电荷时，使其表面形成带正电荷或负电荷，导致表面附近的能带弯曲，不再像体相能级呈一条平行直线。吸附呈正电荷时，能级向下弯曲，使 E_f 更接近于导带，即相当于 E_f 提高，使电子逸出变容易；吸附呈负电荷时，能级向上弯曲，使 E_f 更远离导带，即相当于 E_f 降低，使电子逸出变困难，如图 4-48 所示。E_f 的这些变化会影响半导体催化剂的催化性能。下面用研究众多的探针反应——氧化亚氮的催化分解为例进行说明。其反应为

$$2N_2O \longrightarrow 2N_2 + O_2$$

反应机理是下述步骤

$$N_2O + e^-（来自催化剂表面）\rightleftharpoons N_2 + O^-_{吸} \quad (a)$$

$$O^-_{吸} + N_2O \rightleftharpoons N_2 + O_2 + e^-（去催化剂） \quad (b)$$

研究指出，如果反应（b）步为控制步骤，则 p 型半导体氧化物（如 NiO）是较好的催化剂。因为只有当催化剂表面的 Fermi 能级 E_f 低于吸附 $O^-_{吸}$ 的电离势时，才有电子自 $O^-_{吸}$ 向表面转移的可能，p 型半导体较 n 型半导体更适合这种要求，因为 p 型半导体的 Fermi 能级更低。实验研究了许多种半导体氧化物都能使 N_2O 催化分解，且 p 型半导体较之 n 型半导体具有更高的活性，这与上述的反应（b）为控制步骤的设想相一致。当确定以 NiO 为催化剂时，加入少量 Li_2O 作助催化剂，催化分解活性更好；若加入少量的 Cr_2O_3 作助催化剂，则产生相反的效果。这是因为 Li_2O 的加入形成了受主能级，使 E_f 降低，故催化活性得到促进；而加入 Cr_2O_3 形成施主能级，使 E_f 升高，故抑制了催化活性。

从上述的 N_2O 催化分解反应的分析可以看出，对于给定的晶格结构，Fermi 能级 E_f 的位置对于它的催化活性具有重要意义。故在多相金属和半导体氧化物催化剂的研制中，常采用添加少量助催化剂以调变主催化剂的 E_f 位置，达到改善催化剂活性、选择性的目的。应该看到，将催化剂活性仅关联到 E_f 位置的模型过于简化，若把它与表面化学键合的性质结合在一起，会得出更为满意的结论。这方面半导体催化理论学者 Волькенштейн 做了大量的研究工作。

4.4.2 氧化物表面的 M═O 性质与催化剂活性、选择性的关联

4.4.2.1 晶格氧起催化作用的发现

1954 年 Mars 和 Van Krevelen 二人在分析萘在 V_2O_5 上氧化制苯酐的反应动力学时提出了下述的催化循环

$$M^{n+}-O(催化剂) + R \longrightarrow RO^+ + M^{(n-1)+}(还原态)$$

$$2M^{(n-1)+}(还原态) + O_2 \longrightarrow 2M^{n+} + O^{2-}(催化剂)$$

该催化循环称为还原-氧化机理。提出此循环时并未涉及氧的形态，可以是吸附氧，也可以是晶格氧（O^{2-}）。但是，大量事实证明，此机理对应的为晶格氧，即它直接承担氧化的功能。例如，对于许多复合氧化物催化剂和许多催化反应，当催化剂处于氧气流和烃气流的稳态下反应，纵使 O_2 供应中断，催化反应仍将持续一段时间，以不变的选择性进行运转。若催化剂还原后，其活性下降；恢复供氧，反应再次回复到原来的稳定状态。一般认为，在稳态条件下催化剂还原到某种程度；不同的催化剂有自身的最佳还原态。例如，丙烯气相氧化成丙烯醛的催化反应，同位素示踪研究证明，（O^{2-}）是主要的催化氧化剂，至少在烯丙基反应晶格氧中是如此。反应前气相氧为 $^{18}O_2$，Bi_2O_3-MoO_3 催化剂的氧为 ^{16}O；反应后氧化产物中的氧均为 $C^{16}O_2$，$C_3H_4{}^{16}O$、$C^{18}O^{16}O$ 极少。实验结果如图4-49所示。反应途径如下

$$CH_2{=}CH-CH_3 \xrightarrow{O_2} CH_2{=}CH-CHO$$
（两者均经 O_2 氧化生成 CO_2）

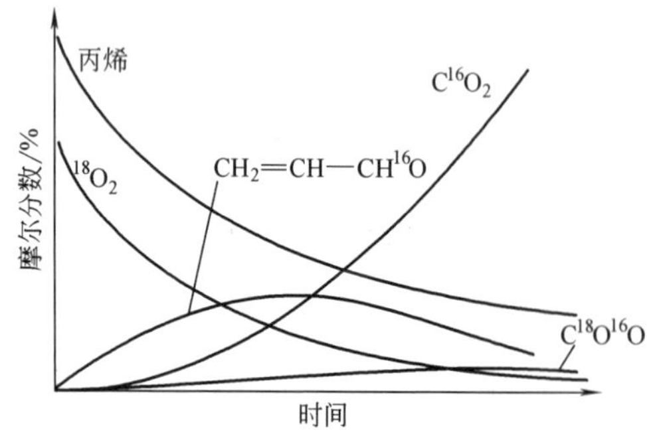

图 4-49 丙烯氧化成丙烯醛

当反应持续进行时，产物中含氧的组分有 ^{18}O，这是由于气相的 ^{18}O 逐步取代了一

部分晶格氧^{16}O的结果。对于 Bi_2O_3-MoO_3 催化剂，全部晶格氧可以逐步经取代而传递到表面，故表面都是有效的；而在 Sb_2O_5-SnO_2 催化剂情况下，只有少数表面层的晶格氧参与反应。根据众多的复合氧化物催化氧化概括出：选择性氧化涉及有效的晶格氧；无选择性完全氧化反应，吸附氧和晶格氧都参与反应；对于有两种不同阳离子参与的复合氧化物催化剂，一种阳离子 M^{n+} 承担对烃分子的活化与氧化功能，它们再氧化靠沿晶格传递的 O^{2-}；另一种金属阳离子处于还原态，承担接受气相氧。这种双还原氧化机理，完全类似于均相催化的 Wacker 氧化反应。

4.4.2.2　金属与氧的键合和 M ═ O 的类型

以 Co^{2+} 的氧化键合为例

$$Co^{2+}+O_2+Co^{2+}\longrightarrow Co^{3+}—O_2^{2-}—Co^{3+}$$

可以有三种不同的成键方式形成 M ═ O 的 σ-π 双键结合：金属 Co 的 l_g 轨道（即 $d_{x^2-y^2}$ 与 d_{z^2}）与 O_2 的孤对电子形成 σ 键；金属 Co 的 l_g 轨道与 O_2 的 π 分子轨道形成 σ 键；金属 Co 的 t_{2g}轨道（即 d_{xy}、d_{yz}、d_{xz}）与 O_2 的 π^* 分子轨道形成 π 键，如图 4-50 所示。

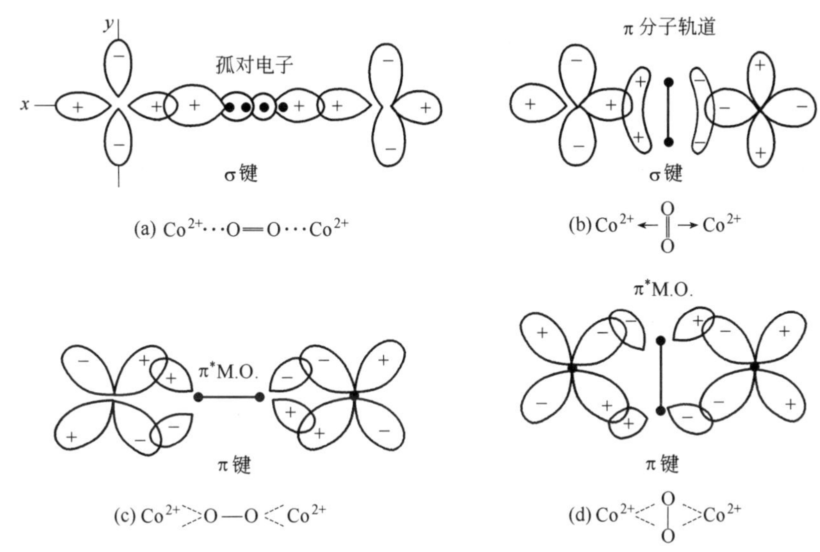

图 4-50　M ═ O 键合的形式

（M. O. 表示分子轨道）

4.4.2.3　M ═ O 的键能大小与催化剂表面脱氧能力

在 1965 年第三届国际催化会议上，Sachter 和 De-Boer 提出，复合氧化物催化剂给出氧的趋势，是衡量它是否能进行选择性氧化的关键。如果 M ═ O 解离出氧（给予气相的反应物分子）的热效应 ΔH_D 小，则易给出，催化剂的活性高，选择性小；如果 ΔH_D 大，则难给出，催化剂活性低；只有 ΔH_D 适中，催化剂有中等的活性，但选择性好。为此，若能从实验中测出各种氧化物 M ═ O 的键能大小，则具有重要的意义。Боресков 利用在真空下测出金属氧化物表面氧的蒸气压与温度的关系，再以 $\lg p_{O_2}$ 对 $1/T$ 作图，可以求出相应 M ═ O 的键能。用 B 表示表面键能，S 表示表面单层氧

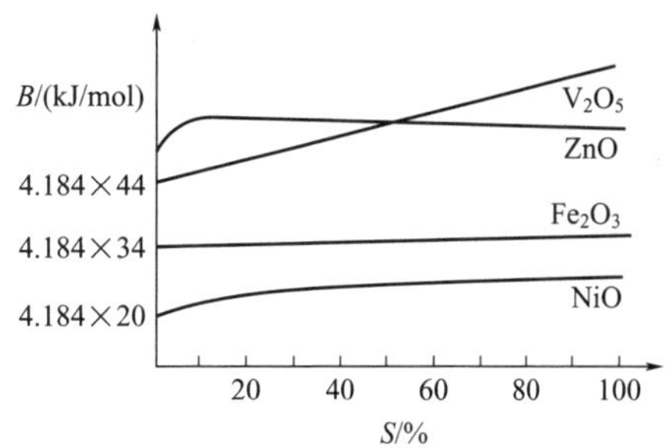

图 4-51　金属氧化物表面 M ═ O 键键能与 S 关系

原子脱除的百分数。以 B 对 S 作图，在$S=0$ 处即 M ═ O 的键能值。图 4-51 所示为部分金属氧化物表面 M ═ O 的键能与 S 的关系。对于选择性氧化来说，金属氧化物表面键能 B 值大一些可能有利，因为从M ═ O脱除氧较困难一些，可防止深度氧化。

Баландин 认为，以下述过程的热效应 Q_0 作为衡量 M═O 键能的标准

$$MO_n(\text{固}) \longrightarrow MO_{n-1} + \frac{1}{2}O_2(\text{气}) - Q_0$$

则 Q_0 与烃分子深度氧化速率之间，呈现火山型曲线关系。他从大量的实验数据中总结出，用作选择性氧化的最好的金属氧化物催化剂，其 Q_0 值近于 (50～60)×4.184 kJ/mol。

4.4.3 复合金属氧化物催化剂的结构化学

生成具有某一种特定晶格结构的新化合物，需要满足三方面的要求：控制化学计量关系的价态平衡；控制离子间大小相互取代的可能；修饰理想结构的配位情况变化，这种理想结构是基于假定离子是刚性的、不可穿透的、非畸变的球体。实际复合金属氧化物催化剂的结构，常是有晶格缺陷的、非化学计量的，且离子是可变形的。

任何化学稳定的化合物，无论它是晶态结构或无定形态结构，必须满足化学价态的平衡。当晶格中发生高价离子取代低价离子时，就要结合高价离子和因取代而需要的晶格阳离子空位以满足这种要求。例如，Fe_3O_4 中的 Fe^{2+}，若按 γ-Fe_2O_3 中的电价平衡，可以书写成 $Fe^{3+}_{8/3}\square_{1/3}O_4$。

因为阳离子一般小于阴离子，晶格结构总是由配置于阳离子周围的阴离子数所决定。对于二元化合物，配位数取决于阴、阳离子的半径比，即 $\rho=r_{阳}/r_{阴}$。表 4-19 列出了这种对应关系。对于复合的三元氧化物，其结构常用二元氧化物的结构予以考虑。对于更复杂的复合氧化物，一般以保留相同晶格结构而用一种阳离子取代另一种来考虑。要发生这种取代，只有阳离子大小位于同一族内才可能。表 4-20 列出了同族阳离子半径的分类。

表 4-19 二元氧化物系计算的配位数

$\rho=\frac{r_{阳}}{r_{阴}}$	以氧阴离子为 1.4Å 的阳离子半径	阴离子配置于阳离子的对称性	阳离子的配位数
1.000～0.732	1.400～1.030	立方体的顶	8
0.732～0.414	1.030～0.580	正八面体或正四面体	6 或 4
0.414～0.225	0.580～0.317	正四面体	4
0.225～0.155	0.315～0.217	等边三角形	3
0.155～0.000	0.217～0.020	线型	2

表 4-20 同族阳离子半径的分类

极小离子/Å	小离子/Å	中等离子/Å	大离子/Å
	Li^+(0.60),Cu^+(0.96)	Ag^+(1.26),Na^+(0.95)	K^+(1.33),NH_4^+(1.48),Tl^+
Be^{2+}(0.31)	Mg^{2+}(0.65),Mn^{2+}(0.80)	Ca^{2+}(0.99)	Sr^{2+}(1.13),Ba^{2+}(1.35)
	Fe^{2+}(0.75),Co^{2+}(0.74)	Mn^{2+}(0.80)	Pb^{2+}(1.20)
	Ni^{2+}(0.72)	Cd^{2+}(0.97)	
	Zn^{2+}(0.74),Cu^{2+}(0.6～0.9)		
B^{3+}(0.20)	Al^{3+}(0.50),Ti^{3+}(0.76),V^{3+}(0.93)	Y^{3+}(0.93),Sm^{3+}(1.04)	La^{3+}(1.15),Ce^{3+}(1.11)
	Cr^{3+}(0.69),Mn^{3+}(0.66)	Eu^{3+}(1.03),Gd^{3+}(1.02)	Pr^{3+}(1.09),Nd^{3+}(1.08)
	Fe^{3+}(0.64)	Tb^{3+}(1.00)	Bi^{3+}(0.92)
	Co^{3+}(0.63),Ni^{3+}(0.62)	Dy^{3+}(0.99),Ho^{3+}(0.97)	
	Ga^{3+}(0.62)	Er^{3+}(0.96)	
	In^{3+}(0.81),Se^{3+}(0.81)	Tm^{3+}(0.95),Yb^{3+}(0.94)	
		Lu^{3+}(0.93),Sc^{3+}(0.81)	

续表

极小离子/Å	小离子/Å	中等离子/Å	大离子/Å
C^{4+}(0.15)	Si^{4+}(0.81),Ti^{4+}(0.68) Cr^{4+}(0.56),Mn^{4+}(0.54) Fe^{4+},Co^{4+} Ge^{4+}(0.53),Sn^{4+}(0.71)	Zr^{4+}(0.80),Ir^{4+}(0.58) Ru^{4+}(0.58),Pt^{4+}(0.86)	U^{4+}(0.97),Th^{4+}(1.01) Pb^{4+}(0.84)
P^{5+}(0.35)	V^{5+}(0.59),Nb^{5+}(0.70),Ta^{5+}(0.7) Sb^{5+}(0.62)	Sb^{5+}(0.62)	
	Mo^{6+}(0.62),Cr^{6+}(0.52) Te^{6+}(0.56),W^{6+}	Mn^{6+},W^{6+},U^{6+}	

最后需要指出，离子大小作为决定晶格结构的判据，并不总是充分的，它作为同晶离子取代的判据也是不充分的，因为极化作用能使围绕一个离子的电子电荷偏移，使其偏离理想化的三维晶格结构，以致形成层状结构，最后变为分子晶格，离子键变为共价键。例如，Ga^{3+} 是具有高极化能力的阳离子，它与氧离子的 ρ 值为 0.44，按表 4-20 其晶格结构应为正八面体形，由于 Ga^{3+} 极化作用的结果，使其有稳定的四配位，其 β-Ga_2O_3 具有同样稳定的正四面体位和正八面体位。

4.4.3.1　尖晶石结构的催化性能

很多具有尖晶石结构的金属氧化物，常用作氧化和脱氢过程的催化剂，其结构通式可写成 AB_2O_4。其单位晶胞含有 32 个 O^{2-}，组成立方紧密堆集，对应于式 $A_8B_{16}O_{32}$。正常的晶格中，8 个 A 原子各以 4 个氧原子以正四面体配位；16 个 B 原子各以 6 个氧原子以正八面体配位。图 4-52 所示为正常尖晶石结构的单位晶胞。A 原子占据正四面体位，B 原子占据正八面体位。有一些尖晶石结构的化合物具有反常的结构，其中一半 B 原子占据正四面体位，另一半 B 原子与所有的 A 原子占据正八面体位。还有 A 原子与 B 原子完全混乱分布的尖晶石型化合物。

就 AB_2O_4 尖晶石型氧化物来说，8 个负电荷可用三种不同方式的阳离子结合的电价平衡：($A^{2+}+2B^{3+}$)、($A^{4+}+2B^{2+}$) 和 ($A^{6+}+2B^{+}$)。A^{2+}、B^{3+} 结合的尖晶石结构占绝大多数，约为 80%；阴离子除 O^{2-} 外还可以是 S^{2-}、Se^{2-} 或 Te^{2-}。A^{2+} 可以是 Mg^{2+}、Ca^{2+}、Cr^{2+}、Mn^{2+}、Fe^{2+}、Co^{2+}、Ni^{2+}、Cu^{2+}、Zn^{2+}、Cd^{2+}、Hg^{2+} 或 Sn^{2+}；B^{3+} 可以是 Al^{3+}、Ga^{3+}、In^{3+}、Ti^{3+}、V^{3+}、Cr^{3+}、Mn^{3+}、Fe^{3+}、Co^{3+}、Ni^{3+} 或 Rh^{3+}。其次是 A^{4+}、B^{2+} 结合的尖晶石结构，约占 15%；阴离子主要是 O^{2-} 或 S^{2-}。A^{6+}、B^{+} 结合的只有少数几种氧化物系，如 $MoAg_2O_4$、$MoLi_2O_4$ 以及 WLi_2O_4。

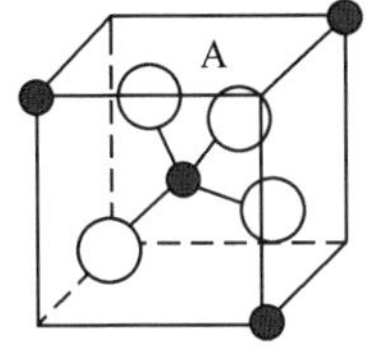

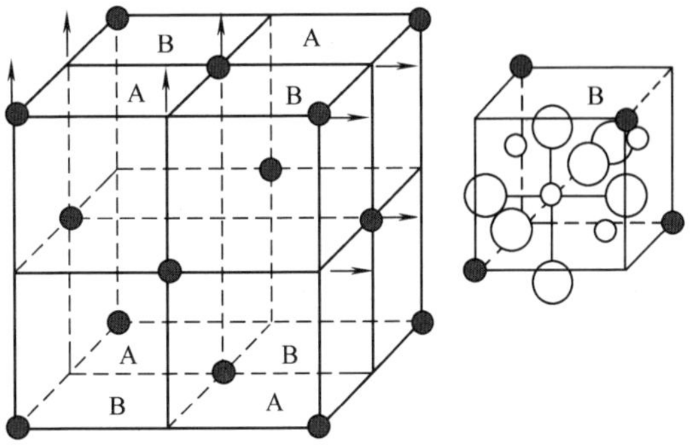

图 4-52　尖晶石结构的单位晶胞仅 2 个 1/8 小图给出了离子位置

尖晶石型催化剂的工业应用，一般在催化氧化领域内，包括烃类的氧化脱氧。就丙烯的深度氧化来说，Margolis 等讨论了添加物对正常尖晶石结构 $CoMn_2O_4$ 催化剂和反常尖晶石结构 $MnCo_2O_4$ 催化剂的影响。对于前者，添加 Li 和 Ti 的化合物会降低氧化速度；对于后者却增加氧化速度。Li 或 Ti 的加入，会形成新相乃至形成新的化合物。尖晶石型催化剂用于甲烷的催化燃烧，也得到相类似的结果。

20 世纪 70 年代以来，尖晶石型催化剂用于选择性氧化有所发展。一些研究表明，$MgFe_2O_4$ 及其同类物可成功地用于丁烯氧化脱氢制丁二烯。在这类催化剂中，氧化铁的质量分数为 84%～88%。X 射线衍射分析证明，Mg^{2+} 和 80% 的 Fe^{3+} 占据正四面体顶点位。氧化脱氢的反应机理类似于 Marsvan Krevlen 机理。

（1）$\square + C_4H_8 + Fe^{3+} + O^{2-} \rightleftharpoons C_4H_7\text{-}Fe^{2+} + OH^-$

（2）$C_4H_7\text{-}Fe^{2+} + O_{ads} \longrightarrow C_4H_6 + Fe^{3+} + OH^-$

（3）$2OH^- \longrightarrow O^{2-} + H_2O + \square$

（4）$\frac{1}{2}O_2(g) \rightleftharpoons O_{ads}$

此处，$C_4H_7\text{-}Fe^{2+}$ 是 Fe^{3+} 与烷基碳阴离子的络合物，它并不需要将铁还原到比 Fe^{2+} 更低的氧化态；O_{ads} 是吸附的未荷电的氧种；□是邻近 Fe^{3+} 的阴离子空位，它预示在不存在气相氧时，丁二烯不可能由丁烯与晶格氧反应生成。丁二烯生成的动力学和机理与双位吸附模型相一致。

4.4.3.2 钙钛矿型结构的催化性能

这是一类化合物，其晶格结构类似于矿物 $CaTiO_3$，可用通式 ABX_3 表示，此处 X 为 O^{2-}。A 是一个大的阳离子，B 是一个小的阳离子，图 4-53 所示为理想的钙钛矿型结构的单位晶胞，A 位于晶胞的中心，B 位于正立方体的顶点。实际上，极少的钙钛矿型氧化物在室温下有准确的理想型正立方结构，但在高温下可能是这种结构。此处 A 的配位数为 12（O^{2-}），B 的配位数为 6（O^{2-}）。基于电中性原理，阳离子的电荷之和应为+6，故其计量要求为

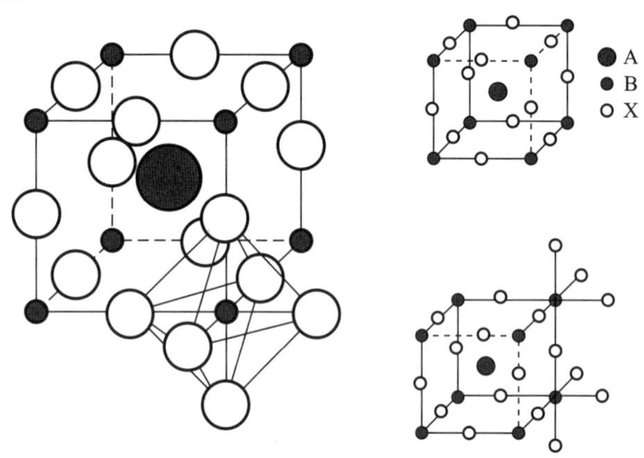

图 4-53 理想的钙钛矿型结构的单位晶胞

$$[1+5]=A^{I}B^{V}O_3;[2+4]=A^{II}B^{IV}O_3;[3+3]=A^{III}B^{III}O_3$$

具有这三类计量关系的钙钛矿型化合物有 300 多种，覆盖了很大的范围。此外，还有各种复杂取代的结构体以及因阳、阴离子大小不匹配而形成其他晶型结构的实体物，再加上阳离子和阴离子缺陷的物相组成，总共在 300 多种。

钙钛矿型氧化物有催化氧化性能，是在 1952 年发现并报道的，然而，吸引众多学者从事它们的催化开发却是在 20 世纪 70 年代。1970 年，有人报道 $La_{0.8}Sr_{0.2}CoO_3$ 具有很高的催化活性，可与 Pt 催化剂对氧的电化还原相比较。与此同时，发现 Co-钙钛矿型物和 Mn-钙钛矿型物是顺式-2-丁烯加氢和氢解的催化剂，也是 CO 气相氧化和 NO_x 还原分解的良好催化剂。据此认为，钙钛矿氧化物可能是电催化、催化燃烧和汽车尾气处理潜在可用的催化剂。与应用催化相并行，对钙钛矿型催化与固态化学之间的关联，开展了一系列的基础研究，得出了下述原则：

① 组分 A 是无催化活性的，组分 B 是有催化活性的。A 与 B 的众多结合，生成钙钛矿型氧化物 ABO_3 时，或 A 与 B 为其他离子部分取代时，不影响它的基本晶格结构。故有 $A_{1-x}A'_xBO_3$ 型、$AB_{1-x}B'_xO_3$ 型以及 $A_{1-x}A'_xB_{1-y}B'_yO_3$ 型等。

② A 位和 B 位阳离子的特定组合与部分取代，会生成 B 位阳离子的反常价态，也可能是阳离子空穴和/或 O^{2-} 空穴。产生这样的晶格缺陷后，会修饰氧化物的化学性质或传递性质，这种修饰会直接或间接地影响它们的催化性能。

③ 在 ABO_3 型氧化物催化剂中，体相性质或表面性质都可与催化活性关联。因为组分 A 基本上无活性，活性位 B 彼此相距较远，约 0.4nm；气态分子仅与单一活性位作用。但是，在建立这种关联时，必须区分两种不同的表面过程：一种为表面层内的；另一种为表面上的。前者的催化操作在相当高的温度下进行，催化剂作为反应试剂之一，先在过程中部分消耗，然后在催化循环中再生，过程按催化剂的还原-氧化循环结合进行；后者催化在催化剂的表面上发生，表面作为一种固定的模板提供特定的能级和对称性的轨道，用于反应物和中间物的键合。一般地说，未取代的 ABO_3 钙钛矿型氧化物趋向于催化表面上的反应，而 A 位取代的（AA′)/BO_3 氧化物，易催化表面层内的反应。例如 Mn-型的催化表面上的反应，属于未取代型的；Co-型和 Fe-型则属于取代型的。这两种不同的催化作用，强烈地依赖于 O^{2-} 迁移的难易，易迁移的有利于表面层内的催化；不迁移的有利于表面上的催化。

④ 影响 ABO_3 钙钛矿型氧化物催化剂吸附和催化性能的另一个关键因素是其表面组成。当 A 和 B 在表面上配位不饱和、失去对称性时，它们就强烈地企图与气相分子反应以达到饱和，这就会造成表面组成相对于体相计量关系的组成差异，如 B 组分在表面上出现偏析、在表面上出现一种以上的氧种等，都会给吸附和催化带来显著的影响。

钙钛矿型氧化物用作催化燃烧型催化剂，已有大量的研究工作。有关 CO、C_1～C_4 烃、甲醇和 NH_3 等的催化燃烧用催化剂，见表 4-21。所有此类催化剂在 A 位含有稀土元素，尤其是 La；在 B 位含有 3d 过渡金属，特别是 Co 与 Mn。

表 4-21　钙钛矿型氧化物作完全氧化催化剂

催化反应	催化剂
$CO+O_2 \longrightarrow CO_2$	$LaBO_3$(B=3d 过渡金属)
	$LnCoO_3$(Ln=稀有金属)
	$BaTiO_3$
	$La_{1-x}A'_xCoO_3$(A′=Sr,Ce)
	$La_{1-x}A'_xMnO_3$(A′=Pb,Sr,K,Ce)
	$La_{0.7}A'_{0.3}MnO_3$+Pt(A′=Sr,Pb)
	$LaMn_{1-y}B'_yO_3$(B′=Co,Ni,Mg,Li)
	$LaMn_{1-x}Cu_xO_3$
	$LaFe_{0.9}B'_{0.1}O_3$(B′=Cr,Mn,Fe,Co,Ni)
	Ba_2CoWO_6,Ba_2FeNbO_6
$CH_4+O_2 \longrightarrow CO_2,H_2O$	$LaBO_3$(B=3d 过渡金属)
	$La_{1-x}A'_xCoO_3$(A′=Ca,Sr,Ba,Ce)

续表

催化反应	催化剂
	$La_{1-x}A'_xMnO_3$（A'=Ca，Sr）
	$La_{1-x}Sr_xCo_{1-y}Fe_yO_3$
$C_2H_4+O_2 \longrightarrow CO_2, H_2O$	$LaBO_3$（B=Co，Mn）
	$La_{1-x}A'_xMnO_3$（A'=Sr，Pb）
$C_3H_6+O_2 \longrightarrow CO_2, H_2O$	$LaBO_3$（B=Cr，Mn，Fe，Co，Ni）
	$La_{0.85}A'_{0.15}CoO_3$（A'=La，Ca，Sr，Ba）
	$La_{0.7}Pb_{0.3}MnO_3+Pt$
$C_3H_3+O_2 \longrightarrow CO_2, H_2O$	$LnBO_3$（Ln=稀有金属；B=Co，Mn，Fe）
	$La_{1-x}Sr_xBO_3$（B=3d 过渡金属）
	$Ln_{0.8}Sr_{0.2}CoO_3$（Ln=稀有金属）
	$La_{1-x}A'_xCoO_3$（A'=Sr，Ce）
	$La_{1-x}A'_xMnO_3$（A'=Sr，Ce，Hf）
	$La_{1-x}A'_xFeO_3$（A'=Sr，Ce）
	$La_{2-x}Sr_xBO_4$（B=Co，Ni）①
$i\text{-}C_4H_8+O_2 \longrightarrow CO_2, H_2O$	$LaBO_3$（B=Cr，Mn，Fe，Co，Ni）
$n\text{-}C_4H_{10}+O_2 \longrightarrow CO_2, H_2O$	$La_{1-x}Sr_xCoO_3$
	$La_{1-x}Sr_xCo_{1-y}B'_yO_3$（$B'$=Mn，Fe）
$CH_3OH+O_2 \longrightarrow CO_2, H_2O$	$LnBO_3$（Ln=稀有金属；B=Cr，Mn，Fe，Co）
	$Ln_{0.8}Sr_{0.2}CoO_3$（Ln=稀有金属）
$NH_3+O_2 \longrightarrow N_2, N_2O, NO$	$La_{1-x}Ca_xMnO_3$

① 与钙钛矿型结构相关的 K_2NiF_4 型氧化物。

用于部分氧化的反应类型有：脱氢反应，如由醇制醛、由烯烃制二烯烃；脱氢羰化或腈化反应，如由烃制醛、腈；脱氢偶联反应，如甲烷氧化脱氢偶联成 C_2 烃。表 4-22 列出了用于部分氧化的钙钛矿型催化剂。

表 4-22 钙钛矿型氧化物用作部分氧化催化剂

催化反应	催化剂
$CH_4+O_2 \longrightarrow C_2H_6, C_2H_4$	ABO_3（A=Ca，Sr，Ba；B=Ti，Zr，Ce）
	$La_{1-x}A'_xMnO_3$（A'=La，K，Na）
	$BaPb_{1-x}Bi_xO_3$
$CH_3OH+O_2 \longrightarrow HCHO$	$SrVO_3$
$C_2H_5OH+O_2 \longrightarrow CH_3CHO$	$La_{1-x}Sr_xFeO_3$，$LaBO_3$（B=Co，Mn，Ni，Fe）
$C_3H_8+O_2 \longrightarrow CH_3OH, CH_3CHO, CH_2=CHCHO$	$Ba_{1.85}Bi_{0.1}[\ ]_{0.05}(Bi_{2/3}[\ ]_{1/3}Te)O_6$ （[ ]表示阳离子空位）
$i\text{-}C_4H_8+O_2 \longrightarrow CH_2=CCH_3CHO$	$LaBO_3$（B=Cr，Mn，Fe）
$1\text{-}C_4H_8+O_2 \longrightarrow C_4H_6$，顺式-2-$C_4H_8$，反式-2-$C_4H_8$	$La_{1-x}Sr_xFeO_3$
$C_6H_5CH_3+O_2 \longrightarrow C_6H_5CHO$	$LaCoO_3$
$C_6H_5CH_3+NH_3+O_2 \longrightarrow C_6H_5CN$	$YBa_2Cu_3O_{6+x}$

4.5 金属硫化物催化剂及其催化作用 >>>

金属硫化物与金属氧化物有许多相似之处，都是半导体型化合物，常见的过渡金属硫化物及其归属的半导体类型见表 4-23。早期的研究发现，Fe、Mo、W 等金属硫化物具有加氢、异构和氢解等催化活性，后将它们用于重油的加氢精制。随着炼油工业的发展，加氢脱硫（HDS）、加氢脱氮（HDN）、加氢脱金属（HDM）等过程都寄希望于硫化物催化剂。硫化物催化剂也有单组分系和复合组分系。

表 4-23　半导体类型的过渡金属硫化物

硫化物	半导体类型	禁带宽度 E_g/eV	硫化物	半导体类型	禁带宽度 E_g/eV	硫化物	半导体类型	禁带宽度 E_g/eV
Cu_2S	p	1.7	MoS_2	p	1.2	Ag_2S	n	1.2
NiS	p	—	WS_2	p	—	Cr_2S_3	n	0.9
FeS	p	0.1	FeS_2	p,n	1.2	ZnS	n	3.6

金属硫化物具有氧化还原功能和酸碱功能，更主要的是前者。作为催化剂可以是单组分形式和复合硫化物形式。这类催化剂主要用于加氢精制过程。通过加氢反应将原料或杂质中会导致催化剂中毒的组分除去。工业上用于此目的的有 Rh 和 Pt 族金属硫化物负载于活性炭上的负载型催化剂。属于非计量型的复合硫化物，有以 Al_2O_3 为载体，以 Mo、W、Co 等硫化物形成的复合型催化剂。

硫化物催化剂的活性相，一般是其氧化物母体先经高温焙烧，形成所需的结构后，再在还原气氛下硫化而成。硫化过程可在还原之后进行，也可用含硫的还原气体边还原边硫化。还原与硫化两个过程，控制步骤在还原。因为高价氧化物结构稳定，难以进行氧硫交换，还原时产生氧空位，便于硫原子的插入。常用的硫化剂是 H_2S 和 CS_2。后者为液体，便于运输贮存，工业生产中更常用；前者活性更高，实验室常用。采用 CS_2 时要同时含有 H_2 或 H_2O，以便生成 H_2S 起硫化剂作用。此过程中新生态的 H_2S 活性更高，可得到高硫化度的催化剂。硫化后催化剂含硫量越高对活性越有利。硫化度与硫化温度的控制、原料气中的硫含量（或外加硫化剂量）有关。使用过程中因硫流失导致催化剂活性下降，一般可重新硫化再生。

4.5.1　加氢脱硫及其相关过程的作用机理

在涉及煤和石油资源的开发利用过程中，要将硫的含量降到最低水平，需要脱硫处理。而硫是以化合状态存在，如烷基硫、二硫化物以及杂环硫化物，尤其是硫茂（噻吩）及其相似物。硫的脱除涉及催化加氢脱硫过程（HDS），先催化加氢使硫化物与氢反应生成 H_2S 与烃，脱出的 H_2S 再经氧化生成单质硫加以回收。烷基硫化物是易于反应的，而杂环硫化物较为稳定，所以在评价 HDS 催化剂时常用噻吩作为标准物进行评定。从催化的角度看，它涉及加氢与 S—C 的断裂，可以首先考虑金属，它们是活化氢所必需的，也能使许多单键氢解。但不幸的是几乎所有的金属都能与 H_2S 和有机硫化物形成金属硫化物，好在它们在适宜的温度和压力下都能有效地使 H_2 解离，吸附有机硫化物并使之氢解。以二苯基噻吩为例，许多过渡金属硫化物在 400℃下使之氢解，测出的比反应速率结果如图 4-54 所示。图中 OsS_2 和 IrS_2 在给定的条件下是不稳定的，所记录的比反应速率相对于部分硫化的金属。因为有广泛的硫化物生成焓数据，所以，应用“火山型”曲线原理，可作出比反应速率与硫化物生成焓的对画线（见图 4-55）。从图中清楚地看到这种“火山型”曲线是存在的，硫化物的最佳生成焓约为 160kJ/mol。借助于这种经验规则，可推断化学吸附氢与硫化物表面反应的机理：先生成硫化氢和一个阴离子空位，然后是有机硫化物的化学吸附，导致表面的再硫化，这与催化氧化反应的 Redox 机理相似。该过程要求金属与硫的化学键不能太强，也不能太弱，太强与太弱都导致比反应速率降低。

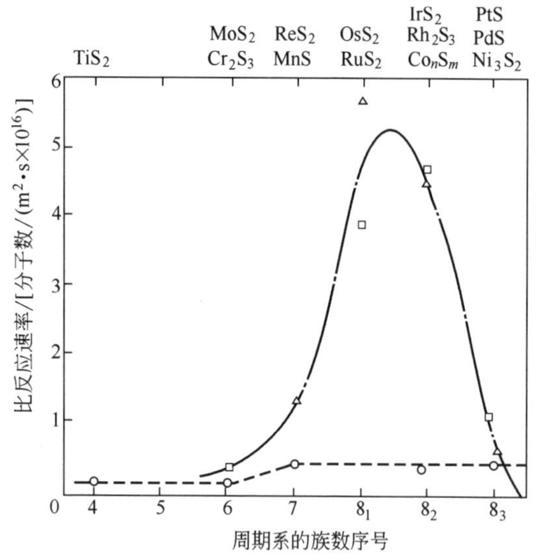

图 4-54 二苯基噻吩在金属硫化物上的比活性

（图上部为硫化物分子式）

○ 第一长周期金属；□ 第二长周期金属；△ 第三长周期金属

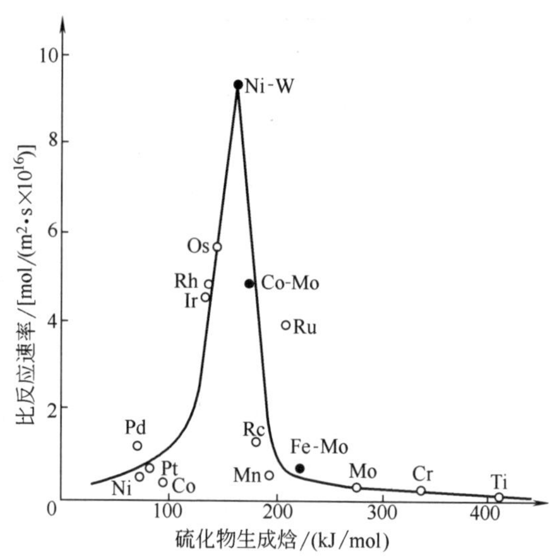

图 4-55 比反应速率与硫化物生成焓的对画线

● 二元硫化物，其比反应速率对画于平均生成焓；

○ 一元硫化物，其比反应速率对画于生成焓

由图 4-55 可知，Ni-W 等二元硫化物具有较好的 HDS 催化活性。事实上 γ-Al_2O_3 负载的 Co-Mo-S 加氢催化剂，是工业上早已应用的 HDS 催化剂，它含 CoO 3%（质量分数）、MoO_3 12%（质量分数）。此外，近年来也注意到其他的二元硫化物系，如同样用 γ-Al_2O_3 负载的 Ni-Mo-S 和 Ni-W-S 催化剂等，也是较好的 HDS 催化剂。它们的 HDS 机理本质相似。

4.5.2 重油的催化加氢精制

所有的原油都含有一定质量分数的硫，从 Nigeria 原油的低含硫（0.2%）到 Kuwait 原油的高含硫（4%）不等。在原油进行加工处理之前，需要将硫含量降到一定低的水平，即进行催化加氢脱硫精制。除硫以外，重油中还含有一定量的氮，它较硫含量一般小 1 个数量级，因为这些含氮的有机物具有碱性，会使酸性催化剂中毒，且存在于燃料油品中燃烧会污染大气，因此，发展了与 HDS 相似的过程，即加氢脱氮（HDN）工艺。含氮有机物如喹啉、氮蒽中有 C═N，键能大难以断裂，故要求 HDN 的催化剂加氢活性更高。工业上常用的催化剂有 γ-Al_2O_3 负载的 Ni-Mo-S 和 Ni-W-S，它们较之 Co-Mo-S 加氢能力更强。

原油尤其是一次加工后的常压渣油和减压渣油中，含有多种金属和有机金属化物，它们主要是 V、Ni、Fe、Pb 以及 As、P 等，在加氢脱硫过程中，氢解为金属或金属硫化物，沉积于催化剂表面，造成催化剂中毒或堵塞孔道。据报道，当原油中金属含量超过 200 mg/kg 时，每处理 10 桶油就要消耗 0.5kg 催化剂，会使加氢脱金属过程（HDM）很不经济。因此，石油必须要先脱除金属。又如残留在燃料油中的金属 V，其氧化物能够腐蚀设备，故要求在石油炼制和油品使用之前将其除去。

石油中有两类主要的金属化合物：卟啉类和沥青质。前者类似于血红蛋白和叶绿素，需采用生物化学和生物工程的方法加以研究处理；后者的相对分子质量可高达 40 万以上，极性很强，芳构化程度极高，含有 S、N、O、Ni、V 等多种杂原子，在室温下形成直径 2～8nm 的大

胶团。有关它们的结构目前所知甚少，难以处理。近期的研究提出，可用高温使之热分解，进而研究其热解模型化合物的结构与性能，再做进一步的加工处理。有关 HDM 的催化技术是当前工业催化研究的前沿，有待进一步的努力。

4.6 纳米催化 >>>

组成相或晶粒尺寸降到 100nm 以下的材料称为纳米材料。

纳米材料分为两个层次，即纳米超微粒子和纳米固体材料。前者是指粒子尺寸为 1～100nm 的超微粒子，是介于原子、分子与块状材料之间的新领域，而后者是指由纳米超微粒子制成的固体材料。纳米结构材料可划分为四种形式。

① 0 维：三维尺度都在纳米级，如量子点、原子簇等。这些零维纳米材料可以是一元、二元或者三元的，也可以形成化合物原子簇，如碳纳米管、富勒烯、C_{60}、C_{70}、C_{84}、C_{120} 等。量子点由一定数量的原子组成，具有多种形态和多样对称性，其电子间相互作用强且复杂，具有很高的比表面积、极高的化学活性和催化活性。

② 1 维：纳米碳管、各种纳米线等。

③ 2 维：纳米薄膜、石墨烯、二维过渡金属硫化物（TMCDs）等。

④ 3 维：纳米相材料。

图 4-56 给出了四种纳米结构类型的示意图。

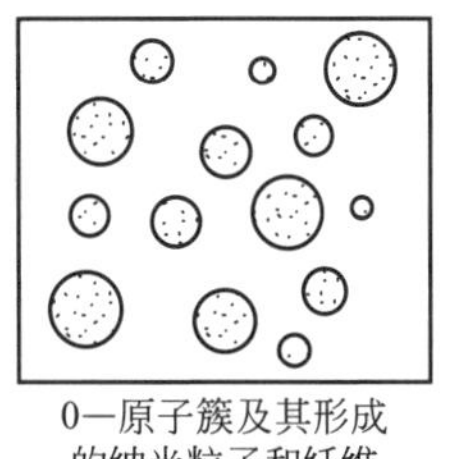

0—原子簇及其形成的纳米粒子和纤维

1—多层膜

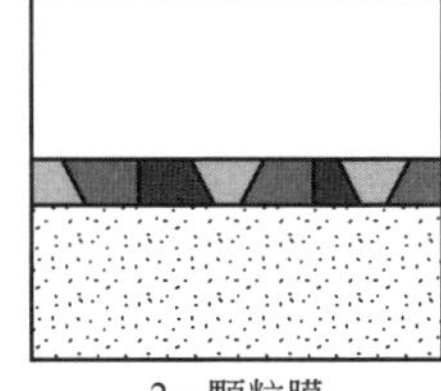

2—颗粒膜

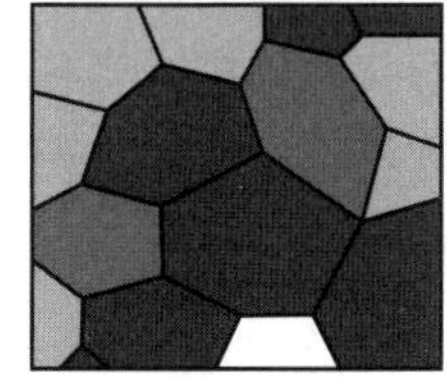

3—纳米相材料

图 4-56　四种纳米结构类型示意

催化反应事实上就是发生在纳米尺度上，例如原子簇催化剂，负载的金属和金属氧化物催化剂，中孔、微孔分子筛催化剂等，它们的活性中心就在纳米或亚纳米尺度。当材料尺寸减小到纳米级时，将产生一些新奇的物理化学特性，表现出明显的尺寸效应和表面效应，而这些效应是与催化作用直接相关的：一方面，当粒子尺寸减小时，其表面原子数占所有原子数的比例增加，由于表面原子配位不饱和，导致在催化剂表面产生更多的活性中心、表面缺陷等，从而表现出明显的表面效应；另一方面，当粒子尺寸减小到纳米级时，其费米能级附近的电子（主要为价电子）将发生离散现象，表现出独特的量子尺寸效应。

将纳米和催化相结合就衍生出纳米催化科学。纳米催化的特点是利用纳米材料独有的结构/形貌效应、（量子）尺寸效应、表面/界面效应来改变纳米催化材料的电子结构、活性位和空间限域特性，进而调控催化剂与反应分子间的电子传递、相互作用、基元反应过渡态的结构及其相对能量变化，使得催化材料的性能在本质上发生改变。

4.6.1　小尺寸效应

小尺寸效应是指当颗粒的尺寸减小到与光波波长、德布罗意波长以及超导态的相干长度或透射深度等物理特征尺寸相当或更小时，导致其在声、光、电、磁、热、力学等特性呈现物理性质变化的现象。能带理论认为金属费米能级附近的电子能级一般是连续的。随着颗粒尺寸的减小，纳米金属将产生量子尺寸效应，原来的连续能级发生分裂，在费米能级附近的电子能级会发生离散现象，使得纳米金属与普通块状金属粒子的性质有很大的不同，甚至表现出截然不同的性质，如粒度小于 20nm 的金属银粒子变成电的绝缘体。对于晶体材料，其边界条件被破坏，表面出现更加丰富多样的结构缺陷，包括表面原子失配、极化、非晶化、掺杂、杂质吸附以及表面空位等，这些缺陷对材料的电子结构有重要的影响。此外，对于非晶态材料，由于表面原子数量急剧减少，将会使纳米粒子出现新的小尺寸效应。

一般而言，纳米金属通常是负载在载体上作为催化剂使用的，纳米金属颗粒的尺寸效应对负载型金属纳米催化剂的活性和选择性有着重要影响。随着金属颗粒尺寸的减小，从几何结构上看，其表面原子不饱和程度和占比逐渐升高，将改变催化剂活性中心的结构和数量；从电子结构上看，其电子能级因量子尺寸效应而发生明显改变，将极大地影响催化剂和反应物之间的轨道杂化和电荷转移。尺寸减小引起几何结构和电子结构的变化，将对催化剂性能的改变产生巨大的作用。

图 4-57 显示了苯甲醇选择性氧化制苯甲醛反应中 Pd/Al_2O_3 催化剂上 Pd 纳米粒子的尺寸效应。当 Pd 颗粒粒径大于 4nm 时，虽然目标产物的选择性逐渐升高，但反应比活性逐渐下降；当 Pd 颗粒粒径小于 4nm 时，也显示出活性和选择性呈相反变化的趋势；当 Pd 颗粒粒径在约 4nm 处时，催化剂比活性最高、选择性最差，副反应产物甲苯最多。如图 4-58 所示利用 Al_2O_3 和 FeO_x 分别选择性地覆盖 Pd 颗粒的低配位（LCSs）和高配位（HCSs）原子，在不改变颗粒尺寸和电子结构情况下，实现了对 Pd 颗粒暴露原子的低配位/高配位比例的精准调控。当催化剂尺寸大于 4nm 时，几何效应占主导地位，尺寸越大，低配位原子比例越低，选择性越好；当催化剂尺寸小于 4nm 时，尽管低配位原子比例越来越高，但选择性却越来越好。

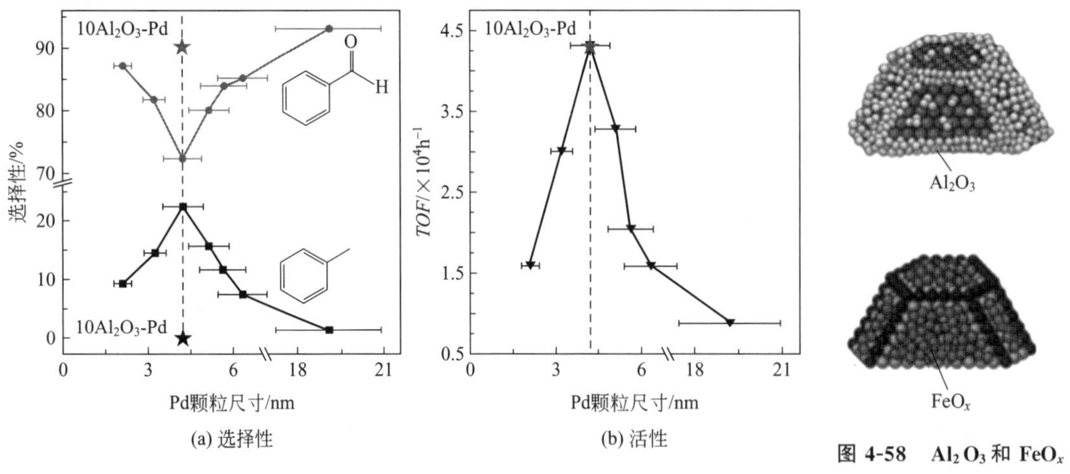

图 4-57 苯甲醇催化氧化反应选择性和活性随 Pd 粒径的变化

图 4-58 Al_2O_3 和 FeO_x 选择性包裹 Pd 颗粒示意

4.6.2 表面效应

固体颗粒尺寸减小到纳米尺度时，其比表面积显著增加，绝大多数的原子都处于表面状态，纳米粒子的表面自由能和表面原子配位的不饱和程度急剧增大，表面均匀性大大降低，导致其化学性质与化学平衡体系有很大差别，体现出纳米粒子的表面效应。而对于多相催化而言，反应物分子与活性位发生吸附，转变为中间过渡态，继而发生表面反应、脱附的过程都是在催化剂表面上进行的。由于纳米催化剂表面原子处于高度的配位不饱和状态，所以较容易与其他物种发生物理或者化学吸附，甚至直接发生化学反应，从而表现出高活性。但也并不是说催化剂所有的表面都具备这样的能力，因为特定的反应需要具有特定形貌和结构的催化剂表面，即不同的表面具有不同的选择性。由于强烈的表面效应可以使催化剂纳米粒子的微观结构不断地发生变化，如产生各种晶体结构和表面原子不同的排列，其表面电子性能也会发生变化，产生不同的催化性能。

如在苯选择性加氢反应中，使用十四烷基三甲基溴化铵（TTAB）稳定的 Pt 纳米立方体［只有 Pt（100）晶面］和 Pt 纳米截角八面体［Pt(111) 和 Pt(100) 晶面共存］催化剂。截角八面体能同时生成环己烷和环己烯，而立方体只能得到环己烷，见图 4-59。因此，通过控制 Pt 纳米的形貌可以实现选择性地得到所需的氢化产物。

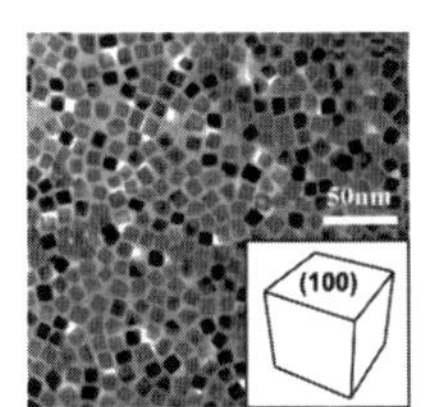

(a) 立方体纳米粒子Pt(100)

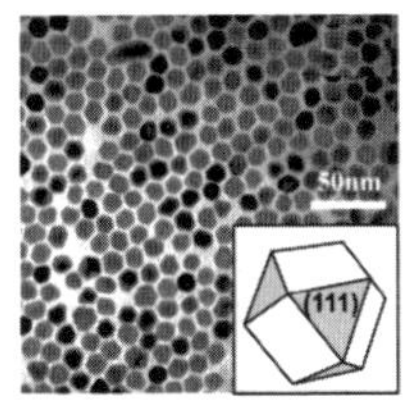

(b) 截角八面体纳米粒子Pt(111)和Pt(100)

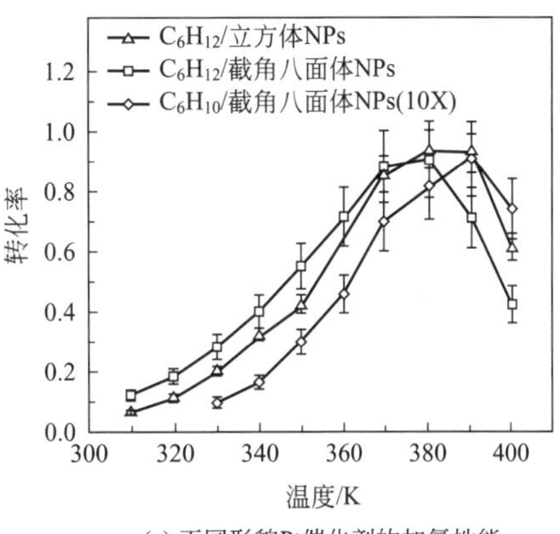

(c) 不同形貌Pt催化剂的加氢性能

图 4-59　不同形貌 Pt 纳米颗粒对苯选择性加氢性能的影响

另一个研究费托（F-T）合成直接制取低碳烯烃的案例中，研究者采用了一种具备良好抗积碳性能的棱柱状 Co_2C 纳米催化剂（见图 4-60），发现该催化剂暴露的晶面为（101）面和（020）面，其中（101）面有利于烯烃的生成，（101）面和（020）面可有效抑制甲烷的形成，从而实现低甲烷选择性、高烯烃选择性（高达 61%）的目标，实现了突破性的成果。

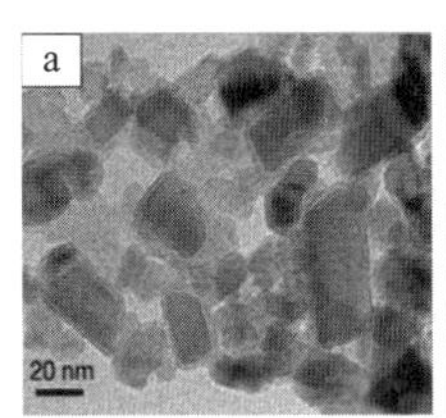

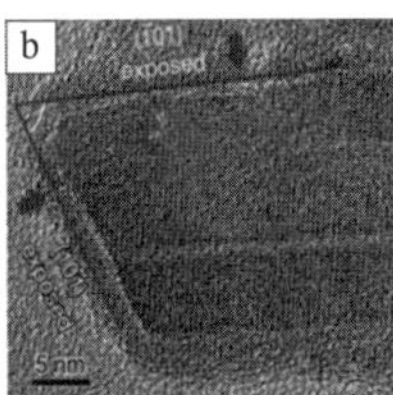

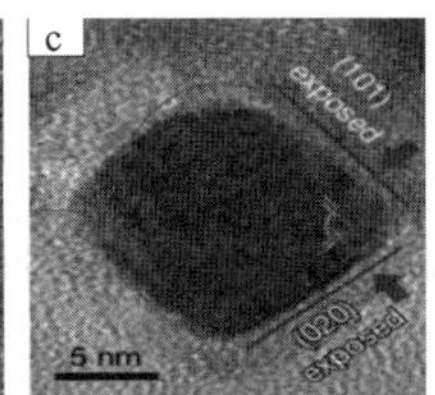

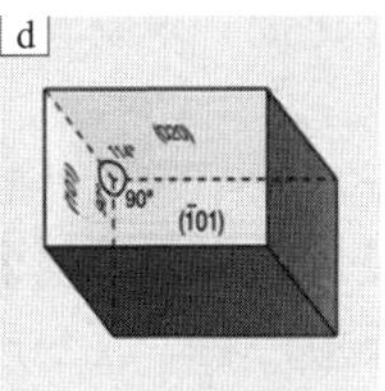

图 4-60　棱柱状 Co_2C 纳米催化剂

（a）表面形貌；（b）、（c）暴露的晶面；（d）各晶面夹角

深入研究纳米催化剂的表面形貌和结构，进而了解催化剂表面效应对催化性能的影响，是理解催化反应机理的重要方法。

4.6.3　界面效应

纳米粒子不同于长程有序的晶态固体，也不同于长程无序、短程有序的非晶态固体。纳米粒子由不同取向的晶粒组元和完全无序的晶界构成。随着尺寸的减小，界面组元占比增大，界面自由能增加，界面的离子价态、电子传递等与结构有关的性能都将发生很大的变化，表现出纳米材料的界面效应。该界面效应与小尺寸效应、表面效应等的作用并不是截然分开的，而是互相影响的。纳米粒子的化学性能与其表/界面结构密切相关，就组成类型而言，有金属-金属、金属-金属氧化物、金属-氢氧化物等。因而在亚纳米/纳米尺度上掌握金属与（氢）氧化物、配体间的界面协同机制、金属纳米粒子表面配位结构与界面电子效应、表面金属原子与反应物、中间体的配位成键和断键机理是优化纳米催化性能的关键。

例如，对于核壳结构的$Pt/Fe(OH)_x$复合纳米催化剂，在其Pt纳米晶表面上沉积亚单层$Fe(OH)_3$，所构建的Fe^{3+}-OH-Pt界面在CO氧化中表现出了非常高的活性。随后在$Pt/Fe(OH)_x$中引入Ni，制备出具有多种界面的$Pt/Fe\text{-}Ni(OH)_x$复合催化剂，其稳定性大幅提高，活性位占总Pt原子数的比例高于50%时，在室温、湿度为50%的条件下可使CO 100%转化，且持续工作1个月性能不衰减。

4.6.4 纳米限域效应

催化中的纳米限域效应是指通过某种物理状态（如纳米状态）的限制，使体系的本征特性（如结构、电子态等）发生变化，从而改变体系的催化性能的现象。或广义描述为催化体系中“一种本征力（如相互作用力）的存在，抗阻了体系某种特性发生变化，或者促使体系变化的特性得以恢复”。

纳米限域效应主要体现在以下三个方面。

(1) 孔道限域

典型的例子是分子筛催化剂。传统的分子筛，特别是孔道直径小于1nm时，由于其具有规整的纳米孔道结构，负载于分子筛孔道内的金属活性组分的晶粒尺寸受限于孔的几何形状，催化性能得以调控；另外在其孔内进行的反应也受到孔道尺寸的束缚，表现在对反应体系中各物种的择形作用，这部分内容在本章分子筛催化剂部分已经做过介绍。

(2) 碳纳米管的协同限域

催化作用的关键步骤往往涉及反应物分子与催化剂表面的电子传递。碳纳米管的管道不仅为纳米催化剂和反应提供了特定的几何限域环境，其独特的管内缺电子、管外丰电子的状态也对管内管外催化剂的电子转移有调制作用。

碳纳米管的四种限域效应为：

① 对催化剂　限制管腔内纳米粒子的凝聚和生长，通过管腔内缺电子环境调制催化剂的电子特性；

② 对反应物　管内外吸附能力不同造成反应物局域浓度的变化；

③ 对反应过程　改变催化反应活化能，调变反应通道；

④ 对反应产物　改变产物分子在管腔内的扩散动力学。

如甲醇分子在内径为4～6nm的碳纳米管管内的扩散速度是管外的5倍；氧化铁组装在内径为4～8nm的多壁纳米管中，其还原温度比在管外降低约200℃；合成气制乙醇反应中，封装于纳米管中的Rh-Mn催化剂使乙醇的产率明显高于直接负载在管外的Rh-Mn催化剂。

(3) 界面限域

中国科学院包信和院士团队研究发现，在Pt表面沉积2～5nm的FeO单层纳米岛，由于Pt表面与Fe原子之间较强的相互作用，阻碍了原子氧向界面Pt-Fe键中间插入，进而阻止了表面高活性、配位未饱和的FeO被深度氧化为配位饱和的高价态，保持了催化剂的活性。这种作用被概括为“界面限域”概念。将界面限域概念应用到能源催化转化中已经取得了突破性的成果。如把单中心低价铁原子通过2个碳原子和1个硅原子锚定在氧化硅或碳化硅晶格中，则可将甲烷直接活化生成乙烯和高价值化学品；纳米氧化物与微孔分子筛复合催化剂（OX-ZEO）可以将合成气直接转化为低碳烯烃，打破了传统F-T合成中产品受制于Anderson-Schulz-Flory分布规律，实现了转化率和选择性的同步增长，取得了重大突破。

第 5 章

络合催化与聚合催化

5.1 概述 >>>

络合催化，是指催化剂在反应过程中对反应物起络合作用，并且使之在配位空间进行催化的过程。催化剂可以是溶解状态，也可以是固态；可以是普通的化合物，也可以是络合物，包括均相络合催化和非均相络合催化。

络合催化的一个重要特征，是在反应过程中催化剂活性中心与反应体系始终保持着化学结合（配位络合）。例如，乙烯络合催化氧化制乙醛的反应式如下

$$C_2H_4+H_2O+PdCl_2 \longrightarrow CH_3CHO+2HCl+Pd$$

$$C_2H_4+\frac{1}{2}O_2 \xrightarrow{PdCl_2/CuCl_2} CH_3CHO$$

乙烯与 H_2O 在配位空间对 Pd 中心配位，使 C_2H_4 经 σ-π 络合活化，再经 H_2O 分子穿插等步骤生成乙醛产物，如图 5-1 所示。通过配位空间内的空间效应和电子因素以及其他因素对反应进程、速率和产物分布等起选择性调变作用。故络合催化又称为配位催化。

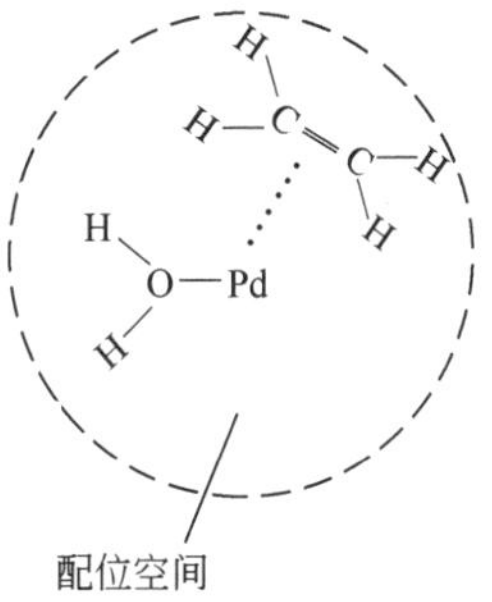

图 5-1 乙烯与 H_2O 对 Pd 中心的配位空间

络合催化已广泛用于工业生产，具体实例如下。

(1) Wacker 工艺过程

$$C_2H_4+\frac{1}{2}O_2 \xrightarrow[100℃,\ 5\times10^5Pa]{PdCl_2/CuCl_2(aq)} CH_3CHO$$

$$C_2H_4+\frac{1}{2}O_2+CH_3COOH \xrightarrow[130℃,\ 30\times10^5Pa]{PdCl_2/CuCl_2(aq)} CH_3COOC_2H_4+H_2O$$

(2) OXO 工艺过程

$$RCH=CH_2+CO/H_2 \longrightarrow \begin{matrix} RCH(CHO)CH_3 \\ RCH_2CH_2CHO \end{matrix}$$

催化剂：$HCo(CO)_4$，150℃，250×10^5 Pa

$RhCl(CO)(pph_3)_2$，100℃，15×10^5 Pa

(3) Ziegler-Natta 工艺过程

$$C_2H_4 \xrightarrow{70℃,\ 5\times10^5Pa} \frac{1}{n}(C_2H_4)_n$$

$$C_3H_6 \xrightarrow{100℃,\ 10^6Pa} \frac{1}{n}(C_3H_6)_n$$

催化剂：α-$TiCl_3$(固)+$Al(C_2H_5)_2Cl$

(4) Monsanto 甲醇羰化工艺过程

$$CH_3OH + CO \xrightarrow{175℃,\ 15\times10^5 Pa} CH_3COOH$$

催化剂：$RhCl(CO)(pph_3)_2/CH_3I$

由以上几例可以清楚地看到，络合催化反应条件较温和，反应温度一般在 100～200℃左右，反应压力为常压至 20×10^5 Pa 左右。反应分子体系都涉及一些小分子的活化，如 CO、H_2、O_2、C_2H_4、C_3H_6 等，便于研究反应机理。

配位活化和吸附热活化相比具有更多的优点：首先，作为催化剂活性中心的过渡金属离子具有广阔的配位价层空间，既可以使反应物配位活化并发生反应，又能容纳非参与反应的配体，通过电子因素和几何因素与之相互作用，修饰催化剂的组成和结构，调变催化剂的活性和选择性，可以从分子水平上设计催化剂；其次，配位催化反应活性选择性高，反应条件温和，易于低成本下运行；第三，由于反应专一性高，带来资源合理利用和减少污染物排放等。均相络合催化剂的主要缺点是回收不易，现在正研究将其固相化，是催化领域中重要课题之一。

自 O. Roelen 1938 年开发了烯烃与合成气（H_2/CO）在可溶的羰基钴络合物催化下生成丙醛的"OXO 过程"以来，以可溶性的过渡金属络合物为催化剂的过程工业得以快速发展。

5.2 过渡金属离子的化学键合 >>>

5.2.1 络合催化中重要的过渡金属离子与络合物

过渡金属（T. M.）原子的价电子层有（$n-1$）d 轨道，在能量上与 ns、np 轨道相近，可作为价层的一部分使用。空的（$n-1$）d 轨道，可以与配位体 L（CO、C_2H_4 等）形成配键（M←：L），可以与 H、R 基形成 M-H、M-C 型 σ 键，具有这种键的中间物的生成与分解对络合催化十分重要。由于（$n-1$）d 轨道或 nd 外轨道参与成键，故 T. M. 可以有不同的配位数和价态，且容易改变，这对络合催化的催化循环十分重要。根据现有的研究结果，尚不可能预告哪种 T. M. 对于哪些类型的催化最有效，但是已有一些趋势。

① 可溶性的 Rh、Ir、Ru、Co 络合物对单烯烃的加氢特别重要。

② 可溶性的 Rh、Co 络合物对低分子烯烃的羰基合成最重要。

③ Ni 络合物对于共轭烯烃的低聚较重要。

④ Ti、V、Cr 络合物催化剂适用于 α-烯烃的低聚和聚合。

⑤ 第Ⅷ族 T. M. 元素络合催化剂适用于烯烃的双聚。

这些可作为研究开发工作的参考。

5.2.2 配位键合与络合活化

各种不同的配位体与 T. M. 相互作用时，根据各自的电子结构特征建立不同的配位键合，配位体自身得到活化。具有孤对电子的中性分子与金属相互作用时，利用自身的孤对电子与金属形成给予型配位键，记为 L→M，如:NH_3、$H_2\ddot{\underset{..}{O}}$。给予电子对的 L:称为 L 碱，接受电子对的 M 称为 L 酸。M 要求具有空的 d 或 p 空轨道，如 H·、R·等自由基配位体。与 T. M. 相互作用，形成电子配对型 σ 键，记为L-M。金属利用半填充的 d、p 轨道电子，转移到 L 上并与 L 键合，自身得到氧化。带负电荷的离子配位体，如 Cl^-、Br^-、OH^- 等，具有一对以上的非键电子对，可以分别与 T. M. 的两个空 d 或 p 轨道作用，形成一个 σ 键和

一个 π 键，如图5-2所示。

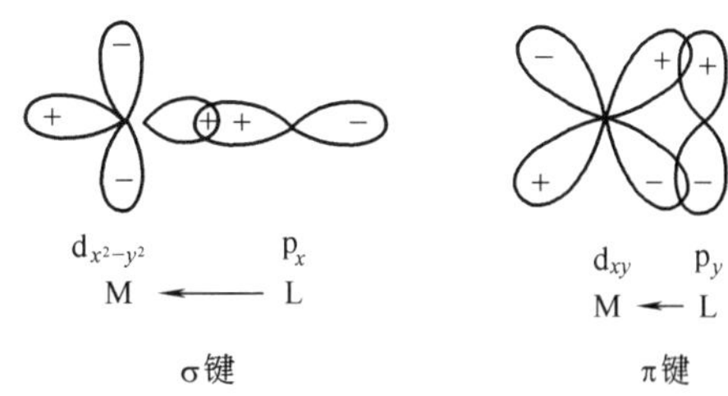

图 5-2 σ 键和 π 键的形成

这类配位体称为 π 给予配位体，形成 σ-π 键合。具有重键的配位体，如 CO、C_2H_4 等与 T. M. 相互作用，也是通过 σ-π 键合而配位活化，如图 5-3 所示。经过 σ-π 键合的相互作用后，总的结果可以看作为配位体的孤对电子、σ 电子、π 电子（基态）通过金属向配位自身空 π^* 轨道跃迁（激发态），分子得到活化，表现为 C—O 拉长，乙烯 C—C 拉长，可以用气相 X 射线分析、IR 谱或 Raman 谱证明。对于烯丙基类的配位体，其配位活化可以通过端点碳原子的 σ 键型活化，也可以通过大 π 键型活化。这种从一种配位型变为另一种配位型的配体，称为可变化的配位体，对于络合异构化反应很重要。还有其他类型的配位体活化。

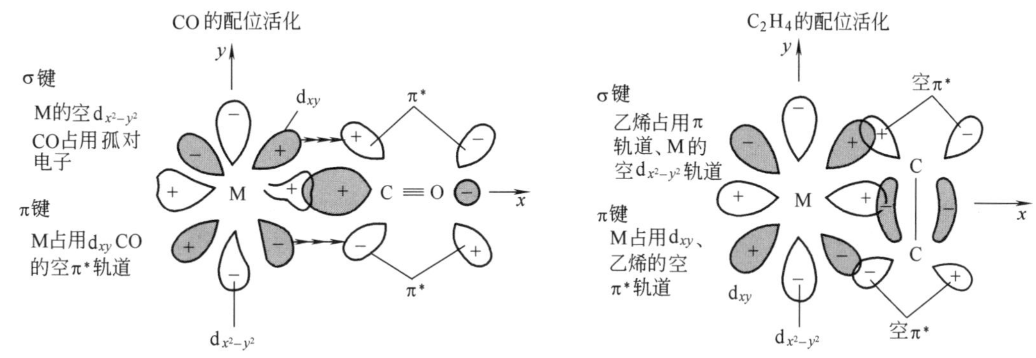

图 5-3 CO、C_2H_4 的配位活化

5.3 络合催化中的关键反应步骤 >>>

根据络合催化机理的研究，它有以下的关键基元步骤，了解它们对分析络合催化循环十分重要，对络合反应进程的调变控制也很重要。

5.3.1 配位不饱和与氧化加成

若络合物的配位数低于饱和值，即为配位不饱和，就有络合空位。部分金属的饱和配位值及其构型如下：

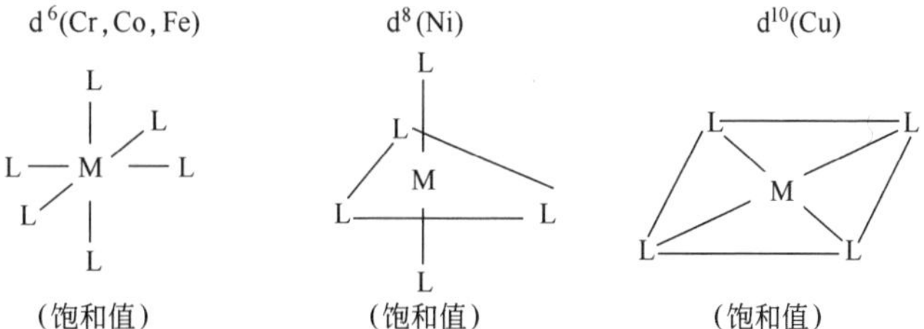

要形成络合，过渡金属必须提供络合的空配位。配位不饱和可以有以下几种情况：原来不饱和；暂时为介质分子所占据，易为基质分子（如烯烃）所取代；潜在的不饱和，可能发生配位体的解离。

$$Ir(CO)(pph_3)_2Cl \xrightarrow[H_2]{原来不饱和} Ir(CO)(pph_3)_2H_2Cl$$

$$\underset{(为介质)}{Rh(pph_3)_3Cl+S} \longrightarrow Rh(pph_3)_2ClS \xrightarrow{S暂时占据} Rh(pph_3)_2Cl\cdots \underset{\underset{CH_2}{\|}}{CH_2} + S$$

$$Fe(CO)_5 \xrightarrow{\triangle} Fe(CO)_4 + CO(配位体解离)$$

配位不饱和的络合物易发生加成反应，如

$$L_nM^{n+}(d^8)+X—Y \underset{还原消除}{\overset{氧化加成}{\rightleftharpoons}} L_nM^{(n+2)+}(d^6)\langle^{X}_{Y}$$

氧化加成增加金属离子的配位数和氧化态数，其加成物 X—Y 可以是 H_2、HX、RCOCl、酸酐、RX，尤其是 CH_3I 等。加成后 X—Y 分子被活化，可进一步参与反应。如 H_2 加成被活化可进行加氢和氢醛化反应等。具有平面四方形构型的 d^8 金属最易发生氧化加成，加成的逆反应为还原消除，现举例如下。

$$[L, CO, X, L]Ir^{+} \underset{-H_2(还原消除)}{\overset{H_2(氧化加成)}{\rightleftharpoons}} [H, L, H, X, L, CO]Ir^{3+}$$

此处 X=Cl，Br，I；L=pph$_3$。在 Ir^+ 络合物中，只有 X—Ir 是共价键，其余 L_2、CO 与 Ir 为配位键，故 Ir 的价态数为+1。进行氧化加成后，H—Ir 为 σ 共价键，故 Ir 的价态由+1 增加为+3，得到氧化。又例如 RhCl 络合催化的乙烯加氢反应，如下所示。

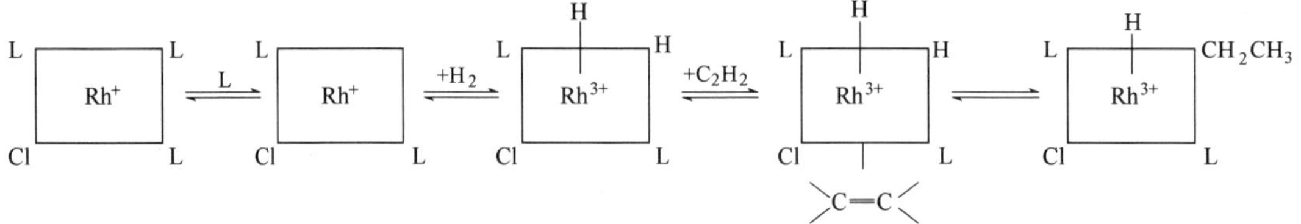

加成活化有以下三种方式。

(1) 氧化加成活化

如前面所述，这种方式能使中心金属离子的配位数和氧化态（即价态）都增加 2。

$$L_nM^{n+}+X—Y \longrightarrow L_nM^{(n+2)+}\langle^{X}_{Y}$$

$$n=4 \quad d^{10} \rightleftharpoons d^8 \ (如\ Pd^0 \rightleftharpoons Pd^{2+})$$

$$n=5 \quad d^{8} \rightleftharpoons d^6 \ (如\ Rh^+ \rightleftharpoons Rh^{3+})$$

$$n=6 \quad d^{6} \rightleftharpoons d^4 \ (如\ Ru^{2+} \rightleftharpoons Ru^{4+})$$

这类加成的反应速率，与中心离子的电荷密度大小、配位体的碱度及其空间大小有关。碱性配位体能够增加中心离子的电子密度，故反应速率增大。L 较大，在配位数增加 2 的情况下，造成配位空间拥挤，故会减慢反应速率。

(2) 均裂加成活化

这种加成方式能使中心离子的配位数和氧化态各增加 1。

$$(L_n)_2M_2^{n+}+X_2 \longrightarrow 2L_nM^{(n+1)+}X^-$$

低压羰基合成使用的络合催化剂——羰基钴就属于这种类型。

$$Co_2^0(CO)_8+H_2 \rightleftharpoons 2HCo^+(CO)_4(活性物种)$$

(3) 异裂加成活化

这种加成方式实为取代，因为中心离子的配位数和氧化态都不变。当然，也可以将过程看作为两步，先氧化加成，然后进行还原消除，其结果与取代反应相同。

$$L_n M^{n+} + X_2 \longrightarrow L_{n-1} M^{n+} X + X^+ + L^-$$

三价钌催化剂从前驱物 $(RuCl_6)^{3-}$ 变为催化活性物种，即属于这种异裂加成过程

$$(RuCl_6)^{3-} + H_2 \rightleftharpoons \underset{\text{活性物种}}{(RuCl_5 H)^{3-}} + H^+ + Cl^-$$

5.3.2 穿插反应

在讨论烯烃的 Ziegler-Natta 聚合反应机理时，P. Cossee 首先提出络合活化的穿插步骤，它是指在配位群空间内，在金属配位键 M—L 间插入一个基团，结果是形成新的配位体，而保持中心离子原有配位的不饱和度。如

$$\text{R—M—□} \xrightarrow{\text{C=C}} \text{R—M} \leftarrow \begin{matrix}\text{C}\\ \| \\ \text{C}\end{matrix} \longrightarrow \text{□—M—C—C—R}$$

在加氢反应中，R 为 H；在聚合反应中，R 为各种不同的烷基，邻位插入形成配位空位。

协同穿插的活化能特别低，活化能小或为负。两种过渡态和两种机理在实验上很难区分，因此生成相同的产物。

$$\text{R—M—}\begin{matrix}\text{C}\\ \| \\ \text{C}\end{matrix} \rightleftharpoons \left[\begin{matrix}\delta^-\text{R}\cdots\text{C}^{\delta+}\\ \vdots \quad \| \\ \delta^+\text{M}\cdots\text{C}^{\delta-}\end{matrix}\right]^{\ddagger} \longrightarrow \text{□—M—C—C—R}$$

$$\text{R}_3\text{C—M—CO} \rightleftharpoons \left[\begin{matrix}\text{R}_3\\ | \\ \text{C}\\ \text{M}\cdots\cdots\text{CO}\end{matrix}\right]^{\ddagger} \longrightarrow \text{□—M—C(=O)—C—R}_3$$

前者为穿插反应 $\text{R—M—}\begin{matrix}\text{C}\\ \| \\ \text{C}\end{matrix}$（R 迁移至 C）；后者为邻位转移 $\text{R—M—}\begin{matrix}\text{C}\\ \| \\ \text{C}\end{matrix}$（R 迁移至 C）。

5.3.3 β-氢转移

过渡金属络合物 —M—CH_2—CH_2—R，其有机配位体 ←$(CH_2—CH_2R)$ 用 σ 键与金属 M 络合，在其 β 位碳原子上有氢，企图进行 C—H 断裂，形成金属氢化物 M—H，而有机配位体自身脱离金属络合物，成为有烯键的终端。即

$$\text{M—CH}_2\text{—CH}_2\text{—R} \rightleftharpoons \left[\begin{matrix}{}^{\delta-}\text{H}\cdots\overset{\delta+}{\text{CH}}\text{—R}\\ \vdots \qquad \vdots \\ {}^{\delta+}\text{M}\cdots\underset{\delta-}{\text{CH}_2}\end{matrix}\right]^{\ddagger} \longrightarrow \begin{matrix}\text{M—H}\\ + \\ \text{CH}_2\text{=CH—R}\end{matrix}$$

该过程称为 β-氢转移或 β 消除反应。

对于配位聚合反应，β-氢转移决定了产物的分子量大小。如果穿插反应导致的链增长步骤只有两步，接着就是 β-氢转移，得到的产物就是烯烃的双聚；如果是少数几个步骤，得到的产物就是烯烃的低聚；如果是一系列的链增长步骤，得到的产物就是高聚物。

影响 β-氢转移步骤发生的趋势，取决于多种因素。首先是金属的类型，一般是第Ⅷ族的金属活性大于同周期系左边的金属；其次是金属的价态，就钛来说，Ti^{4+} 大于 Ti^{3+}；再次是配位环境，拖电子配位体相较于推电子配位体更有利于 β-氢转移。因为拖电子配位体会增加中心金属离子的正电荷，进而增强极化邻近键的能力（包括 C—H）；而推电子配位体会减少中心离子的正电荷，有利于单体的插入，故 Ti^{4+} 聚合催化剂所得到的聚乙烯分子量较 Ti^{3+} 的要低。就配位环境来说，配位空间中，就中心离子而言应有一空位有效，不然不会发生 β-氢转移反应，因为此空位提供给 H 配位于 M 上。

β-氢转移步骤是前述邻位插入的逆过程。

5.3.4 配位体解离和配位体交换

这也是络合催化基元步骤中的两个关键步骤，它们也参与催化循环。多数络合催化剂的活性物种常是由其前驱物的配位体解离而形成。例如，Wilkinson 的加氢催化剂就是由 $RhCl[P(C_6H_5)_3]_3$ 的前驱物解离出一个 $P(C_6H_5)_3$ 基而形成活性物种；五羰基铁加氢催化剂 $Fe(CO)_5$ 也是解离出一个羰基变为催化活性体 $Fe(CO)_4$。

至于配位体的交换步骤，可以看作为配位体解离的一种特殊形式。如络合物的潜在不饱和空位，就是通过基质分子将溶剂分子进行配位体交换而发生络合。

5.4 络合催化循环 >>>

5.4.1 络合催化加氢

以 C_2H_4 在 $[L_2RhCl]_2$ 催化剂作用下的络合加氢生成乙烷为例加以说明络合催化循环遵循一个经验规则，即 18 电子（或 16 电子）规则，它是在 1972 年由 Tolman 概括得出的（见 Chem. Rev.，1972，1：337）。过渡金属络合物，如果 18 电子为价层电子，则该络合物特别稳定，尤其是有 π 键配位体时会如此。不难理解该规则的存在，因为过渡金属价层共 9 个价轨道，其中 5 个为 $(n-1)d$、3 个为 np、1 个为 ns，可容纳 18 个价层电子。具有这样价电子层结构的原子或离子最为稳定。该经验规则不是严格的定律，可以有例外，如 16 个价层电子就是如此。

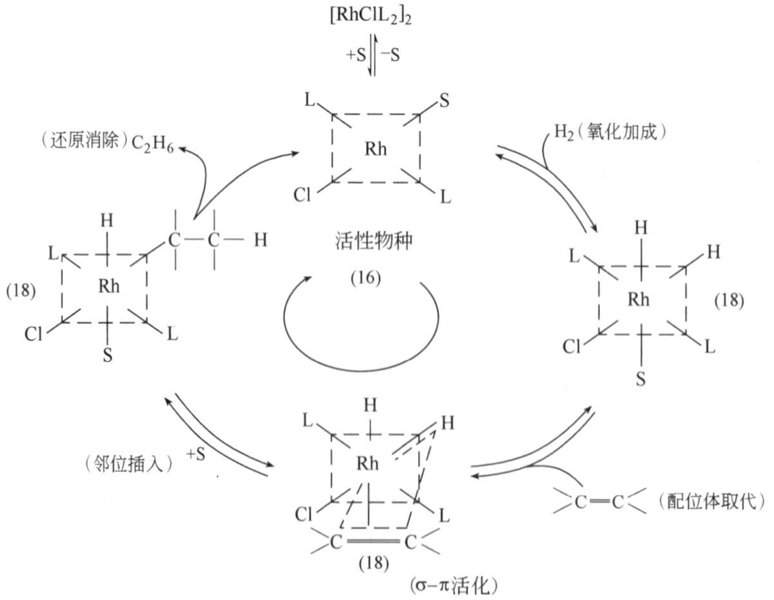

18 电子的计算方法很简单。金属要求计入价电子总数，共价配体拿出一个电子，配价配体拿出一对电子，对于离子型配体要考虑其电荷数。例如：

$Cr(CO)_6$：Cr^{6+}，每个 CO 有一对电子，共 18 个电子。

$Fe(C_5H_5)_2$：Fe^{8+}，每个 C_5H_5 有 5 个电子，共 18 个电子。

$[Co(CN)_6]^{3-}$：Co^{3+}，每个 CN 有一对电子，有 3 个负电荷，共 18 个电子。

络合加氢，除上述的简单加氢之外，尚有二烯烃和杂环等选择性加氢、不对称加氢等多种类型。下面再以丁二烯选择性加氢制丁烯的络合催化循环为例予以说明。

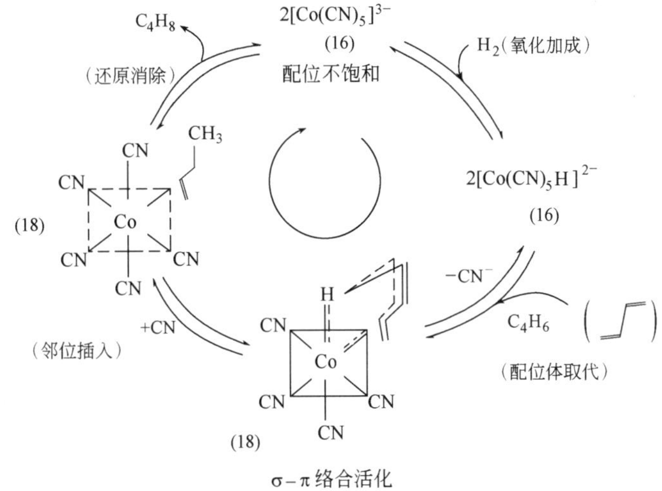

5.4.2 络合催化氧化

以乙烯络合催化氧化为乙醛为例加以说明。该过程涉及 Pd^{2+}/Pd 与 Cu^{2+}/Cu^{+} 两种物质，联合起催化作用，缺一不可，互称共催化剂，即共催化循环。反应式如下

$$PdCl_2+C_2H_4+H_2O \longrightarrow 2HCl+CH_3CHO+Pd$$

$$Pd+2CuCl_2 \longrightarrow 2CuCl+PdCl_2$$

$$Cu_2Cl_2+2HCl+\frac{1}{2}O_2 \longrightarrow 2CuCl_2+H_2O$$

三式相加，总的结果为 $C_2H_4+\frac{1}{2}O_2 \xrightarrow{PdCl_2/CuCl_2(aq)} CH_3CHO$

其络合催化循环如下

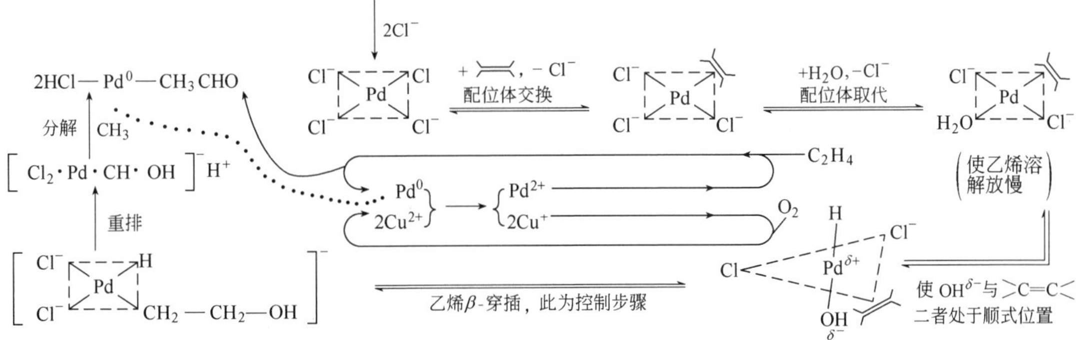

此共络合催化循环中，包括 Pd^{2+}/Pd^{0} 与 Cu^{+}/Cu^{2+} 两对金属之间的共循环和乙烯生成乙醛的氧化循环，是一种比较复杂的催化氧化体系循环。

5.4.3 络合异构化

异构化有骨架异构和双键位移两类，此处仅以双键位移为例进行说明。例如，有一端点双键烯烃，在 $Rh(CO)(pph_3)_3$ 催化剂的络合催化作用下，异构成同碳数的内烯烃。此过程机理涉及 M-烯丙基物种的 σ-π 调变和 1,3-H 位移，可以用^{1}H NMR 谱证明。反应步骤为

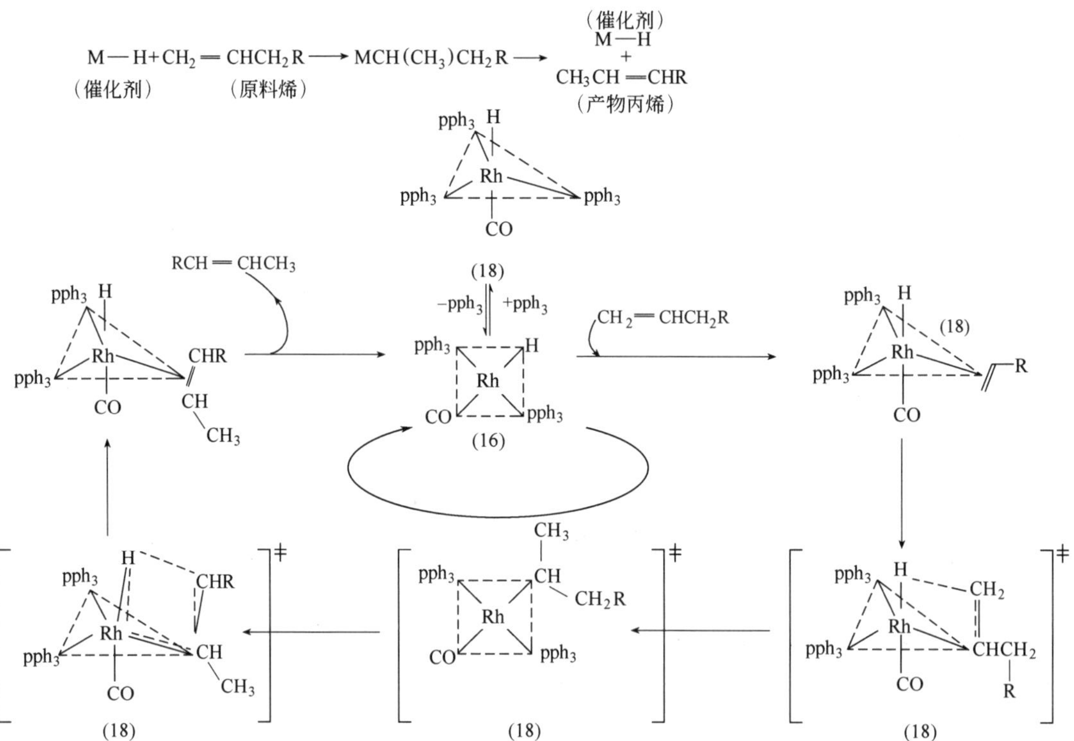

5.4.4 羰基合成与氢甲酰化

从合成气（CO/H_2）或 CO 出发，对烯烃进行氢甲酰化（也称氢醛化）或羰化是有重要工业意义的。反应温度为 100～180℃，压力为 10MPa，CO/H_2 为 1.0～1.3，催化剂为 $Co_2(CO)_8$，介质溶剂为脂肪烃、环烃或芳烃，反应物高碳烯烃本身就是介质。

$Co_2(CO)_8$ 中的 Co 形式上为零价，因为 CO 为配位键合。在 H_2 存在下，有下述平衡关系

$$Co_2(CO)_8 + H_2 \rightleftharpoons 2HCo(CO)_4$$

$HCo(CO)_4$ 是催化反应真正的活性物种，在室温常压下为气态，慢冷至－26℃为亮黄色固性，易溶于烃，略溶于水。在 1MPa、120℃下维持其稳定性；若为 200℃，要 10MPa 维持。红外光谱 NMR 谱等证明，其几何构型为双三角形立锥体，如下

CO CO
Co
CO CO
H

用 $Co_2(CO)_8$ 络合催化烯烃的羰基化循环或氢醛化循环如下：

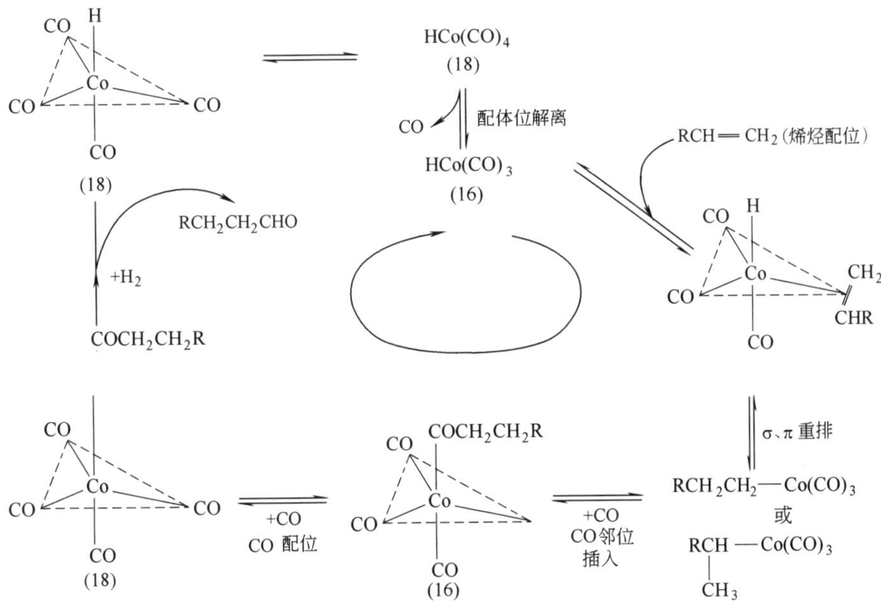

有关 $HCo(CO)_4$ 的改进研究工作很多，包括对产物异构化的形成与选择性、用于二烯烃的氢甲酰化、用于取代烯烃的氢甲酰化、用于不对称的氢甲酰化以及均相催化剂的固相化等。

5.4.5　甲醇络合羰化合成乙酸

这是 20 世纪 70 年代工业催化开发中最突出的成就之一。它使基本有机原料合成工业从石油化工向一碳化工的领域转化打开了大门。催化剂可用羰基钴，也可用铑的络合物。以 CH_3I 为促进剂。铑催化剂的反应条件相对来说要温和得多。温度约 175℃，压力为1～12 MPa，反应物的转化率极高。总反应式为

$$CH_3OH + CO \longrightarrow CH_3COOH$$

但同时还涉及以下平衡式

$$2CH_3OH \rightleftharpoons CH_3OCH_3 + H_2O$$

$$CH_3OH + CH_3COOH \rightleftharpoons CH_3COOCH_3 + H_2O$$

$$CH_3OH + HI \rightleftharpoons CH_3I + H_2O$$

催化循环如下所示（它将涉及的有关联的平衡式略去，仅表达羰化过程）：

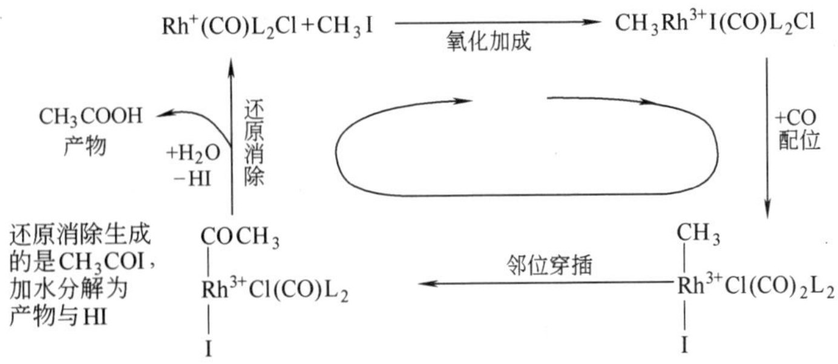

上述循环中，CH_3I 对 Rh 络合物的氧化加成是反应的速率控制步骤，其余步骤的速率都很快。

5.5 配位场的影响 >>>

络合催化中，配位场的影响是多方面的，其中最显著的有以下两方面：

5.5.1 空位概念和模板效应

在前面分析的络合催化中已了解到，反应物分子配位键合进入反应时，需要过渡金属配位空间中有一个空位。是否在反应介质中，络合物的结构真正有一个配位空位呢？实质上，这种配位空位是一种概念上的虚构。络合物的生成是瞬间的，引入空位概念可简化络合催化的图形表象和配位环境的讨论，并常用以描述活性中心。在络合和催化反应的绝大多数情况下，必须提供有效的配位，在原则上可以想象络合物的对称性做相似的微小变化。另一方面，保留有空位的高对称结构，刚开始可以为介质分子占用，随后很易为反应基质分子在催化循环进程中所取代。

与这种“自由”空位相关的问题是模板效应。这意味着在同种催化剂中心处，将几个基质分子带连在一起，需要一个以上的空位。1948 年 Reppe 在用 C_2H_2 合成环辛四烯时提出了这个概念。该反应是在 Ni^{2+} 催化剂上均相进行的，反应条件为温度 80～95℃，压力为 2～3MPa，要求 4 个 C_2H_2 同时配位于 Ni^{2+} 中心。即

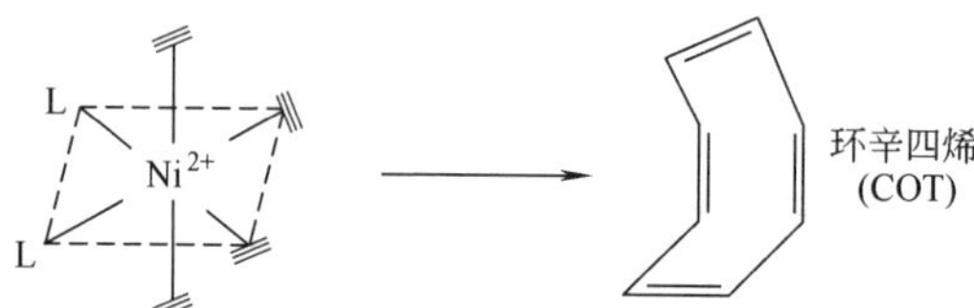

若一个配位为 pph_3 配体占用，则只能合成苯，反应如下

若用两个含氮的配体占据两个配位，则无反应。当无反应物分子存在时，可以想象有四个“空位”。实质上或为介质分子占用，或几个金属中心彼此缔合成金属簇。

5.5.2 反式效应

这里有两种情况：一种是反式影响，属于热力学的概念；另一种是反式效应，属于动力学的概念。1966 年，Venanzi 及其同事们提出，在一个络合物中，某一配位体会削弱与它处于反式位的另一配位体与中心金属的键合，称为反式影响，是一种热力学的概念。而反式效应是指某一配位体对位于反式位的另一配位体的取代反应速率的影响。各种配位体的反式效应的大小是不同的。这种效应的理论解释有两种：一种是基于静电模型的配体极化和 σ 键理论；另一种是 π 键理论。它们各能说明一些现象。

5.6 均相络合催化剂的固相化技术 >>>

均相络合催化剂具有高活性、高选择性和反应条件温和等优点，但也存在以下三条主要缺点：一是催化剂和反应介质分离困难，给工业生产带来较大的困难；二是催化剂

活性组分大多是 Rh、Pd、Pt 等贵金属络合物，成本高；三是均相催化剂在高温下易分解，催化体系不稳定。这些缺点往往使均相催化剂的应用受到很大限制。为解决这个问题，人们在20世纪60年代末就开始将过渡金属配合物以化学键合的形式锚定（或负载、固载）在载体上，制备成固载型催化剂（固相化）。这种固载型催化剂将均相催化剂与多相催化剂的优点结合在一起，具有活性中心分布均匀、易化学改性、选择性高、能像非均相催化剂那样易于与反应介质分离而回收再生、热稳定性较高、寿命较长的特点，因而备受关注。

均相催化剂固载化技术可分为多种类型，可按络合物的固载方式、载体的类型、络合物在载体表面锚定的本质以及催化活性中心核的多重性等来划分。

5.6.1 一般的固载方式

络合物的固载化一般有以下几种类型。

(1) 络合物包藏在载体内

将络合物固载在与反应介质不在同一物相的载体内［见图 5-4(a)］。如将金属络合物插入具有芳环结构的石墨层与层之间，并被用作催化中心，如加氢、脱氢等。

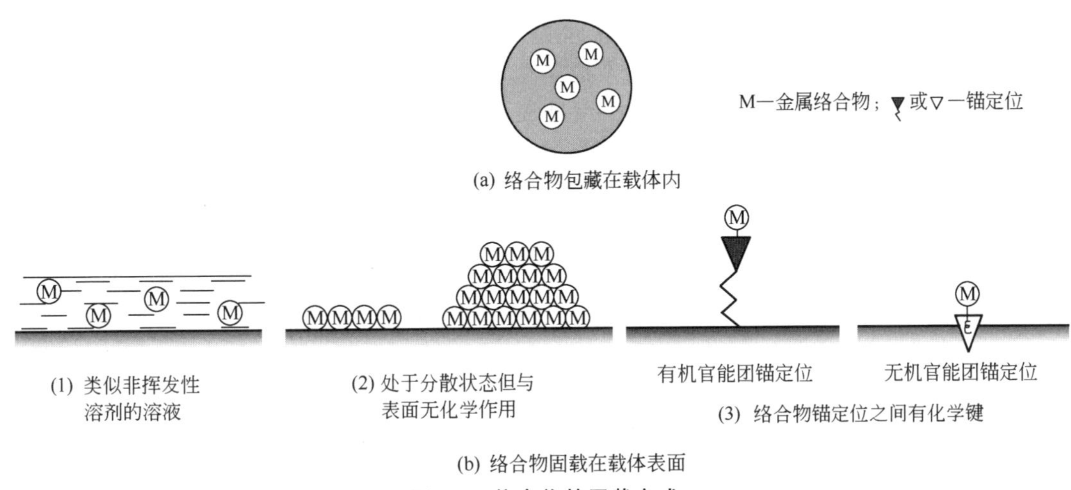

图 5-4 络合物的固载方式

(2) 络合物固载在载体表面

通常是将络合物固载在较大比表面积的载体上，而载体的孔径能保证反应物能较快地扩散到固载的络合物上进行反应。这种方式又可分为以下几种：

① 将络合物固载在非挥发性溶剂膜中。这里采用在反应条件下不挥发的溶剂或与反应介质不互溶的溶剂，类似于传统的负载型液相催化剂，载体表面存在一种处于溶解状态的活性组分［见图 5-4(b1)］。如典型的 SO_2 氧化合成 SO_3 的催化剂即可用 SiO_2 表面上一层钒化合物的熔体来实现。

② 在基体表面形成络合物的分散相［见图 5-4(b2)］。制备这类催化剂的一般方法是将络合物固载到没有专门引入锚定位的载体表面上，如用载体浸渍络合物的溶液，然后再除去溶剂。或者将载体预先吸附化合物以适合的试剂（配位体、有机金属试剂等）进行处理，也可以在载体上直接合成金属络合物。如使吸附在氧化铝上的羰基镍与烯丙基卤化物反应即可合成负载的卤代烯丙基镍络合物。

③ 络合物以化学键与表面锚定位连接［见图 5-4(b3)］。这种金属络合物固定技术通常包括下述表面化合物的合成

载体 ∿∿ $L_l M_m X_x$（表面化合物）

上述表面化合物通式中，L 为表面配位体（或称锚定位），与载体间通过化学键结合；M 为金属原子；X 为不与载体联结的配位体；l、m、x 为化学计量数。由于过渡金属的种类以及它们的配位体都是可变的，因而通过此法可以制备众多的负载型络合物催化剂。其中官能团可以是有机的，也可以是无机的。

5.6.2 载体的类型

载体可以是有机高聚物，也可以是无机物（见图 5-5）。很多有机高聚物都可以作为载体，最为常见的是苯乙烯与丁二烯、二乙烯基苯的共聚物。锚定络合物的官能团联结在高聚物的苯环上，也可以将含有所需官能团的单体聚合或接枝到高聚物基体中去。无机载体由于具有表面刚性、热稳定性以及对特定比表面积和孔结构的材料能大规模生产的特点，因而研究得最多。以氧化物载体为例，一般是通过表面上连接的各种官能团来作锚定位。如表面的氧离子就被广泛地用来锚定络合物。负载在氧化物表面上的有机官能团也被用作锚定位。原则上，能与过渡金属形成离子-共价键和配位键的表面基团都可以作为锚定位。如以氧化物表面上的羟基作为结合中心，通过形成杂原子金属-金属键来锚定络合物或用有机官能团作锚定位等。典型的固载化均相催化剂的类型见表 5-1。

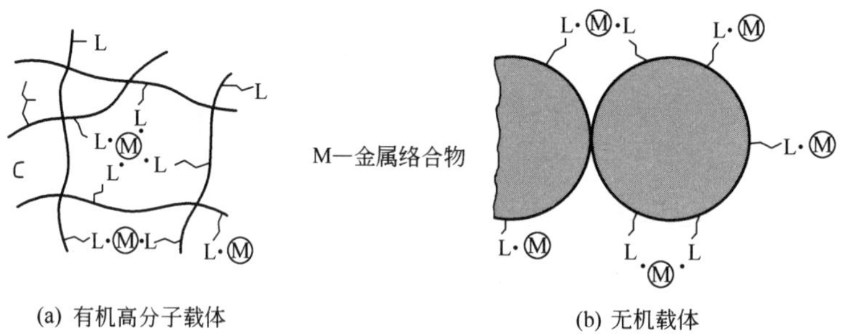

图 5-5 载体的类型

表 5-1 典型的固载化均相催化剂的类型

类型	催化剂的结构示例	催化反应示例
有机聚合物锚定	载体—C_6H_4—CH_2—$P(Ph)_2$—$Ni(CO)_2(pph_3)$	氢化反应、氢醛化反应、低聚反应
	载体—C_6H_4—$P(Ph)_2$—$RhH(CO)(pph_3)_2$	氢化反应、氢醛化反应等
	载体—C_6H_4—CH_2—C_5H_4—$M(Cl)_2$—C_5H_5 (M=Ti, Mo)	氢化反应（Ti）、羰基合成（Mo）

续表

类型	催化剂的结构示例	催化反应示例
离子交换树脂负载	$-SO_2$, $-SO_2$ > pdLy（阴离子型）	氧化反应
	$-CF_2COOMLy(M=Ni,Mo)$	氢化反应
无机氧化物负载	Si—O, Si—O > M(π-C_3H_5)(π-C_3H_5)　（M = {Ti,Zr,Cr; Zr; Cr,Mo,W}）	聚合反应 异构化反应 氧化反应
	Al—O—Mo=(π-C_3H_5)$_2$ ⇅ Al—O—Mo=(π-C_3H_5)$_2$	歧化反应
	Ti—O—[Rh(π-C_3H_5)]	加氢反应 氢醛化反应

5.6.3　锚定络合物核的多重性

不同数量核的络合物在基体上的锚定有其多重性，如图 5-6 所示。

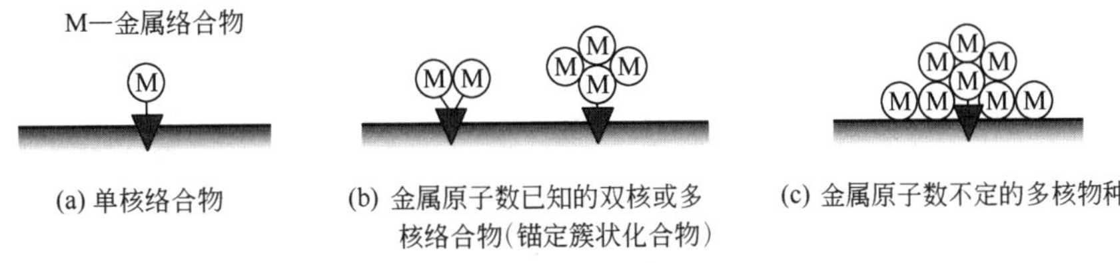

图 5-6　锚定络合物核的多重性

具有一定过渡金属原子的锚定络合物在催化方面的应用最为普遍。连接在表面锚定位上的络合物其组成可能与已知的可溶络合物类似，也可能根本没有类似的可溶物。某些组成的络合物由于它们不能溶解或合成方法上受限制未能在溶液中获得，却可以被制成表面物种。当连接在载体表面上的单核络合物与反应物分子作用时，应当得到与单核可溶络合物情况下基本相同的中间物（官能团）。因此，可以认为锚定的单核络合物能催化的反应类型与溶液中类似的络合物相同。

对于双核络合物，是指两个金属原子直接由金属-金属键连接或通过桥原子相连接的表面化合物。此类化合物催化性质的特点是有可能同时活化不同的反应物或一个反应物分子的不同部位。其制法一般有两种：

① 将单独的双核络合物负载在载体表面上；

② 使一种锚定的单核络合物与溶液中另一种适合的络合物相作用而得到。

如将 $\begin{matrix} CP & & CP \\ & Ni—Ni & \\ OC & & OC \end{matrix}$ 或 $(CH_3O)_2—Sn\begin{matrix} Ni(CP)(CO) \\ \\ Ni(CP)(CO) \end{matrix}$ 络合物负载到未改性的 SiO_2 上，即可制得固载的双核表面络合物，而将单独的簇状络合物锚定在载体表面则可制备表面多核化合物。由于催化剂表面上多核活性中心的出现，能促进按复杂机理进行的反应的发生，如可同时活化一个反应分子的不同部位或在相邻的位置同时活化不同的反应物。另外，金属簇状络合物和分散的金属微粒之间还存在诸如金属-金属键的键能相近，簇状物中配位体-金属键与吸附分子和金属表面间的键能数值相近等性质，在吸附和催化过程中被认为可作为表面的简单模型加以研究，因而也受到了研究者的重视。

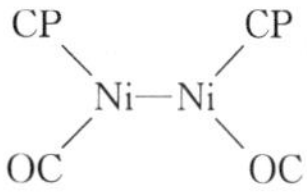

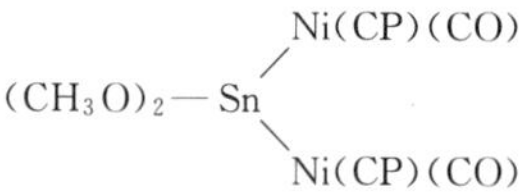

由于固载络合物催化剂具有的优点，被认为是继多相催化剂和均相催化剂之后的“第三代”催化剂。其发展经历了从便于分离和回收的固载化催化剂，到分子水平上设计的具有优良物理性能和反应性能的负载化催化剂。如新型的均相络合物固载在负载金属组分上的催化剂（TCSM），是将均相配合物固载在负载金属组分的 SiO_2 等无机氧化物上。它不仅拥有均相和多相的优点，而且引入了多相活性中心，在烯烃类的加氢和氢甲酰化方面，表现出优异的催化性能。

5.7 无金属的均相催化——有机小分子催化 >>>

有机催化是指只含碳、氢、硫和其他非金属元素的有机化合物催化剂对化学反应的催化作用。而传统催化剂是采用金属元素或其化合物如氧化物、硫化物、金属络合物等。有机化合物加速化学反应的事例很多，且历史久远，但不能算作有机催化剂，因为其反应用量是化学计量性的。而这里指的是促进化学反应的微量（相对于反应物用量而言）的有机化合物，故谓之有机催化剂。此外，“不含金属元素”也不是绝对的，如相转移催化剂中，像 Na^+、K^+、Cs^+ 联系碱位的金属离子，也可能具有间接影响反应进程的作用，但在主催化循环中，没有金属元素。

20 世纪 90 年代以来，工业催化技术从传统的炼油催化、石油化工催化领域新发展了“环境催化”“不对称手性催化”等新领域。受环境友好，药物合成中手性选择性的要求驱使，催化界开发成功众多满足手性选择性、绿色化的、精细有机合成用的催化反应，例如 C—C 键生成、C—N 键生成的 Heck 反应、Suzuki 反应、Diels-Alder 反应等，特别是选用了 NHC（*N*-heterocyclic carbene）作为配位体，取代了传统的 TPPs 作配体的 Pd-NHCs 手性合成用催化剂。

1968 年，两组化学家合成了第一个 NHC 配位体，称为咪唑基碳烯（IAD），结构如下

当时未引起人们注意。1991 年美国化学会会志 JACS 上报道了稳定结晶的 IAD 可作为过渡金属络合物的特定配位体。1995 年，W. A. Herrmann 用 IAD 作催化剂，很快引发了爆炸性发展。而到 2006 年合成了其他类型的 NHC 及其催化应用。其中最重要的是由 R. H. Grubbs 领导的小组合成了 Ru-NHCs，用于烯烃歧化催化剂，即 Ru-SIMs 提高了催化活性和稳定性。Y. Chauvin［法］、R. R. Schrock［美］和 R. H. Grubbs［美］三人共同获 2005 诺贝尔化学奖。

NHC 能加速化学反应，是一种不含金属原子的逊量有机化合物，故谓之有机小分子催化剂（Organocatalyst)。这类催化剂是优先由 C、H、O、N、S 和 P 原子组成的小分子。这类分子与金属络合物相比较具有以下优点：①便宜易得，不像过渡金属消耗多；②在空气中、水介质中稳定；③反应完成后无需分离回收；④属环境友好的，不像过渡金属有毒，易污染环境。因此，引起世界各国的广泛关注。下面列出几种已开发出的 NHC

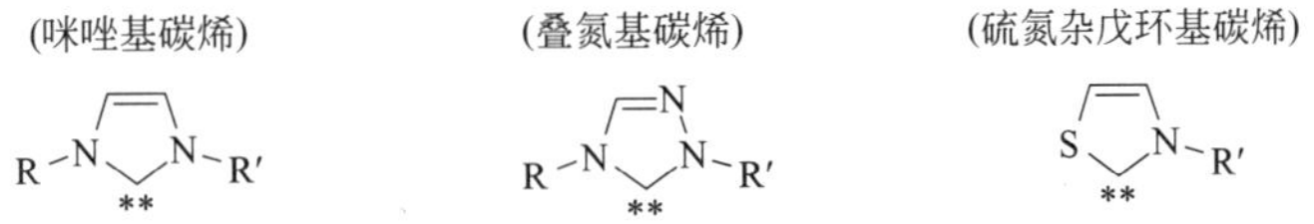

(咪唑基碳烯)　(叠氮基碳烯)　(硫氮杂戊环基碳烯)

它们都是亲核的碳烯，引发了新的催化反应。

(1) 缩合反应

Knoevenagel 缩合是一个以哌啶为催化剂（Organocatalyst）的缩合反应。马来酸二甲酯与正丁醛反应，在哌啶的催化下生成 α,β-不饱和产物，反应过程如下。

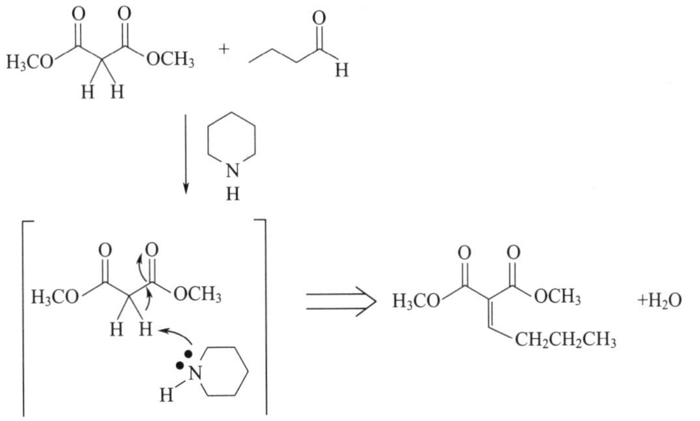

$+H_2O$

哌啶分子从反应物中提取一个酸性氢，生成烯醇式中间物，再与醛分子缩合。

Suzuki 和 Sonogashira 交联偶合反应是典型的需要过渡金属催化的，但现在也能够在无金属的情况下进行。

有机催化研究的主要驱动力是手性选择性催化的应用。绝大多数反应是以烯胺型催化循环进行（图 5-7)。吡咯烷羧酸的衍生物是最成功也是最通用的催化剂。

PMP 为对甲氧基酚。由于吡咯烷羰酸是 B 酸，也是良好的亲核试剂，使之成为双功能的有机小分子催化剂。由于其相当高的 pK_a 值和第二胺的功能，所以能有效地促成催化循环进行。

(2) 其他类型反应

其他类型反应包括加成反应、酰化反应、开环反应等，限于篇幅不再列举。这种小分子有机催化还能引发活性位选择性反应，使之与酶催化反应界限模糊。反应的过渡态可以是共价键合的“硬”(tighter）过渡态，也可以是此处列出的氢键键合的“软”(looser）过渡态，包括“离子对”键合。

已经合成出无数的有机催化剂，有些是活性极高的。图 5-8 中的 4 叠氮吡咯衍生物，催化出极高的立体旋光选择性产物，使 ee＞99％，即不对称的 Mannish 反应。这类小分子有机物催化剂在很多有机溶剂（如 CH_2Cl_2、THF 和丙酮）中都能有效反应，故有广泛的实际应用前景。

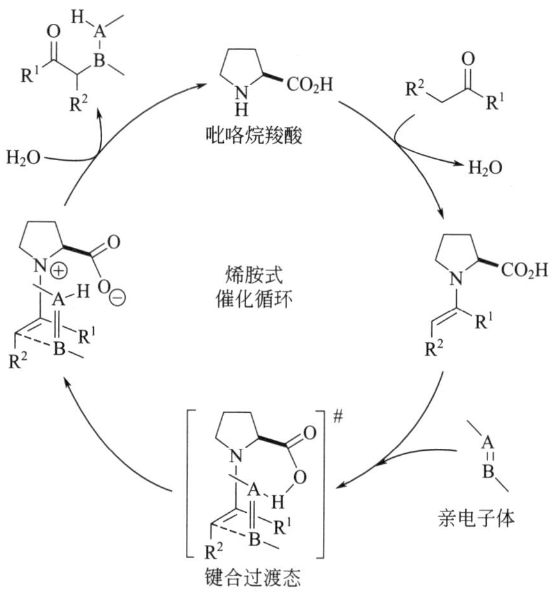

图 5-7　在吡咯烷羧酸存在下的烯胺式催化循环

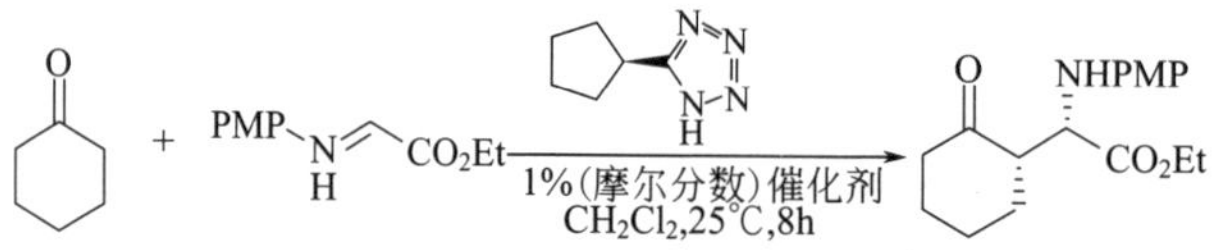

图 5-8　非对称的 Mannish 类型反应

有机催化的发现和发展，可以说是工业催化领域中一个新的里程碑。

5.8 聚合催化 >>>

自 20 世纪 50 年代中期，Ziegler-Natta 和菲利普公司的科学家分别发明了用于烯烃聚合的配合催化剂以来，持续精细化原来的催化体系。直到 80 年代至 20 世纪末又发明了前后过渡金属单位催化剂（SSC）体系。此期间延续了很长的历史，不断改善原有的催化剂，又适时推进了聚烯烃生产工业的革新。如图 5-9 中箭头指明了催化剂和聚合过程的革新改进，不连续区表明突破性的新发明。

聚烯烃工业最初是由英国科学家 1928 年开创的自由基引发的高压聚乙烯，反应条件苛刻，且隐患很大。1953 年左右，德国的 Ziegler 发明了低压聚乙烯，最初采用的催化体系为 $TiCl_4/Al(C_2H_5)_3$。随后不断改进完善，意大利的 Natta 在 Ziegler 的基础上发明了丙烯立规聚合，美国菲利普公司的科学家创建了乙烯聚合的 CrO_3/SiO_2 催化体系。到 20 世纪 80 年代，德国汉堡的科学家 Kaminsky 和 Sinn 又取得突破的发明，使用前过渡金属的二茂络合物（Cp_2ZrCl_2）为催化剂，对乙烯聚合和丙烯无规聚合具有极高的活性，可说是继 Ziegler 之后聚合催化的第二次革命。到了 90 年代，又创新了后过渡金属非茂型催化剂，其突出优点是可以剪裁聚合物的支化度，并且可与含极性官能团单体共聚。这是茂金属催化剂不具有的特点。几种聚烯烃用主要催化体系列于表 5-2 中。

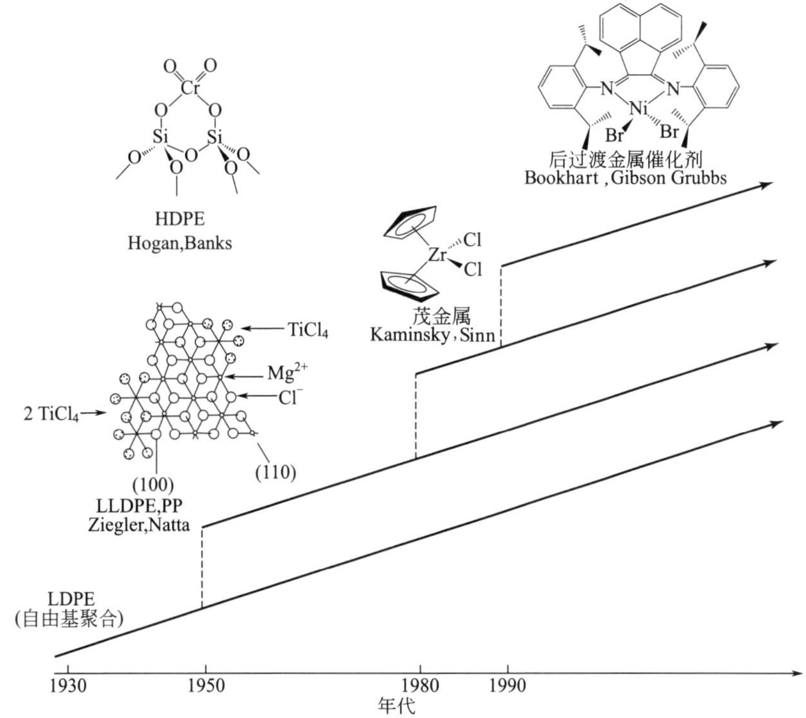

图 5-9 聚烯烃配位聚合催化剂的变迁

表 5-2 烯烃聚合用配位络合催化剂主要特征

类型	物理状态	案例	聚合物类型
Ziegler-Natta	多相	$TiCl_3$、$TiCl_4/MgCl_2$	非均一型
	均相	VCl_4、$VOCl_3$	均一型
Philips 型	多相	CrO_3/SiO_2	非均一类型
茂金属型	均相	Cp_2ZrCl_2	均一型
	多相	Cp_2ZrCl_2/SiO_2	均一型
后过渡金属型	均相	Ni、Pd、Co、Fe 配位以二亚胺和别的配体	均一型

Ziegler-Natta 型和 Philips 型催化剂，都属烯烃配位聚合型第一代催化剂，导致聚合物工业突破性变革。这类聚合物具有非均一型微结构，分子量分布宽。因为这两类多相催化剂都有一个以上的活性中心，故聚合产物的数均分子量分布和重均分子量分布都较宽。后两类聚合催化剂都属单一活性中心型，在反应介质中是可溶态的，像茂金属型的也可以负载于载体上变成多相，这两类催化剂得到的聚合产物，分子量分布较窄，且具有较均一的微结构。下面分述这四类聚合催化体系的组成结构和聚合机理等。

5.8.1 Ziegler-Natta 催化剂

其组成是由周期表中第Ⅳ类过渡金属的其中之一和第Ⅰ到第Ⅲ类碱性金属烷基化合物共同组成。后者作为助催剂或称活化剂，是供过渡金属变成活性中心前先还原和烷基化所必需的。助催化剂为烷基铝，可以是三甲基铝（TMA）、三乙基铝（TEA）或者二乙基铝的氯化物（DEAC）。该催化体系可以是均相、反应介质可溶，也可以是负载型多相体系。Natta是在Ziegler工作的基础上创建了丙烯立规聚合反应体系。

Ziegler-Natta催化体系的组成、助催化剂成分、负载与否等诸多方面可调可变，但其最佳化是很严密的，包括最佳活性、聚合物的微结构、产物的处理等。结合聚合反应工程的革新和产物微结构中立构选择性的需要，该催化剂体系最后又迎来了两项新发现：一是发现MCl_2是$TiCl_4$最理想的载体，因为$TiCl_4$与$MgCl_2$形成一种混晶，使$TiCl_4$的活性位更易于接近单体；二是催化体中引入电子给体，如醚和酯类物，选择性地毒化或修饰特定活性位使之不利于无规聚丙烯的生成。图5-10是一种原生态的$TiCl_4/MgCl_2$结构，可用作Ziegler-Natta催化剂的主体组成。最好的催化剂体系为：

$MgCl_2$/酯 $TiCl_4$/TEA/PhSi（OEt）$_3$

这种催化剂聚合生产的收率为>100kgPP/g催化剂，产物微结构中全同指数大于98%，产物无需处理纯化，也无需压片成型。

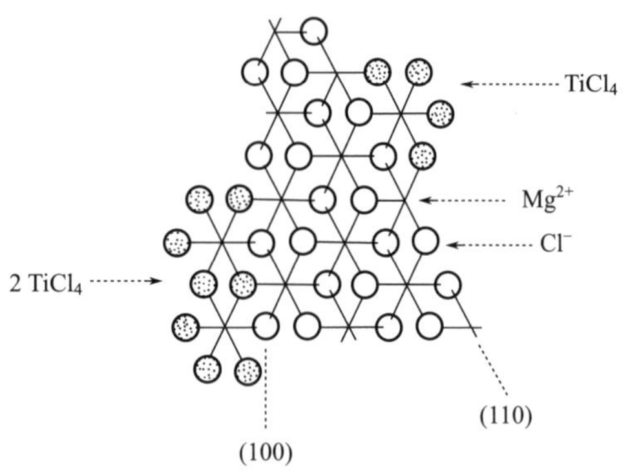

图5-10 原生态的$TiCl_4/MgCl_2$结构

5.8.2 Phillips型催化剂

Phillips催化剂通常是用C_rO_3浸渍负载于SiO_2上经高温（300～400℃）干燥空气中焙烧而成。它与Ziegler-Natta型催化剂的不同之处有以下几点：①不需要烷基铝助催化剂活化，只需在高温下焙烧，热活化步骤供Cr与SiO_2键合（配合），实质上是Cr与表面上的O—Si≤基团反应而消除了邻近的SiO_2基团（>500℃）；②采用活化的热处理步骤既影响聚合活性，也影响聚合产物的分子量分布、链长和支链化等；③H_2不是有效的链转移调节剂，实际上分子量分布是通过载体的孔隙率和孔容调节；④聚合反应开始前有较长的诱导期。

Phillips催化剂对α-烯烃聚合活性相对来说较低，不能用于生产线性低密度聚乙烯，主要用于生产高密度聚乙烯。聚合产物的分子量分布较宽，表明该催化体系表面有多个活性中心。Phillips催化剂配位铬的结构如下

CrO_3 + 2 Si—OH $\xrightarrow{300\sim400℃}$ (Si—O)$_2$Cr(=O)$_2$ + $H_2O(g)$

5.8.3 茂金属聚合催化剂

这种类型的聚合催化剂是20世纪80年代初由Kaminsky和Sinn发明的。他们的关键发现是将甲基铝氧烷［MAO，即（MeAlO)$_n$］与CP_2TiMe_2或CP_2ZrCl_2结合，组成对乙烯聚合、丙烯无规聚合具有极高活性的催化体系，在聚合工业中掀起了继Ziegler-Natta催化聚合以来的第二次革命，使得有关利用茂金属催化体系生产可设计分子结构的聚合物研究成为热点。

茂金属催化剂一般由过渡金属的茂基、茚基、芴基等配合物与甲基铝氧烷组成。最常用的过渡金属有Ti、Zr、Hf、V等，配位基为环状不饱和结构，二者形成夹心胞式构型，如图5-11所示。

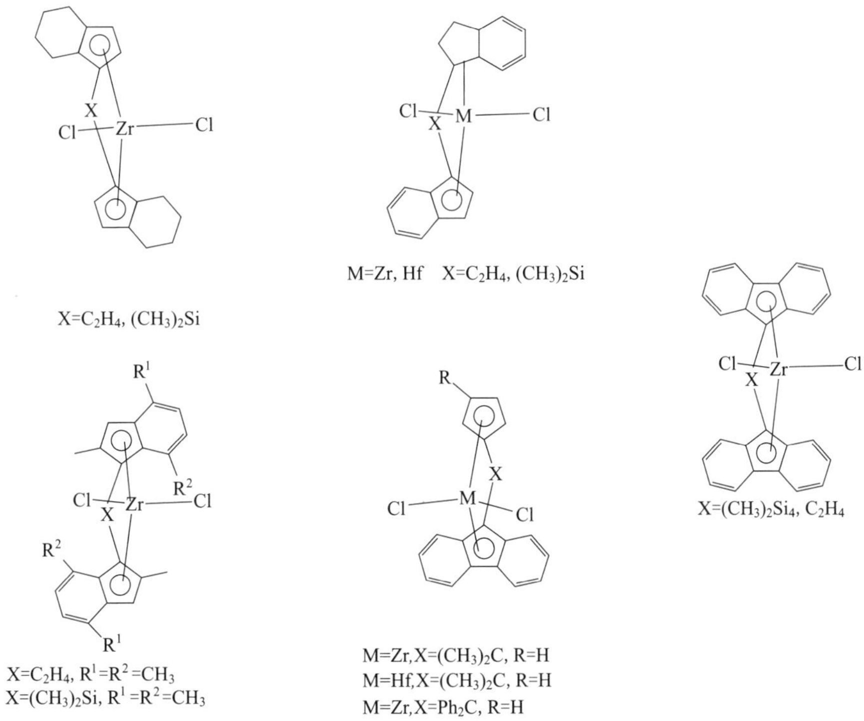

X=C_2H_4, $(CH_3)_2Si$

M=Zr, Hf　X=C_2H_4, $(CH_3)_2Si$

X=$(CH_3)_2Si_4$, C_2H_4

X=C_2H_4, $R^1=R^2=CH_3$
X=$(CH_3)_2Si$, $R^1=R^2=CH_3$

M=Zr,X=$(CH_3)_2C$, R=H
M=Hf,X=$(CH_3)_2C$, R=H
M=Zr,X=Ph_2C, R=H

图 5-11　茂金属催化剂的夹心胞式结构

结构中两个环状配体可用不同类型的基团桥联，以调变配体-金属-配体间的夹角，防止配体环旋转。通过调变活性中心的电子和几何环境，影响活性中心的聚合活性，制造出不同微结构的聚烯烃产物。表 5-3 列出了茂金属催化剂的不同类型。

表 5-3　茂金属催化剂的类型

非桥链茂金属催化剂 CP_2MCl_2　(M=Ti,Zr,Hf) CP_2ZrR_2　(R=Me,Ph,—CH_2Ph,—CH_2SiMe) $(Me_3SiCP)_2ZrCl_2$	限制几何构型式茂金属催化剂 $(RCP)_2ZrCl_2$　(R=H,Me,Et,Bu) 阳离子茂金属催化剂 $(CP_2MRL)^+(BPh)^-$　(M=Zr,Hf) $[Et(Ind)_2ZrMe]^+[(BPh)_4{}^-]^-$
桥链立体刚性茂金属催化剂 $Et(Ind)_2ZrR_2$　(R=Cl,Me) $Et(IndH_4)_2ZrCl_2$ $Me_2Si(Ind)_2ZrCl_2$ $Me_2[(Clu)CP]ZrCl_2$	负载型茂金属催化剂 $SiO_2/Et(Ind)_2ZrCl_2$ $MgCl_2/CP_2ZrCl_2$ $Al_2O_3/Et(IndH_4)_2ZrCl_2$ $SiO_2/Cl_2Zr(Ind)_2Si$

甲基铝氧烷（MAO）是活化茂金属催化剂最有效的助催化剂，是一种低聚物，聚合度一般为 5～30。随合成条件变化，MAO 可能为以下两种结构

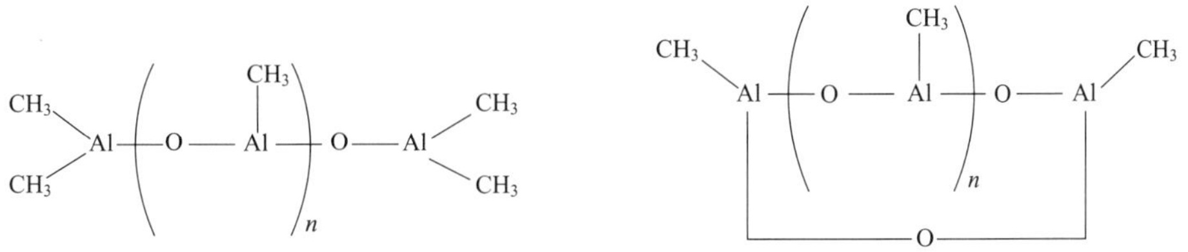

线型

环状

MAO是烷基铝的水解产物，代替了Ziegler-Natta催化体系中的R_3Al。Kaminsky和Sinn引用MAO的最初发明具有科学意义，但其成本高，活性也不理想，无工业应用价值。其后经EXXON公司的几位科学家加以改进而推向工业化。1983年，采用取代的茂环，提高了活性，聚合产物的分子量得以增加，成为第一种有实用价值的聚合用茂金属催化剂。同年又研制出手性型立规金属络合物，采用了桥键茂环，可控制更窄的分子量分布。

1986年研制出负载茂金属催化剂，其后又报道了双环茂桥链MAO的稳态和活化态的组成结构。到了90年代茂金属催化组成与聚合技术仍不断有新发展。对比Ziegler-Natta型催化剂，茂金属催化体系具有以下特点：①活性中心单一，通过调变温度、催化剂浓度和配位体等即可调节聚合物分子量以及设计聚合物微观结构；②活性高，是最高活性Ziegler-Natta型，即$MgCl_2$负载型活性的10倍以上，因为Ziegler-Natta型催化剂为非均相负载型，表面有效活性部位仅有1%～3%，大多数过渡金属原子未发挥作用，而茂金属催化剂活性中心是单一中心高分散负载型，100%都有活性，故活性高；③茂金属催化剂在空气中稳定，活性寿命长。上述特点为各种聚合工艺提供了多样性条件。

5.8.4 非茂后过渡金属聚合催化剂

用于烯烃聚合的后过渡金属催化剂是由Brookhart发现并与DuPont公司合作开发的。它是一种新型Ni、Pd的二亚氨基配合物，结构如下

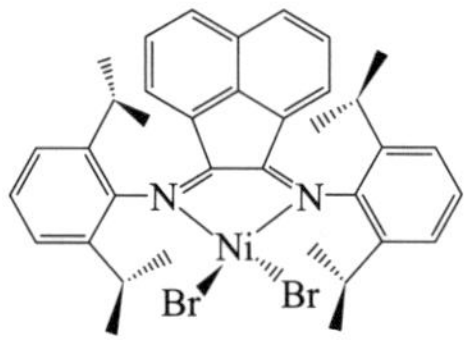

N N Ni Br Br

该催化剂可催化乙烯和α-烯烃聚合，生成具有独特微结构的高聚物。后来又发现了Fe、Co的多胺类配合物。这类催化剂同样具有单位活性中心，但与传统的Ziegler-Natta型催化剂相比较有其独特优点：可以剪裁聚合物的支化度，与含有极性官能团单体进行共聚。而茂金属催化剂不具有这种特性，所以称为“非茂型”。非茂后过渡金属催化剂允许L碱存在，而其他几类催化体系是不允许的。利用非茂后过渡金属催化体系，开发出了一大批新的聚合单体群，为配位聚合催化的应用开辟了一个新的方向。

第 6 章 光催化与电催化

现代社会的发展，急剧增加了对能源的需求，也加大了对环境保护的压力。为此，人们提出了绿色化学的概念，对高能耗、高污染的传统化工行业提出了绿色发展的新要求。绿色化学给出了一系列原则，对化工生产中原料、产品设计、工艺、反应过程及设备、能源消耗等各个环节，从源头到产品完成其生命周期的整个过程实行全流程监控，以实现过程中废弃物的“零排放”，生产出对环境无毒无害的新型产品，以代替原有的末端治理技术。绿色化学与清洁化工不仅追求环境友好，也追求经济优化，因为它最大限度地利用了原料中的所有组分，得到高附加值的新产品并增加了利润，因而是可持续发展的。

当然，绿色化学也对催化科学和技术的发展提出了更高的要求：

① 催化基础要从传统的基于石油化工的 C—C 键活化，拓展到面向煤转化和生物转化的 C—H 键和 C—O 键活化；

② 催化过程要从传统的热激发过渡到先进的光、电等外场激发；

③ 催化技术要从追求单一过程的高效转化发展到面向自然资源高效利用和产品多样化的优先选择上。

绿色化学力求实现从分子水平上理解和调控化学反应过程，努力实现原子经济性。光催化、电催化因具有选择性高、环境友好等特点，成为未来的发展方向。光、电催化涉及太阳能、氢能、燃料电池等新能源的利用和转换，以及化学转化、环保等环境友好工艺而备受关注，成为当今催化科学和技术发展的前沿。本章将介绍环境有好的催化技术——光催化和电催化。

6.1 环境友好的催化技术 >>>

6.1.1 “零排放”与绿色化学

进入 20 世纪 90 年代后，环境保护过渡到一种更加科学和更具经济效益的境界，即现今广为接受的绿色化学境界。绿色化学利用一系列原则，降低或者消除有毒有害物质的应用或发生于化工过程，包括设计、生产和使用过程。绿色化学共有 12 条原则，包括：

① 防止废弃物的产生，而不是产生后再来处理；

② 合成方法应设计尽可能将所有起始物嵌入到最终产物中去；

③ 只要可能，合成方法应设计成反应中使用和生成的物质对人体健康和环境无毒或毒性很小；

④ 设计的化学产品应在保有其应有功能的同时尽量无毒或毒性很小；

⑤ 尽量不使用辅助性物质（如溶剂、分离试剂等），如果一定要用，也应使用无毒

物质；

⑥ 能量消耗应越少越好，应能为环境和经济方面所认可，合成方法应在常温、常压下实施；

⑦ 只要技术上和经济上是可行的，使用的原材料应是可以再生的；

⑧ 应尽量避免不必要的派生过程（屏蔽基团、保护/去保护、物理/化学过程的临时性修饰）；

⑨ 尽量使用具有催化选择性的试剂，优于使用计量比试剂；

⑩ 化学产品的设计应保留其功能，而减少其毒性，当完成自身功能后不再滞留于环境中，可降解为无毒的产物；

⑪ 需要开发实时、跟踪监控的分析方法，且预先监控有毒物质的形成；

⑫ 化学物质及其在化工过程使用中的物态，应选择其潜在化学随机事故（包括气体泄漏、爆炸和着火）发生率最小的。

对于这 12 条原则，可以过去所用过其他原则相似的精神去理解。例如，收率、选择性等。应该知道所有指标同时为最优是很难的，但需要找出最高效益的最佳判据。下面拟用催化技术作为完成绿色化学 12 条原则的主要工具来说明。

［案例 1］ 防止废弃物生成。传统羰基化反应和甲基化反应中都采用光气，会产生有毒的副产物。现在采用碳酸二甲酯（DMC）取代光气进行相应反应，就免除了有毒废弃物的形成。这符合第 1 条原则。在甲基化反应中还同时满足第 3 条原则（不使用有毒试剂）和第 12 条原则（消除了潜在化学随机事故）。

［案例 2］ 原子经济。传统化学反应采用产物生成收率百分数作为成功判据。绿色化学采用原子经济评价反应物进入目的产物的效率。可用 Diels-Alder 反应和 Wittig 反应证明该原则。

Diels-Alder 反应

原子利用率为100%

有机氯杀虫剂中间体

Wittig 反应是在精细有机合成中非常有用的反应，广泛用于合成带烯键的天然有机化合物，如角鲨烯、β-胡萝卜素等。Wittig 因此获得了 1979 年的诺贝尔化学奖。反应过程如下

$$\mathrm{ph_3P+MeBr^-}\xrightarrow{\text{碱}}\mathrm{ph_3P{=}CH_2}\xrightarrow{\mathrm{R^1R^2C{=}O}}\mathrm{R^1R^2C{=}CH_2+ph_3PO}$$

该反应收率可达 80%以上，但是反应物分子溴化甲基三苯基膦中，仅有亚甲基进入到产物分子中，即 357 份质量中只有 14 份质量被利用，原子利用率只有 4%，产生了 278 份质量的“废弃物”氧化三苯膦。这是一个传统收率较理想而原子经济性很差的典型例证。因此，探索既有选择性又具有原子经济性的合成方法，将成为新的热点。

［案例 3］ 合成方法中尽可能不用或少用对人体健康有害和毒害环境的化学品。以异丙苯的生产为例。传统的生产方法是苯和丙烯烷基化，采用磷酸或 $AlCl_3$ 作催化剂。两种催化剂都具有腐蚀性，且衍生出污染环境的废弃物。现在，Mobil/Badger 合成采用分子筛催化剂，既是环境友好的，又能获得高收率产物，新合成法的废弃物较少（满足了第 1 条原则），需要更少能耗（满足第 6 条原则），使用无腐蚀的催化剂（满足第 12 条原则）。

为了减少篇幅，不可能逐条原则举例说明。如第 4 条原则，设计安全化学品。通过增加对反应机理和毒品学的了解，就能更好地预测会毒化环境的化合物或官能团，帮助化学家进行化学品的安全设计。

［案例 4］ 安全溶剂和辅助试剂。溶剂、辅助试剂主要用于促进反应，但一般不需要嵌入最终产物，多数变成废弃物污染环境。所以应该尽可能使用环境友好的溶剂，如水、超临界 CO_2 等。反应设计时应该考虑到末端产物和未转化的反应物分离，应采用环境友好的分离技术。下述的 C—C 偶合反应，在水介质中以 In 作催化剂进行。反应不会产生氧化物爆炸，也无毒性，催化剂易于回收再用，具有更好的经济效益。

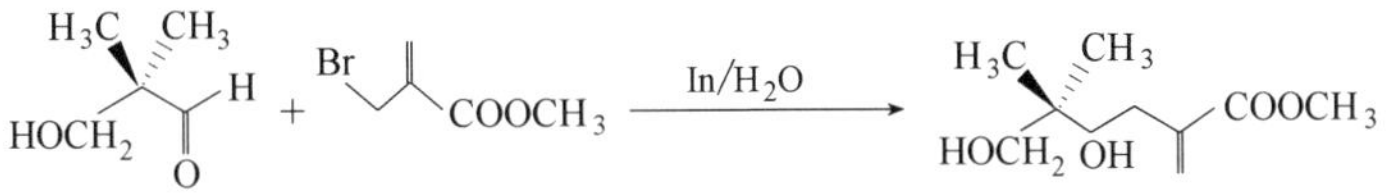

另一个反应是采用微波活化氧化醇成羰基化物，不使用溶剂。

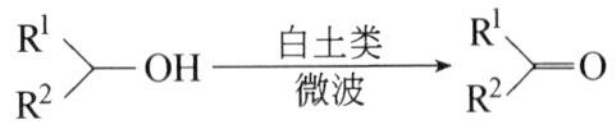

避免了使用易造成环境污染的传统 CrO_3 和 $KMnO_4$ 催化剂。

第 6 条原则是关于能源效率和节约能源问题。能源应用有许多形式，如加热、制冷、高压、真空、超声波处理等。产物的分离纯化也要耗能。在特定的反应中为降低能耗采用催化技术是最有效的工具。这类例证很多，此处无需引证。

［案例 5］ 尽可能使用可再生资源，这是第 7 条原则。例如，邻苯二酚的合成。传统上从苯出发，先用 H_3PO_4 催化，与丙烯反应生成异丙苯，再经氧化成苯酚，最后用 H_2O_2＋EDTA 在 Fe^{2+} 或 Co^{2+} 催化下得到所需产物。原料苯是致癌物质，来自石油，是非可再生资源，合成路线长，能耗高，会造成环境污染。如采用生物催化、遗传工程大肠杆菌（*E. coli*）作用下，从右旋葡萄糖出发，一步即得到产物。

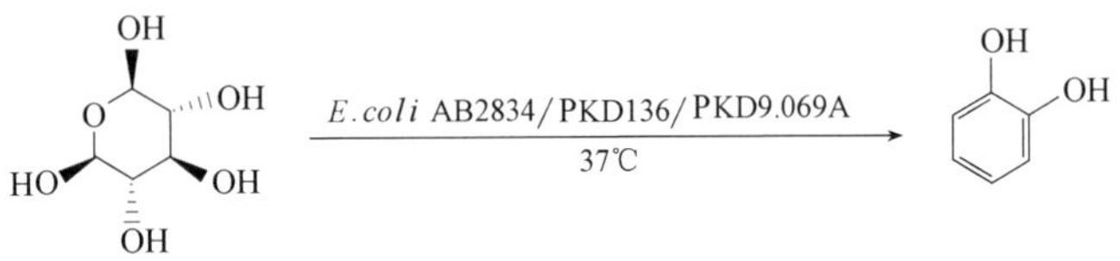

生物催化法消除了有毒物质（第 3 条原则），一步到位降低了反应能耗（第 6 条原则）。

接下去的第 8 条原则是尽可能不要衍生步骤和按第 9 条原则使用催化剂，不采用计量反应。这都直接突出催化技术的作用，不需要案例说明。第 10 条原则是设计化学产品不要长期滞留在环境中，尽可能生物降解成环境无害物质。可引入某些官能团使其易被水解、光解或其他断裂，降解成环境友好产物。第 11 条原则是设计在线跟踪分析方法监控有害物质的生成。

［案例 6］ 最后一条原则是尽可能使用安全物质及形态，尽可能减少化学事故发生。例如，异氰酸酯的生产，传统采用光气，这是一种剧毒物质，易引发化学事故。Monsanto 公司开发了一条用伯胺、CO_2 和有机碱合成的新路线，避免使用光气，整个过程无废弃物排放，也消除了引发化学事故的危险。

实施绿色化学可以从多方面努力，包括使用环境友好溶剂、设计可以生物降解的产品、代替使用有毒化学品等。在此过程中，催化技术将具有核心作用。预计在构建可持续发展经济中通过绿色化学途径，催化技术将起到一种基石作用。

6.1.2 “原子经济”“E 因子”与绿色化工生产

环境立法规范化工生产、化工过程需要采用清洁方法，即绿色化工生产。如工艺过程需要降低或消除废弃物的产生；避免使用有毒、有危害性的试剂和溶剂等。这种趋势需要从传统过程效率概念，即以收率概念移向消除废弃物的经济价值。

分析化学工业的不同门类和不同规模，可由生产每千克产物所形成的废弃物量来衡量化工过程的“绿色特征”。此量表示为化工过程的 E 因子，定义为

$$E\text{ 因子}=\frac{\text{废弃物(千克)}}{\text{产物(千克)}} \tag{6-1}$$

从大吨位过程产品过渡到精细化学品和制药时，由于后两类过程都使用计量化学反应，故 E 因子急剧增大。表 6-1 列出了不同化工门类、不同产品吨位的 E 因子。

表 6-1 不同化工门类、不同产品吨位的 E 因子

过程门类	产品吨位/t	E 因子	过程门类	产品吨位/t	E 因子
炼油工业	$10^6\sim10^8$	<0.1	精细化学品	$10^2\sim10^4$	5～50
大宗化学品	$10^4\sim10^6$	1～5	制药工业	$10\sim10^3$	25～100

废弃物是生产过程中除目的产物以外形成的所有其他物质，主要组成为无机盐［如 NaCl、Na_2SO_4、$(NH_4)_2SO_4$ 等］，由反应过程中或后续的中和步骤所生成；也可能来自计量性的无机试剂（如计量金属氧化物）。从大宗产品过渡到精细化学品 E 因子之所以急剧增大，一是由于精细化工和制药涉及多步合成；二是采用计量试剂代替催化剂所造成。由此也可看出催化技术的重要性。

原子的利用（R. A. Sheldon 于 1992 年提出）或原子经济概念是一种极有用的工具，由 B. M. Trost 提出（Science，1991，254：1471），可用以快速评价不同过程废弃物的发生量。定义为

$$\text{原子经济性}=\frac{\text{被利用原子的质量}}{\text{反应中所使用全部反应物分子的质量}}\times100\% \tag{6-2}$$

原子经济性或原子利用率（%）与产率或收率属于两个不同的概念。前者是从原子水平上看化学反应，后者则从传统宏观量上来看反应。某个反应尽管反应收率很高，但如果反应分子中的原子很少进入最终目的产物中，即反应的原子经济性很差，意味着该反应将排放出大量废弃物。只有实现原料分子中的原子百分之百地转变成目的产物，才能实现废弃物“零排放”的要求。比较是以 100%收率为理论基础，为转变过程提供了内在效率的精确量度。从绿色化学观点看，反应的原子经济性为百分之百，就具有本质的合成精度而无副产废弃物。

上述 E 因子和原子经济性两个概念，并未涉及对环境的直接冲击，需要有这方面的量度因子。为了比较不同合成路线对环境的直接冲击，要考虑废弃物的性质，故引入了环境商（environmental quotient，EQ）参量，它是 E 因子乘以不友好商 Q。基于 EQ 值可表达过程对环境的冲击。例如，NaCl 的 Q 值为 1，而重金属盐的 Q 值为 100～1000，这取决于其毒性、再循环利用情况等。显然 Q 值的大小是不固定的，有可能基于 EQ 值定量评价流程对环境的冲击。

6.1.3 环境友好催化技术案例分析

6.1.3.1 环境友好与择形催化技术

分子筛是一种理想的适合于创造环境友好工艺的催化剂。因为它能择形催化，提供超高

级别的反应选择性，具有很高的活性中心密度，能产生较高的反应速率；它可以再生，即使废弃也能与环境兼容，因为其自身就是天然原料，合成的与天然的完全相同。例如，利用择形催化技术创建了 Mobil-Badges H-ZSM-5 基催化合成乙苯新工艺，取代了 UOP 环境污染的老工艺；丝光沸石择形催化合成异丙苯新工艺，取代了 H_3PO_4/SiO_2 和 $AlCl_3$ 等作催化剂的污染严重的老工艺。再如液晶单体、二异苯萘（DIPN）的择形催化合成，传统的技术采用 $AlCl_3$，催化剂不能回收，副产物多，环境污染严重；采用 HM 择形催化剂，易分离回收再生，副产物、废弃物少，符合环境友好原则。

6.1.3.2　环境友好与清洁氧化技术

传统的催化氧化工艺都是环境有害的，反应的选择性低，副产物对目的产物的体积比都很大，传统的氧化剂如 $K_2Cr_2O_7$、$KMnO_4$ 等应用了 100 多年，副产有害的无机盐；烷基过氧化物 ROOH 作氧化剂也有 40 年以上的历史，副产的醇类化合物也成为有机废弃物，对环境不友好。最好的环境友好氧化剂是 O_2 和 H_2O_2，它们反应后变成 H_2O，无污染。用分子氧（O…O）作氧化剂的困难有三点：其基态为三态，与绝大多数有机分子反应属自旋禁阻的过程，反应在热力学上是有利的，在动力学上活化能很高，易进行深度氧化；选择性氧化主产物为含氧物或环氧物，它们都比母体烃分子更易氧化，最终都变成 CO_2 和 H_2O；分子氧氧化反应无选择性，唯一的例外是与酶催化结合，具有化学的、立构的和手性的选择性。

因为 TS-1 是憎水的，所以 H_2O_2＋TS-1 体系不受水的影响。采用该催化体系生产氢醌、尼龙-6、尼龙-66，可将原来严重污染环境的工艺变成为对环境友好的，而且反应的转化率和目的产物的收率也都很高，获得了非常满意的结果。

6.1.3.3　环境友好与水相催化

用 H_2O 代替有机物作反应介质，有利于环境友好。H_2O 分子不是惰性的，对反应物能起活化作用，产生溶剂效应；另外，H_2O 分子对众多络合中心金属离子是良好的配体，有竞争作用。1993 年 Ruhrchemie/Rhone-Poulenc 公司用水代替有机溶剂，建成了两套 300000t/年丁醇-辛醇装置。关键技术采用了 TPPTS（三苯基膦三间磺酸盐）配体，它在水中溶解度很大，故［$HRh(CO)(TPPTS)_3$］极易溶于水，水相均匀进行氢甲酰化，产物丁醛为有机相，极易与水相分离，催化剂可循环使用，也不要求原料烯具有挥发性，达到环境友好。此外，很多传统的羰化反应、烷基化反应、Diel-Alder 反应等，都可利用水相进行，达到环境友好。

20 世纪 90 年代初美国的 M. E. Davis 开发了负载型水相（supported aqueous phase，SAP）催化反应，将传统的、污染环境的许多有机催化反应转变成对环境友好的。SAP 催化剂由水溶性的有机金属络合物和水组成，在高比表面积的亲水载体上形成一层薄膜，载体的孔径可调，有机反应在水膜有机界面处进行，如氢甲醛化反应、加氢反应等。这种催化体系的突出特点是选择性高，催化剂与反应体系极易分离，对贵金属活性组分回收率高（这点特别重要），无残留物（对药物合成、香料合成、专用化学品合成十分重要），无污染，受到广泛的关注和赞赏。

还有不对称手性催化、膜催化等也都促进了环境友好反应的发展。

6.1.3.4　环境友好的溶剂催化技术

寻求非传统溶剂是绿色化工过程、化学反应的重要目标之一，已取得多种实用的体系。

如超临界流体介质，包括 SC-CO_2（SC 表示超临界）、SC-C_3^0（丙烷）、SC-H_2O 等；室温离子液体（RTIL）；氟两相体系（FBPS）；无溶剂的相反应等。

SC-CO_2 和液态 CO_2 可以很好地溶解一般较小分子量的有机化合物，若再加入适当的表面活性剂，也可使许多工业材料如聚合物、重油、蛋白质、重金属等溶解。虽然 CO_2 是温室气体，但采用 SC-CO_2 不会带来大气层新的危害。因为使用的 CO_2 是从氨厂或天然气矿井副产回收的，利用后不会排放，易于由 SC-CO_2 蒸发成气体回收。美国 DuPont 公司采用 SC-CO_2 介质将 C_2F_4 聚合成氟塑料，早已商业化。传统的加氢反应因溶剂抑制 H_2 的溶解度，改用 SC-CO_2 则提高了加氢速度。

如下述反应

环己烯 —[Pd 负载于聚硅氧烷载体上 / SC-CO_2，H_2，5mL 反应器]→ 环己烷　2.5×10^5 kg/(m^3·h)　无副产物

SC-H_2O（T_c=374℃）对于许多有机物超过其稳定性，温度过高。但是现在利用短接触时间 SC-H_2O 反应介质也取得了成功。如酚的异丙醇烷基化

苯酚（OH） + 异丙醇（OH） —[SC-H_2O，400℃ / 30min]→ 2-异丙基苯酚（OH）　83%收率　邻/对比>20

如果在水中加入表面活性剂，与水形成乳状液，则 SC-H_2O 可溶解有机物及其他难溶物，可作为反应介质。

离子液体作为反应介质是许多研究发展的热点，目前主要涉及两个问题：一是经济成本较高；二是毒性，但可以通过调度阴离子和结构加以克服。一般季铵盐类价格不高，而且无毒。已有很多报道用 RTIL 作反应介质。现今有两个新的进展值得介绍：一是离子液体可溶解赛璐珞进行化学反应（见 JACS，2002，124：10276）；二是离子液体与 SC-CO_2 结合，可进行酶的酯化，且酶在其中比在水中热稳定性更高（见 Chem Commun，2002，692），反应物与产物在 SC-CO_2 层，酶在离子液体层，易于分离。

含氟的两相体系（FBPS）也是很受关注的研究开发领域。已知许多催化剂和含膦配位体主要用含氟相作反应介质。反应完成后经冷却两相分离，催化剂易在氟相中回收再利用。所以该体系提供了另外一种不同的均相催化剂的“固相化”技术。相转移催化（PTC）是两相操作催化的一种特例，也有很多应用。

无溶剂的气相、液相或固相反应是很理想的。例如，乙烯用球磨碳碾进行 Wittig 反应，产率很高，已有报道（见 JACS，2002，194：6244）。无溶剂的新型单元操作如膜分离、热水萃取、熔融重结晶等都值得研究。

6.2 光催化技术 >>>

太阳能储量巨大、使用安全、绿色环保，是地球光能、热能的主要来源。如果能充分利用太阳能，将有效地解决能源需求，并可改善地球的气候环境状况。目前，太阳能的利用主要在以下几个方面。

① 光热转换，即将太阳能捕集，通过与其他物质交换转换成热能，再加以利用的一种技术。如太阳能热水器、干燥器、温室等低温利用（<200℃）；太阳灶、太阳能热发电等中温用（200～800℃）；以及太阳炉等高温利用（>800℃）。

② 光电转换，即将太阳的光子能量传递给电子使其运动进而形成电流再加以利用，如太阳能电池。

③ 光化学转化，即吸收太阳光子辐射产生化学反应，从而把光能转化为化学能。自然界中最常见的高效太阳能光化学转换是植物的光合作用。而太阳能的人工利用则是采取光催化技术利用阳光进行化学转化，如光催化水制氢、光催化氧化有机污染物等。

本节将主要介绍太阳能利用中光催化方面的内容。

6.2.1　光化学反应基础

光催化一词早在 20 世纪 20 年代就已经出现，用于表述在光源作用下的催化反应，但直到 1988 年国际纯粹与应用化学联合会（IUPAC）才将光催化正式定义为：由催化剂或基质吸收光而进行的催化反应。1996 年又将其定义进一步修正为：因吸收光而产生催化剂的催化反应。

光催化是光化学理论的一个组成部分。光化学理论涉及一系列物理、化学基础知识，这里仅介绍一些基本概念。

光化学反应是指分子、原子、自由电子或离子因吸收光子而发生的化学反应。其遵循两个基本定律：光化学第一定律和第二定律。

(1) 光化学第一定律

光化学第一定律是 1818 年 Grotthus 和 Draper 提出的，又称 Grotthus-Draper 定律，即只有被体系内分子吸收的光，才能有效地引发该体系的分子发生光化学反应。也就是说光化学反应能否被激发，是由入射光强度是否大于分子的化学键能决定的，与反应物的浓度无关。

(2) 光化学第二定律

光化学第二定律是 20 世纪初 Einstein 和 Stark 提出的，又称 Einstein-Stark 定律，即在初级过程中，一个被吸收的光子只活化一个分子。或者说，分子吸收光是单光子过程，因为分子激发态的时间很短，一般$\leqslant 10^{-8}$ s，在正常辐射光强度下再吸收第二个光子的概率很小。

一般的光化学过程如下：

① 吸收光子（$h\nu$），A 分子被激活至激发态 A^*

$$A + h\nu \longrightarrow A^* \tag{6-3}$$

② A^* 解离生成新物质 C_1, C_2, …

$$A^* \longrightarrow C_1 + C_2 + \cdots \tag{6-4}$$

③ A^* 与其他分子 B 反应，生成新物质 D_1, D_2, …

$$A^* + B \longrightarrow D_1 + D_2 + \cdots \tag{6-5}$$

④ A^* 失活回到基态，辐射出荧光或磷光

$$A^* \longrightarrow A + h\nu \tag{6-6}$$

⑤ A^* 与 M 分子碰撞而失活，回到基态

$$A^* + M \longrightarrow A + M' \tag{6-7}$$

式(6-3) 是光化学引发阶段发生的初级反应，式(6-4) 和式(6-5) 是激发态分子进一步发生的次级反应，而式(6-6) 和式(6-7) 则是光物理过程，不发生光化学反应。

为了表示光化学反应进行的效率，通常用量子产率（Φ）来表示，其定义为：

$$\Phi = \frac{\text{光化学反应分解或生成的分子数}}{\text{反应系统吸收的光量子数}} \tag{6-8}$$

6.2.2　光催化基本原理

自从 1972 年 Fujishima 等发现 n 型半导体 TiO_2 电极具有光电催化分解水的作用以来，

人们对太阳光能利用关注的焦点主要都集中在对各种半导体材料，如 TiO_2、ZnO、WO_3 等氧化物以及 CdS、ZnS 等硫化物催化性能的研究和开发上。TiO_2 是最常见的光催化剂，光化学稳定性好，无毒，且与人体、环境的相容性好。当入射光的强度大于半导体禁带宽度时，价带电子被激发越过禁带，跃迁至导带，分别在价带和导带上产生空穴和电子，价带上的空穴具有强氧化性，可与反应物发生氧化反应，而导带上的电子具有强还原性，可发生还原反应，进而构成一个氧化还原反应体系。空穴和电子很容易复合而释放能量，也可以被强制分离用来开发各种光催化反应体系，如环境光催化、能源光催化、光催化合成等。

要注意的是，当光照射半导体化合物时，并非所有的光都能被吸收并产生激发作用，只有能量 E 满足式(6-9) 的光量子才能起激发作用，即

$$E=hc/\lambda \geqslant E_g \tag{6-9}$$

即光子波长

$$\lambda \leqslant hc/E_g=1240/E_g \tag{6-10}$$

式中，h 为普朗克常数，4.138×10^{-15} eV·s；c 为真空中的光速，2.998×10^{17} nm·s^{-1}；λ 为入射光波长，nm；E_g 为半导体禁带宽度，eV。入射光的能量取决于其波长。光的特征和对应的半导体禁带宽度的对应值见表 6-2。

表 6-2　光的特征和对应的半导体禁带宽度

光		波长 λ/nm	频率 ν/s^{-1}	波数 $\bar{\nu}/cm^{-1}$	能量/kJ·mol^{-1}	E/eV
紫外		200	1.5×10^{15}	50000	597.9	6.2
		300	1.0×10^{15}	33333	398.7	4.1
可见	紫	420	7.14×10^{14}	23810	284.9	3.0
	青	470	6.38×10^{14}	21277	254.4	2.6
	绿	530	5.66×10^{14}	18868	225.5	2.3
	黄	580	5.17×10^{14}	17241	206.3	2.1
	橙	620	4.84×10^{14}	16129	192.9	2.0
	赤	700	4.28×10^{14}	14286	170.9	1.8
红外		1000	3.0×10^{14}	10000	119.7	1.2
		10000	3.0×10^{13}	1000	12	0.1

常见半导体禁带位置见图 6-1。宽禁带的半导体只能接受紫外光才能激发，而一些窄禁带的半导体可以接受可见光激发。

半导体光催化作用的基本原理见图 6-2。半导体光催化剂受到足够强度的光子照射，价带电子被激发跃过禁带进入导带，在价带上产生带正电的具有氧化性的光生空穴（h^+），在导带上生成具还原性的光生电子（e^-），如图 6-2 右上角所示。

过程Ⓐ光生电子和空穴迁移到半导体表面后复合湮灭；

过程Ⓑ光生电子和空穴在半导体体相内迁移过程中复合湮灭；

过程Ⓒ光生电子迁移到半导体表面发生还原反应，即将电子传递给反应物并将反应物还原；

过程Ⓓ光生空穴迁移到半导体表面发生氧化反应，即接受反应物的电子并将反应物氧化。

光激发既可以发生在催化剂上，也可以发生在催化剂表面吸附的分子上。据此，光催化反应过程可分为催化和敏化两类：前者是催化剂首先被光激发，随后将电子迁移或能量转移至表面吸附的分子；而后者是表面吸附的分子首先被光激发，接着与催化剂相互作用。初始激发后，伴随而来的电荷迁移和能量转移等失活过程正是引发光催化反应的重要步骤。

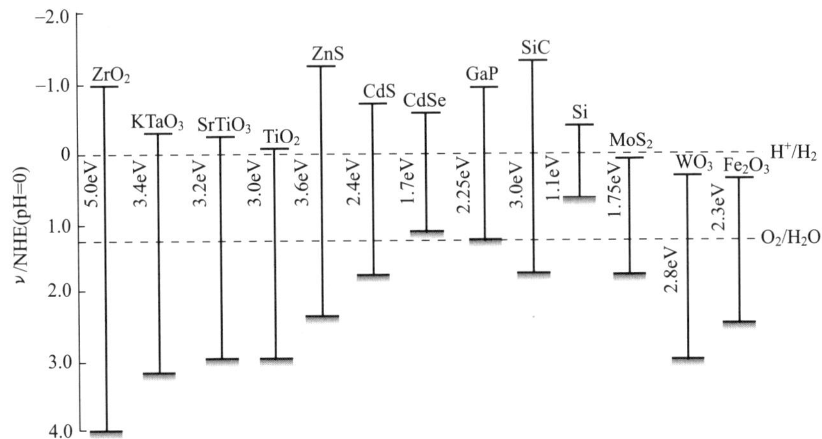

图 6-1 常见半导体的禁带位置

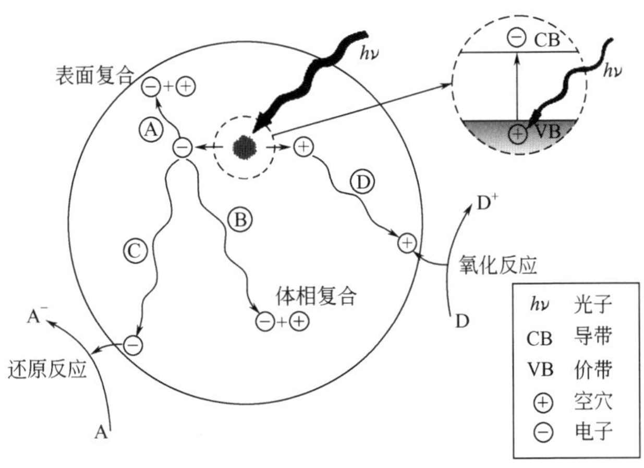

图 6-2 半导体的光激发与激发灭失过程示意

对于固体半导体催化剂而言，在表面上发生的化学反应，其催化作用原理跟多相催化表面的催化机理类似，会发生反应物吸附、活化、表面反应、脱附等一系列过程。也可以采用助催化剂以促进反应的进行。光生电子和光生空穴是光催化反应的活性物种，其产生和迁移的概率和效率取决于半导体禁带的位置，以及反应吸附物氧化还原电位的高低。理论上，理想的半导体催化体系中被还原物质的能级应比半导体价带底的更低，而被氧化物质的能级比价带顶的更高，且半导体催化剂的禁带尽可能窄。如图 6-1 中，较理想的光催化水裂解制氢的半导体是 CdS。当然，这是仅就其禁带位置合适性而言，实际应用时还需综合考虑其他一些因素，如光腐蚀、稳定性、环境相容性和具体反应体系等。

6.2.3 半导体光催化剂性能的调变

光催化反应的进行应符合热力学和动力学规律，要求光催化材料既具有较窄的能隙来吸收更多的光能以产生光生电子和空穴，又具有合适的能隙和氧化还原电势来发生催化反应，过程中尽可能地促进光生电子和空穴的有效分离，提高光催化量子效率。目前，半导体光催化剂普遍存在的问题是太阳光能利用率较低和光催化量子效率不高。如常用的 TiO_2，只能利用太阳光中约 5%的紫外线部分能量，要想利用更多的光能，就要充分利用太阳光中占大部分的可见光能量。由光催化反应的原理可知，为了更好地利用光的能量，在满足反应体系的需求下，光催化剂的禁带应尽可能窄，以便吸收更多的光能，这就要求寻找能响应可见光激发的新催化材料，或对现有的材料进行改性。半导体光催化剂材料种类繁多，如简单氧化物、复合氧化物、硫化物、氮氧化物、氮化物、磷化物以及由这些材料构成的固熔体、复合半导体等。一些具有可见光响应的高效光催化剂体系，如 g-C_3N_4、$AgPO_4$、P_4、Ag@AgX（X=Cl、Br、I）等得到了迅速的发展。为了提升半导体光催化剂性能，人们通常采用纳米化、掺杂、复合、构建异质结或异相结等途径，运用纳米技术、表/界面工程和应力调变等手段对催化剂的性能进行调控。

(1) 纳米化

纳米半导体光催化剂比常规半导体的活性高很多，原因就在于量子尺寸效应使其导带和价带能级变成分立能级，能隙变宽，使得纳米半导体粒子的导带电位变得更负，价带电位变得更正，从而具有更强的氧化或还原能力。研究涉及的催化剂形貌有纳米颗粒、纳米棒、纳米线、纳米管、纳米片和纳米空心球等。随着粒子半径减小，催化剂出现相应的吸收光谱和荧光光谱蓝移现象，例如当粒子尺寸减小到 2.6nm 时，体相 CdS 的 E_g 从 2.4eV 变为 3.6eV。此外，纳米半导体粒径通常小于空间电荷层厚度，电子从体相向表面扩散时间缩短，电子与空穴复合的概率变小，电荷分离效率则提高，而大的表面积可提供更多的表面活性位，提高了光催化反应活性。

(2) 半导体复合

半导体复合光催化剂一般是由两种半导体组成，因各自能带结构不同，当复合时发生能级的耦合作用使得半导体的禁带宽度减小，可以将吸收波长范围扩大到更广的范围，如红移至可见光区域。一方面窄禁带半导体可以在较低强度的光子照射下发生激发，提高太阳光的吸收效率；另一方面，不同禁带宽度半导体的复合还有利于电荷分离，抑制电子-空穴的复合，提高光量子产率和催化效率。目前研究较多的是 CdS-TiO_2 体系。图 6-3显示的是几种复合情况：(a)当受到足够强度光激发时，TiO_2 和 CdS 同时发生电子跃迁，由于导带和价带能级的差异，光生电子聚集在 TiO_2 的导带，而空穴聚集在 CdS 的价带，电子-空穴得到分离并提高了量子效率。(b)当光强度较小时，只有 CdS 可以发生电子激发，价电子跃迁到 TiO_2 的导带上而发生载流子的分离。对 TiO_2 而言，光吸收并发生激发的波长可以延伸至较宽的范围，提高了光的吸收效率。(c)当 TiO_2 和 SnO 两种半导体形成 SnO@TiO_2 核壳结构时，被捕获电子积聚在核内将不能被有效利用，因而影响了光量子效率。

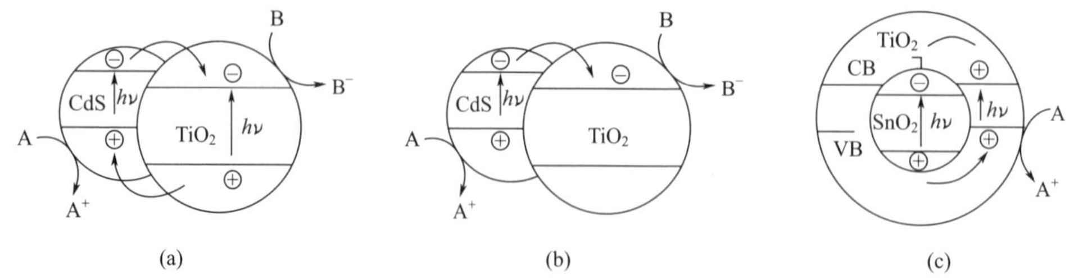

图 6-3 载流子在不同复合半导体中的转移

(3) 贵金属复合

在半导体表面进行贵金属沉积被认为是一种可以捕获光生电子的有效方法。当电中性的金属和 n 型半导体具有不同费米能级时，经常遇到金属的功函数（Φ_m）高于半导体的功函数（Φ_s）的情况。当两种材料结合在一起时，电子将从半导体向金属迁移，最终达到二者的费米能级相同为止。金属获得多余的电子，而半导体表面则有多余的正电荷，半导体能带向上弯曲，生成消耗层。这种金属和半导体界面上形成的能垒称为肖特基（Schottky）能垒，也是光催化中可以阻止电子和空穴复合的一种电子陷阱。电子激发后向金属迁移时被 Schottky 能垒捕获，从而使得电子-空穴的复合受到抑制。选择用于复合的金属很关键，因为其本身也可以带有催化活性或作为助催化剂使用，见图 6-4。

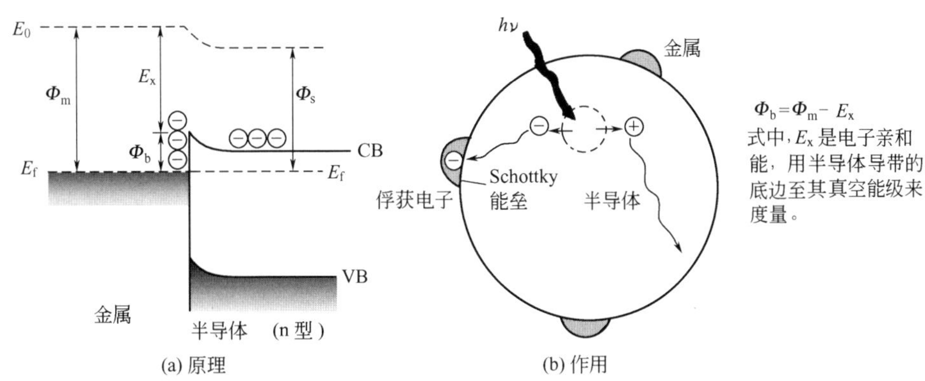

图 6-4　金属-半导体产生 Schottky 能垒的原理与作用

(4) 离子掺杂

离子掺杂包括金属和非金属离子掺杂。将金属离子掺杂到光催化剂的晶格中，一是在禁带中引入杂质能级，减小半导体催化剂禁带宽度；二是造成缺陷位或者改变催化剂的结晶度成为电子、空穴的捕获陷阱。这样较小能量的光子也能激发光催化剂，有利于形成更多的反应活性位和电荷捕获中心进而提高光催化活性。

(5) 表面敏化

染料表面敏化是将能够被可见光激发的染料化合物与宽带隙的半导体催化剂相互结合，要求使用的染料化合物的激发态导带电势高于半导体导带。当光照射时，染料分子先行被激发，价电子跃迁至导带后能够传输至半导体的导带上进行还原反应。常用的光敏剂有钌吡啶类络合物、玫瑰红、曙红、紫菜碱和叶绿酸等，其中研究最多的是钌吡啶类络合物。

(6) 构建 Z-型异质结体系

自然界中对太阳光利用的最典型案例是植物的光合作用。该过程主要由两个光系统和一个光合链组成。光系统Ⅱ(PS Ⅱ) 叶绿素 P680 吸收光后发生水的氧化反应生成氧气，产生的电子通过传输通道——光合链传递给光系统Ⅰ(PS Ⅰ) 叶绿素 P700，PS Ⅰ吸收光能后产生电子，形成具有强还原性的辅酶Ⅱ(NADP) 以还原 CO_2 进而生成糖类物质，其自身则被由 PS Ⅱ传来的电子所还原。电子传递链呈“Z”字形，因此称为 Z 型反应，该反应的量子效率接近 100%。

受此启发，人们构建了人工 Z 型光催化体系，该体系由氧化反应催化剂（PS Ⅱ)、还原反应催化剂（PS Ⅰ）和电子介体组成。在光照射下，Z 型光催化体系的两种催化剂均产生光生电荷，PS Ⅱ的光生电子迁移至电子介体，然后与 PS Ⅰ的光生空穴复合，而 PS Ⅰ中光生电子发生还原反应，PS Ⅱ中光生空穴发生氧化反应。早期研究的是离子态 Z 型异质结体系，需要使用氧化还原电子介质来传输电荷，如 Fe^{3+}/Fe^{2+}、IO_3^- 等，近期又发展了固态的直接 Z 型异质结体系，其原理如图 6-5 和图 6-6 所示。

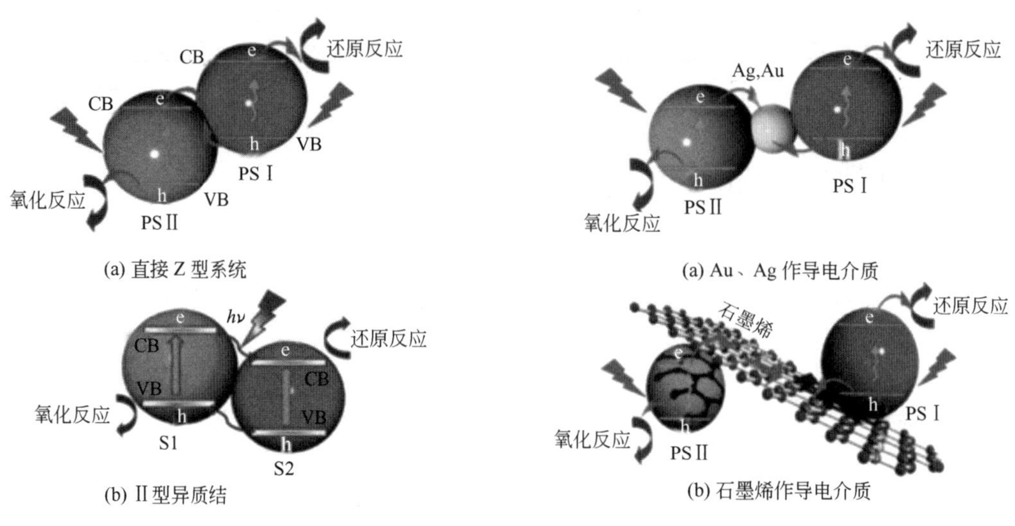

图 6-5　无导电介质异质结 Z 型体系　　　图 6-6　有导电介质异质结 Z 型体系

6.2.4　环境光催化——光催化治理环境污染物

环境光催化，是环境催化的一个分支，本质上就是将光能转化为化学能，将环境中已经产生的、正在产生的污染物转化为无害的或有价值的化学产品。自 20 世纪 70 年代以来，大量研究表明，环境光催化体系可以将空气和水中大多数的有机污染物甚至无机物降解。如在紫外线照射下，TiO_2几乎能够降解所有的有机污染物，其他一些常见的光催化剂还包括$SrTiO_3$、GaAs、$MoSe_2$、CdS、WO_3、Bi_2WO_3、Bi_2MoO_6、$ZnWO_4$以及近年来备受关注的铁氧体（如$CoFe_2O_4$、$NiFe_2O_4$）等。

光催化技术在环境友好绿色化学中有诸多的应用，主要是利用光催化剂在光能的照射下产生的光生空穴的强氧化性，将光催化剂周围的O_2、H_2O等转化成极具活性的氧自由基，其氧化力极强，可分解几乎所有对人体有害的毒物。由于光催化剂种类繁多，在空气和水体里各种污染体系也各有特点，无法一一论及，这里仅用最常见的TiO_2光催化剂来说明其作用机理。

6.2.4.1　光催化处理有机污染物

TiO_2通常有三种晶型：金红石型、锐钛矿型和板钛矿型。最常见的光催化剂采用锐钛矿型TiO_2，其带隙宽约为 3.2eV，必须是波长$\lambda \leqslant 380nm$的紫外光才能激发。图 6-7 给出了TiO_2光催化降解有机物的主要步骤，主要包括光生载流子（空穴和电子）的生成、俘获、复合湮灭以及界面电荷的转移等。光生空穴（h^+）是良好的氧化剂（1.0～3.5V），可使TiO_2表面的有机物接受电子发生氧化降解反应，同时将水分子氧化成羟基自由基（·OH）；而导带上的光生电子（e^-）是良好的还原剂（0.5～1.5V），可将水中的溶解氧转化成超氧自由基（$\cdot O_2$）、氢过氧自由基（$\cdot HO_2$）和双氧水（H_2O_2）并和有机物进行氧化反应以降解有机物，进而净化环境中的污染物，具体见图 6-8。

关于TiO_2对有机污染物的光催化降解处理，典型的是光催化裂解（PCD）过程，其通用计量氧化式为：

$$C_xH_yX_z+\left(x+\frac{y-z}{4}\right)O_2 \xrightarrow{h\nu/TiO_2} xCO_2+zH^+ +zH^- +\left(\frac{y-z}{2}\right)O_2 \qquad (6\text{-}11)$$

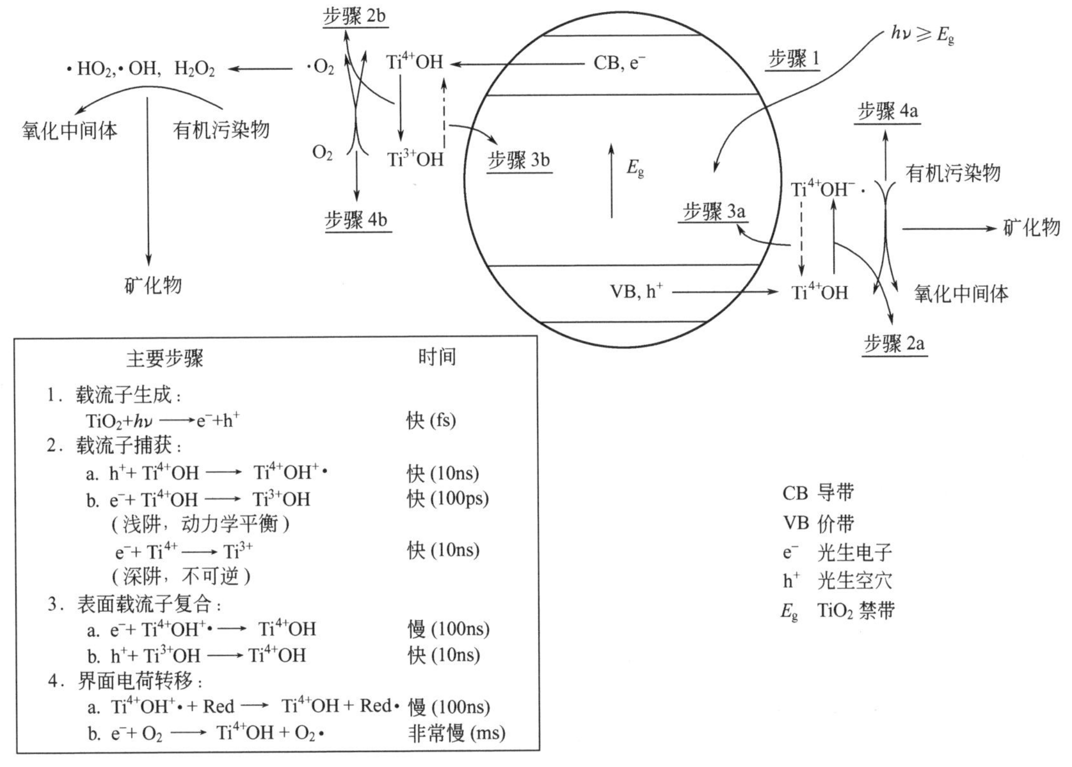

图 6-7　TiO_2 光催化降解有机物的主要步骤

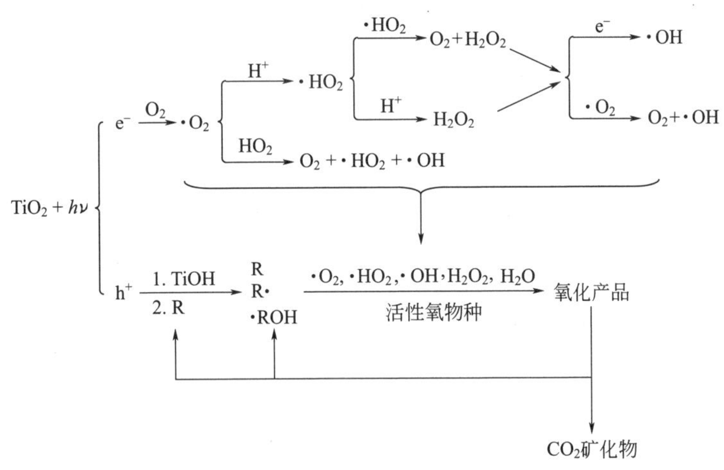

图 6-8　TiO_2 光催化降解有机物过程中与活性氧物种发生的次生反应

对于有机芳香化合物，如苯、卤苯酚等的 PCD 过程，甚至可以将这些污染物部分处理至完全矿化，该过程原理见图 6-9。

6.2.4.2　光催化处理无机污染物

(1) 水体中无机金属阳离子的脱除

水体中无机金属离子通常无法降解，寿命长、可以在食物链中累积，直至达到毒物的浓度，如 Hg^{2+}、Pd^{2+}、Cd^{2+}、Ag^+、Ni^{2+} 和 Cr^{6+} 等毒性很大，在发达国家的饮用水标准中

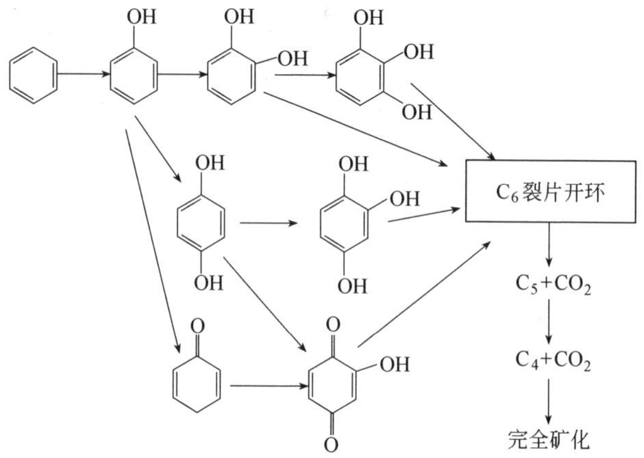

图 6-9 对苯的 PCD 过程原理

这些离子被要求控制在 0.001～0.0001ppm 或以下。传统的化学处理方法需要用到高锰酸钾、氯气、过氯酸盐、臭氧等强氧化剂，也有使用 EDTA、EDDS（N,N'-乙二胺二琥珀酸盐）等有机络合剂对这些金属离子进行回收的，但这些络合剂价格昂贵，且会带来新的污染。对于某些金属，当其 M^{n+}/M^0 还原电位负于半导体催化剂的导带底能级时，就可以通过光催化进行无机金属离子的回收。图 6-10 是锐钛矿型 TiO_2 的价带和导带位置（pH＝0）以及 M^{n+}/M^0 还原电位区间位置图。在光催化条件下，金属 Au、Ag、Hg、Cr、Cu 和 Fe 的离子可从水体或污染液中不断被还原并沉积到半导体光催化剂表面而被脱除，而那些还原电位不满足上述条件的离子则不会被还原，但也可以被氧化成不溶性的氧化物沉积到光催化剂表面而从水体中脱除。在此过程中，使用醇或酸等牺牲试剂来消耗空穴，有利于电子空穴的分离，也有利于金属离子的还原。在高 pH 值和脱氧条件下，使用牺牲试剂甚至可将 Au^{3+}、Cr^{6+}、Hg^{2+}、Ag^{+}、Fe^{3+}、Cu^{+} 和 Cu^{2+} 等浓度脱除至热力学极限水平（$<10^{-12}$ mol/L）。这里要注意的是只能将 Cr^{6+}、Fe^{3+} 还原至 Cr^{3+} 和 Fe^{2+}，因为 Cr^{6+}、Fe^{3+} 和 Cd^{2+} 的还原电位接近或更负于光生空穴而不能被进一步还原。

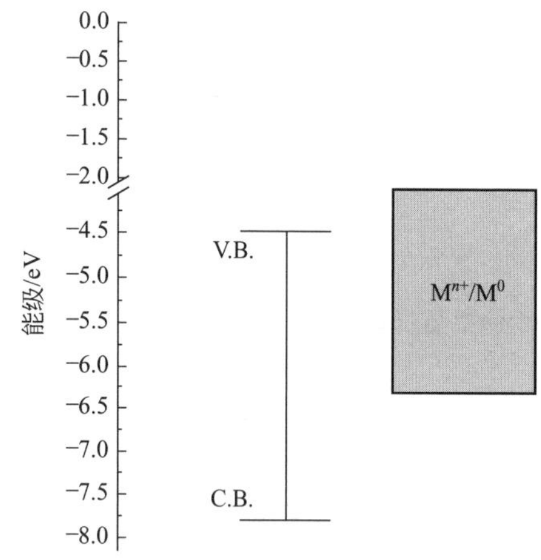

图 6-10 锐钛矿型 TiO_2 的价带和导带位置（pH＝0）以及 M^{n+}/M^0 还原电位区间位置

（金属 M 的能量刻度在真空时为 0）

（2）水体中无机阴离子的脱除

水体中无机阴离子大都能与 TiO_2 相互作用，如 Cl^-、ClO_4^-、CO_3^{2-} 和 HCO_3^- 等可吸附在 TiO_2 表面并屏蔽其表面活性位。即使磷酸盐和硫酸盐的浓度低到 1mM，它们也能强烈吸附于半导体上，特别是 TiO_2 表面而不被光催化降解。磷酸盐与半导体氧化物的结合之强使得必须用碱洗才能除去，单用水是不能将其洗去的。在紫外线的照射下，TiO_2 的光生空穴可与磷酸盐和硫酸盐结合形成活性物种，如下两式。

$$h^+ + SO_4^{2-} \longrightarrow SO_4^{*-} \tag{6-12}$$

$$h^+ + H_2PO_4^{2-} \longrightarrow H_2PO_4^{*-} \tag{6-13}$$

这些自由基可引发有机物的氧化反应，含 S 的自由基和有机物反应生成 CO_2 较含 P 的自由基更快，只是这些阴离子物种都会吸附在氧化物的表面，降低了氧化物的活性，进而影响对体系中有机物的脱除。卤素和硝酸盐与上述阴离子的行为有所不同，因为它们可以在有机物氧化降解反应中起到活化作用，并可以同时一起被除去。Cl 自由基可以氧化直链烷烃，但不能降解芳香烃；F 自由基几乎可以与所有的有机物反应，不足的是其在近紫外光激发下无法形成；B 和 I 的自由基在氧化物表面与有机物不起化学作用，但会抑制反应的进行。实际上，当存在有机物时，所有这些物种都可以在表面被消耗从而被除去。

6.2.5　能源光催化——光催化水制氢

纵观人类使用能源的历史，从最初的生物质，到煤炭、石油、天然气，再到目前受到广泛关注的氢能，其实质就是能源原料 C/H 比越来越小的过程。其中，氢能作为清洁、高效且可持续的“零碳”终极能源受到极大的重视。各国为了推动氢能的利用而竞相发展氢经济，在这过程中，氢的大规模高效生产及储运技术是关键。

传统上，氢的制备主要有：①煤的气化和焦化；②重油与水蒸气、空气发生部分氧化，再经水煤气变换制氢气；③天然气水蒸气重整、部分氧化、自热重整、绝热催化裂解制氢；④生物质热化学转化制氢和生物法制氢；⑤电解水制氢；⑥光解水制氢；⑦热解水制氢等。

氢气的储运技术是氢能利用的另一关键因素。由于气体储氢或液化储氢需要高压或低温，对储存设备及材料的要求高，较危险且成本高，因而又发展了众多类型的储氢材料：①金属（合金）氢化物（如 $LaNi_5$、$ZrMn_2$ 和 Mg_2Pd 等）；②有机液体氢化物（如环己烷、甲基环己烷和十氢化萘等）；③轻质元素氢化物（如 B_2H_6、NH_3、NH_3BH_3 和 C_6H_{12} 等）；④物理吸附剂［如碳材料、有机金属框架材料（MOFs）和共价有机框架材料（COFs）等］。

在氢制取技术中，利用取之不尽的太阳能光催化制氢的技术路线是最引人注目的。该路线又分为：①太阳能发电并电解水制氢；②太阳能集热分解水制氢；③光催化水裂解制氢等。就能源光催化而言，利用太阳能光催化裂解水来生产氢燃料，以及通过直接的 CO_2 光还原来产生液体燃料最为重要，这将从本质上创造一个无碳的，或者至少是碳中性的能源循环体系。这里仅对光催化水制氢进行介绍。

6.2.5.1　半导体光催化制氢原理

根据激发态电子转移反应的热力学要求，光催化还原反应要求催化剂导带电位比受体的 $E(H^+/H_2)$ 偏负，光催化氧化反应要求催化剂价带电位比电子授体的 $E(D/D^-)$ 偏正，如图 6-11所示。对于光催化全解水反应，就是要求光催化剂的导带底能级比电子受体的 $E(H^+/H_2)$ 能级高，价带顶能级要比电子授体的 $E(O_2/H_2O)$ 能级低，如图 6-12 所示。

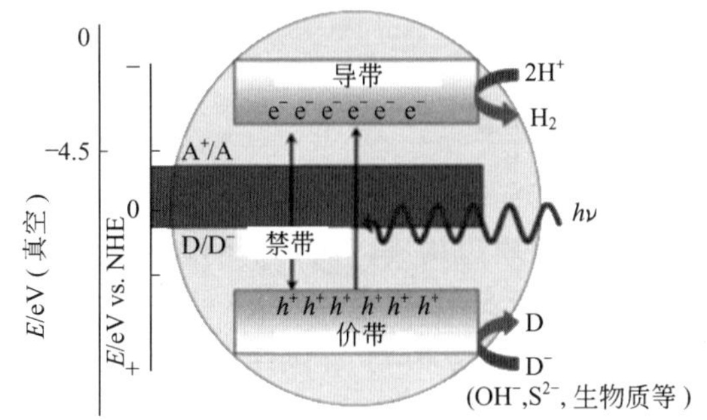

图 6-11　半导体光催化剂制氢的基本原理

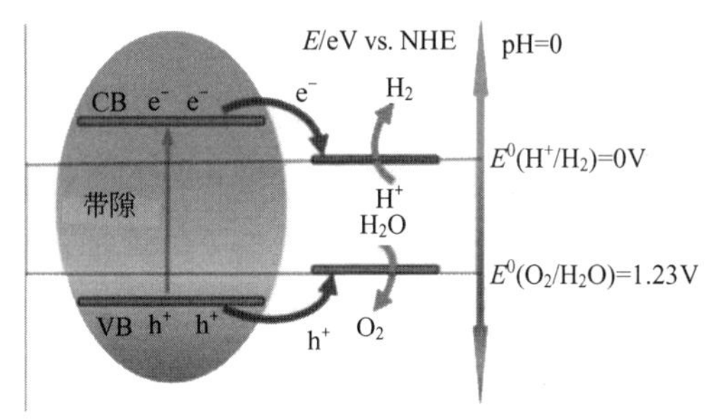

图 6-12　半导体光催化全解水图解

水分解为 H_2 和 O_2 反应的标准吉布斯自由焓变 ΔG_0 为 237kJ/mol，是一个非自发过程

$$H_2O \longrightarrow \frac{1}{2}O_2 + H_2 \quad (\Delta G^0 = +237kJ/mol, \quad E^0 = 1.23eV) \tag{6-14}$$

该反应可分为产氢和产氧两个半反应

太阳能制氢	化学势(eV)	
$2H^+ + 2e^- \longrightarrow H_2$	0	(6-15)
$2H_2O + 4h^+ \longrightarrow O_2 + 4H^+$	1.23	(6-16)

为了使得该反应得以进行，光催化体系需要输入至少 1.23eV 的光子能量以克服反应势垒。因此，光催化剂的带隙能量应该>1.23eV（即入射光波长的吸收边缘 λ<1000nm），而若用可见光，则应该<3.0eV（即入射光波长的吸收边缘 λ>400nm）。此外，光催化剂的能带位置和水的氧化还原电位还需匹配，即光催化剂的 CB 应该比 H^+/H_2 的还原电位更负，而 VB 比 O_2/H_2O 的氧化电位更正，以确保反应的驱动力。

6.2.5.2 光催化水制氢催化剂

(1) 用于构建非均相光催化剂的元素

可用于构建非均相光催化剂的元素见图 6-13。按其作用可分为四类：①构建晶体结构和能量结构；②构建晶体结构而非能量结构；③作为掺杂剂以形成杂质能级；④作为助催化剂。

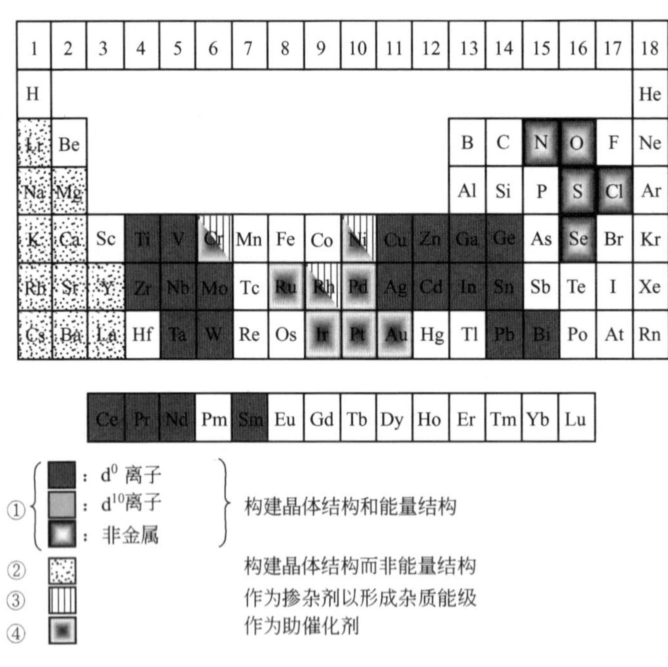

图 6-13 构建非均相光催化剂的元素

大多数的金属氧化物、硫化物和氮化物光催化剂都含有带 d^0 和 d^{10} 构型的金属阳离子，这些金属的氧化物光催化剂的导带通常分别由 d 轨道和 sp 轨道构成，而它们的价带由 O 2p 轨道组成。金属硫化物和氮化物光催化剂的价带通常分别由 S 3p 轨道和 N 2p 轨道构成。碱金属、碱土和一些镧系元素离子并不直接形成能带而仅是构建晶体结构，如钙钛矿（ABO_3）化合物晶体结构中 A 离子的作用。一些过渡金属阳离子如 Cr^{3+}、Ni^{2+} 和 Rh^{3+} 在掺杂或取代原来半导体的金属阳离子时，会部分填充到禁带形成杂质能级。虽然这样会导致

光生电子和空穴的复合，但在可见光响应的催化剂里有时却起到调节禁带宽度的作用。另外一些过渡金属和氧化物，如 Pt、Rh、Au、NiO 和 RuO_2 可作为光催化剂产氢的助催化剂。例如在水的裂解过程中，Au、NiO 和 RuO_2 就是一种适宜的助催化剂，可以使得逆反应几乎难以进行。

(2) 紫外线响应与可见光响应光催化剂

带 d^0 电子结构金属离子 Ti^{4+}、Zr^{4+}、Nb^{5+}、Ta^{5+} 和 W^{6+} 等的氧化物或盐，在紫外线照射下对水的裂解有一定的活性。早期的研究主要集中在紫外线响应的亚稳态的锐钛矿型 TiO_2 光催化剂。当锐钛矿和金红石型混相时可表现出协同效应，如工业上使用的 P_{25} 一般是含有 80%的锐钛矿和 20%的金红石型 TiO_2。以钙钛矿型的 $SrTiO_3$ 为代表的钛酸盐也表现出紫外光响应的光催化性性质，如碱金属钛酸盐 $M_2Ti_nO_{2n+1}$（M=Na、K、Rb，n=2,3,4,6）、$SrTi_2O_7$、$BaTi_4O_9$；层状结构的 $K_4Nb_6O_{17}$、$Rb_4Nb_6O_{17}$、$Rb_4Ta_6O_{17}$ 以及具有 d^0 电子结构的铟酸盐 InO^{2-}、锡酸盐 SnO_4^{4-}、锗酸盐 GeO_4^{4-} 和镓酸盐 $Ga_2O_4^{2-}$ 等。

可见光催化剂一般可以通过以下几种途径获得：一是利用本身具有可见光响应的一些硫化物及磷化物本征半导体，最常见的是 CdS；二是通过半导体之间的复合，扩展光催化剂的光谱响应范围至可见光区并提高光生电荷分离效率，如 CdS-TiO_2、$K_4Nb_6O_{17}$/CdS 体系等；三是对现有的宽禁带半导体的能带进行调变，如掺杂过渡金属阳离子，或者掺杂电负性比 O 低的 C、N、S、P 等元素以适度减小禁带的宽度，使其能够响应可见光的激发。

(3) 助催化剂

助催化剂分为氧化助催化剂和还原助催化剂，一般存在于光催化剂表面，可降低氧化或还原反应的过电位，从而促进光催化反应。常见的助催化剂有：①贵金属，如 Pt、Pd、Ru、Rh、Au、Ir 等；②氧化物，如 RuO_2、NiO、$Rh_xCr_{1-x}O_3$ 等；③硫化物，如 MoS_2、WS_2、PdS 等；④复合物，如 Ni/NiO 和 $RhCr_2O_3$ 等。如将 Pt 和 PdS 作为还原和氧化助催化剂负载在 CdS 表面组成 Pt-PdS/CdS 三元光催化剂时，仅分别需要 0.3%（质量分数，下同）和 0.13%的担载量便可以获得 93%的产氢量子效率，获得远高于本体催化剂的活性。

6.2.5.3 光催化制氢催化剂性能评价

光催化剂的效率可以直接用一定时间内，单位质量上光催化剂上产氢或产氧的量来表示：

$$R=\frac{n(\text{产 } H_2 \text{ 或 } O_2 \text{ 的量})}{\text{时间}\times\text{光催化剂质量}} \quad (\mu mol \cdot h^{-1} \cdot g^{-1}) \tag{6-17}$$

由于该公式并未反映出光强度的影响，使得其很难对不同研究机构的实验数据进行对比，因而更多地采用了量子（表观）产率来评价光催化剂的性能。

$$\text{量子产率}(\%)=\frac{\text{已反应的电子数}}{\text{吸收的光子数}}\times 100\% \tag{6-18}$$

$$\text{表观量子产率}(\%)=\frac{\text{已反应的电子数}}{\text{入射光子数}}\times 100\% \tag{6-19}$$

$$=\frac{2\times\text{已生成的 } H_2 \text{ 分子数}}{\text{入射光子数}}\times 100\% \tag{6-20}$$

$$=\frac{4\times\text{已生成的 } O_2 \text{ 分子数}}{\text{入射光子数}}\times 100\% \tag{6-21}$$

或者用太阳能-氢转化效率 STH（AM 1.5G）来评价：

$$\text{STH}(\%)=\frac{\text{产氢输出的能量}}{\text{入射太阳光能量}}\times 100\%$$

$$=\frac{(\text{水的标准 }\Delta G,237\text{kJ/mol})\times\text{产氢速率}}{\text{入射太阳光能量密度}\times\text{照射面积}}\times 100\% \tag{6-22}$$

6.2.5.4 光催化水制氢体系

各种光催化有其各自合适的应用体系，根据光催化剂表面反应的不同，可将光催化水制氢体系简单划分为两类：光催化分解纯水制氢体系和带有牺牲试剂的制氢体系。根据催化剂或催化作用形式，又可以分为Z型光催化体系、双助催化剂体系以及光电催化体系。

(1) 光催化全解水与带有牺牲试剂的制氢体系

水裂解反应是热力学上的一个“上坡反应”，热力学上很难进行。从太阳能水制氢的角度，H_2 是目标产物，因而促进析氢反应是主要目标。由于光催化全解水中的析氧反应被认为是动力学速率控制步骤，因此，更多的研究集中在带有牺牲试剂的制氢体系，通过加快空穴的消耗来促进析氢反应的进行，见图6-14。

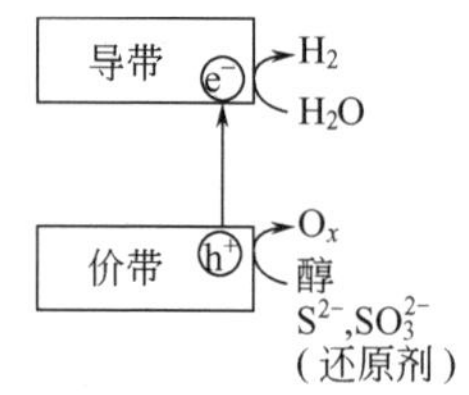

图 6-14 带有牺牲试剂的半导体光催化水制氢原理

利用牺牲试剂 CH_3OH、Na_2S/Na_2SO_3、$N(C_2H_5)_3$、$AgNO_3$ 等作为电子授体（D/D^+），消耗价带表面的光生空穴，留下光生电子在导带上与水反应生成 H_2。牺牲试剂的氧化电位必须高于 H_2O 的才能增加氧化半反应的驱动力，加速光生空穴的消耗，从而降低光生电子的复合，并有效地抑制催化剂的光腐蚀。如CdS中的 S^{2-} 会被Cd价带中的光生空穴氧化而造成光腐蚀。如果光生空穴被电子供体的牺牲试剂消耗，就能有效抑制光腐蚀，提高CdS催化剂的稳定性。值得注意的是，在甲醇作为牺牲试剂时，由于甲醇的转化，水也会生成 H_2。

$$CdS+2h^+ \longrightarrow Cd^{2+}+S \tag{6-23}$$

$$CH_3OH+H_2O \longrightarrow CO_2+3H_2 \tag{6-24}$$

(2) 人工模拟光合作用制氢——Z型光催化体系

人工Z型光催化体系就是模拟光合作用原理而构建的。在光催化水制氢中，Z型体系通过耦合双光催化剂，一种用于还原产 H_2，另一种用于氧化产 O_2，以实现全水裂解，提高可见光的利用率。新近发展的固态Z型光催化体系不含氧化还原电子介体，电荷可直接经过界面传输，从而缩短传输距离并提高了光催化效率。石墨化的氮化碳（$g\text{-}C_3N_4$）是一种典型的聚合物半导体，具有一种近似石墨烯的平面二维片层结构，禁带宽度为2.7eV，非常适合于光解水制氢。如采用水热法将 C_3N_4 和 WO_3 结合形成的Z型异质结体系中，C_3N_4 作为PSⅠ用于析氢反应，WO_3 为PSⅡ用于析氧反应，实现了在可见光照射（入射光波长 $\lambda>420$nm）和无氧化还原介质存在下的全水裂解。又通过负载Pt，引入还原氧化石墨烯（rGO）作导电剂来优化 $C_3N_4\text{-}WO_3$ 复合光催化剂，H_2、O_2 生成率最高达到2.84、1.46μmol·h^{-1}，量子产率达0.9%，大大提高了水的裂解效率，见图6-15、图6-16。

(3) 双助催化剂水制氢体系

对于具有合适带隙和能带结构的半导体催化剂，负载还原和氧化双助催化剂是提高光催化全水裂解效率的有效策略。有研究发现 Zn_2GeO_4 与贵金属（Pt、Pd、Rh、Au）和金属氧化物（RuO_2、IrO_2）共掺合后，对全解水的光催化活性具有显著的协同作用，所构建的 $Pt\text{-}RuO_2/Zn_2GeO_4$ 光催化活性是 Pt/Zn_2GeO_4 的2.2倍，是 RuO_2/Zn_2GeO_4 的3.3倍。结

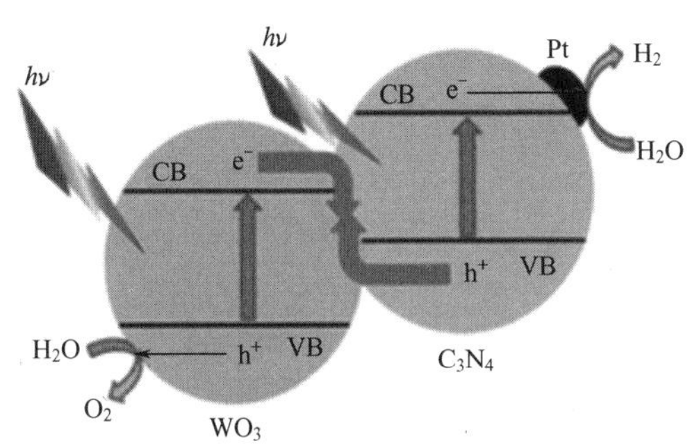

图 6-15　Pt 作为还原助催化剂的 C_3N_4-WO_3 异质结 Z 型光催化剂原理

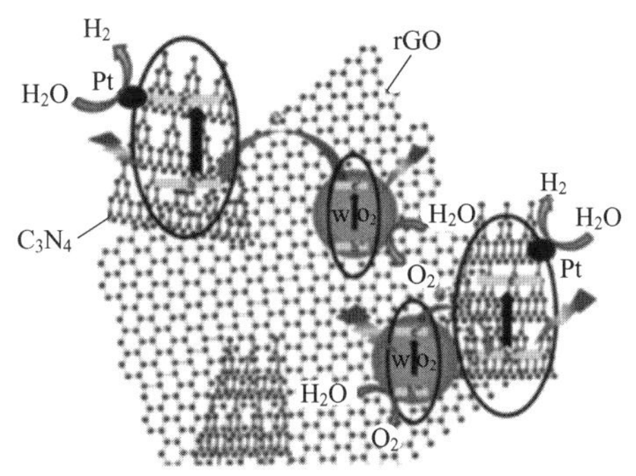

图 6-16　有/无 rGO 作为导电介质的 Pt 助 C_3N_4-WO_3 异质结 Z 型光催化剂原理

果表明 Pt 和 RuO_2 不仅分别作为电子陷阱和空穴陷阱，促进电子空穴对的分离，而且还分别作为析氢反应和析氧反应的催化活性位，可大大提高光催化活性的整体水分裂。

（4）光电催化水制氢体系

光电催化（PEC）是光催化与电催化的共同作用，电催化的原理将在下一节介绍。文献有时会将光电催化和光催化加以区分，光电催化往往强调外加电场的存在，但外加电场只是加快光催化反应的一种辅助手段，光电催化与光催化并没有本质的不同，所以这里把光电催化体系与光催化放在一起加以简单讨论。

图 6-17 揭示了光电催化水制氢的基本原理。光电催化与光催化不同的是首先须将光敏半导体材料制成光电极，在光电阳极和阴极间外有一个偏置电压（恒电压或恒电流）促进光生电子和空穴的分离。其原理如下：当入射光能量大于等于半导体的禁带 E_g 时，半导体价带上的电子被激发跃迁至导带，外接线路上施加的正向偏压会迫使导带上的光生电子转移到对电极（阴极）。电子运动方向与电流方向相反，从而与空穴发生分离，减少了电子与空穴的复合机会。光电阳极价带上产生的空穴与水分子作用发生析氧反应过程，部分氧化产物经电解质扩散到阴极与电子发生析氢反应。由于 H_2 和 O_2 是在不同电极上制得的，与光催化水制氢相比，PEC 法水制氢无需进行 H_2 和 O_2 的分离，安全性高。

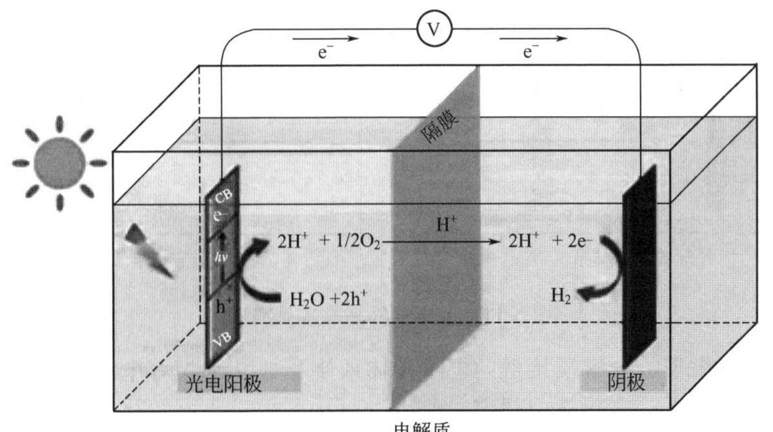

图 6-17　光电催化水制氢体系原理

6.3 电催化技术 >>>

“电催化”一词是由 N. Kosev 于 1935 年第一次提出，随后由 Grubb、Bockris 等逐步推广起来。电催化的基础涉及电化学、催化科学、表面科学以及材料科学等众多学科。在燃料电池、超级电容器、金属-空气（离子）电池、电解水制氢、太阳能电池等能源转换与储存领域，以及在环境工程、绿色合成以及生物医学与分析传感等领域都处于关键的地位，并有着广泛的应用。

在电催化的研究中，催化剂始终是核心问题，首先需要设计并制备出对特定反应具有高活性、高选择性、长寿命的电催化剂；其次，电催化研究的是两相界面（固/液、液/液、固/固）间反应物分子与电催化剂表面相互作用的催化行为，涉及两相界面的电荷传递。一个最显著的特点是存在高达 $10^7 \sim 10^8 V \cdot cm^{-1}$ 的界面电场，对于一些电化学反应，每改变 1V 的电极电势可能使反应速度改变 10^{10} 倍，远高于常规的热激发反应中温度的影响。因而在常温常压下可方便地通过界面电场强度有效地调整反应体系的能量，进而改变活化能，控制化学反应的方向和进程。

电催化在工业上早已有成熟的应用，如氯碱工业中的食盐水电解、冶金工业中电解铝以及湿法冶金中的电沉积工序。除了本身可以单独作用外，电催化还可以跟光催化、生物催化共同作用，发展了光电催化、酶电催化等，在能源、材料、环境、生命等重要领域的应用中得到了飞速发展。限于篇幅，本书仅对电催化基本原理及其在氢能、燃料电池和二氧化碳电催化还原方面做一介绍，完整的电化学基础知识可以参阅有关教材和文献。

6.3.1 电化学基本知识

电化学是研究电能与化学能相互转换及其规律的一门学科。电能转换为化学能是通过电解池来进行的。电解池的基本结构如图 6-18 所示，由外接电源线路、电解质与插入电解质的电极组成，分为双电极和三电极体系，必要时电极之间可以采用隔膜将其分开。

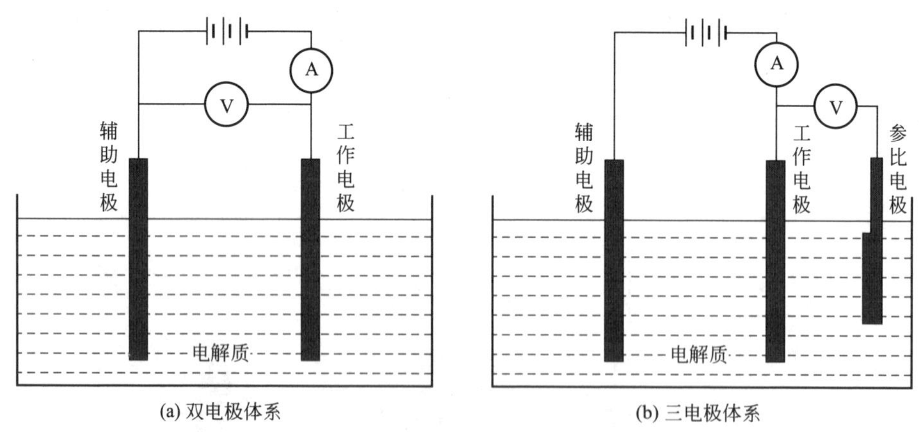

图 6-18 电化学体系基本结构图

电极是指与电解液或电解质接触的电子导体或半导体，承担着电能的输入或输出，也是电化学反应发生的场所。电化学中规定，使正电荷从电极进入电解质（溶液）的电极称为阳极，使正电荷从溶液中进入电极的电极称为阴极。对于原电池，习惯上将其阴极称为正极，阳极称为负极；而对于电解池而言，正极对应着阳极，负极对应着阴极。但无论是原电池还是电解池，发生氧化反应的总是阳极，发生还原反应的总是阴极。根据作用不同，可将电极分为工作电极（WE）、辅助电极（CE）和参比电极（RE）。工作电极可以是固体也可以是液体，其功能是提供反应的场所，也可作为电催化剂材料。辅助电极又称对电极，与工作电极构成电路回路，保证所研究的反应在工作电极上顺利进行。参比电极是已知电势且接近于理想的不极化的电极，用于测定工作电极的电极电势，如标准氢电极（SHE）、可逆氢电极（RHE）、甘汞电极（SCE）和 Ag/AgCl 电极（NSE）等。电解质是指有能力形成可以自由移动离子的物质，可以是固体、液体或气体，一般情况下指电解液溶液，起离子导电或反应物作用。在必要时可使用隔膜隔开阳极区和阴极区，以保证阳极反应和阴极反应互相不接触、不干扰。隔膜有盐桥、离子交换膜等形式，传输或传导电流的离子可以通过。

6.3.2　电催化反应机理

与其他催化反应类似，电催化反应的机理包括两方面的内容：①反应的历程，即总包反应的各基元反应步骤，它们的顺序以及速度决定步骤；②测定各基元反应步骤的热力学和动力学参数。由于电化学反应的形式多样，这里仅介绍常见的两种电催化机理：吸附机理和氧化还原机理。

6.3.2.1　电催化的吸附机理

电化学反应发生在电极的表面，反应物开始在电极表面吸附、活化并发生反应，继而脱附离开电极表面，完成催化循环。过程中包含着电子的传递过程，即 Faraday 吸附过程，以阳极吸附为例，可表示为：

$$A^{z+} \longrightarrow A_{ad} + ze^- \tag{6-25}$$

式中，A_{ad}为吸附物种。与热力学可逆吸附不同，电化学吸附包含电子的传递，所以通常以电化学暂态来进行研究。当通过的电量为 dq 时，电催化剂表面吸附物 A_{ad}覆盖度的变化 $d\theta$ 为：

$$dq = q_{mon} d\theta \tag{6-26}$$

式中，q_{mon}是电催化剂表面单层饱和吸附所需的电量。

由于各种电催化过程中反应物在电极表面的吸附行为多样且复杂，可能存在多种的化学吸附态，每种吸附态的能量、吸附量、与电极作用的强弱都不同。因此在研究中，常常使用循环伏安测试一些特性，如电流峰的数目反映不同吸附态的数量；峰电位值表示相应吸附态的吸附自由能的大小；电流峰的面积表示电量，也就是吸附量的大小；电流峰的半峰宽反映吸附物侧向作用的强弱；阴、阳极峰的对称性反映吸附-脱附的可逆性，越对称，可逆性越强；侧向作用越强，吸附峰与脱附峰分离越开；而吸附层形成的动力学以及吸附层中原子的迁移性，可根据扫描速度、温度等因素和峰电位值的影响来确定。具体可根据反应体系的特点加以分析。

6.3.2.2　电催化的氧化还原机理

化学能与电能之间的转换，其核心是电化学过程，而关键是主导电化学过程的催化剂。其中氢气析出反应（HER）、氧气析出反应（OER）分别是电解水的阴、阳极反应，而氧的还原反应（ORR）和氢的氧化反应（HOR）分别是燃料电池阴、阳极反应，在电催化中具有重要的地位。

(1) 电催化 HER 过程

HER 发生在电解水装置的阴极，由多步基元反应组成。在酸碱条件下其反应机制基本相同，只是酸性条件下质子的来源为 H_3O^+，碱性条件下质子的来源为 H_2O。以酸性条件下为例，主要有以下 3 种反应：

① Volmer 反应 $$H_3O^+ + e^- \longrightarrow H_{ads} + H_2O \tag{6-27}$$

② Heyrovsky 反应 $$H_{ads} + H_3O^+ + e^- \longrightarrow H_2 + H_2O \tag{6-28}$$

③ Tafel 反应 $$H_{ads} + H_{ads} \longrightarrow H_2 \tag{6-29}$$

Volmer 反应中，质子得到电子在电极表面形成吸附层 H_{ads}，是初始的电子转移过程；Heyrovsky 反应是脱附过程，H_{ads}与电解质中的质子结合生成 H_2；而 Tafel 反应是吸附态的 H_{ads}之间相互结合然后脱附生成 H_2 的过程。整个过程包含电子转移和脱附两个步骤。根据上述三个反应是否为过程的速度控制步骤来判断，分别称为是迟缓放电机理（式 6-27）、电化学脱附机理（式 6-28）和复合脱附机理（式 6-29）。HER 过程中，H 在催化剂表面上的吸附和脱附之间既不能太强也不能太弱，应保持良好的平衡，才能得到较好的析氢效果，如 Pt 系金属对氢的吸附自由能适中，析氢效果就较好。

(2) 电催化 OER 过程

OER 进行的是多步电子转移过程，其过电位高且反应速率缓慢，是电解水制氢中的难点。通常认为 OER 的机理如下。

在酸性电解质中

$$M + H_2O \longrightarrow M—OH + H^+ + e^- \tag{6-30}$$

$$M—OH \longrightarrow M—O + H^+ + e^- \tag{6-31}$$

$$2M—O \longrightarrow O_2 + 2M \tag{6-32}$$

或者

$$M—O + H_2O \longrightarrow MOOH + H^+ + e^- \tag{6-33}$$

$$MOOH + H_2O \longrightarrow M + O_2 + H^+ + e^- \tag{6-34}$$

在碱性电解质中

$$M + OH^- \longrightarrow M—OH^- \tag{6-35}$$

$$M—OH + OH^- \longrightarrow M—O + H_2O + e^- \tag{6-36}$$

$$M—O \longrightarrow O_2 + 2M \tag{6-37}$$

$$M—O + OH^- \longrightarrow MOOH + e^- \tag{6-38}$$

$$MOOH + OH^- \longrightarrow M + O_2 + H_2O + e^- \tag{6-39}$$

式中，M 指金属。在不同的电解质中均能产生金属-氧（M—O）中间体，两个 M—O 中间体可结合产生 O_2，如（式 6-32）和（式 6-37）。另外一种形式是在酸性电解质中 M—O 先和水（式 6-33）或者在碱性电解质中先和 OH^- 形成 M—OOH 中间体，然后再形成 O_2 氧气析出。由于涉及 4 个电子转移，在电解水阳极反应中 M—O 键断裂过程的动力学通常非常缓慢，具有较高的过电位，消耗的能量也高。在 OER 过程中，中间产物 HOO^* 和 HO^* 之间的能量状态被作为评价电催化剂活性的一个指标。根据 Sabatier 原理，当电催化剂与氧的成键强度太弱时，不易形成中间产物 HO^*；当电催化剂表面与氧的成键强度太强时，不利于 HO^* 进一步反应生成 HOO^*；只有电催化剂表面与氧的成键强度适中才有利于提高 OER 电催化活性。

(3) 电催化 HOR 过程

HOR 过程是氢氧燃料电池中阳极氧化的重要反应，通常被用来作为贵金属表面上氧化的模型反应，包括解离吸附和电子转移步骤，过程受 H_2 扩散的限制。以 Pt 电极为例：

$$H_2 + 2P_t(s) \longrightarrow 2P_tH(ads) \tag{6-40}$$

$$P_tH(ads) \longrightarrow P_t(s) + H^+ + e^- \tag{6-41}$$

总反应式为：

$$H_2 \longrightarrow 2H^+ + 2e^- \tag{6-42}$$

该反应具有许多用途，可构建参比电极，如标准氢电极（SHE）和可逆氢电极（RHE），在电解、电镀、电化学沉积、燃料电池上都有应用。

(4) 电催化 ORR 过程

ORR 过程是燃料电池的阴极还原反应，是由多个独立的基元反应组成的复杂多电子反应过程。在反应过程中有多种不同的反应路径和不稳定的中间态，如 O_2^{2-}、O_2^-、HO_2^-、H_2O_2 等。整个反应可以分为直接 4 电子途径和 2 电子途径（也称为过氧化氢途径）两种。

① 酸性电解质条件下

4 电子途径： $$O_2+4H^++4e^- \longrightarrow 2H_2O \quad (E=1.229V) \tag{6-43}$$

2 电子途径： $$O_2+4H^++2e^- \longrightarrow H_2O_2 \quad (E=0.67V) \tag{6-44}$$

$$H_2O_2+2H^++2e^- \longrightarrow 2H_2O \quad (E=1.77V) \tag{6-45}$$

② 碱性电解质条件下

4 电子途径： $$O_2+2H_2O+4e^- \longrightarrow 4OH^- \tag{6-46}$$

2 电子途径： $$O_2+H_2O+2e^- \longrightarrow HO_2^-+OH^- \tag{6-47}$$

$$HO_2^-+H_2O+2e^- \longrightarrow 3OH^- \tag{6-48}$$

ORR 过程通常包括物质的吸附、电子的转移、质子的转移、化学键的断裂与形成以及生成物的脱附几个步骤。对于燃料电池而言，4 电子途径和 2 电子途径是个平行反应过程，而 4 电子途径是被期望的，因为其理论电势为 1.229V，高于 2 电子途径的 0.67V，有利于保持高的电池输出电压和功率。另外，2 电子途径产生的强腐蚀性的中间物 H_2O_2（或 HO_2^-）会破坏催化剂的活性中心结构，并腐蚀质子交换膜燃料电池（PEMFC）的质子交换膜，使得燃料小分子可能穿透质子交换膜到达阴极，产生短路并造成事故。究竟是按 4 电子途径还是 2 电子途径进行，主要取决于对催化剂的选择。

以上几种路径都是离子或分子通过电子传递步骤在电极表面产生化学吸附中间物，然后经过多相反应或脱附生成产物的过程。还有一类是反应物首先在电极表面进行解离吸附或缔合吸附，然后再与中间物或吸附中间物进行电子转移或表面化学反应，如甲酸的电催化氧化过程。

6.3.3　电极的催化作用

电化学反应是以电能作为驱动力的，电极在此作为电催化剂，在某种程度上其作用与多相催化剂类似。电催化本质上是加速电极与电解质界面上的电荷转移来促进反应速率。反应速率不仅由电极催化剂本身的活性决定，也与界面处的双电层以及电解液相关联。反应选择性取决于反应中间态的本质和稳定性，以及在电极与电解质界面和溶液相中各个反应步骤的相对速率。但无论如何，起关键作用的是电极材料的性能。电极材料对反应的影响可以分为电子结构效应和表面结构效应。电子结构效应主要指电极材料的能带、表面态密度等对反应活化能的影响，而表面结构效应则是指电极材料的表面化学结构、表面原子排列等几何因素，通过与反应物分子作用、改变双电层结构来对反应产生的影响。二者对反应影响的贡献不同，如活化能的变化对反应速率的影响可以是几个到几十个数量级。如 Pt 电极上的 HER 速率是 Hg 电极上的 10^{10} 倍，而双电层结构变化的影响只是 1～2 个数量级。电催化剂的电子结构效应和表面结构效应可同时起作用，无法具体区分，但电子结构效应显然处于主效应的地位。也就是说，首先要选择适合特定反应体系的电催化剂，然后再辅以电子结构效应和表面结构效应的调控来优化催化剂的性能，才能获得好的电催化效果。

6.3.4 电催化与燃料电池

燃料电池（fuel cell，FC）是一种能源转换系统，是将燃料的化学能连续不断地直接转换成电能的电化学装置，又称为电化学发电器。它是19世纪中期由英国R. Grove发明的，但一直未得到实际应用，直到20世纪60年代FC技术才得以开发。最近二三十年，由于需要高能效的空间交通用能，特别是便携式电子技术要利用高能的动力源，另外要满足降低CO_2排放等环保新要求，所以在多种推动力的影响下，才使得FC技术得到快速发展。现今，FC作为新型能源，作为除火力、水力、核能发电以外的第四种发电方式为全世界重视，研究、开发和装机发展速度越来越快，应用领域越来越广。

6.3.4.1 燃料电池的工作原理

FC的基本工作原理如图6-19所示。

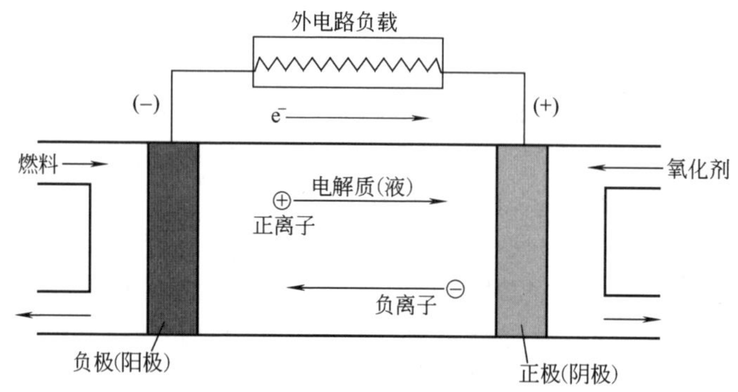

图6-19 FC的基本工作原理简图

对于多种燃料电池，燃料极为负极，也称阳极，由对燃料的氧化过程有电催化作用的材料组成，如贵金属、石墨等，具有多孔结构，以增加电极的比表面积。在该极表面发生燃料的氧化反应，生成正离子进入电池内回路，并释放出电子进入外电路，经负载做出电功流往负极。

氧化剂极为正极，又称阴极，由对氧化剂的还原过程有电催化作用的材料组成，如Pt、Al、石墨等，具有多孔结构。在该极表面氧化剂接受电子，发生还原反应，生成负离子从电池内回路流向阳极，与燃料正离子反应，生成化合物。电解质为离子导体，有液态的、固态的，有酸性的、碱性的。它连接着正负极，构成电池内回路。

燃料有直接型，如氢、肼等；有间接型，如甲醇、乙醇等。氧化剂有O_2、空气、过氧化氢等。

6.3.4.2 燃料电池的电极反应

由两个电极（正极和负极）组成的电化学电池有一总反应式，即

$$A_{氧化1}+B_{还原1}\longrightarrow C_{还原2}+D_{氧化2}$$

FC中的负极反应或为H_2直接氧化，或为甲醇氧化。间接氧化是通过一重整步骤发生的。正极反应总是氧还原。在绝大多数情况下，氧来自于空气。对该反应已进行过众多研究，但O_2还原的完整机理仍未充分了解，已提出许多种不同的可能途径，参见式(6-43)～式(6-48)。

氢氧化在Pt基催化剂上很容易进行。在FC中，该反应常由传质限制控制。氢氧化涉

及气体在催化剂表面吸附，随后分子解离，电化学反应形成两个质子（酸性电解质）。此处Pt(s) 是一自由的表面位，而 Pt-H(ads) 是一吸附 H 原子的 Pt 表面位，参见式(6-40)～式(6-42)。

以上是纯 H_2反应，但若以天然气、丙烷或醇作燃料时，这后一类物质都需要重整，经净化后可能有污染杂质，如 CO 等，它们会毒害催化剂。为此需要加入催化促进剂，最好的是 Pt-Ru 合金负载于碳上。

H_2-O_2燃料电池的基本反应为

$$H_2+\frac{1}{2}O_2 \longrightarrow H_2O \qquad E^{\ominus}=1.229V \tag{6-49}$$

6.3.4.3　燃料电池的类型

燃料电池常按电池所用的电解质区分，唯一的例外是直接甲醇燃料电池（DMFC），甲醇在燃料电池中直接电化学氧化。另一种分类法是根据电池的操作温度区分，有低温燃料电池和高温燃料电池。低温燃料电池包括碱性燃料电池（AFC）、质子交换膜燃料电池（PEMFC）[也称为固体聚合物电解质燃料电池（SPEFC）] 和磷酸燃料电池（PAFC）；高温燃料电池的操作温度为500～1000℃，如熔融碳酸盐燃料电池（MCFC）和固体氧化物燃料电池（SOFC）。下面按操作温度从低到高的顺序进行介绍。

(1) 碱性燃料电池（AFC）

碱性燃料电池操作温度通常在100℃以下，多以直接供 H_2作为燃料，电解质为高浓度的 KOH 溶液，电化学活性高，可以采用非贵金属催化剂，系统结构简单，这些是该电池的优点。AFC 是20世纪五六十年代发展起来的，成功用于 Apollo 航天飞行器，掀起了第一代 FC 研制的高潮。由于它不耐 CO、CO_2，难以应用重整气燃料，加之排水系统较复杂，余热利用价值低，缺乏大功率电池组制造及运行经验，难以用于汽车制造业。现在进行改进研究，有复苏于民用的迹象。

(2) 质子交换膜燃料电池（PEMFC）

质子交换膜燃料电池采用质子传导的聚合物膜作电解质，该膜将 H^+ 从阳极传导到阴极，采用 DuPont 生产的 Nafion 膜是 PEMFC 的主要突破。1987年，又采用 Dow 公司生产的 Dow 膜代替 Nafion，使电池的电流密度在相同电压下高出4倍。这种聚合物电解质膜仍在进一步发展。PEMFC 属低温型，操作温度一般在85～105℃。启动快，活性高，系统结构简单，腐蚀问题小，工作寿命长。存在的主要问题是造价高，Nafion 膜以及电极材料采用的 Pt 材料也较昂贵；燃料要高纯 H_2，不能含 CO，且要压缩气体等。为了降低成本而开发复合膜，尤其是有机/无机复合膜，也可以研制离子液体浸渍的聚合物电解质等。

(3) 直接甲醇燃料电池（DMFC）

直接甲醇燃料电池是基于 PEMFC 技术的低温电池的一种特殊形式，其操作温度类似于 PEM，也可以略高一些，取决于进料系统和所用的电解质，20世纪70年代做了大量的研究工作。结构形式如图6-20所示。在 DMFC 中，甲醇直接进入燃料电池，不需要经过重整转换成氢的中间步骤。甲醇本身是一种很适宜的燃料，易于由天然气或生物质再生资源获得，本身有很高

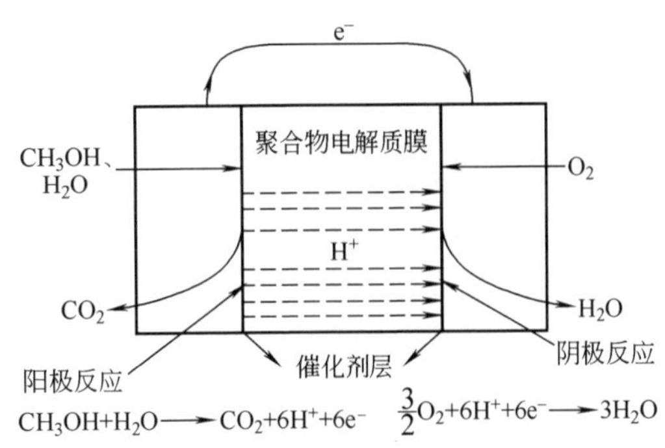

图6-20　DMFC的结构示意

的能量密度，在操作温度下自身是液体，在阳极表面也可直接电化学转化。也可用水将甲醇稀释（1～2mol/L）或采用气相进料，重要的是保持燃料浓度恒定。如果发展了中温（250～350℃）质子导体，也可制造中温 DMFC。用于甲醇氧化的电极材料是 Pt 基催化剂，加入第二组分的促进作用是在电极表面促使羟基的吸附生成，而载体对促进活性也很重要。目前活化甲醇氧化的电极材料为 Pt/Ru/C。

自 1999 年起，美国 GM 公司停掉了 DMFC 的生产，理由是：第一，甲醇有毒，吸入少量即可导致生命危险；第二，在操作过程中甲醇从阳极扩散到阴极，降低了电池操作效率；第三，甲醇分子含有羟基，影响其能量密度。

(4) 磷酸燃料电池（PAFC）

磷酸燃料电池是商业化最早、最快的第一代 FC。以磷酸作电解质，H^+ 为电池内回路传导离子，操作温度为 180～200℃，磷酸稳定，自排水。直接以粗制氢气为燃料，耐 CO_2、CO，结构简单，成本较低，寿命较长，操作弹性大，多用于分散地区现场发电，也用于中心集中发电，医院用作电源、热源和提供热水。现今装机容量越来越大，达到 50kW～10MW。电极反应与 PEM 相同。电极材料为石墨基负载的 Pt 基催化剂，但 Pt 的负载量大幅降低（6.2～6.5kg/MW）。现在用 Pt/WO_3 代替 Pt/C，同电压下电流密度增加 1 倍。

(5) 熔融碳酸盐燃料电池（MCFC）

熔融碳酸盐燃料电池是 20 世纪中期发展起来的 FC，属于第二代燃料电池，其结构如图 6-21所示。它以熔融碳酸盐（Li_2CO_3、K_2CO_3 混合）为电解质，CO_3^{2-} 为电池内回路传导离子，操作温度高（600～700℃），故可采用内重整方式供给燃料（H_2/CH_4），也可以粗制 H_2（含 CO_2、CO）作燃料。由于温度高，可以不用贵金属催化剂，阳极为烧结的多孔镍，阴极为掺 Li 的 NiO_x，所用工程材料不复杂，热效率高，发电效率高达 55%，电流联产总效率高达 75%。目前世界多国重点研究开发，正在设计制造 MW（兆瓦）级的 MCFC 电站。

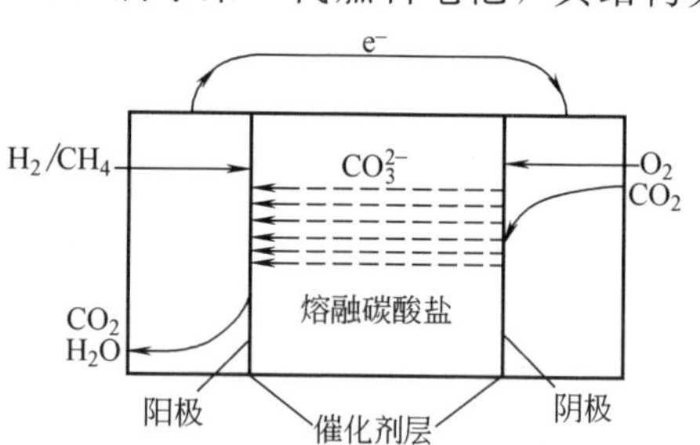

图 6-21　MCFC 的结构示意

高温 FC 由于电解质不同，故电池反应略有不同，但整个电池反应是相同的。MCFC 的阳极 H_2 氧化反应为

$$H_2 + CO_3^{2-} \longrightarrow H_2O + CO_2 + 2e^- \qquad (6\text{-}50)$$

碳酸根离子迁移至阳极，用作 H_2 的氧化。阴极反应为

$$\frac{1}{2}O_2 + CO_2 + 2e^- \longrightarrow CO_3^{2-} \qquad (6\text{-}51)$$

氧被还原，与 CO_2 形成碳酸根离子。

用 NiO_x 作电极材料时，操作时间过长后导致它熔入熔融碳酸盐中，使活性表面积降低，还可能使电池形成短路；预防办法是加入 Li 的氧化物，如 $LiFeO_2$、$LiMnO_3$ 和 $LiCoO_2$ 与 NiO_x 结合，形成双层电极，以促进其稳定性。阳极可用 Ni/Al 或 Ni/Cr 合金代替 Ni，这样就使成本增加了。高温 FC 的材料选取十分重要，由于高温会导致裂解、热膨胀，还有封结的困难。

(6) 固体氧化物燃料电池（SOFC）

固体氧化物燃料电池是用一种固体氧化物作电解质，较熔融的碳酸盐更稳定，也不会出现因液体而产生的渗漏问题。但要寻找具有热和化学稳定性的高温导体材料是其困难之一。车用固态 ZrO_2 和稳定剂（如 CaO、Y_2O_3 等）在高温下形成固溶体，以氧负离子通过固体电解质晶格的迁移进行离子传导，操作温度为 800～1000℃，属超高温型 FC。电极材料可以不使用贵金属催化剂，燃料气可以采用内重整转换供应，热电联产转换操作效率可高达 80%以上。目前状况属于加速研制开发阶段，距离商业化应用还需不断努力。

各种燃料电池的电化学反应和过程如图 6-22 所示。

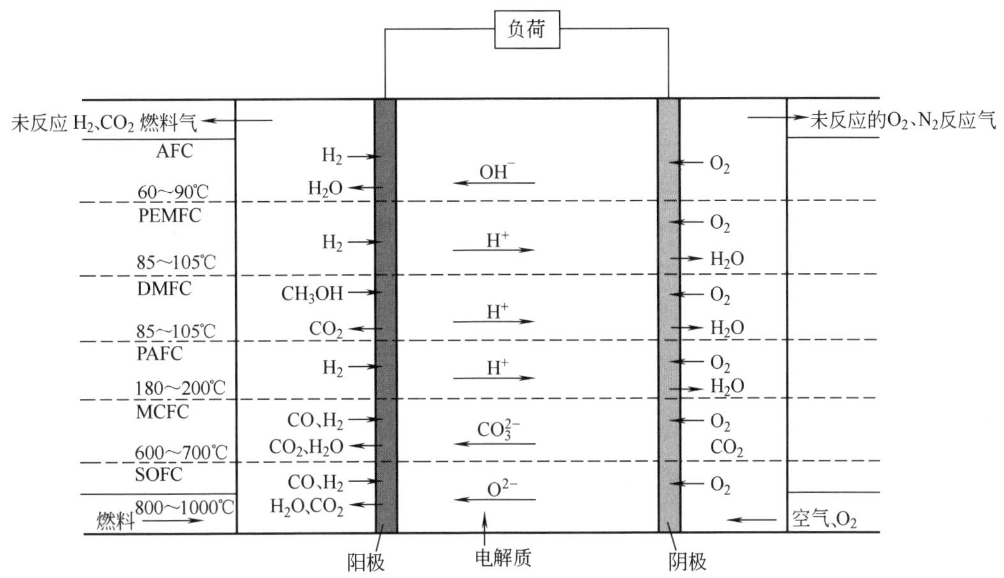

图 6-22 各种燃料电池的电化学反应和过程

FC 工作条件的选择主要取决于操作温度，因为温度的高低影响到燃料选择和进料状态、催化剂材质选择及其活性情况，以及能量转换效率。高温操作燃烧反应易进行，对催化剂要求低，也不易中毒；能使低温下难以实施的过程（如内重整供气）得以实施；余热利用价值较高；总体提高 FC 的运转能效。低温操作对结构材质要求易于满足，电池密封防漏容易做到；热耗散较少。故使用中要根据需要考虑多种因素的结合。

6.3.4.4 燃料电池的应用前景

(1) 用于电力生产

大型火力发电站能效 $\eta \leqslant 40\%$，采用汽轮机组合循环（GTCC）一般 η 可达 44%，进一步改善也只有 55%，而兆瓦级 FC 电站可大大提高 η，对环保成本有好处。分散型 FC 电站的优点更多，可就地建设，减少输电损耗，用于偏远村镇、环岛、医院等独立系统，采用积木式电站、渐进式投资。

(2) 电池汽车动力

基本要求是：行驶功率 15～20kW，加速或爬坡时 50～60kW，可持续行驶距离 400km，能在室温下迅速启动，价格不高于 100 美元/kW，工作寿命 5 年，自重小于 1t。目前 FC 已成功用于公路交通、城市公交车、小轿车、专用货车等。PEMFC 和 DMFC 都能满足要求。

(3) 特种用途

空间开发应用是 FC 应用最早、最成功的领域，航天飞行器均采用 AFC（液氧、液氢），天空实验室、宇宙空间站采用 FC 都取得了成功。军用潜艇的动力装置、水下深潜器、无缆机器人等都已成功应用。随着 FC 技术的完美发展，应用领域会不断扩大，前景会更加诱人。

6.3.5 电催化水制氢

电解水制氢是通过直流电作用将水分子裂解产生 H_2 和 O_2 的电化学过程，实际上是一种能量转换过程，即将电能转换为化学能，也就是转换为氢能的过程。

在标准状态下，水的理论分解电压为 1.23V，且与水溶液的 pH 值无关。但由于存在阴极（η_a）和阳极（η_c）的极化过电位以及电解液内阻（η_Ω），在实际过程中需要较高的过电位才能发生水裂解反应，因而电解水所需的电压远高于 1.23V。通常情况下电解水所需操作电压（E_{op}）为

$$E_{op}=1.23+\eta_a+\eta_c+\eta_\Omega \tag{6-52}$$

电解过程中能耗正比于操作电压，要降低过程能耗就需要降低极化过电位（η_a、η_c）。

电解水制氢方法主要有三种：碱性水电解法、固体聚合物电解质（SPE）水电解法和固体氧化物（SOEC）水电解法。实际应用主要使用碱性液体水电解与 SPE 水电解，其电解池的原理见图 6-23。

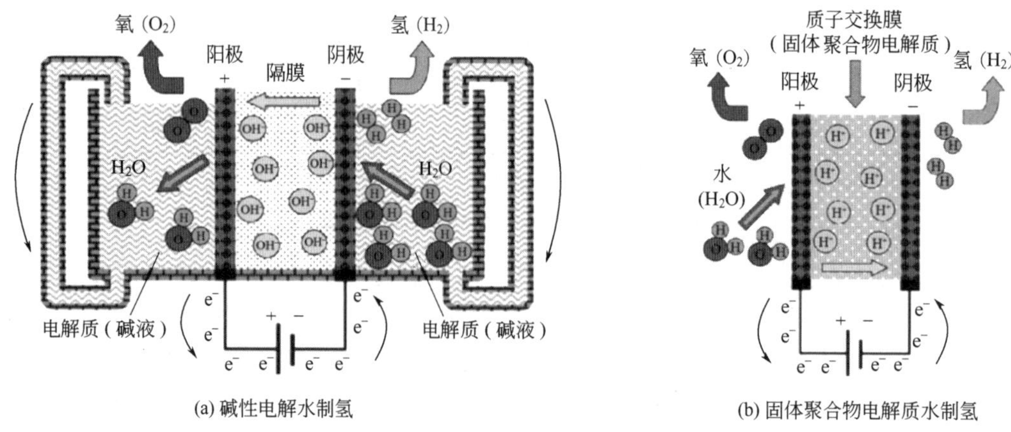

图 6-23 电解水制氢原理

6.3.5.1 碱性水电解法

就热力学上而言，酸性条件下易于析氢、碱性条件下易于析氧。但由于酸性条件下会对电解池电极以及整个系统带来腐蚀而导致运行不稳定，因而更多的是采用碱性水电解法。碱性水电解法传统上一般使用 KOH 水溶液作为电解液，在电极（镍丝网或钢丝网）之间设置隔膜以阻止氢气通过，电解电压一般为 1.8～2.2V，在 80℃条件下将电解液中的水分子解离为 H_2 和 O_2。该法使用的阴极材料以 Pt、Pd 及其合金为主，析氢过电位较低，但价格昂贵。较为廉价的阴极材料主要有：①Raney Ni 型，主要由 Ni 和 Zn 或 Al 元素构成；②镍基合金，如 Ni-Mo、Ni-Mo-Fe、Ni-S 等。阳极材料主要有：①Co、Zr、Nb、Ni 等金属及合金，主要以 Ni 基合金（如 Ni-Fe，Ni-Co 及 Ni-Ir 合金等）为主；②RuO_2、IrO_2、RhO_2 和 $PtCoO_2$ 等贵金属氧化物及其盐；③尖晶石型（AB_2O_4）复合氧化物，如 Co_3O_4、$NiCo_2O_4$ 等；④钙钛矿型（ABO_3）复合氧化物，如 $LaNiO_3$ 等。碱性水电解法能耗较大，制氢成本较高，但具有设备简单、运行可靠且制得的氢气纯度高的优势，是迄今为止最为成熟的电解水制氢技术。

6.3.5.2　固体聚合物电解质水电解法

固体聚合物电解质（SPE）水电解法，最具代表性的是采用质子交换膜（PEM）的水电解法，因而也称为 PEM 电解。图 6-23(b) 给出了典型的 PEM 水电解槽基本结构，包括阴阳极端板、阴阳极气体扩散层、阴阳极催化层和质子交换膜等。其核心是电极催化层，由催化剂、电子传导介质、质子传导介质构成的，是电化学反应的场所；而质子交换膜一般使用全氟磺酸膜（Nafion 膜），起质子传递、隔绝阴极和阳极生成的气体，同时阻止电子传递的作用。电解槽电极是由具有大比表面积的催化剂粉体与 Telflon 黏合并压在 Nafion 膜的两面而制成的。理想的 OER 电催化剂应具有催化活性高、电子传导率高、机械与电化学稳定性好、价廉且无毒等特点。目前电解槽使用的阳极催化剂主要是 Ir、Ru 等贵金属或氧化物，以及它们的二元、三元合金/混合氧化物等，使用最成熟的是 IrO_2。阴极材料通常采用贵重金属 Pt、Ir、Ru 及 Pt-Cr、Pt-Ir、Pt-Ni 合金、Au 或 Au 合金，以及 Pt 的三元合金氧化物。Pt 是长期以来被公认为最好的 HER 催化剂，缺点是较容易中毒。与碱性水电解相比，PEM 水电解系统无需脱碱，压力调控余地更大，占地小、效率高，所得 H_2 纯度高，能耗较低，无碱液、绿色环保且安全可靠，被公认为是制氢领域最具发展前景的电解制氢技术之一。

6.3.6　电催化 CO_2 还原

控制温室气体 CO_2 的排放主要有两种方法：①捕集 CO_2 并以高压封存于地壳中；②通过化学反应将 CO_2 转化为有用的化学品或燃料。第二种方法因既可以减少 CO_2 排放对环境的影响，又可以获取有价值的产品而受到重视。

对 CO_2 的化学转化有多种形式，最为人们熟知的是植物的光合作用，而传统热激发的催化反应有 CO_2 转化制尿素、碳酸二甲酯、甲烷和甲醇等。1978 年，M. Halmann 发现在 GaP 光电极催化下，CO_2 在水溶液中可被还原为甲酸、甲醛和甲醇，从而开启了光电催化还原 CO_2 的大门。由于电催化系统结构简单，反应条件温和，与太阳能、风能等其他可再生能源可以很好地耦合运用，且易于模块化和扩大转化规模，因而有利于工业化的实现。开展 CO_2 电催化还原的研发，对降低温室气体水平、提高碳循环利用和增强可持续碳氢能源存储等具有重大意义。

6.3.6.1　电催化 CO_2 还原反应机理

CO_2 的转化首先必须对其分子进行活化。CO_2 具有线性和中心对称的分子结构，两个等价的 C═O 键具有较高的键能，通常表现出化学惰性，需要很高能量的激发才能进行化学反应。CO_2 的分子结构决定了它是弱电子授体和强电子受体，它既可以得到两个电子形成 CO，也可以接受 12 个电子生成 C_2H_4。由于电催化 CO_2 还原是多电子转移反应，因此，CO_2 电催化还原最大的挑战来自活化 O═C═O 键所需要克服的高能垒和还原产物分布广泛的问题。在一定温度下，CO_2 的电化学还原可以在气态、水相和非水相中通过 2、4、6 和 8 电子途径进行，主要还原产物有 CO、HCOOH 或 $HCOO^-$、$H_2C_2O_4$ 或 $C_2O_4^{2-}$、CH_2O、CH_3OH、CH_4、CH_2═CH_2、CH_3CH_2OH 等。CO_2 电催化还原反应的可能路径以及各个电化学半反应在水溶液中的电极电位见表 6-3。CO_2 电催化还原动力学涉及非常复杂的反应机理，即使有电催化剂存在，反应速率也非常慢，而且在某些情况下，电还原产物不是单一的产物，而可能是含有上述多种还原产物的混合物。混合物中组分的数量和各组分的含量都与所使用电催化剂的种类、选择性以及所使用的电极电位密切相关。其中还原产物的选择性不仅取决于电催化材料，还受到还原温度、压力、pH 值以及电解质阴、阳离子种

表 6-3 CO_2 电催化还原反应的热力学半反应及其在水溶液中的电极电位

电化学热力学半反应	电极电位(*vs*. SHE)/V
$CO_2(g)+4H^++4e^- \longrightarrow C(s)+2H_2O(l)$	0.210
$CO_2(g)+2H_2O(l)+4e^- \longrightarrow C(s)+4OH^-$	−0.627
$CO_2(g)+2H^++2e^- \longrightarrow HCOOH(l)$	−0.250
$CO_2(g)+H_2O(l)+2e^- \longrightarrow HCOO^-(aq)+OH^-$	−1.078
$CO_2(g)+2H^++2e^- \longrightarrow CO(g)+H_2O(l)$	−0.106
$CO_2(g)+H_2O(l)+2e^- \longrightarrow CO(g)+2OH^-$	−0.934
$CO_2(g)+4H^++4e^- \longrightarrow CH_2O(l)+H_2O$	−0.070
$CO_2(g)+3H_2O(l)+4e^- \longrightarrow CH_2O+4OH^-$	−0.898
$CO_2(g)+6H^++6e^- \longrightarrow CH_3OH(l)+H_2O$	0.016
$CO_2(g)+5H_2O(l)+6e^- \longrightarrow CH_3OH(l)+6OH^-$	−0.812
$CO_2(g)+8H^++8e^- \longrightarrow CH_4(g)+2H_2O$	0.169
$CO_2(g)+6H_2O(l)+8e^- \longrightarrow CH_4(g)+8OH^-$	−0.659
$2CO_2(g)+2H^++2e^- \longrightarrow H_2C_2O_4(aq)$	−0.500
$2CO_2(g)+2e^- \longrightarrow C_2O_4^{2-}(aq)$	−0.590
$2CO_2(g)+12H^++12e^- \longrightarrow CH_2CH_2(g)+4H_2O$	0.064
$2CO_2(g)+8H_2O(l)+12e^- \longrightarrow CH_2CH_2(g)+12OH^-$	−0.764
$2CO_2(g)+12H^++12e^- \longrightarrow CH_3CH_2OH(l)+3H_2O(l)$	0.084
$2CO_2(g)+9H_2O(l)+12e^- \longrightarrow CH_3CH_2OH(l)+12OH^-$	−0.744

注：SHE 为标准氢电极。

类的影响。

CO_2 电催化还原机理较为复杂，有研究认为当 CO_2 以 O 配位吸附时的机理为：

$$CO_2(g) \longrightarrow CO_2(aq) \tag{6-53}$$

$$CO_2(aq) \longrightarrow CO_2(ads) \tag{6-54}$$

$$CO_2(ads)+e^- \longrightarrow \cdot CO_2^-(ads) \tag{6-55}$$

$$\cdot CO_2^-(ads)+H_2O \longrightarrow HCOO\cdot +OH^- \tag{6-56}$$

$$HCOO\cdot +e^- \longrightarrow HCOO^- \tag{6-57}$$

CO_2 气体在电解液中首先形成水合态分子 $CO_2(aq)$，然后在电极表面发生吸附成为吸附态分子 $CO_2(ads)$，在得到一个电子后转变为吸附态的自由基负离子 $\cdot CO_2^-(ads)$，进而与水中的质子在 C 位上形成甲酸根自由基 $HCOO\cdot$，最后得到电子生成甲酸根 $HCOO^-$。而当 CO_2 与 C 配位吸附时，上述吸附态的自由基负离子 $\cdot CO_2^-(ads)$ 的 O 原子则与水中的质子 H 结合，生成吸附态的 $\cdot COOH(ads)$，最终解离为 CO，该反应的最后两步机理变成：

$$\cdot CO_2^-(ads)+H_2O \longrightarrow \cdot COOH(ads)+OH^- \tag{6-58}$$

$$\cdot COOH(ads) \longrightarrow CO(ads)+OH^- \tag{6-59}$$

也就是说，当 CO_2 以 O 配位吸附时，CO_2 电催化还原产物以甲酸或甲酸根为主，而当 CO_2 以 C 配位吸附时，产物以 CO 为主。

6.3.6.2 电催化 CO_2 还原催化剂

图 6-24 给出了元素周期表中元素金属电极在 CO_2 电催化还原反应中对产物的选择性，可以看出 Cu 是唯一对气态烃类产物具有较高选择性的电催化材料，CO_2 还原生成 CO 的催化剂材料主要有 Ag、Au、Zn；还原产物为烃类的催化剂为 Cu；还原产物为甲酸或甲酸盐的催化剂主要是 Cd、Hg、In、Sn 和 Pb。

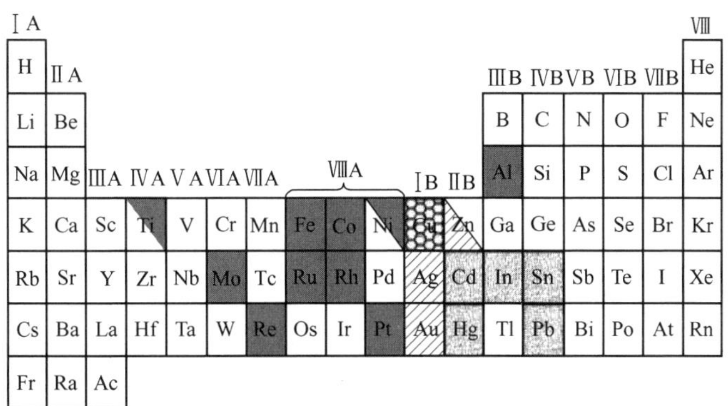

图 6-24 不同金属电极 CO_2 电催化还原产物

6.3.6.3 电催化 CO_2 还原工业化的一些探索

目前，CO_2 电催化还原在理论研究方面取得了长足的进步，但在实际工业应用上还面临着一些限制：①热力学因素；②动力学因素；③基础设施欠缺，投入大，风险高。热力学与动力学方面，可以证明电催化 CO_2 还原过程在生产成本方面可以比肩现有的化工生产过程。后续技术的发展应当更侧重于解决现有电催化剂选择性低、电流密度小（为保持合理的选择性）以及催化材料的成本问题，也就是催化过程中要降低过电压、提高选择性和稳定性，同时考虑其他一些实际生产方面的制约因素，如反应器中的欧姆损失、产物分离、CO_2 获取的成本。

技术上，CO_2 的捕集也是制约工业化的重要因素之一，这里不展开讨论。仅就电催化 CO_2 还原过程而言，100～1000mA/cm^{2}的电流密度是较为合适的反应速率。由于受到 CO_2 在水相环境中低溶解度的限制，许多实验室规模的反应只能达到 1～10mA/cm^{2}的电流密度，而且用水相溶剂也容易发生产氢反应，分摊了 CO_2 还原反应的质子来源。反应过程中，较低的 pH 有利于产氢，较高的反应温度会降低 CO_2 的溶解度，因此大多 CO_2 还原的电解池是在室温和标准大气压下运行的，并且使用碱性电解液。另外，也有采用提高压力以增加 CO_2 溶解度的工艺，可稳定并高选择性地生产 CO 和 HCOOH，如高压下 CO_2 电催化还原生产 CO 的阴极最高电流密度可高达 3A/cm^2，即使在温和条件以及较低电压下也能实现几十到几百 mA/cm^{2}的电流密度，电解池可以稳定运行超过 1000h，这种级别的电流密度加上较高的法拉第效率，已经足以用于工业化。当然，CO_2 电催化还原过程的工业化，优化电解池的设计以提高效率也是至关重要的，因为过程中温度、压强、离子浓度、pH 值和杂质等任何微小变化都会极大地影响电极反应过程。对于电解池而言，影响其功能的最重要因素在于其阴极结构，以及反应物 CO_2 如何传输到电极催化剂表面。目前，电催化 CO_2 还原装置有多种设计，其中采用固体电解质结构设计的高温电解池已经接近商业化。

第7章 生物催化

生物催化是利用生物催化剂（主要是酶或微生物）改变（通常是加速）化学反应速率，合成有机化学品和药物制品。生物催化涉及三个学科的不同部分：化学中的生物化学和有机化学；生物学中的微生物学、分子生物学和酶学；化学工程学中的催化、传递过程和反应工程学。人类利用酶或微生物细胞作为生物催化剂进行生物催化已有几千年的历史，早已发明了麦芽制曲酿酒工艺，古埃及和古代中国都有历史记载。近代认识酶是与发酵和消化现象联系在一起的。后来创造了“酶”这一术语以表述催化活性。近代科学技术对酶的认识研究，成为现代酶学与生物催化研究的基础。

本章主要概述生物催化剂的类别，生物催化反应的特征，生物催化剂的主要应用，生物催化的发展和趋势等。

7.1 生物催化剂的类别 >>>

生物催化剂是指生物反应过程中起催化作用的游离或固定化细胞和游离或固定化酶的总称。从生物催化剂的发现来看，应该包括细胞和酶两部分。一切酶催化剂都是由生物活体细胞产生的，故首先应该寻找细胞，即具有催化作用的细胞或者说产生酶的细胞。

从酶的作用和功能的发现过程中了解到，人们最早使用的是游离的细胞活体，即使用这些细胞中的酶作为生物催化剂；在此基础上考虑将该酶蛋白质从细胞中提取分离出来，以较纯的催化剂形态进行反应的催化，也可以采用固定化技术将酶或细胞（催化剂）固定在惰性固体表面后再使用。因此，固定化细胞和固定化酶又称为固定化催化剂。生物催化剂的类别与作用方式见表7-1。

表7-1 生物催化剂的类别与作用方式

项目	含酶整细胞	分离纯化酶	项目	含酶整细胞	分离纯化酶
类别	生长细胞 休止细胞 冻干细胞 处理或修饰细胞	细胞萃取液 纯酶制剂 处理或修饰酶 多酶系统	催化反应相	水溶液 含有机溶液的水溶液 水/有机溶剂的双相体系 有机溶液	水溶液 含有机溶液的水溶液 水/有机溶剂的双相体系 水微溶的有机溶液
作用方式	游离细胞 微胶囊、微乳状液 固定化细胞	游离状态 微胶囊、微乳状液 固定化酶			

7.2 生物催化反应的特征 >>>

与传统的化工催化相比，酶催化具有许多特点。首先酶催化效率极高，是非酶催化的 10^6～10^{19} 倍。例如，1g 结晶 α-淀粉酶在 60℃、15min 可使 2t 淀粉转化为糊精。其次，酶催化剂用量少，化工催化剂为 0.1%～1%（摩尔分数），而酶用量为 0.0001%～0.001%（摩尔分数）。

其次，生物酶催化具有高度的专一性：一种是绝对专一性；另一种是相对专一性。

一种酶只能催化一种底物进行一种反应，称为绝对专一性。如底物有多种异构体，酶只能催化其中的一种异构体。例如，乳酸脱氢酶只能催化转化底物丙酮酸成 L-乳酸；而 D-乳酸脱氢酶也只能转化底物丙酮酸成 D-乳酸。反应式如下

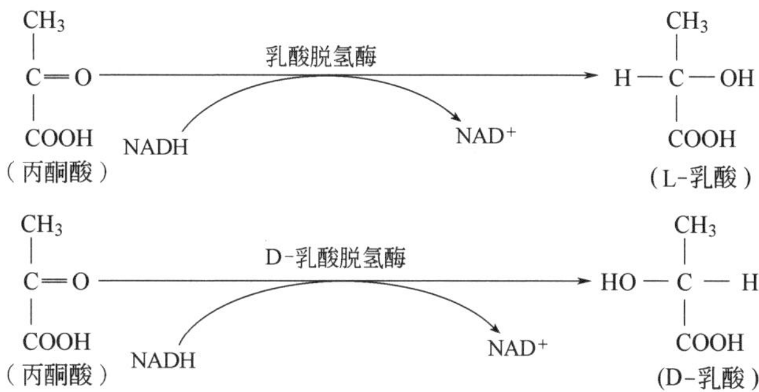

一种酶能够催化一类结构相似的底物进行某种相同类型的反应，称为相对专一性。例如，酯酶可以催化所有含相同酯键的酯类物质水解成醇和酸

$$\underset{(\text{酯})}{R-\overset{\overset{\displaystyle O}{\|}}{C}-O-R'} + H_2O \xrightarrow{\text{酯酶}} \underset{(\text{酸})}{RCOOH} + \underset{\text{醇}}{R'-OH}$$

这种相对专一性又称为键专一性或基团专一性。键专一性的酶能够催化具有相同化学键的一类底物。

由于酶催化的专一性，可以利用酶从复杂的原料中针对性地加工某种成分，以获取所需产品；也可用于从某些物质中除去不需要的组分而不影响其他成分。

酶催化的条件较温和，可在常温常压和酸碱度（pH 值为 5～8，一般在 7 左右）下进行，可以减少不必要的副反应，如分解、异构、消旋、重排等，而这些副反应正是传统化学催化反应中常会发生的。多种不同酶所催化的反应条件往往是相同或相似的，因此一些连续反应可采用多酶复合体系，使其在同一反应器中进行，可以省去一些不稳定中间体的分离过程，简化反应和过程操作步骤。生物催化剂和化学催化剂的比较见表 7-2。

表 7-2　生物催化剂和化学催化剂的比较

项　目	生物催化剂	化学催化剂
催化底物	多是大分子复杂底物	较简单的、纯的化合物
反应模式	多种催化剂同时作用催化多种反应	单一催化剂催化单一化学反应
反应条件	比较温和	相对较苛刻
原料	生物基质、化工资源	以化石资源为主
转化效率	常温下高效、高转化率、立构专一	在高温加压下也可高效转化，转化率相对较低
对环境的影响	环境友好，可持续发展	可对环境造成污染，也可环境友好

7.3 酶的系统分类和系统命名 >>>

迄今为止，人们已发现和鉴定出2000多种酶，其中约200多种已得到了结晶体。1961年国际酶学委会（EC）提出了酶的系统分类法。将酶分为六大类，分别用EC1～EC6编号表示。它们是：氧化还原酶（EC1.×.×.×），能催化底物氧化或还原，生物体内众多的氧化还原酶在反应时需要辅酶NAD或NDAP；转移酶（EC2.×.×.×），催化功能基团从一个底物转移到另一个底物；水解酶（EC3.×.×.×），催化底物的水解，需要水分子参与；裂解酶（EC4.×.×.×），催化分子裂解成两部分；异构酶（EC5.×.×.×），催化底物分子内的重排、构型改变；连接酶（EC6.×.×.×），也称合成酶，催化两个底物分子连接成一个分子。

酶的命名有习惯命名、系统命名和系统分类命名等多种方法，为了便于查阅文献，此处仅介绍系统分类命名。即酶学委员会英文缩写字母EC后缀四个阿拉伯数字，第一个数字标明酶类别，即前述的六大类；第二个数字标明酶催化底物中被催化的基团或键的特点，分成大类酶的若干亚类，分别以顺序编成1、2、3、4等数字；第三个数字标明亚亚类，仍用1、2、3、4等编号；最后一个数字标明登记号，也用1、2、3、4等表示。每个酶的系统分类编号由四位数字组成，数字间以“.”隔开。例如脂肪酶的系统分类命名为EC3.1.1.3，第一个数字3代表水解酶的分类号；第二个数字代表亚类即水解酶作用底物的键型，1为酯键的分类编号；第三个数字代表亚亚类，1为羧酸酯键的分类编号；第四个数字3代表脂肪酶的登记号。酶的系统分类命名法相当严格，一种酶只能有一个系统命名分类编号，表明了酶催化的底物和催化反应性质。

根据组成可将酶分为单纯酶和结合酶。前者如水解酶类，包括淀粉酶、蛋白酶、脂肪酶、纤维素酶、脲酶等；这些酶的结构由简单蛋白质构成，故称为单纯酶。另外一些酶，其结构中除含有蛋白质外，还有非蛋白质部分，如大多数氧化还原酶类；这些酶由结合蛋白质构成，故称结合酶。其中，蛋白质部分称为酶蛋白，非蛋白质部分称为辅因子，又称辅酶。酶蛋白与辅酶结合在一起才显示催化活性，分开后均无催化活性。

辅酶和辅基可分为两类：一类为无机金属元素，如Cu、Zn、Mn、Mg、Fe等；另一类为小分子有机物，如维生素、铁卟啉等。辅酶或辅基的种类不多，通常一种酶蛋白只能与一种辅酶或辅基结合，而同一种辅酶或辅基常能与多种不同的酶蛋白结合，构成多种特异性很强的全酶。辅酶或辅基在酶促反应中主要起传递氢、电子、原子或化学基团的作用，某些金属元素还有“搭桥”作用。

7.4 酶的功能与反应动力学 >>>

酶的功能主要是由酶的活性中心和辅酶因子构成的。活性中心是指酶蛋白分子中与催化有关的一个特定区域，一般位于酶分子的表面，具有特定的空间结构，其中包括底物结合部位和催化部位。酶活性中心的一些化学基团是发挥催化作用所必需的基团，称为必需基团；辅酶因子往往是酶维持其空间结构和活性中心的必需基团，有的直接参与酶活性中心的催化反应。辅酶因子与酶蛋白的结合比较疏松，在酶反应中主要起传递氢、电子或转移化学基团的作用。

各种酶催化的作用机制不尽相同，首先必须与底物接近，基于二者的形状互补，再通过相互作用，以共价键或多种非共价键形成酶与底物的复合体。酶和底物间的严格互补关系被喻为锁与钥匙的关系。酶的特征之一就是“一把钥匙开一把锁”，这是 1890 年由法国化学家 Fisher 首先针对酶催化作用机制提出的钥匙学说，他在 1902 年成为第一位生物化学领域的诺贝尔奖获得者。他认为底物和酶的活性中心在结构上必须相互吻合，即底物分子进行化学反应的部位与酶分子上有催化效能的必需基团间具有紧密互补关系，正如一把钥匙只能开一把锁一样。但钥匙学说无法圆满地解释酶催化反应的所有问题，例如许多酶能够催化可逆反应，钥匙学说就无法解释。Koshland 首先认识到底物有可能诱导酶活性中心发生一定程度的结构变化，提出诱导契合学说，认为酶活性中心和底物在结构上并非严密互补，底物出现后会诱导酶蛋白分子，使其构象发生有利于结合底物的变化，导致二者在构象上达到互补关系。后来 X 射线的结构分析支持了这一学说。后来发展起来的过渡态中间物理论进一步指出，酶催化反应的一系列复杂过程中，酶分子至少经历底物结合、二者互补形成过渡态中间物、底物向产物转化和产物释放等几个阶段。只有酶的活性中心与底物过渡态中间物才有互补关系，如图 7-1 所示。

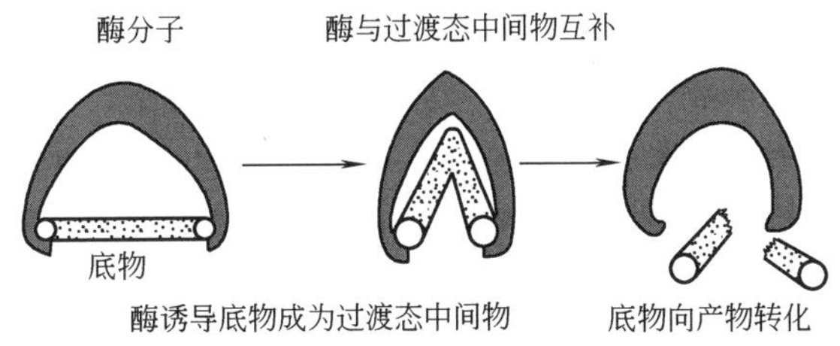

图 7-1　酶的活性中心与底物过渡态中间物的互补关系

酶与一般化学催化剂相比显得很不稳定，不适应于工业化生产过程，对周围环境的温度、pH 值、盐浓度等因素非常敏感，需要通过蛋白质工程对酶进行改造，设计和创造出性能优良的全新的生物催化剂。

在有机合成反应的运用中，提高酶的热稳定性尤为重要，因为提高反应温度对加速反应、缩短工时、降低成本有利。提高酶热稳定性的方法很多，最有效的一种方法是在蛋白质分子中引入二硫键，具有二硫键的蛋白质分子一般不易变性，热稳定性高，能适应有机溶剂等极端条件。酶是生物大分子，结构复杂，功能多异。研究表明，这类功能的差异，常与其生存的环境有关，是生物进化的结果。蛋白质分子蕴藏着很大的进化潜力，很多功能有待于开发，酶的体外定向进化技术极大地拓展了蛋白质工程的研究和应用范围，为酶的结构与功能开辟了崭新的途径，并且在工业、农业和医药等领域显示出强大的生命力。酶的体外定向进化又称实验分子进化，属于蛋白质的非理性设计，它不需要预先了解酶的空间结构和催化机理，通过人为地创造特殊条件，模拟自然进化机制（随机突变、重组和自然选择），在体外改造酶基因，并定向选择出所需性质的突变酶体。分子进化法可以改进酶的热稳定性、反应活性、底物专一性和对映体选择性等。

酶催化反应动力学主要研究反应速率及其影响因素。酶催化与非酶催化相同，受温度、介质 pH 值、反应物（底物）浓度、酶用量以及抑制剂等因素的影响。其中以底物浓度影响最为明显。假定仅有一种底物（S）在酶（E）的作用下生成一种产物（P），称为单底物酶催化反应。当酶的浓度和其他反应条件都不变的情况下，增加底物浓度，酶催化反应速率与底物浓度的关系呈一条非线性曲线，反映出底物浓度对酶催化反应速率影响的复杂关系，如图 7-2 所示。在底物浓度较低时，反应速率随底物浓度的增加而急剧增加，速率 r 与［S］呈正比关系，表现为一级反应；随着［S］增加，r 的增加率逐渐变小，r 与［S］不再成正比关系，表现为混合级反应；当底物浓度达到一定值时，r 趋于恒定，r 与［S］无关，表现为零级反应，此时反应速率最大为 r_m，［S］出现饱和。r_m-［S］曲线称为酶催化反应的饱和曲线，是酶催化反应的重要特征，是在 1902 年由 Henri 发现的。非酶促反应不存在这种饱和现象。

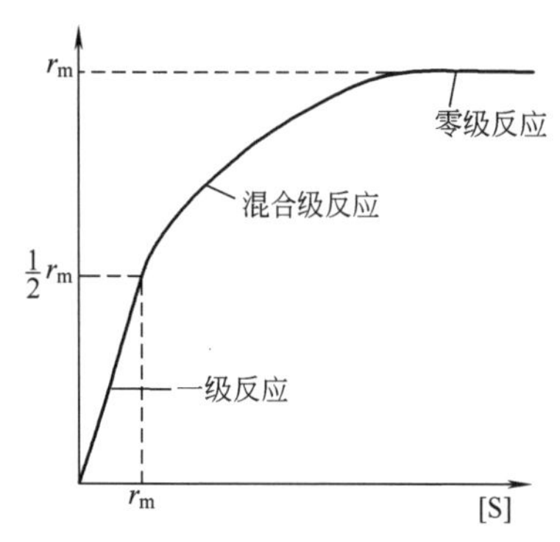

图 7-2 酶催化反应速率 r_m 与［S］的关系

为了解释酶催化反应的饱和曲线，Michaelis-Menten（米-曼）进行了大量实验研究，从假设酶（E）和底物（S）与它们生产的酶-底物复合物（ES）之间存在解离平衡出发，导出了米-曼方程

$$r_p=\frac{r_m[S]}{K_m+[S]} \tag{7-1}$$

式中，r_p 为产物的生成速度或底物的消耗速率；［S］为底物浓度；K_m 为米-曼常数，是 ES 的稳定性量度，等于复合物分解速率的总和，它大于生成速率。

7.5 影响酶催化反应的因素

前一节已讨论了底物浓度对酶催化反应的影响，接下来概述其他影响因素。

温度对酶催化反应的影响，主要体现在两方面：一是升温加速酶催化反应，降温反应速率减慢；二是温度加速酶蛋白质变性，且这种效应是随时间累加的。在反应的最初阶段，酶蛋白质变性尚未表现出来，因此反应的（初）速率随温度升高而加快；但是，随着时间的延长酶蛋白质变性逐渐突显，反应速率随温度变化的效应将逐渐为酶蛋白质变性效应所“抵消”。在一定条件下，每种酶在某一温度其活力最大，该温度称为酶的最适温度。

酶的活性受 pH 值的影响较大。酶显最大活力时的 pH 值称为酶的最适 pH 值。pH 值对酶催化反应的影响主要是：①影响酶和底物的解离，因为酶和底物只有在一定的解离状态下才有利于它们的结合，pH 值的改变会影响它们的解离状态，从而影响酶的催化活性；②影响酶分子的构象，pH 值会影响酶活性中心的构象，使之变性、失活。

凡能提高酶的活性、加速酶催化反应的物质，称为激活剂。酶的激活和酶原的激活是不同的，前者是使已具活性的酶活性提高；后者是使无活性的酶原变成有活性的酶。有些酶的激活剂是金属离子和某些阴离子。如许多酶需要 Mg^{2+}，羧肽酶需要 Zn^{2+}，唾液淀粉酶需要 Cl^- 等。激活剂的作用是相对的，一种酶的激活剂对另一种酶来说也可能是一种抑制剂。不同浓度的激活剂对酶活性的影响也不同。

凡能降低或使酶活力丧失的物质，称为酶的抑制剂。不同物质抑制酶活性的机理是不一样的，可以分为三种情况。

① 失活作用　当酶分子受到一些物理因素或化学元素影响导致次级键破坏，部分或全部改变了酶分子的空间构象，从而引起酶活性降低乃至丧失，这是酶蛋白质变性的结果。

② 抑制作用　酶的必需基团（包括辅酶因子）的性质，受到某种化学物质的影响而发生改变，导致酶活性的降低或丧失，这时酶蛋白质一般并未变性，仅是抑制，有时可用物理或化学方法使酶恢复活性。

③ 去激活作用　用金属螯合剂除去能激活酶的金属离子，如常用的 EDTA 除 Mg^{2+}、Mn^{2+} 等离子，可导致酶的活性改变。但这并不是直接结合，而是间接影响酶的活性。金属离子大多是酶的激活剂，故称这种作用为去激活作用。

抑制剂与酶的作用方式分为不可逆抑制和可逆抑制两类。前者是指抑制剂与酶活性中心的必需基团形成共价键，永久性地使酶失活；后者是使二者非共价结合，具有可逆性。通过透析、超过滤等方法将抑制剂除去后，酶的活性完全恢复。

7.6 生物催化技术的应用 >>>

生物催化与传统化学催化相比，具有反应条件温和、优异的化学选择性、区域选择性和立构选择性，且能耗低、环境友好等特点，特别是对手性化合物的合成更具优势，因而在精细/大宗化学品、医药、食品、化妆品、生物能源、高分子材料、环保、纺织和造纸等工业领域有着广泛的应用。

7.6.1 在手性化合物合成上的应用

生物催化是生物、医药、农业、化工等众多学科研究的热点，其中在手性化合物的合成方面发展最为迅速。手性化合物是医药、农药、香料、功能性化学品等的前驱体、中间体或产品，在精细化学品中占有重要地位，目前各种手性化合物已形成巨大的产品市场。手性技术包括不对称合成和外消旋体拆分两个方面。由于化学手性催化剂的种类和数量有限，立构选择性不高，价格昂贵且不易回收，因而受到了一定的限制。相比之下，作为生物催化剂的酶和微生物种类繁多，可催化众多的有机合成反应且立构选择性高，因而成为手性合成、手性拆分的首选方法。

(1) 酶催化还原

生物催化还原反应可通过氧化还原酶实施，特别是对脱氢、加氢过程。绝大多数的还原反应，可借助 Bakers 酵素（BY）生物催化制备手性合成纤维。传统上 BY 能够将多种取代的羰基还原成羟基化物，这种还原依赖于脱氢酶的存在。

下述模式表达了此种还原的经典案例：

Cl–CH₂–C(=O)–CH₂–COOR —BY→ (*S*)-2a + (*R*)-2b

(*S*)-2a

(*R*)-2b

a: R= C_2H_5, 55% e.e.

b: R= C_8H_{17}, 97% e.e.（e.e.为 enantiomeric excess的缩写，其含义为对映体过量）

BY也能还原活化双键和少数官能团。在一种 α,β-不饱和酯（**A**）中，双键的加氢、缩醛对等体的水解，以及中间醛的还原，引生出手性羟基酯（**B**），连续环化成（S）-内酯（**C**）。同种不饱和物钾盐对映选择的加氢-水解-还原中，允许直接得到手性内酯（**C**）。限于篇幅，更多的案例此处从略。

$(CH_3O)_2HC$ COOEt **A** —BY→ HO COOEt **B** → **C**

$(CH_3O)_2HC$ COOK **D** —a. BY; b. H^+→ O=O **C**

(2) 酶催化氧化

生物催化氧化通常用氧化还原酶进行，而经纯化的酶惯常需要对底物具有催化活性的辅酶。如同还原反应一样，生物催化氧化是用微生物菌体进行，因为这些粗糙体系在其新陈代谢过程中，可以采用酶与辅酶的复合组织机体进行。已商业化的脱氢酶也能在很广泛的底物中实施氧化。对于手性化合物的对映选择性合成，最受欢迎的氧化反应是烯烃或芳烃系统中碳碳双键的羟基化。例如，苯芳环衍生物的生物催化氧化（**E**1～**E**4），以 $P_{p3q}D$ 作为生物催化剂，在实验室阶段可氧化成二醇化物。

R **E** —$P_{p3q}D$→ R OH OH **F**

1. R＝H
2. R＝CH_3
3. R＝CH═CH_2
4. R＝Cl，Br，F，I

—$P_{p3q}D$→ HO OH ＋ OH OH

80％～90％　　10％～15％

(3) 水解反应

在生物催化中，最具开发意义的是内消旋或外消旋混合体的手性底物在水溶液中进行酶催化水解，得到相应的手性产物。这类编号为（3.1.1.n）的水解酶，很多都已经商业化。它们能催化某种给定的化合物（如酯）的分裂反应，在水的作用下分裂成两种分子，即一个酸和一个醇。还有另一类水解反应，它们由另一类水解酶催化，水分子加入到底物上，如氰，只生成一种产物（酰胺）。

第一类水解　　$R^1COOR^2+H_2O \xrightleftharpoons{\text{水解酶}} R^1COOH+R^2OH$

第二类水解　　$RCN+H_2O \xrightleftharpoons{\text{另一类水解酶}} RCNH_2$

水解酶的催化作用不需要辅酶，且产品常是大宗的，其中少数已获得工业应用，如脂肪水解酵素等。下述外消旋的酯［(±)-G］，可通过酶催化水解得到对映选择性拆分产物醇（**H**）。其中，对 R^1 和 R^2 的结构几乎没有什么限制。如若底物选择得当，两种对映的纯醇和未转化的酯收率高达50％。

$$\underset{[(\pm)\text{-}\mathbf{G}]}{R^1CH(OCOR^3)R^2} \xrightarrow[H_2O]{\text{酶}} \underset{\mathbf{H}}{R^1CH(OH)R^2} + \underset{\mathbf{G}}{R^1CH(OCOR^3)R^2}$$

$R^1 = CH_3$、CCl_3、$CHFCl$ 等；$R^2 = Ph$、CH_2Ph、$CH_2CH_2CH{=}C(CH_3)_2$；R^3 为烷基

其他如水合、酯化、酰胺化、碳—碳键生成、加成反应、消除反应等，文献中都有大量报道，此处不再列举。

7.6.2 在精细/大宗化学品工业上的应用

现代精细化工是世界各国化学工业发展的战略重点，也在很大程度上反映了一个国家的化学工业集约化程度和经济的发展水平。为了增加竞争力、提高经济效益和解决精细化工发展面临的能源短缺、资源浪费和环境保护等问题，新技术、新工艺的开发应用成为关键。生物催化技术的兴起，为精细化学品生产的发展带来一个全新的亮点，酶和全细胞生物催化用于生产不同类型的化学和生物物质已经成为一种成熟的工业技术。以下列举几个生物催化在精细化学品和大宗化学工业应用中的案例。

生物催化工业化应用方面最著名的例子是Nitto公司的微生物法生产丙烯酰胺。丙烯酰胺是合成聚丙烯酰胺及其衍生物的原料，而聚丙烯酰胺及其衍生物广泛用于石油回收、废水处理、造纸、农药配方、防止土壤侵蚀和凝胶电泳等领域。目前全球聚丙烯酰胺产能已经超过两千万吨，既是精细化学产品也是大宗化学品。传统上，以铜和硫酸为催化剂，通过在高温下氧化丙烯腈来生产丙烯酰胺，然而，这些方法会造成严重的环境污染。丁腈水合酶（EC 4.2.1.84）的发现及其在丁腈水合中的应用为丙烯酰胺的生产提供了一种新工艺，如下：

$$CH_2{=}CHCN \xrightarrow[+H_2O]{\text{丁腈水合酶}} CH_2{=}CHC(O)NH_2$$

与化学法相比，该法省去了丙烯腈回收工段和铜催化剂的分离工段，反应在常温、常压下进行，降低了能耗，提高了生产安全性，丙烯腈的转化率可达90%以上，且产品纯度高，不造成环境污染，生产经济性高。

乙醇酸是重要的 C_2 化学品，在化妆品、食品工业和生物聚合物的前驱体中有广泛的应用。由乙醇酸聚合成的聚羟基乙酸（PGA）具有高强度、耐高温和低透气性的特性，是食品的理想包装材料。传统的乙醇酸生产方法依赖于甲醛和一氧化碳在高压和高温下通过酸催化反应。而另一种方法是利用腈水解酶（EC 3.5.5.1）、乳醛还原酶（EC 1.1.1.77）和乳醛脱氢酶（EC 1.2.1.22）来水解乙腈，然后转化成乙醇酸。过程如下：

$$H_2C{=}O + HC{\equiv}N \xrightarrow[20^\circ C]{NaOH} HOCH_2C{\equiv}N \xrightarrow[+2H_2O,\ 25^\circ C]{\text{腈水解酶}} HOCH_2COO^-\ NH_4^+ \xrightarrow{IEC} HOCH_2COOH$$

另外一种很有前途的化学品是5-羟甲基糠醛，它可用于合成二甲基呋喃（生物燃料）、乙酰丙酸、己二酸、己内酰胺、己内酯等各种化合物。传统上，羟甲基糠醛是将果糖或葡萄糖等单糖通过酸催化脱水来生产的。而更经济的方法是直接使用葡萄糖或葡萄糖基碳水化合物做原料，通过葡萄糖异构酶（EC 5.3.1.5）的催化作用将葡萄糖异构化，继而脱水生成羟甲基糠醛，该过程的产品产率约为63%～87%（质量分数），如下：

$$\text{葡萄糖} \xrightarrow{\text{葡萄糖异构酶}} \text{果糖} \xrightarrow{\text{脱水}} \text{5-羟甲基糠醛}$$

生物催化在精细化学品和大宗化学品的工业应用众多，著名案例还包括环氧氯丙烷、1,3-丙二醇以及环糊精等的生物催化转化，这里就不一一列出了。

7.6.3 在医药工业上的应用

在过去的几十年里，药物化学品分子结构变得越来越复杂，鉴于公众和环境对绿色技术的需求日益增加，医药行业正在寻求低成本、更安全、更绿色的生物催化过程以替代传统的化学催化过程。下面介绍一些用于制药工业的生物催化案例。

生物法生产烟酰胺是生物催化工业化应用方面最著名的例子之一。烟酰胺是辅酶Ⅰ和辅酶Ⅱ的组成成分，与烟酸一起被总称为维生素 B_3，在医学上主要用于防治糙皮病及口炎、舌炎等病症的治疗。烟酰胺的传统生产方法为烟酸氨化法和烟腈碱水解法，工艺方法落后。目前主要是采用生物催化法制备烟酰胺。瑞士 Lonza 公司是全球最大的烟酸胺生产企业，它利用日本公司的技术建立了全球第一个微生物法生产烟酰胺的工业装置，即采用腈水合酶催化烟腈水合生产烟酰胺，过程如下：

该法的特点是操作简便、反应条件温和、环境污染小、分离提纯简单、产品纯度高。

生物酶在制药工业实际应用中最成功的例子之一是西格列汀的合成。西格列汀是一种治疗Ⅱ型糖尿病的药物，默克公司（Merck）在市场上以 Januvia 的商标销售。研究人员设计了一种 *R*-选择性转氨酶（*R*-ATA，ATA-117）用于丙格列汀酮的不对称胺化，该工艺将浓度为 200g/L 的丙格列汀酮转化为西格列汀，对映体纯度大于 99.95%。与传统的铑（Rh）化学催化过程相比，生物催化过程不仅减少了总的废弃物产生，也免去了贵重金属铑的回收过程，而且产品总得率提高了 10%，显示出优异的竞争力。过程如下：

丙格列汀酮　　50%二甲基亚砜　　西格列汀，99.95%

随着研究的深入，可用于药物合成的生物酶越来越多，但要开发的药物分子的结构也越来越复杂，因此发明各种新工艺用于各种药物的开发。如 Codexis 公司最近开发了一种生物催化工艺，用于生产阿托伐他汀、孟鲁司特、度洛西汀、苯肾上腺素、依折麦布和克唑替尼等畅销药物的中间体。该中间体是基于立体和区域特异性羟化作用，使用乳杆菌中的酮还原酶（KRED）进行催化合成的。此外，多酶法工艺，以及基于多酶法反应的一锅法工艺的开发尝试也越来越多，与传统的化学法和单酶法相比，一锅法避免了多步骤过程，具有较高的对映体选择性和效率。

7.6.4 在食品工业上的应用

生物催化在食品工业中的应用已经有很长时间了，应用大多集中在水解反应，提高产品的溶解性和澄清上。随着人们对食品营养方面的要求越来越高，人们对食物功能性的重视已经超过了对营养的关注，食品工业最近的发展趋势是开发功能性食品，如益生元、低热量甜味剂和稀有糖等。

益生元是由非淀粉多糖和低聚糖组成的膳食物质，包括菊糖、果糖低聚糖、半乳糖低聚糖、乳果糖和母乳低聚糖等。二果糖酸酐（DFA）Ⅲ是一种不造成龋齿的甜味剂和不可消化的双糖，有促进钙、镁和其他矿物质在人体肠道的吸收的功能，它可以由菊粉通过菊粉果糖酵素酶（EC 4.2.2.18）催化生成：

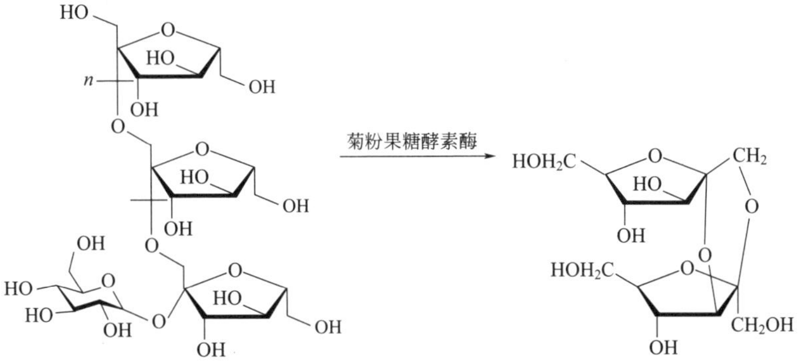

菊粉果糖酵素酶

菊粉

二果糖酸苷
(DFA Ⅲ)

其他一些功能性的食品，如半乳糖低聚糖也是一种有益健康的成分，具有益生元的特性，低聚果糖（FOS）则被用作低热量的人工甜味剂和膳食纤维，可促进人体结肠中双歧杆菌的生长，这些食品都可通过生物催化制取。

7.6.5　在化妆品工业上的应用

化妆品工业中使用的成分大都是从石油化工原料中生产出来的，传统上是采用化学催化过程合成，反应温度较高，产品色泽欠佳，若是含有不饱和化合物的副产物时则往往带有令人不悦的气味，通常这些产品需要进行漂白、除臭、干燥、过滤等下游处理。而生物催化剂的使用则可避免上述不利情况的发生，这对化妆品来说是非常重要的。如 Uniehem International 公司利用固定化的脂肪酶来代替传统的酸法生产十四酸异丙酯、棕榈酸异丙酯和棕榈酸 2-乙基己基酯等，产品质量较高。

熊果苷是最常见的美白产品，具有抑制黑色素细胞生成的作用。生物催化合成熊果苷的酶包括有 α-淀粉酶、α-葡糖苷酶、转葡糖苷酶、蔗糖磷酸化酶和葡聚糖蔗糖酶，如使用糖苷水解酶中的淀粉蔗糖酶（EC 2.4.1.4）催化剂，以蔗糖和对苯二酚为原料，在抗坏血酸浓度为 0.2mM 时，α-熊果苷的得率高于 90%。

润肤酯是一种用途广泛的多功能油脂类化合物，因其具有保湿特性而被用于化妆品中。如肉豆蔻酸十四酯润肤剂的传统生产方法是以草酸锡为催化剂，在高温下通过酯交换反应将植物油和醇进行酯化而生成。若采用 Novozym 435 脂肪酶做催化剂，在 75℃条件下，在没有溶剂、反应物量相等的情况下进行了反应，肉豆酸十四酯的空时收率为 $6731g \cdot d^{-1} \cdot L^{-1}$，显示出好的竞争力。

7.6.6　在生物能源工业上的应用

生物催化技术以可再生的农植物原料来生产清洁能源，这些清洁能源的使用将有助于环境的清洁，符合现代社会发展的方向，未来的需求将越来越大。人们通常将清洁能源分为生物柴油、生物乙醇以及生物氢和生物燃料电池几类。

生物柴油是将动植物油脂在酶催化下酯化，所得的长链脂肪酸单酯碳链中的碳原子数为 15～18，与石油裂化得到的普通柴油相似，其十六烷值、黏度、燃烧热指标均可达到普通柴油的标准，重要的是其闪点比普通柴油高，而浊点则更低，作燃料使用时其具有更高的安全性和抗冻性。生物柴油由可再生的动植物油脂制得，属于可降解的再生能源，含硫量极低，燃烧时产生的废物、废气少，对环境污染小，因此生物柴油的大规模生产受到关注。

生物乙醇则从玉米、甘蔗、甜菜和木薯等为原料制得，可作为石油燃料的替代品或作添加剂使用。当前一般是用酸将生物质水解为糖，或用 α-淀粉酶、葡糖淀粉酶、蔗糖酶、乳糖酶、纤维素酶、半纤维素酶等将淀粉、蔗糖、乳糖、纤维素、半纤维素发酵为糖，这些糖进一步被细菌、酵母菌、真菌发酵产生乙醇。

从生物体中获得氢气的研究大多集中于用氢化酶催化生产氢，例如用糖发酵生产氢，只是普遍产率较低。这促使人们运用基因组数据库、基因组学来寻找新的氢化酶、过氧化物酶和漆酶等。这些酶作为电催化剂时同样有广泛的应用，尤其是在生物燃料电池的发展中得到应用。图 7-3 是初级酶基生物燃料电池的方案。生物燃料在负极被酶氧化产生质子和电子，在正极处氧化剂（通常是氧或过氧化物）与电子和质子反应生成水。生物燃料电池的一个关键挑战是酶和电极之间的低效电子传导，而能观察到的酶和电极之间能直接进行电子转移只有细胞色素 c、漆酶、氢化酶和几种过氧化物酶。目前，对生物燃料电池的研发主要集中在生物催化剂酶的固定化、稳定性以及纳米结构生物催化剂上。

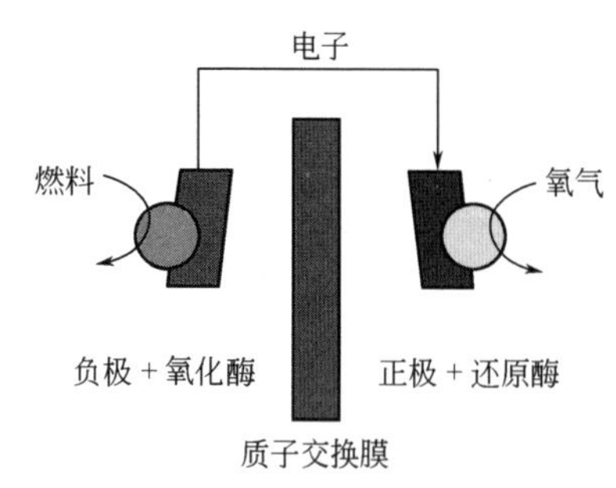

图 7-3　酶基生物燃料电池示意

7.6.7　在高分子工业上的应用

高分子材料是一类极其重要的化学物质，它们广泛地用于人们的日常生活和国民经济之中，常见的高分子合成反应均需要控温、控压，对设备要求高，条件较为苛刻，对环境友好的新方法、新工艺的使用有着迫切的需求。作为绿色化学研究的一个重要部分，生物催化剂用于高分子的合成和改性成为又一个新的研究热点，发展了许多新的方法、反应和工艺，主要集中在以下几个方面：聚合反应、聚合物修饰反应、聚合物降解反应以及单体和低聚物的合成等。

高分子工业中典型的聚酯和聚碳酸酯材料可以方便地通过水解酶、脂肪酶和酯酶催化合成。目前已成功开发了很多反应，包括自身缩聚反应、聚酯交换反应、开环聚合、兼有缩聚、开环聚合和酯交换的反应等。其中聚碳酸酯是当前医用高分子中常用的聚合物，用传统化学合成方法难免带来一系列的后续问题和毒性，而用生物催化合成恰恰能解决这些问题。通过脂肪酶催化可将环状碳酸酯单体进行开环聚合来生产聚碳酸酯，最常见的单体是碳酸环丙酯的开环聚合：

$$\xrightarrow{\text{脂肪酶}} \left[O-CH_2CH_2CH_2-O-C(=O) \right]_n$$

与传统化学聚合相比，生物催化聚合的条件相对温和，生物相容性好，生物酶可在众多反应中重复使用而不会大量损失活性，无需有机溶剂，且无需脱除所使用的有机金属引发剂等。

过氧化物酶和漆酶在苯酚和含苯结构聚合中具有很好的作用，可用于酚类和烯类聚合物的合成，也可用于催化乙烯基单体的自由基聚合。对于单体和低聚物的合成，一个极好的工业应用实例是丙烯酸硅酯的合成，它是一种性能优异的油漆添加剂，传统的化学反应通常需要在高于 100℃的温度下进行，需要使用一种自由基清除剂将反应混合物稳定以抑制不需要的聚合反应。在很多应用中，该过程中所使用的化学催化剂必须除去，这样就增加了成本，反应混合物的颜色也会加深，而酶工艺（使用脂肪酶、酯酶或蛋白酶）则可以避免所有这些问题，该生物催化反应如下：

$$\left[\mathrm{Si(CH_3)(R)}{-}\mathrm{O}\right]_m\left[\mathrm{Si(CH_3)(O{-}R'{-}OH)}{-}\mathrm{O}\right]_n + \mathrm{H_2C{=}CH{-}\overset{\displaystyle O}{\overset{\|}{C}}{-}OBu} \xrightarrow[\substack{70℃\\ -\mathrm{BuOH}}]{(\text{脂肪酶})} \left[\mathrm{Si(CH_3)(R)}{-}\mathrm{O}\right]_m\left[\mathrm{Si(CH_3)(O{-}R'{-}O{-}C({=}O){-}CH{=}CH_2)}{-}\mathrm{O}\right]_n$$

R= 烷基
R′= 聚醚联接

7.6.8　在环保工业上的应用

绝大多数的外源性化合物可被酶生物降解，例如多环芳烃、多硝基芳香化合物、杀虫剂、植物漂白污水、合成染料以及防腐剂等。进行酶生物除污的关键是在操作时保持酶的活性最佳，还要求酶价格低廉，对底物的亲和性高，支持产物的转化等。在生物除污中研究最多的酶是细菌单加氧酶或双加氧酶、还原酶、脱卤酶、细胞色素 P450 单加氧酶，以及漆酶、木质素酶、细菌磷酸三酯酶等。其中漆酶是被广泛研究的一种酶，它可以通过空气中的氧气直接催化氧化分解各种酚类染料、氯酚、硫酚、双酚 A 以及芳香胺等。在一定条件下，漆酶甚至可以催化降解与木质素相关的二苯基甲烷、*N*-取代对苯基二胺、有机磷化合物（农药）及二噁英等。由于漆酶具有相当广泛的底物专一性和较好的稳定性，在治理含酚废水、纺织印染废水和造纸工业废水以及在生物传感器等方面有着广泛的应用前景。

7.6.9　在纺织工业上的应用

在纺织工业中，棉花在转化为织物和纱线之前，要经过精炼、漂白、染色和抛光等各种工艺处理，这些过程消耗着大量的能源、各种化学助剂和水，也排放出大量的废物。为了开发更清洁的工艺，酶的使用正在迅速增加。典型的案例是使用来自木霉菌的纤维素酶对牛仔裤进行染色，以及对羊毛进行生物炭化处理；在抛光工序中可使用纤维素酶和蛋白酶清除染料以改善颜色和表面鲜亮度以及抗起皱等。

7.6.10　在造纸工业上的应用

在造纸工业中，木聚糖酶和木质素酶被广泛用作去除木质素和半纤维素，以提高纸浆质量；脂肪酶则用于降解木材中存在的沥青质物质；而纤维素酶则被用于对报纸等印刷品进行的废纸回收工艺中。在传统化学制浆过程中需要使用大量的碱和氯气，而如果过程中使用漆酶则可避免使用元素氯，还可以减少对臭氧层的破坏和酸化废物的排放，以及降低能耗。

7.7　生物催化的发展趋势 >>>

欧美各国和日本已制定出今后数十年利用生物过程技术取代化工过程的战略计划，这将对包括化学工业、制药工业和农业在内的多种产业带来极其深远的影响。

对于生物催化和生物转化的研究，目前国外的发展趋势是：发掘生物多样性研究；生物催化剂修饰、改造的基本方法研究；生物催化反应过程的研究。酶的固定化是酶催化实现工业化的重要条件之一，便于控制，重复使用，为工业化生产的规模化、连续化和自动化创造条件。这种将酶直接用于化工生产的反应系统称为生物反应器，是近年来发展的新技术，可用于工业生产、化学分析和临床诊断等多方面。

天然酶在手性合成的应用中遇到了一些无法解决的问题，如至今尚未发现催化 Diels-Alder 反应和一些重排反应的酶，以及有些手性合成所需产物构型与天然酶催化产生的产物构型相反等。这促使化学家和生物学家去探索人工酶的设计和制造。人们将化学与免疫学相结合产生了催化抗体，又称抗体酶。经过多年的努力，目前科学家们已开发出近百种抗体酶，有些已商业化，为手性合成提供了新的机遇。

抗体是动物为了对抗外来物质的入侵而合成的一种蛋白质。诱导抗体形成的外来大分子称为抗原。抗体和抗原有特异的亲和性，这与酶和底物的结合非常相似，所不同的是，抗体具有可变性，而且还可以与形形色色的抗原相结合，这种结合估计多达 10^{11} 种。分子生物学研究表明，构成抗体的一个完整的可变化区，理论上可以有数以千计的组合方式，这就是抗体多样性的分子基础。酶催化的前提条件就是与底物的结合，如果使抗体获得酶那样的催化特性，那它就比酶更具优势，因为抗体的多样性可以大大拓宽其催化作用的领域，抗体的精细识别能力使之几乎可以与任何天然或人工合成的分子结合。将酶的高效催化能力和抗体的高度选择性巧妙结合的产物就是抗体酶或称催化抗体。抗体酶的化学本质是蛋白质，故与天然蛋白质酶有一定的相似性；天然蛋白质酶的催化活性是在自然界中历经数万年生物进化得来的，而抗体酶的催化活性仅经过数周由人工设计的生物进化演变而来。因此，抗体酶是一种没有自然进化完全的蛋白质酶。所以抗体酶的催化效率远不如天然酶，前者对底物的专一性和反应主体选择性也不及后者。但一种抗体酶可能催化多种化合物的转化，这又是其他蛋白质酶所不具备的。

自 1986 年抗体酶研制获得成功，这预示着今后似乎可以为任何一个有意义的化学反应设计一种酶。获得抗体酶有两个关键问题：一是设计和合成与底物过渡态类似的抗原；二是制备较纯的催化抗体。抗体酶是一个新兴的研究领域。抗体酶的优越性在于它突破了酶催化反应不能普遍化的限制，扩大了酶的催化范围。可以想见，随着抗体酶研究的深入，其实际应用将成为新的热点。抗体酶的应用必将为人类带来巨大的利益。

酶催化剂包括生物酶催化剂和模拟酶催化剂两部分。随着酶催化的发展，生物酶催化剂不仅包括酶本身，还包括整个细胞。它们可以来自动物、植物和微生物。模拟酶是根据酶的作用原理、酶活性中心起关键作用的部分结构，完全采用化学合成方法制成的新型酶分子。化学家按此原则进行模拟酶研究，取得了可喜的成果。酶催化剂的分类如图 7-4 所示。

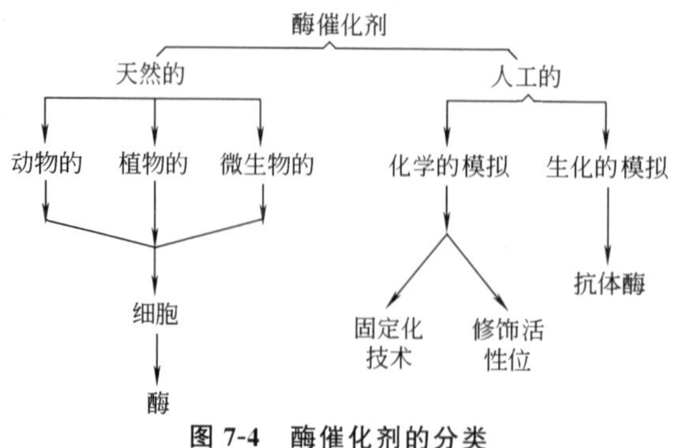

图 7-4　酶催化剂的分类

生物酶的化学模拟可以从两个方面着手：一方面是寻找酶结构的相似性；另一方面是寻求酶功能化的酶模型。由于生物酶结构非常复杂，加之表征手段有限，目前完全从分子水平上对生物酶进行全合成是不可能的；只能就其活性中心结构，亦即金属和配体进行模拟。作为寻求结构相似性的一个例证，人们发现不同的酶其活性中心都有氯化高铁血红素的存在，如在用过氧化氢酶催化的歧化反应中，底物在过氧化氢酶的作用下，从分子氧中取出一个氧原子插入其分子中，就涉及这种氯化高铁血红素。这样就可考虑合成结构类似的金属卟啉络合物来模拟酶的作用。另一个例证是单核铜络合物，其结构和功能类似于半乳糖氧化酶的活性中心，含有 Cu^{+}/Cu^{2+} 氧化还原耦合对，在配体中还原一个半醌基，用于电子的直接传递。这种模拟酶能够选择性催化苯甲基或脂肪基伯醇以 O_2 作为氧化剂氧化成相应的醛。还可查找到更多结构上模拟酶活性金属中心的例证。

寻求功能类似酶的模型的研究，大多数集中在细胞色素 P-450 的合成上，用 Fe(111) 卟啉和 Mn(111) 卟啉作为模型。模拟细胞色素 P-450 以制取烷烃功能化催化剂。它应具有以下特性：烷烃用 O_2 或过氧化物活化；非极性分子择优吸附；催化剂具有高活性、高选择性和长寿命。采用这种体系的主要问题是：强氧化反应介质导致卟啉环的氧化断裂。为了解决这个问题，目前采用固相化的金属卟啉作为模拟细胞色素 P-450 作用的模型已被应用于烃类的氧化反应中。20 世纪 80 年代以来，陆续发现某些无机材料如介孔分子筛和半导体等，不仅可作为酶载体，也可在温和条件下催化某些化学反应，具有类似生物酶的功能，被视为功能性化学模拟酶催化剂。

分子印迹技术和分子识别概念也都用于模拟酶催化剂的设计与制备。

第8章 工业催化剂的设计

工业催化剂的开发研究分两种情况：一种是全新工艺过程开发的催化剂，从构思开始都是全新的；另一种是在已有催化剂的基础上加以更新改造。这两种任务是不尽相同的。

第一种情况较少。例如，自20世纪70年代以来，由于世界石油市场出现了经济和政治的复杂因素，促使进行由甲烷氧化偶联制乙烯的开发研究。这是全新的工艺，基本没有专利催化剂文献，由于没有专利的约束。故全世界数万家实验室将周期表中几乎所有适合作催化剂的元素都做了实验，最终发现几种有希望的催化剂，其中一种就是LiCl/MgO型的。

在已有催化剂的基础上更新改造，这种情况更多。这种研究创新不属于起始性的，而属于改造性的。例如，丙烯氨氧化制丙烯腈用催化剂，最初Sohio公司开发的Bi-Mo-P体系，属创始性的专利。后来世界各大石化公司，包括中国上海石化研究院，在其基础上开发出各自多组元的丙烯腈催化剂。工业催化剂的研制开发任务，绝大多数是属于这种类型的。根据起始创新型的催化剂，研制工业化最佳的催化剂。

工业催化剂的使用单位、生产厂家和设计研制者之间，着重考虑的问题是各不相同的。使用单位关心的是催化剂促进反应的功能及其使用性能；生产厂家关心的是将催化剂作为一种产品的生产过程，当然也要考虑用户的特定需要；设计研制者集中考虑的是催化剂的构造（孔结构及其分布、比表面积、活性组分的分布、结构密度和颗粒度等）、晶相特征（物相、固熔体、合金等）、电子结构（电子能级、元素价态、金属的d%特征等）以及表面的酸碱性、吸附性能和氧化-还原能力等。三者之间通过催化剂的性能和使用效果联系沟通，通过不断的改造完善，达到最佳化。

8.1 工业催化剂的设计方法 >>>

工业催化剂的设计与开发，会涉及许多学科和领域。催化剂多为无机材料，催化反应有无机的、有机的、高分子的，催化剂只能催化热力学上可行的反应。催化作用属于表面现象，故工业催化剂的开发需要较好地掌握无机材料、有机反应和物理化学原理等方面的知识。

一种催化过程的设计，包括催化剂在内，在原则上可以区分成三个不同的层次：第一个层次是在原子、分子水平上设计催化剂的活性组分、活性位，主要涉及催化材料化学和催化原理；第二个层次是在介观尺度上设计催化剂粒子的大小、形貌、表面与孔结构；第三个层次是在宏观的尺度上设计催化反应的传递过程和反应器。三个层次之间的关联如图8-1所示。

故工业催化剂的设计除掌握基础化学知识外，还需要较好地了解传递过程和反应工程学。催化剂的测试表征需应用许多现代分析技术。工业催化与相关学科和技术的关联如图 8-2所示。

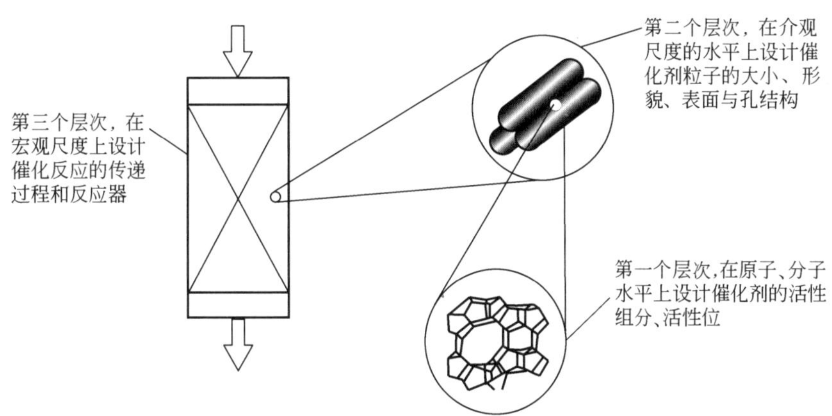

图 8-1　多相催化剂及催化反应系统的设计

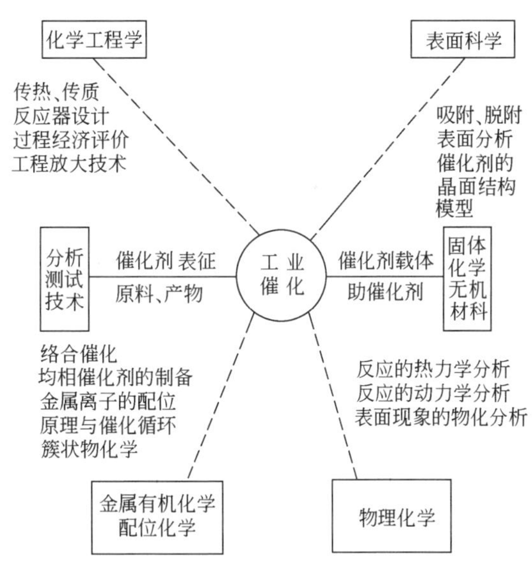

图 8-2　工业催化与相关学科和技术的关联

催化剂的设计方法，拟按两种方法讨论，即框图程序设计方法、催化剂和催化反应类型设计方法。

8.2 催化剂设计的框图程序 >>>

1968 年前后，英国的催化科学家 D. A. Dowden 根据当时催化科学与技术的发展水平，在国际上第一次提出催化剂设计构想。他当时的想法是从催化反应出发，确定目的反应和寄生反应，再根据这些反应的自由焓变和反应的形式（如脱氢、加氨等）强化目的反应，抑制副反应；然后根据催化剂的属性（酸碱性、氧化能力等）预示和挑选实现这种目标可能的催化剂。这就是 D. A. Dowden 设计催化剂的方法论。

D. L. Trimm 教授进一步发挥了设计构想，并有专著问世。他认为催化剂设计就是根据已确立的概念和催化原理，合理地应用现有资料为某一反应选择一种适合的催化剂，经过大量的实践和经验积累，现在已有一定的原则来完成这一目的。催化剂设计过程应该是合理编排这些资料的过程。于是他就以开发全新的催化剂和改造更新现有催化剂的设计，提出了一个合乎逻辑的程序，称为催化剂总体设计程序，如图 8-3 所示，以此作为设计科学的基础。他也强调指出，设计毕竟是一复杂的过程，设计预测的可能是几种适当的催化剂，再经验证选择，预测结果的准确性也只能用验证试验加以考核。但是采用这种适宜的设计方法，被测试的催化剂数量将会大大地减少。他同时还强调，这种方法仍处于发展中，包括他的专著，只能看作催化剂设计这一巨大工程中的航标，而远非终点。

20 世纪 60 年代中期，日本学者米田幸夫提出“数值触媒学”，将多相催化剂的化学特性数值（如酸、碱性和氧化能力的强度分布）与反应基质的分子物性（如热力学数据、量子化学的反应指数等）进行线性关联，然后又从催化剂的变量中挑选出结构上的钝性、敏感性与催化反应速率和选择性数值进行关联，以预测催化剂的制造与筛选。他就新反应的探索、代用催化剂的开发和已有催化剂的改进，与御园生诚共同提出了催化剂的设计程序，如图 8-4所示。

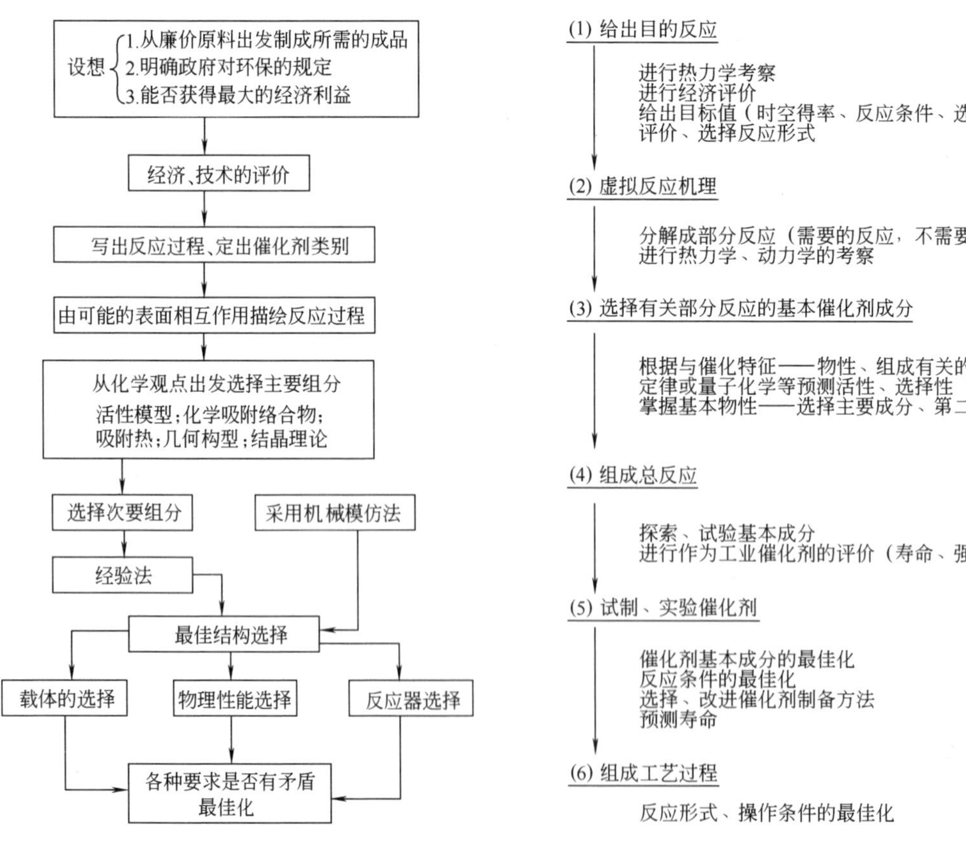

图 8-3　Trimm 的催化剂总体设计程序　　**图 8-4　催化剂设计程序(省略反馈过程)**

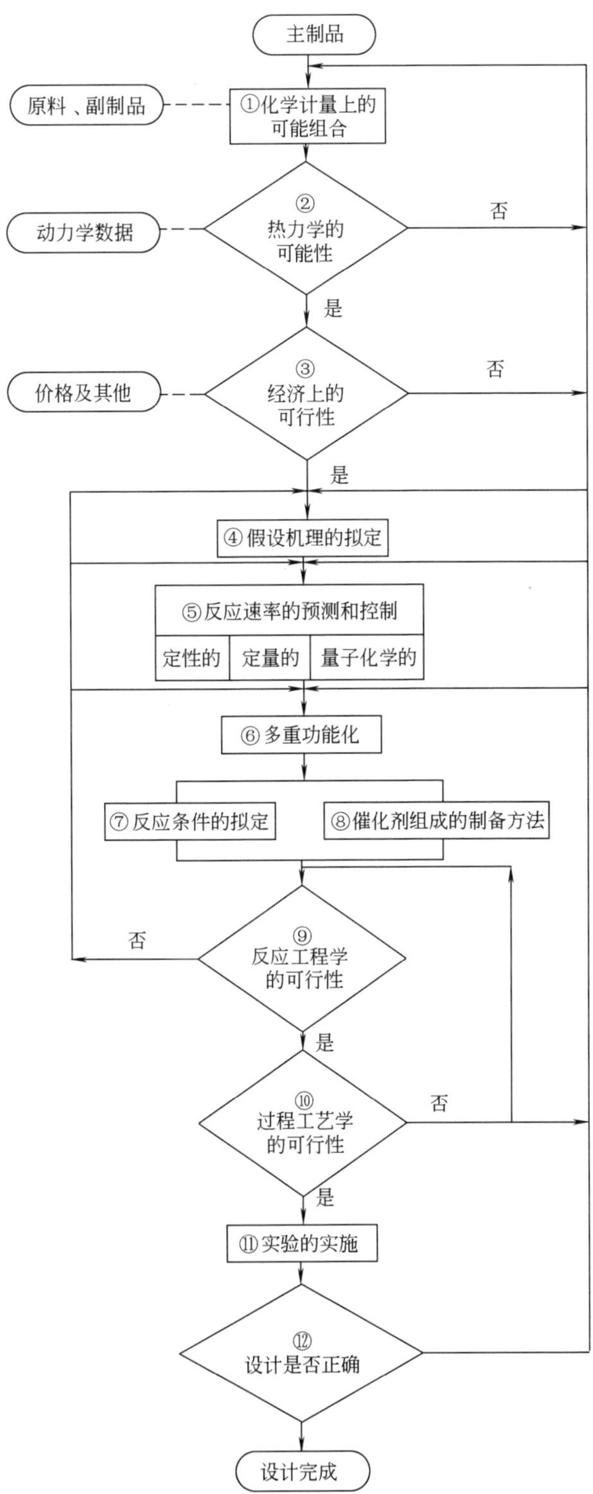
主制品
原料、副制品
①化学计量上的可能组合
动力学数据
②热力学的可能性
否
是
价格及其他
③经济上的可行性
否
是
④假设机理的拟定
⑤反应速率的预测和控制
定性的
定量的
量子化学的
⑥多重功能化
⑦反应条件的拟定
⑧催化剂组成的制备方法
否
⑨反应工程学的可行性
是
⑩过程工艺学的可行性
否
是
⑪实验的实施
⑫设计是否正确
设计完成

图 8-5　催化剂设计框图

他们同样强调其设计程序是处于发展中的，对于今后的展望结合“数值触媒学”强调了三点：一是物性数据的测定，建议采用多种现代谱仪测定表面结构、元素价态、酸碱强度分布的原位 FTIR 法和 ESCA 法研究；二是建议大学与企业通力合作，发现问题依靠大学，承担新型催化剂的实践依靠企业。如 20 世纪 50 年代 Linde 公司开发的沸石催化效应，70 年代 Mobil 公司开发的 ZSM-5 型催化剂，80 年代以来的杂多化合物催化体系的研究；三是开发计算机的辅助设计，编制催化剂数据库，开发催化剂设计的人工智能系统。米田幸夫和御园生诚的这些建议对推动工业催化剂的设计研究和开发，起到了积极的作用。

综合上述几位学者对催化剂设计的构思，推荐的催化剂设计框图程序如图 8-5 所示。它包括 12 个步骤，可应用于全新催化剂的开发；对于原有催化剂的更新改造，可以根据实际已有的资料数据或需要，省略其中的某一步或某几步。后面拟针对催化剂组成设计作进一步的论述，使其更具参考价值；然后就使用催化剂的环境设计做适当讨论，作为催化剂粒度、形貌设计的参考。

8.3 催化剂主要组分的设计 >>>

催化剂的设计，最主要的是寻求主要组分。主要组分找不到、找不好，设计必然失败。关于主要组分的选择可以遵循某些基本原理，如基于吸附作用，也可以基于反应分子活化模式分析，还可以基于催化剂几何构型因素等。这些方法可能各有一定作用，也可能全然无效，但应对其有所了解，可以尝试。

催化作用涉及配位化学键合，有三种理论解释这种键合，即价键理论、分子轨道理论和晶体场或配位场理论。Dowden 曾采用晶体场理论设计并解释 O_2、H_2、H_2O 等分子在离子型晶体上的活化吸附与吸附态。他设计以 MgO 作为吸附剂。对于完整的菱镁矿晶体的 [001] 晶面来说，每个表面离子位于金字塔构型中心，各表面原子的电子能态可用已知的整体状态法加以测定，即把 O_2 的解离活化吸附分解成三个连续的过程，先从晶面上除去格子氧 O^{2-}

$$O^{2-} \longrightarrow O_{gas}^{2-} + V_o + \frac{4\alpha e^2}{r} - R \tag{8-1}$$

再将 O_{gas}^{2-} 变为 O_{gas}^{-}

$$O_{gas}^{2-} \longrightarrow O_{gas}^{-} + e^- + E \tag{8-2}$$

最后使晶格中的 O_{gas}^{-} 位被吸附氧取代

$$V_o + O_{gas}^{-} \longrightarrow O^- - \frac{2\alpha e^2}{r} + (R_o - \omega) \tag{8-3}$$

这三个过程的加和组成氧的化学吸附。其中，V_o 为空位；α 为 Modelung 常数；e 为电子电荷；r 为离子半径；R 为相邻 O^{2-} 间的相斥能；R_o 为相邻 O^- 的相斥能；E 为电子亲和能；ω 为格子极化能。

将实验得到的 R_o、R、ω、E 和 $\frac{2\alpha e^2}{r}$ 等数据代入求算，即可得出表面氧吸附的电子能态为－9.4eV。如果再将晶格不完整性（通常会如此）考虑进去，对于 MgO，由于 Mg^{2+} 空位造成电离能（$4\alpha e^2/r$）和格子亲和能（E）发生变化，最后得到的数据为－10eV，能较好地与实验结果相吻合。

Dowden 用类似的方法处理了 H_2 在 MgO 上吸附的物种（可能的吸附态）：中性分子（H_2、H），离子化物种（H_2^+、H^+、H_2^-、H^-）。其吸附过程可表达为

$$H_2(g) \rightleftharpoons 2H(g) + 4.5eV$$
$$Mg_m^{2+} + O^{2-} \rightleftharpoons Mg_m^{+} + O^{-} + 5eV$$
$$Mg_m^{+} + H(g) \rightleftharpoons MgH_m^{+} - 2.1eV$$
$$O^{-} + H(g) \rightleftharpoons OH^{-} - 4.7eV$$

$$Mg_m^{2+} + O^{2-} + H_2(g) \longrightarrow MgH_m^{+} + OH^{-} + 2.7eV$$

式中，下标 m 表示格子金属。整个吸附过程的能量变化为+2.7eV，这表明 H_2 在 MgO 上为弱的化学吸附，因为 Mg^{2+} 是不可还原的，实验证明确实如此。有关离子式计算参见相关文献。

固体催化剂表面的吸附，可以看作为配位数的改变。例如在面心晶格结构中，化学吸附导致其配位数的改变。

[100] 面：从四角棱锥体变为正八面体。

[111] 面：从三角形变为正四面体，最后变为正八面体。

[110] 面：从正四面体变为平面棱锥体，再变为正八面体。

根据这些配位数的变化，可以计算出相应的晶体场稳定化能（CFSE），数据可参见 Trimm 的专著。计算表明，不论配位数如何变化，能量变化显示轨道上的电子数为零（d^0）和为10(d^{10})之间有双峰分布存在，如图 8-6 所示。这是 Dowden 和 Wells 研究气体在离子型金属氧化物上化学吸附得出的场效应。当人们认识到多相催化的重要前奏是化学吸附时，这些规律性的结果对判断和了解催化活性是有指导意义的，对于催化剂设计来说也很有参考价值，当然对这些做进一步的改进也是有可能的。如将催化看作表面上进行的反应，计算的复杂性会加大，而所得结果未必更准确。

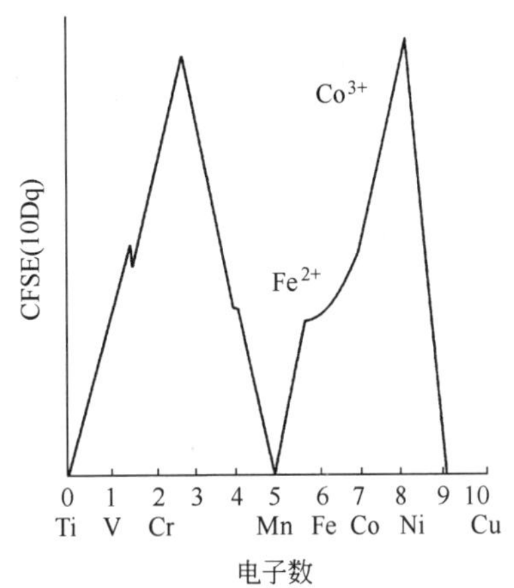

图 8-6　d 电子数与 CFSE 的对画线

基于半导体电子能带理论设计主催化组分也有成功的实例，下面以催化氧化反应予以说明。催化氧化反应机理可简述为

$$\text{反应物} + [\text{催化剂}] \longrightarrow [\text{反应物}]^{+} + [\text{催化剂}]^{-}$$
（e^- 由反应物转移至[催化剂]）

$$[\text{催化剂}]^{-} \quad O_2 \longrightarrow \text{催化剂} + O_2^{-}$$
（e^- 由[催化剂]$^-$ 转移至 O_2）

$$[\text{反应物}]^{+} + O_2^{-} \longrightarrow \text{含氧的氧化产物}$$

经典实例是 N_2O 催化分解用催化剂类型的选择，反应如下

$$2N_2O = 2N_2 + O_2$$

$$\overset{*}{N_2O} + [\text{催化剂}] \longrightarrow N_2 + \overset{*}{O^{-}}[\text{催化剂}] \quad (8\text{-}4)$$
（e^- 由[催化剂]转移至 N_2O）

$$2\overset{*}{O^{-}}[\text{催化剂}] \longrightarrow O_2 + 2e^{-}[\text{催化剂}] \quad (8\text{-}5)$$

式(8-4)×2+式(8-5) 即得出 $2N_2O$ 催化分解为 $2N_2$ 和 O_2。因为 n 型半导体给出电子 e^-，p 型半导体接受电子 e^-。此处要求 p 型，事实上 p 型半导体为活性催化剂。理论研究表明，

对于许多涉及氧的反应，p 型半导体氧化物（有可利用的空穴）最具活性，绝缘体次之，n 型半导体氧化物最差。活性最高的半导体氧化物催化剂，常是易于与反应物交换格子氧的催化剂。N_2O 的催化分解、CO 的催化氧化、烃的选择性催化都遵循这种规律。NiO 和 CoO 均为 p 型半导体，在 400℃以下对 N_2O 的催化分解具有较好的活性。

8.4 催化剂次要组分的设计 >>>

由于催化剂主要组分在活性和选择性方面不够理想，经试验检验和考证应加以调整，需要加入另外的组分以资促进，其加入量远小于主要组分，称为次要组分。次要组分的作用和功能可以是助催化剂、抑制剂、隔离剂等，这里不包括载体。研究次要组分的设计方法大体可分成两类：

第一类方法是针对问题的症结所在，运用催化科学的一般知识加以解决，着重于实用性、简易可行。例如，设计烃类异构化催化剂要使用酸性组分，但不希望酸性太强，不然会导致产物裂化，要降低催化剂的酸位就要加入碱作为次要组分来毒化一部分酸性组分。又如设计甲烷化用催化剂，推测从活性中心除去水能加速甲烷化进程，故可采用缺氧的氧化物作次要组分，因为 $MO_{x-1}+H_2O(g) \longrightarrow MO_x+H_2\uparrow$ 可以除去水。各种缺氧的氧化物中以 UO_2/U_3O_8 的脱水活性最强，故在甲烷化反应中 UO_2/U_3O_8 作为次要组分的确会加速甲烷化反应的进行。再如设计烯烃氧化脱氢芳构化用催化剂，该反应中生成的深度氧化产物 CO_2 是不希望的副产物。因为 CO_2 的生成需要更多的 O_2，若在设计主要组分时加入少量能摒弃氧的添加物作为次要组分，就能抑制 CO_2 的生成，提高反应的选择性。

第二类方法是通过催化机理的研究，弄清催化作用细节，以便对催化剂进行最佳的精细调节。进行正确的机理研究就能取得非常有效的结果。机理研究很费时，且不能保证一定正确可靠。机理研究广泛采用现代的分析谱仪技术研究表面过程，包括吸附、反应、脱附乃至迁移传递等，如 FIIR、XPS、TPD、TPR 都很有效；早期采用同位素标记化合物也很有启发。通过反应机理研究催化剂次要组分的设计，需要知道某一特定变化对反应机理造成的影响。现代发展了两种较为实用的方法：一种是研究催化剂的类似物，可以通过控制初始催化剂一种组分的位置或价态进行调变。这样的类似物催化剂体系有：钙钛矿型、白钨矿型、硫钾钠铝矿型等。下面以钙钛矿型为例说明。该物的组成式为 $CaTiO_3$，在此族系中有众多的混合氧化物，通式为 ABO_3，它们都有相同的晶体结构。作为催化剂其催化活性与其表相及体相的化学、物理性质紧密相关联，在维护其基本构造不变的前提下，包括阳离子物种和阴、阳离子空位等组成可以广泛地变换，以调节催化活性和选择性。这类体系累积了极多的结构、性能信息。用作催化剂设计（含主要、次要组分）的对策有：A、B 位元素的选取，价态和空位的控制，B 位两种阳离子的协同效应或双功能催化作用，催化剂表面积的增强作用等。例如，$LaCoO_3$(属 ABO_3 型）设计用于 CO 氧化型催化剂，其活性强弱取决于 B(B=Mn、Fe、Co 等）位元素的种类，$LaCoO_3$ 催化活性最高。为了进一步提高其催化活性，将晶格中的 La^{3+} 部分为 Sr^{2+} 所取代。由于 La^{3+}、Sr^{2+} 部分取代造成电荷不平衡，导致 Co^{3+} 的相同份额由 Co^{3+} 氧化成 Co^{4+}，故分子式变为 $La^{3+}_{1-x}Sr^{2+}_xCo^{3+}_{1-x}Co^{4+}_xO_3$。因为 Co^{4+} 属于非正常价态，趋于部分还原，从晶格中放出 O^{2-}，增强了 Sr^{2+} 部分取代 La^{3+} 形成的催化剂的氧化能力，故催化活性增强。这种控制 B 位元素价态的方法，是次要组分设计的有力工具之一。这种价态变化和氧空位的形成，关系到每种钙钛矿型结构的热力学稳定性、温度和体系氧分压，要针对具体对象具体分析。提高这类催化剂的活性，还可以将 ABO_3 高度分散在 ZrO_2 型载体上，起增大表面积的作用。

基于催化机理研究设计次要组分的另一种方法，是利用制备足够小的金属簇状物，可以消除载体的影响，除极邻近的效应以外，再无其他的配体效应（包括电子效应和几何构型效应）。这种多原子的簇状物可以有两种以上的不同金属组分，可以考察主从效应。问题主要在于对簇状物的特定属性不够了解，无法明确如何根据需要进行变化，又如何有效地对变化加以控制。故据此作为设计次要组分的方法还有待发展和完善，只能作为一种潜在的有发展前途的工具。

8.5 催化剂类型的设计 >>>

固体催化剂，按材料化学可以区分为不同的类型，如金属、合金型，半导体氧化物、硫化物型，固体酸、固体碱型，复合氧化物，以及近年来发展迅速的沸石分子筛型等。作为模型研究的催化剂体系还有单晶材料型、金属薄膜型、负载的金属簇状物型以及近几年发明的玻璃金属型或称非晶态金属型等。工业大量应用的催化剂主要是前述几种。这些工业催化剂不仅材质互不相同，而且制作方法也是彼此各异，它们在各自的催化反应领域中平行发展，共同促进和完善催化科学技术这门学科。从催化剂设计的角度出发，可以根据长期的实践总结、归纳出的经验规则和定律，结合催化作用原理进行有效的设计，下面分别论述。

8.5.1 块状金属催化剂

金属催化剂是一类重要的催化剂，广泛应用于化工、石油炼制和环境保护等过程。此处所指的块状金属催化剂，主要限于金属以特定的、分离的金属相形式存在的催化剂，如氨氧化制硝酸的贵金属催化剂、甲醇氧化制甲醛的银催化剂、加氢用骨架镍催化剂等。许多含有化合态金属的催化剂不在此系列。金属适合用作怎样类型的催化剂要看其对反应物的相容性。发生催化反应时，反应物与催化剂要相互作用，但除表面外不得深入到体相内，此即相容性。例如过渡金属对加氢、脱氢是很好的催化剂，因为 H_2 很易在金属表面吸附，反应不进行到表层以下。但是，一般金属不能作为氧化反应的催化剂，因为它们在反应条件下很快被氧化，一直进行到体相内部。只有贵金属（如 Pd、Pt，包括 Ag）在相应的温度下能抗拒氧化，可用作氧化型催化剂。故对金属催化剂首先要认识其相容性。

8.5.1.1 熔融态催化剂

采用熔融法制备的多相催化剂为数不多，主要是因为这是一种耗能的高温熔融过程。近年来开发了摩擦化学法和火焰水解法，前者尚处于研究开发的初期阶段，后者类似于湿化学的溶胶-凝胶过程。熔融态催化剂没有载体，属于非负载型催化剂的一个小分支，不应将其与非负载型催化剂等同起来。传统的制备法是将组成原子经高温熔融形成所需的块状物，这是原子混合分散过程，遵从热力学规律，有大量的相图数据和精细结构的研究资料，金属冶金学能提供完整的制备工艺和产品性能表征。熔融催化剂的制备步骤与湿化学沉淀法的比较见表 8-1。

表 8-1 固体催化剂熔融法和湿化学沉淀法的主要反应步骤

反应步骤	熔融法	湿化学沉淀法
原子的混合	在熔融态	在溶液态
产物特性	可能为合金，常为互化物	常为溶剂配合物
组成修饰	采用挥发组分，常用热化学还原	常用溶剂配位交换

续表

反应步骤	熔融法	湿化学沉淀法
固化操作	分步冷却或骤冷，对控制化学结构和长程有序极为重要	沉淀难以控制，具有分子均匀的微细粒子
焙烧	不需要	用于脱除溶剂，进行复杂反应，难以控制
成型	碾压、筛分、接丝、造粒	加压挤出成型

对比两种方法可以清楚地看到，制造反应过程的动力学差别将会导致不同的亚微观和宏观结构，这些严重地影响催化剂特性，故需要对这些在分析上难以表述的参数严加控制，以便得到确切的原子排列或局部电子结构，正是这些结构参数决定着给定材料的活性中心分布和丰度。据此可以认为，在某些特定情况下只得采用熔融这种耗能的方法，因为除此之外得不到最终催化剂的最佳亚微观和宏观结构。

熔融法制成的催化剂，可在原子分散态中将结构组元结合，而不需要在溶液态或固态中混合。熔融提供了引发固有的原子水平分散的分布方法，采用精心控制的固化过程，能保证熔融态的介稳结构，直到在使用温度下仍为介稳态。在熔融过程中，合金化簇状物或 OXO 络合物这类的“分子”行为有可能发生，催化剂最终短程的有序是预定的。贵金属与前过渡元素之间借助熔融法制成的合金都是这方面的例证。

根据上述分析，熔融块状催化剂的设计，主要控制两个方面：一是组成物料的熔融过程；二是原子分散体系的精心控制固相化。二者的结合使催化剂具有希望的亚微观/宏观的几何和化学结构，如图 8-7 所示。

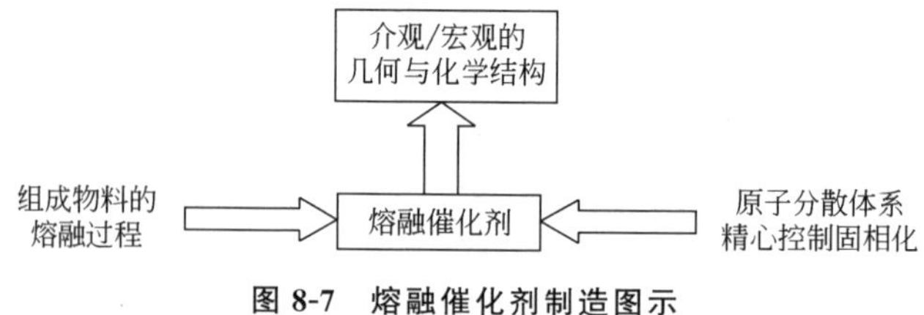

图 8-7 熔融催化剂制造图示

从理论上还需要进一步说明两点：一是熔融态下化学结构的预示，组成物料结构单元（原子、离子、分子）的运动，受控于布朗运动式的统计分布，也受控于物系的化学位和施加的外场（如机械搅拌力场、气体散出的扰动、电弧熔融炉产生的电场等），促使多向异性运动和出现浓度梯度，给预示带来困难；二是熔体的分步冷却或骤冷，分步冷却会导致达到热力学平衡时的稳态结构，骤冷才能达到所期望的介稳结构。一般降温速率要在 100K/s 以上。用于设计多组元反应混合物系相图所需的 T/t 峰值基本没有，这也给熔融催化剂的预设计造成困难。文献中有少许的经验规则可供参考。如指出当骤冷速率在 100～10000K/s 之间时，可导致熔体的长程有序结构得以修饰。在如此快速的固化下，由于时间过短，克服结构组元的运动还不能完全得到它所需的活化能，即还来不及达到平均自由步长与结构组元维数相当，故熔体的单元混乱取向得以保持，最终得到的是玻璃态。有关无定形（非晶态）金属催化剂的制备在前文有简单介绍。有关这类介稳催化材料（包括熔融催化剂）的亚微观结构及表征，需要时可参考专门文献。

8.5.1.2 骨架金属催化剂

自 20 世纪 20 年代 M. Raney 发明了骨架 Ni 催化剂以来，又发现了骨架 Cu 催化剂，它们分别由 Ni-Al 或 Al-Cu 合金制造，再后来又发展了骨架 Co、Pt、Pd 等二元合金系以及少数加入 Mo、Cr、Zn 作第三组分的三元系催化剂，最通用的仍然是骨架 Ni 和骨架 Cu，都用于选择加氢。Ni 活性高，Cu 次之，但骨架 Cu 的选择性更好，现在多用于腈类的选择性加氢反应。骨架金属催化剂的主要优点是：易于以活性金属相的形态贮存，不像一般负载型的金属催化剂，先以氧化物形态负载在载体上，变为活性相时要预先还原处理；制备也比较简单，使用前用苛性碱浸渍即成，且批量制造时其均匀性和重复性都很好，颗粒大小也易于控制；BET 表面实质上都是金属表面，对于骨架 Ni 可达 $100m^2/g$，骨架 Cu 为 $30m^2/g$，故活性高，抗毒能力强，金属耗量低，可根据不同反应床层的需要或成型为大颗粒状（固定床）或微粒粉状（浆态床）；所有骨架金属催化剂都具有极好的导热性能。

骨架金属催化剂的制造程序并不复杂，二元金属系主要是选好活性组分（Ni、Cu 等）对骨架支撑物（Al）的适当比例，采用感应电炉和石墨坩埚在熔点温度区熔化成合金，再根据应用需要造粒成型，配制适宜的碱液沥取活化，用液体（一般为水，最好用异丙醇）贮存待用。从设计角度考虑，主要优化所需的活性和选择性，是否需要加入第三组元金属，再就是针对特定的用途进行优化。

制备组成的优化主要依据二元、三元合金相图。对于 Ni-Al 合金系来说，组成含 42%（质量分数，下同）Ni 的对应于 $NiAl_3$，含 60%Ni 的对应于 Ni_2Al_3，通常工业上应用的骨架 Ni 催化剂多系含 50%Ni，其中各组成的体积比为 Ni_2Al_3 ∶ $NiAl_3$ ∶共熔体＝48∶42∶2。对于 Cu-Al 合金系来说，含 40%Cu、60%Al 合金制成的催化剂，加氢活性最好，而大多数通用的 Cu-Al 合金，二者各含 50%，其中主要含有纯 $CuAl_2$ 相和少量 Al-$CuAl_2$ 共熔体。采用第三组元助催的骨架 Ni 催化剂，组成的优化在于第三组元金属（Co、Cr、Fe、Mo、Cu 等）及其含量。文献推荐的一种选择性加氢催化剂，组成为 58%Al、37%～42%Ni，第三组元含量为 0～5%，后者的最佳含量分别为 Mo 2.2%、Cr 1.5%、Cu 4.0%、Co 2.5%以上。其中以 Mo 的助催化效果最好。沥取活化时用苛性碱除去 Al，优化参数包括碱浓度和沥取温度。碱控制得当既有利于将铝以 $NaAlO_2$ 形式除去，且又防止了氢氧化铝沉淀的生成，推荐采用 20%～40%的 NaOH。沥取温度对制得的骨架催化剂的孔结构和表面积影响较大，升高温度导致表面积下降，微晶长大，类似于烧结；温度过低，沥取速率过慢，应优化达到最佳宏观结构的催化剂。对于 50%Ni 合金，用 40%NaOH 沥取以 323K 为宜；对于 50%Cu 合金，用 40%NaOH 沥取，最适宜的温度为 293K。

优化设计特定用途的骨架催化剂，主要有 Zn 助催的骨架 Cu-Zn 催化剂，既可用于低温合成甲醇，取代共沉淀的 CuO-ZnO-Al_2O_3 催化剂；也可用于水煤气变换反应，取代现行的 WGS 催化剂。这两种优化设计的骨架 Cu-Zn 催化剂有较好的应用前景。而且还有可能应用于其他的催化反应，包括甲醇脱氢制甲酸甲酯、甲酸烷基酯水解制醇等。用于低温合成甲醇催化剂的最佳组成为 50%Al、33%～43%Cu、7%～17%Zn；用于水煤气变换催化剂的最佳组成为 42.2%Cu、43.5%Al、14.33%Zn。所有这些骨架 Cu-Zn 催化剂，在活性和选择性方面都超过原有的催化剂。

8.5.2　负载金属催化剂

很多工业实用的催化剂是金属负载型的，将一种或几种催化活性的金属组分负载在高表面积载体上，其主要目的在于最佳分散催化活性组分，且稳定化防止烧结。研究负载型催化剂的文献很多，其内容多为具体的制备方法和表征研究，有关的设计所需的概念和逻辑分析很少。因此，这类催化剂的设计仅限于讨论：给定催化反应所需的活性中心性质或活性组分及其在分子水平上的再现性，包括中心元素的氧化态、配位体的性能与对称性，尤其是载体的构型与键合、配位数和配位不饱和等。负载催化剂制备的关键步骤是：一是将活性组分前驱体以分散的形式沉积在载体上；二是将这种前驱态转变成所希望的催化活性态。

8.5.2.1 金属催化剂活性的理论分析

Somorjai 曾多次在不同场合指出，为什么金属是很好的催化剂？为什么 d 电子过渡金属是这样好的催化剂？这是与金属结构特别是表面结构的特性相联系的。金属有着裸露的表面，这意味着其表面至少有一个以上的原子配位不饱和；从能量上来说，这种部位处于能量非稳或介稳状态，故对表面区的气态物质具有很强的吸附趋势。根据金属结构和结合的能带理论或价键理论计算分析，过渡金属表面能使一些双原子分子顺利地发生解离吸附，然后将这些解离的原子提供给另外的表面反应分子或中间物。H_2、O_2、N_2、CO 等是重要的键能传递的双原子分子，故过渡金属表面能成为既可使分子解离吸附又能释放原子与其他分子反应的热力学推动力。过渡金属在催化反应中的重要作用之一是能提供从解离吸附开始，经过表面多次键的生成和断裂的复杂重排过程，直到生成反应产物并最后脱附这一系列复杂的催化过程。

金属表面还具有其他一些独特性质，即多种可利用的反应中心的密度很高。这是因为不仅最上层的原子可以成为结合中心，即同时与 1、2、3 或 4 金属原子成键的可能，次层中的原子也有成键的可能性，而且许多实验证明了这种可能。所有这些位置相互靠近的程度，是吸附物种在表面上停留时间内可以通过扩散达到的。这样一来就有许多其他可能的成键格局。这两方面的特性结合在一起，使金属作为催化剂能在许多催化反应中既活泼又有效；又由于结合位置的多样性，使几个竞争反应以相似的概率发生，从而降低了反应的选择性。故挑选金属作催化剂时，首先是选择设计好活性中心的利用，同时也要选择屏蔽某些金属结合位，通过加入适合的共吸附质改变另外一些吸附位，这就构成了催化剂设计配方的组成部分。

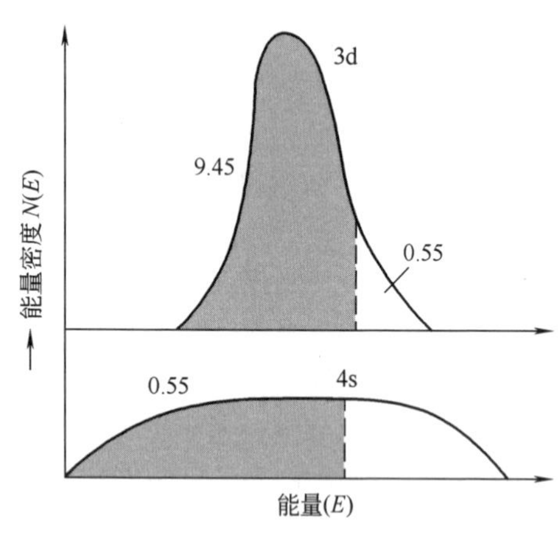

图 8-8 Ni 的价带结构示意

为什么 d 电子过渡金属是这样好的催化剂？金属能带结构理论用 d 空穴概念解释了催化活性的变化。以 Ni 催化剂为例说明（见图 8-8）。Ni 原子的 3d 壳层有 $3d^8 4s^2$，当 Ni 原子凝聚成金属 Ni 时（金属原子之间有凝聚作用，这是金属之所以具有较大的导热性、导电性、延展性和机械强度的原因），原子间发生相互作用，轨道发生重叠或称简并，能带变宽，其 3d 与 4s 重叠较多，影响 d 带的填充度。Ni 原子的 10 个电子中平均 9.45 个填充到 3d 带上，余下的 0.55 个电子填充到 4s 带上。因为 d 带能填充 10 个电子，故保留有 0.55 个空穴。其他过渡金属也有相类似的情况，金属 Co 为 0.75 个空穴，金属 Fe 为 0.95 个空穴，非过渡元素 d 带完全填满。d 带空穴越多，则该金属从外界获得电子或吸附反应物与之成键的能力越大。不同的过渡金属 d 带空穴不同，其催化活性就彼此相异。

例如，苯加氢制环己烷，采用 Ni 为催化剂，因为金属 Ni 的 d 空穴多，故活性好；如对同一反应，采用 Ni-Cu 合金作催化剂，因 Cu 的 d 带已被电子填充满，形成合金后，Cu 的 d 电子向 Ni 的 d 带上流入，导致 Ni 的 d 带空穴减少，故加氢活性下降。又例如苯乙烯加氢生成乙苯，同样用金属 Ni 作催化剂，活性很高；但用 Ni-Fe 合金作催化剂，按理活性应更好，因为 Fe 的 d 带也有空穴，但活性反而下降。理论解释为 d 带空穴不是越多越好，过多可能吸附、键合过强反而对催化不利。实际上严格的能带模型是很不精确的。20 世纪 80 年代中期，Somorjai 根据分子表面科学的最新成就，提出了一种新的金属催化理论，与能带结构理论的定性结果仍保持一致，但概念完全不同。新理论认为：d 电子金属的 d 带，是与 s 电子态和 p 电子态叠加简并的，能够提供高浓度的低能电子态和电子空穴态，由于这些低能简并的电子能态的存在，且浓度很高，就允许电荷涨落、电子组态涨落和电子自旋态涨落，这对化学键的破坏和形成是十分有利的，故对催化作用是理想的。这些涨落过程，发生在高配位数的金属中心处，根据该中心位于晶面的不同部位，可以计算出其空穴态的密度（n），它是电荷涨落概率的尺度。如在 Ni（111）表面 $n=0.38$，在台阶顶 $n=0.25$，在台阶底 $n=0.52$ 等。活性中心的原子配位数越高，电子空穴态密度（n）越高。故具有台阶、棱等高活性中心对催化反应较有利。

催化活性与 d% 特征的关系是 20 世纪 50 年代后期起催化价键理论所讨论的内容。金属结构的价键理论出自美国的化学家 L. Pauling。对于 d 电子金属提出有两种不同性质的 d 轨道：一种是用于 dsp 杂化的，用作相邻金属原子间的键合，称为成键 d 轨道；另一种仍为未键合的原子 d 轨道，与金属的化学吸附能力有关。以 Ni 为例说明。Ni 原子的价层电子为 $3d^8 4s^2$，形成金属 Ni 时，每个 Ni 原子用 6 个 dsp 杂化轨道分别与周围的 6 个 Ni 形成金属键。磁化率的测试表明，金属 Ni 中有两种共存的电子结构状态。因为磁性是由原子 d 轨道的不成对电子引起的，理论推测这两种电子结构分别为五价镍（Ni-A）和六价镍（Ni-B），含量分别为 30% 和 70%，各自的电子结构和杂化轨道如图 8-9 所示。

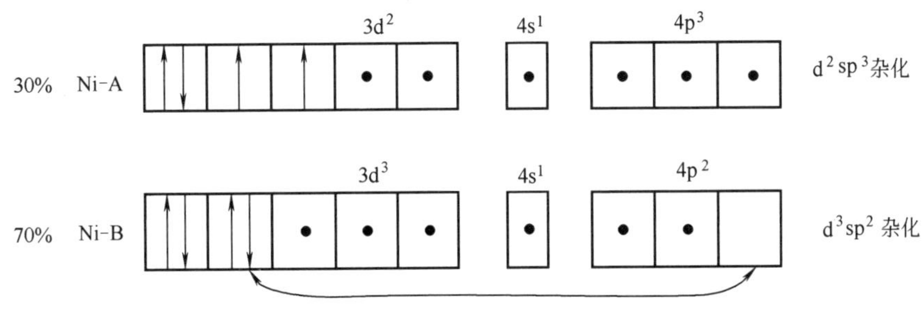

图 8-9 Ni 的电子结构和杂化轨道

（Ni-A 为五价镍，Ni-B 为六价镍）

价键理论提出，表面成键轨道中 d 轨道所占的比例，称为 d% 特征。如图 8-9 所示，Ni-A 中为 $d\%=2/6$，Ni-B 中为 $d\%=3/7$，故金属 Ni 的 $d\%=30\times2/6+70\times3/7=40$。采用类似的方法，可以推算出其他过渡金属的 d% 特征，相应的数据见表 8-2。

表 8-2 过渡金属金属键的 d% 特征①

ⅢB	ⅣB	ⅤB	ⅥB	ⅦB	Ⅷ$_1$B	Ⅷ$_2$B	Ⅷ$_3$B	ⅠB
Sc	Ti	V	Cr	Mm	Fe	Co	Ni	Cu
20	27	35	39	40	39.5	40	40	36
Y	Zr	Nb	Mo	Tc	Ru	Rh	Pd	Ag
19	31	39	43	46	50	50	46	36
La	Hf	Ta	W	Re	Os	Ir	Pt	Au
19	29	39	43	46	49	49	44	—

① 参见 Pauling L. The Nature of Chemical Bond. New York：Cornell Univ. Press，1960.

金属键的 d%特征数据常以经验方法与化学吸附或催化数据关联起来。对于气体在金属表面上的化学吸附，可以利用尚未饱和的成键杂化轨道，也可以利用未键合的原子 d 轨道。由于后者所处的能级比前者的高，因此吸附首先发生在未成键的原子 d 轨道上，但成键叠加的最大原则要求，杂化轨道叠加大，形成的吸附键更强。对于催化反应来说，以烯烃的加氢为例说明。过渡金属中许多都具有加氢活性，其顺序为：

$$Rh>Pd>Pt>Ni>Fe>W>Cr>Ta$$

这些金属的催化加氢活性与其 d%特征的关系如图 8-10 所示。

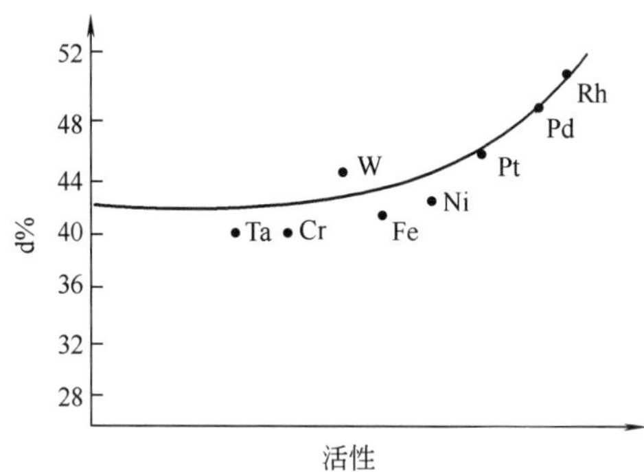

图 8-10 过渡金属乙烯催化加氢活性与 d%特征的关系

过渡金属催化剂也是氢与氘同位素交换反应的良好催化剂。例如

$$D_2+NH_3 \rightleftharpoons NH_2D+HD$$

用 Rh、Pd、Pt、Ni 等一系列过渡金属催化，其交换反应活性与过渡金属的 d%特征之间也有很好的特性对应关系。金属键合中，d%特征越大，表明 d 轨道填充越满，d 空穴就越少。这里所说的 d 空穴与金属能带理论所说的 d 空穴基本相似，都是定性的、半经验性的概念，可用于对金属催化实验结果进行关联。

除此之外，文献中还有用金属晶格几何构型参数讨论催化活性的，还有从金属离子的“硬”或“软”度讨论的，这些经验性的概念定则各自都能关联一些实验事实，限于篇幅此处从略。

8.5.2.2 活性组分的负载

首先是负载方法的选择。现今常用的方法有浸渍法、离子交换性、锚定或称化学嫁接法、接枝法、敷散法和润湿法等，其中使用最多的是浸渍法和离子交换法。近年来沉积沉淀法（尤其是化学沉积法）有了新的发展。

从设计优化的角度考虑，浸渍法的影响因素较多，优化的余地较大，研究工作也较为深入，已接近分子设计水平。浸渍法根据载体孔隙空间是否充满浸渍液区分成毛细管浸渍和扩散浸渍两种情况，各有不同的影响控制因素。

毛细管浸渍又称干浸法，开始时载体孔隙空间仅为室温空气，当含有活性组分前驱体的溶液与干载体接触时，浸渍液与载体孔隙间产生毛细管压力，促使浸渍液进入孔内。此压力是很大的，可达几十至上百兆帕，孔内空气被压缩最后为浸渍液取代。所有干浸孔隙体积 V_ρ 与浸渍液体积相等，最后孔隙外无过剩浸渍液。毛细管浸渍法主要优化三个参数：一是浸渍的热效应，用固-液界面取代固-气界面会导致体系很大的自由能下降，释放出很强的热效应会带来影响；二是毛细管渗透压很大，载体孔隙壁有时可能承受不了，会影响其机械强度；三是毛细管浸渍速率。浸渍时间一般控制在数秒钟，主要考虑孔内空气的压缩和最终大孔中气泡的消除。浸渍时间的长短与活性组分定位的深度有关：在外扩散区可浅一些，动力学区居中，内扩散区更深一些。

扩散浸渍法又称湿浸法。在浸渍液接触载体之前先用溶剂将其孔充满饱和，催化活性组分借助浓度梯度扩散进入内孔壁。与毛细管浸渍不同，这时不会产生放热效应，也不会在孔隙内产生高的压力，浸渍时间明显要长很多。由于浸渍过程中溶质的扩散迁移作用，会发生从大孔转移到小孔的迁移，造成分布不均匀，这是扩散浸渍法的主要特征。为了改善这种情况，采用保持颗粒外浸渍液浓度始终恒定不变的办法，显然达到均匀浓度理论上需要无限长的时间，P. B. Weisz 提出松弛时间常数概念（τ），它表示非常接近平衡所需的时间

$$\tau=\frac{R^2}{D}\frac{\beta}{e}K=\frac{R^2}{D_{\text{eff}}}$$

式中，R 为长度参数（球形颗粒时为半径）；D 为溶剂中前驱物的扩散系数；β 为弯曲因子；e 为孔隙分数；K 为前驱物与载体相互作用系数（无作用时 $K=1$）；$D_{\text{eff}}=eD/(\beta K)$，为有效扩散系数（指活性组分在固体颗粒内）。$\beta$ 值在 1.3～10 之间，多取 2～5；e 多在0.3～0.7 之间，在液相中 D 一般为 $10^{-5}\text{cm}^2/\text{s}$。假定粒子半径为 2mm，$K=1$，则

$$\beta=1.3,\ \tau\approx 3\text{h}$$

$$\beta=5.0,\ \tau\approx 12\text{h}$$

由于 τ 正比于半径平方，降低颗粒大小就会显著缩短达平衡所需的时间。当活性组分与载体间无明显相互作用时，制备负载催化剂一般不采用扩散浸渍法。为了改善传统的浸渍法，在操作工艺和设备上做出了一系列改进，如采用非水溶剂和表面张力大的溶剂浸渍，采用加热条件浸渍和流体浸渍，采用蒸气态、熔盐态进行浸渍，采用混合组合和有竞争组分浸渍等。

负载型催化剂的操作性能很严格地依赖于活性组分在载体内的分布。浸渍法制得的催化剂主要有四种分布类型：均匀分布型；蛋壳结构型，活性组分浓集于载体的外表壳层；蛋白结构型，活性组分较集中于内层，形成一亚表层；蛋黄结构型，活性组分沉积在载体的核心部分。

文献中对不同分布催化剂的操作性能有着广泛的研究。在不存在传质扩散限制的情况下，为了获得单位体积催化剂床层的最高催化活性，活性组分在载体上的均匀分布是普遍认同的。如有传质扩散限制存在，且效率因子小于 1 时，采用蛋壳结构型的外壳分布负载为好，既保证了总体有效活性，又节省了催化活性材料，一举两得。对于遵循 Langmuir 动力学方程的双分子反应，如 CO 在贵金属负载型催化剂上的催化氧化，这时一个组分（此处是 CO）强烈快速吸附，扩散阻力强化了表面反应速率。韦潜昌等从理论上分析论证了蛋黄结构型的分布是活性最高的。对于各种不同类型的多相催化反应，包括简单的、并行和连串复杂的、存在或不存在粒子内的传质阻力、等温或非等温的、催化活性组分的最佳分布问题，已有详尽的综述评论。

催化剂的操作性能有活性、选择性、失活、中毒等，某一种性能最佳，不一定对其他性能也是最佳的。同一种催化剂，最初新鲜的与老化的情况可能不同；低温下的活性可能与高温下的活性刚好相反。这些都是正常的、合理的。所以在实际的催化剂设计时，根据具体要求要兼顾到催化剂不同的操作性能。例如，活性与稳定性常会有矛盾。活性分布的活性组合，也容易为毒物毒害，故要将促进活性与阻止中毒、失活协调考虑。Hegedus 和 Summers 基于上述原理设计制备了用于汽车尾气净化的三种贵金属组分催化剂。

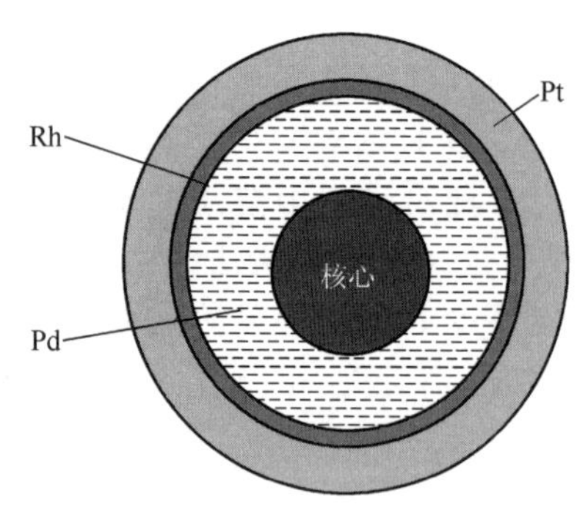

图 8-11 低 Rh 型三种贵金属（Pt、Rh、Pd）汽车尾气净化催化剂

注意到对载体孔结构和表面修饰的同时，设计三种贵金属在载体上的渗入与分布，以便促进更好的催化活性和阻止毒物（如 P、Pb 等）的中毒。构型为 Pt 在外层，Rh 在靠内的环分布，Pd 在最内环，如图 8-11 所示。

活性组分的负载，除浸渍法外视活性物种的化学形态还可采用离子交换法，化学嫁接法、沉积沉淀法等。采用这些方法制备某种催化剂的具体设计，应是已知既定反应的活性中心组分，且能够在分子水平上使之再现，包括催化剂活性元素的氧化态、配位环境的性质和对称特性，即不同配体的性能和数目，特别是配合键的性质和配位不饱和数等。成功设计出的特定催化剂，其活性、选择性、稳定性和再生性都应具有特定属性，并与其理化性能相关联，进而联系到制备方法的各种参数。设计细节可以参考有关的文献。

8.5.2.3 载体的作用与功能

金属催化剂尤其是过渡金属催化剂，常以微晶粒子形式分散在载体上，以便形成较大的金属表面积。过去广泛的研究工作已经证明，载体的组成能够影响金属的活性，且很强烈。文献中广为介绍的载体金属间的强相互作用（SMSI）早已众所周知。通过浸渍程序或离子交换方法等制备的负载型金属催化剂，在还原气压下经高于 773K 的高温热处理后，可能会发生两种极限情况：如果载体组分是不迁移的，则强相互作用发生在金属粒子与载体之间，金属组分在载体表面分散开来，以环岛状负载，如图 8-12(a) 所示；若金属熔点高，且载体组分是可迁移的，则强相互作用表现为金属被载体氧化物被润湿，使得金属粒子被封包，如图 8-12(b) 所示。以 TiO_2、V_2O_5、Nb_2O_5 和 Ta_2O_5 等为载体的负载型金属催化剂，都观测到这种 SMSI 效应，而以 SiO_2、Al_2O_3、ZrO_2 和 MgO 等为载体的负载型金属催化剂则不显示 SMSI 效应。能够显示 SMSI 效应的载体氧化物，都是在热处理条件下可以被还原的，而不显示 SMSI 效应的载体氧化物都是不可还原的。显然，载体氧化物可以被部分还原是导致金属粒子被封包、表现出 SMSI 效应的必要条件之一。

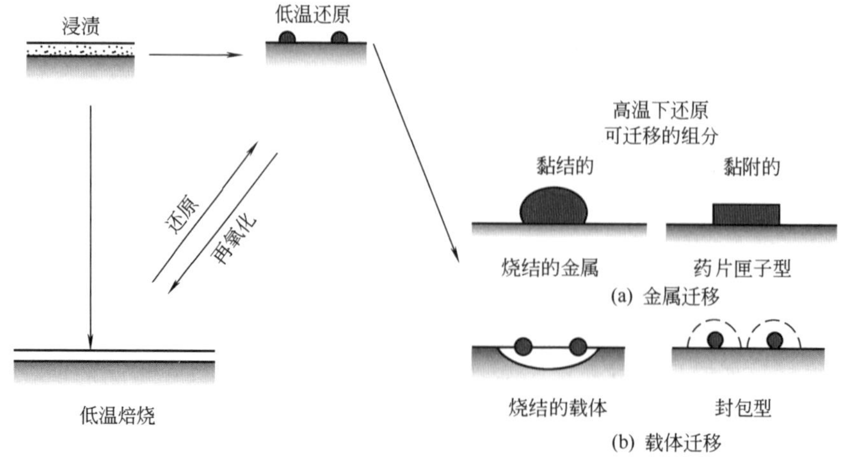

图 8-12 金属-载体相互作用示意图

发生在活性组分与载体之间的强相互作用力是短程的，应该局限在金属与载体氧化物的界面处，故在金属粒子上形成的氧化物封包膜应是单层的，超过单封包层的润湿或黏附力急速趋于零。这已得到实验的有力证明。

据此可以认为，当活性组分的负载量超过载体的理论单层负载值后，就应形成活性相粒子或微晶。利用 SMSI 原理可制备负载氧化物单层催化剂。事实上近年来采用固相机械混合法制备了多种工业应用的负载氧化物单层催化剂，这种程序的主要优点之一是避免了操作溶液相浸渍，还发展了负载氧化物膜修饰过渡金属催化剂的活性和选择性的设计方法。

8.5.2.4 负载的金属氧化物对过渡金属催化剂的影响

前已述及，负载型金属催化剂，常采用湿浸法或离子交换技术制备，制备过程以及随后的还原过程中，常发生负载的金属粒子被涂饰或部分封包。涂饰时一小部分载体氧化物先溶解，待干燥处理时，先溶出的部分与金属前驱物一道以氧化物的形式沉积在新形成的金属粒子之上。发生载体氧化物沉积的程度，既关系到氧化物的溶解度，也与湿浸液的 pH 值有关。金属粒子的被覆盖，也可以发生在还原处理时载体氧化物的迁移过程中。此时，迁移的程度关联到还原温度靠近迁移氧化物的塔曼温度，越是靠近越有利于迁移到分散的金属粒子之上。文献中有关过渡金属催化剂采用 TiO_2、Ta_2O_5、Nb_2O_5、V_2O_5 或 Fe_2O_3 沉积于其上，有不少的研究报道都有相类似的效应。

下面以负载 Rh 催化剂催化 CO_2 加氢甲烷化为例，表明单层 TiO_2 沉积在 Rh 上对加氢活性的影响。用无 TiO_2 覆盖的 Rh 催化剂催化 CO_2 加氢时，活性比较低；若在相同的操作条件下，TiO_2 的覆盖率达 0.5mL（接近于覆盖最大）时，甲烷的生成速率达最大值，接近洁净 Rh 催化剂生成速率的 16 倍。当覆盖率超过 0.5mL 时，甲烷的生成速率迅速降低，甚至低到洁净 Rh 催化剂的生成速率以下（见图 8-13）。因为催化 CO_2 加氢甲烷化的金属 Rh 离子定位在覆盖层界面处，而涂饰或封包的单层 TiO_2 覆盖了活性组分 Rh 以孤岛形式分布［见图 8-12(a)］用于覆盖的 TiO_2 耗量为 0.5mL 时，位于界面处的 Rh 离子的表面浓度最大。这就是甲烷化生成速率最大的原因所在。进一步的解释可参见 CO_2 在 Rh 催化剂上的加氢机理分析。

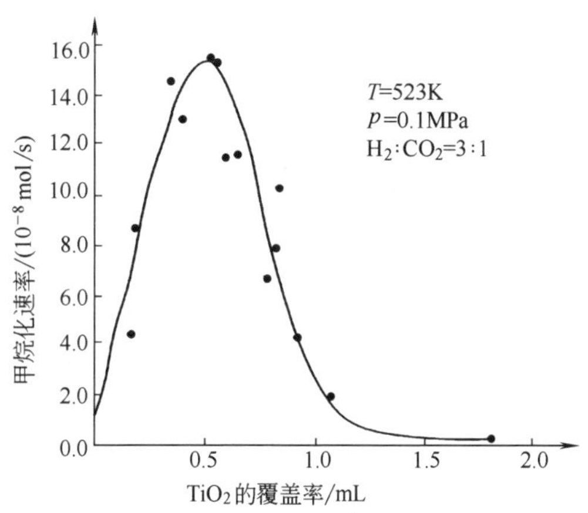

图 8-13 CO_2 加氢用 Rh 经 TiO_2 单层覆盖与甲烷生成速率的关系

Bell 等通过对 Ru、Rh、Pt 等过渡金属催化剂的活性和选择性研究，证明在其表层覆盖 TiO_2、Nb_2O_5、V_2O_5 等可变价金属氧化物时会产生强的影响。对于极性反应物，如 CO、NO、$(CH_3)_2CO$ 等，反应速率得到很大的提高。这是由于反应分子与催化剂阳离子之间的 L 酸、碱作用的结果，反应分子偶极端的 O 原子（L 碱）与暴露在覆盖氧化物周边处的金属阳离子（L 酸）会发生酸碱相互作用。金属离子的 L 酸度越强，其促进的效应越大。当金属表面被单层氧化物覆盖一半时促进效应最大，因为这时氧化物周边位处的浓度是最大的。

8.5.2.5 过渡金属负载氧化物催化剂

由于 SMSI 效应的研究，尤其是发现这种作用力的短程性质，导致界面限制形成单覆盖层。将该方法应用于负载型工业催化剂的设计，开发了过渡金属氧化物单层固相机械混合法，已经成功设计制造的单层型工业催化剂有 MoO_3 基、V_2O_5 基和 WO_3 基等催化剂，它们可分别应用于选择性催化氧化反应和 NO_x 的选择性催化还原等。

制作程序是将一种可迁移的活性相氧化物分散在另一种不可迁移的载体氧化物上。要求作为载体氧化物的表面自由能大于活性相氧化物的表面自由能，且满足 $U_{as}>2\gamma_{ag}$ 条件。其中，U_{as} 为单位界面处活性相与载体相的相互作用能；γ_{ag} 为活性相与气相处的表面自由能。这样才可能发生活性相在载体相表面层的散开。不幸的是 U_{as} 常是未知数，但可以认定，若两种氧化物之间发生化学的固相反应形成第三种化合物，如 MoO_3 与 TiO_2 之间经固相反应形成 $Ti(MoO_4)_2$，就会对 U_{as} 做出较大的贡献。实验证明，MoO_3 易于在 TiO_2 上分散，而在 SiO_2 上不易分散。实际制造时还要求两组分的粉体处于微晶粒度，彼此有最佳的混合，以便得到均匀的产物。如果粒度未达到必要的极限值，还需要预研磨。最后，在氧气、活性相熔点高温下进行热处理，制成最终催化剂。MoO_3 分散在 TiO_2 上的热处理条件为：温度 720K，用 32mbar 饱和水蒸气在 O_2 气流下处理 5h，直至用低能离子散射谱检测 TiO_2 表面形成单层 MoO_3 为止。V_2O_5 的熔点较低，故在较低的温度下热处理就会产生较多的迁移。已有较多的研究工作证明 V_2O_5/TiO_2 体系上 V_2O_5 的单层分散。WO_3/TiO_2 催化剂由于 WO_3 的熔点高，具有低迁移性，故观测到表面有 WO_3 与 TiO_2 的混合物。但经 820K 热处理，仍用低能离子散射谱测出 WO_3 的分散。

这种单层氧化物负载的催化剂是近十多年来开发的新领域，研究工作仍有待深化，有广阔的应用前景。

8.6 固体催化剂设计的新思路 >>>

8.6.1 利用酶催化原理设计

酶化学活性的优势在固体催化材料中是独一无二的。将酶催化原理借用到非生物质催化材料上，形成催化实体，这种构思是由美国 CIT 化工系的 M. E. Davis 教授在第 12 届国际催化会议上提出的。其关键论点，不是仿造生物催化剂，而是要从蛋白质基质系统学习其作用机制，并将这种本质特征借用到非生物质衍生的材料上，使其具有催化功能。

(1) 酶/抗体催化模型

酶的化学活性，典型的是通过以下三个步骤实现：有一正确的氨基酸功能基团三维构型，提供与反应物间的多位相互作用，以利于发生催化反应；反应物的键合作用，促使在氨基酸活性位区域内产生三维构象的相应变化；这种结构上的相应变化，使得氨基酸功能基团与反应物之间形成特定匹配，允许发生催化反应。非反应物也可能键合，但由于相互作用的匹配不当，不能发生反应。酶加速反应是通过降低活化过渡态能垒，要求蛋白质具有最佳的键合、非反应物不键合状态。

Pauling 在 50 多年前就曾首先提出：酶选择性地键合反应的过渡态，而抗体键合分子的基态。这种模式导致形成了一种观念：抗体自升到基态分子，一种近似的过渡态，即稳定的过渡态类似物（transition state analogue，TSA）。通过抗体自升到 TSA，它就可能有补偿到过渡态的键合区，据此，TSA 是过渡态的一种基态近似。通过创建一种环境，能使过渡态得以稳定化，就能降低活化能，加速反应，如图 8-14 所示。

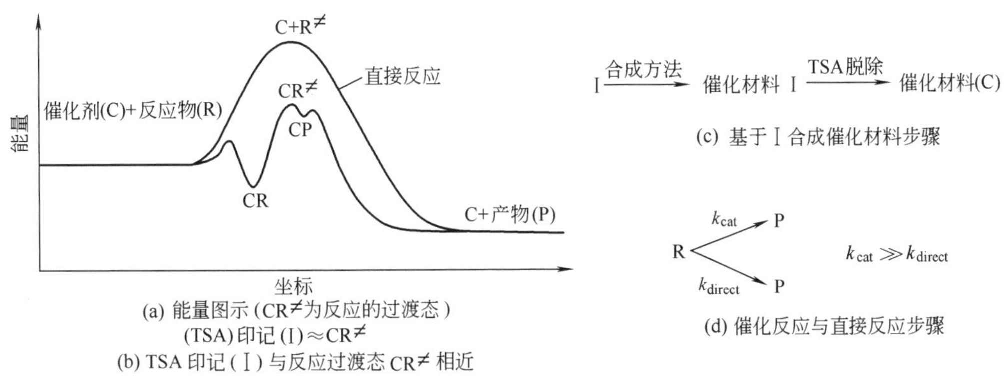

图 8-14　TSA 催化剂的概念步骤

Davis 的论文已有报道，催化抗体能够按照这种模式制备，它可作为设计催化材料的特例。尽管催化抗体与酶相比催化加速的能力显得很弱，但与非生物质制备的催化剂相比，其速度可能是十分快的。这清楚地说明，抗体的结构动态不能像酶那样达到催化的最佳匹配。催化抗体对其 TSA 态具有较高的结合亲和力，与反应物相比时突显。这意味着它们有稳定反应过渡态的功能。问题是它们能否有与酶相似的催化步骤。很多情况表明，其催化过程并不符合 TSA 概念。但酶与抗体都能提供环境补偿于构象限制的 TSA 态，二者都能稳定无催化的直接反应的相同过渡态，只是特定的相互作用匹配会不同，是导致抗体具有较低化学活性的原因所在。需要着重指出，两种蛋白质都利用了多位相互作用，都存在键合与构象可调变关系。所以说蛋白质基催化剂保持不变的本质是：反应物种与氨基酸功能基团之间通过非共价键相互作用的多位结合，环绕活性位的局部环境协调可变，以及这两种特征的相互正反作用。另外，活性位区能够提供足够的环境区分体相大块水溶液与小块活性区，后者允许反应物和产物在活性位相与溶剂间分配。因为活性位区是亲油性的溶液环境。

(2) 固体催化材料的分子设计

基于对酶/抗体催化模式的分析，可以借用蛋白质基催化剂成功应用的重要特征制备固体催化材料。为了促使反应物和产物能在催化活性位区与溶剂介质之间分配，拟采用氧化硅基的微多孔固体作为起始材料，因为在氧化硅的微多孔空间富亲油性。早期研究证明，钛硅沸石 TS-1 具有亲油性，对用 H_2O_2 水溶液作用于烯烃、烷烃的氧化反应的要求是极严格的。现在定量测量烷烃、烯烃、极性化合物和水与 TS-1 的分配系数，同样支持上述结论。钛硅沸石上的活性位位于亲油区，若反应溶剂是亲水体相，涉及反应的各物质在它们之间有分配的概念，已从 TS-1 推广到无定形的微多孔钛硅材料。故首先选择制备微多孔材料，以证明反应物/产物在体相溶剂和催化活性位间存在分配的可能性。

先将含有催化活性中心的有机功能基团定位在氧化硅微孔内，氧化硅常用作固相载体，提供孔隙状的微孔网络。因为氧化硅是坚硬的，而有机高聚合体在液相反应条件下具有动态结构特性，故需在氧化硅和有机功能基团之间安置一种短程的“隔片”，以便允许催化活性位具有某种构象可调变性。若以有机硅氧烷和氧化硅前驱体作为起始材料制备微多孔的微晶分子筛，它含有微晶内的有机功能基团性质，即以共价键键合于骨架硅原子上的苯乙基、胺代丙基等；也可以制备无定形的微多孔有机硅酸盐，它们具有多配位的功能基团。图 8-15 所示为 Davis 等的合成策略。这两类材料都可用于择形催化，都将蛋白质基催化剂的概念延伸到非生物质固体催化材料的合成中。

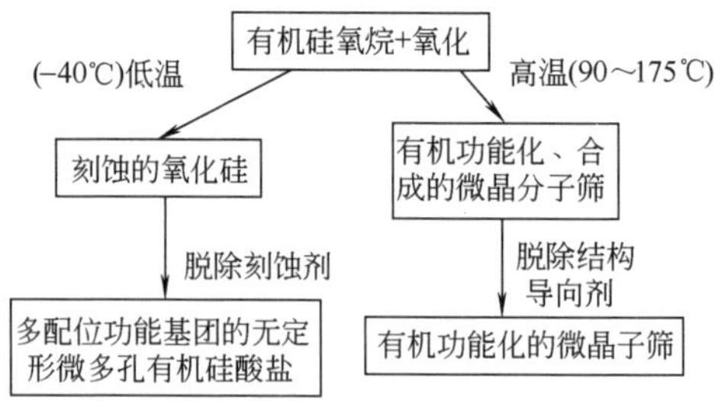

图 8-15　非生物质固体催化材料的合成策略

8.6.2　利用组合技术设计

组合技术在制药化学、生化工程、材料学等领域已取得令人瞩目的成就。由于该技术易于开发新材料和过程优化，近几年来将其应用于多相催化剂或催化材料的研究报道日益增多，目的在于发现具有工业应用价值的新材料或组合催化剂。

组合多相催化剂的研制开发，至少需要三方面的基本技术：设计和使用并行合成法合成众多有希望的候选物库；建立快速灵敏的鉴定方法，以较短的时间对众多候选物进行分析评选；候选物的优化和候选物库的改进。

(1) 候选物库的设计与合成

催化材料固态候选物库的制备，基本上采用两种方法：一种是基于薄膜沉积法；另一种是基于溶液合成法。现今文献中已有较多的组合多相催化剂库合成的报道。候选物库合成的实际重要性在于放大，因为催化剂研究的最终目的是发展工业用制品，故希望组合技术的每步都能放大生产。这种要求只能按最下限来满足，在能满足库组元表征鉴别的前提下要尽量少，如此细微基质的表面化学将具有极重要的作用。不然，它将从环境介质中选择性吸附痕量杂质，影响最终催化剂的化学、物理以及晶相结构。

(2) 组元库的筛选

由于催化剂的功能是一种动态行为，是一种与时间相依的性能，故其表征和筛选极富挑战性。有些催化剂的活性、失活经常随时间而变化，有些催化剂的活性具有诱导期，故对新型催化材料的开发、测试活性操作要延长试验时间，这构成了组合催化研究工作的瓶颈。现今开展了快速、高通量、并行的筛选技术，使之变得容易多了。

属于光学系统的筛选技术有：红外热谱（IR-thermography）技术；激光诱导荧光成像（LIFI）技术；共振强化多光子离子化（REMPI）技术；光热偏转（PTD）技术等。属于质谱系统的筛选技术有：四极子质谱计（QMS）技术和气体敏化法相结合的质谱技术等。

(3) 库的优化与模拟

经过高通量筛选出的催化剂的数量是很少的，典型的都在毫克级以下，而且提供的信息也不够深入，需要发展优化技术，即更接近于传统催化剂开发采用的技术，以便使获得的信息数据可直接用于放大。现在多采用的一种技术是排列式微型反应器，它能并行试验较多的（当然比前述高通量的数目要少）催化剂，还能延长时间周期，这就有助于获得更多的有实际应用价值的催化剂信息。库的优化可以采用 QMS、REMPI 或其他适合的筛选技术来完成。例如，环己烷脱氢制苯的 Pt-Pd-In 三元 66 个组合库，优化其活性和选择性，采用排列式微型反应器与 QMS 结合，整个优化工作在 24h 内即可完成。采用同样的技术开发并优化了 NO 还原用催化剂（Pt-Pd-In-Na）/γ-Al_2O_3。

排列式微型反应器的结构可以是多种多样的。除上述以外，还有多管并行的反应器（直径约 1cm），常压或加压的；也有内含 15 个填充床块状式微型反应器等。此外，对变容微型反应器也有研究。不管采用何种形式的微型反应器优化，问题是所获得的信息数据与传统的单通式反应器得到的数据可否相比较。从目前所报道的研究结果看，无论排列式微型反应器为 16 通道并行的、49 通道并行的或者更多通道的，两种情况下获得的数据不仅可以比拟，而且基本一致。所谓的“基本”是指在设计微型反应器时要考虑到：高放热反应的热负荷和温度梯度会带来偏差，为了避免出现这类问题，应用经稀释的气体馏分。还要考虑不同器壁的均匀流通以及结构材质等问题，要消除可能导致差异的各类问题。

数值模拟也是开发和优化新型催化材料的一种有价值的工具。如组合催化技术中，计算方法可用于建立结构模型；实验前候选材料的预筛选；确定催化材料中的结构-活性关系，以促进新材料活性的快速查明等。计算工具成功应用于组合催化，可能涉及相互补充的两步逼近法。在先进行实验的情况下，首先近似而快速地计算模拟，利用半经验的量化方法建立化学活性的定性趋势；如果结论是可取的，就进一步用更精确的从头算法或密度函数（DFT）法加以肯定。文献中已报道有两步逼近法组合筛选甲烷氧化偶联（OCM）用催化剂。另外，采用更进一步的分子动态模拟和 DFT 计算相结合，设计有效的离子交换处理的 ZSM-5 催化剂，用于 NO 选择性还原。同时需要指出，计算工具对于组合催化有一定的促进和帮助，但也会遇到不少困难。首先，计算机模拟新型催化材料的合成和筛选，都非常简单，而实际实验合成不见得有效，有时甚至不可能或不可行；其次，催化功能和催化真实表面的三维活性中心的模拟计算，所需的原子数目很大，再加上这些原子多属含 d 和 f 轨道电子的过渡元素，模拟计算是很费时的，在一定程度上削弱了避免实验费时的优势。

8.6.3　固体催化剂构件组装的设计

荷兰 Shell 催化实验室的 Krijn P. de Jong 在分析了催化历史以及发展趋势之后指出，固体催化剂的生产将会由现今的合成方法走向构件组装。1900 年前后，固体催化剂的生产和应用都是由天然物得到的，如铝矾土、白土、硅藻土等，催化剂的制造生产只涉及天然物的造型，得到的催化剂粒度足够大且均匀即可。20 世纪 40～80 年代，多数催化剂是通过合成得到的。合成负载型催化剂，涉及含氧化物的载体和活性金属、含氧化物相或含硫化物相组成。今后的趋势是，催化剂生产将可能只采用构件组装方式。固体催化剂按年代、类型和生产技术列于表 8-3 中。

表 8-3　固体催化剂的年代、类型和生产技术

年代	催化剂类型	生产技术	例证
19 世纪 90 年代	天然物	造型	铝矾土：Claus 流程
20 世纪 30 年代	天然物	造型	白土：催化裂化流程
20 世纪 40 年代	合成的	浸渍	Pt/Al_2O_3：催化重整
20 世纪 70 年代	合成的	沉淀	$Cu/ZnO/Al_2O_3$：甲醇合成
20 世纪 80 年代	合成的	水热处理	ZSM-5：甲醇制汽油（MTG）
21 世纪	构件	组装	

(1) 固体催化剂的结构层次

从传统的催化剂合成分析，它涉及一些技术单元，如结晶（如分子筛）、沉淀（铜、锌、铝共沉淀）、浸渍（如负载的重整催化剂）等。通过这些技术单元可以精心地控制催化剂的化学组成和材料的孔构造。它们与无机化合物的合成无原则上的差别，即控制化学组成与晶相结构。换句话说，这样制备的催化剂可以看作为一种无机化合物。催化剂颗粒的结构层次，可以看作为组成的控制、结构设定和活性相在三维空间的定位。它的制造生产犹如机械手表或电子船一样进行组装。活性组分的组装必须在不同的尺度层次即毫米、微米、纳米上实施。

（2）在毫米尺度上的组装

固定床反应器中填装的催化剂，最好采用非均匀分布型的负载材料，活性组分在催化剂颗粒中呈非均匀分布，粒子内的扩散是受限制的。图 8-16(a) 所示为催化裂化用催化剂的活性组分；图 8-16(b) 所示为负载型催化剂，其中心处的活性组分是较少用到的。蛋壳结构型催化剂适合于这种目的。例如，不饱和烃加氢用催化剂Pd/Al_2O_3即属于这种类型。又例如，防止表面中毒的催化剂，活性组分尽可能分布在催化剂颗粒的内部（蛋白结构型或蛋黄结构型活性组分分布），如汽车尾气排放用催化剂和渣油转化用催化剂，后者的污染金属（Ni、V）来自渣油内，沉积在催化剂孔口处。当改进的催化剂活性组分浓集于颗粒中心，其操作寿命得到延长。

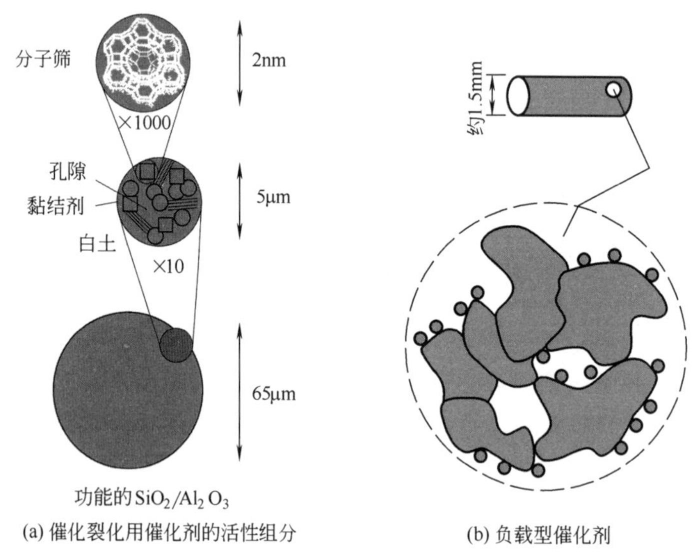

(a) 催化裂化用催化剂的活性组分　　(b) 负载型催化剂

图 8-16　不同尺度上的催化剂组装

控制金属在载体颗粒上非均匀分布的技术，是竞争性离子交换。近年来 Jong 又提出了瞬态、稳态浓度梯度法，能够使活性组分选择性浓集分布在颗粒中心区。

（3）在微米尺度上的组装

在流化床和浆态床反应器中，最好使用 50μm 左右的催化剂颗粒。例如，正丁烷氧化制顺酐、F-T 合成反应就是相应的工业实例。这种反应过程对催化剂颗粒性质与分布有特定要求。很多时候希望在微米尺度上有性能梯度存在。上述的顺酐生产用 V-P-O 催化剂，在流化床和提升管相结合的反应系统中，要求催化剂颗粒中的 V-P-O 浓度尽可能高，而流化态又要求流化粒子具有高耐磨性，为保持高浓的 V-P-O 晶粒需要添加黏结剂。兼顾这几方面的要求，工业上采用薄层 SiO_2 涂敷活性组分相，使 V-P-O 的高浓度和粒子的高强度同时得以满足。

（4）在纳米尺度上的组装

对于负载型金属催化剂，纳米粒子沉积是极为重要的。这种尺度上的组装，面临两个挑战性的问题：多相金属的生成和防止烧结。前者要求粒子大小和组成均匀，后者要求粒子在表面锚定。对于双金属纳米粒子的负载，可以采用两步法控制。例如，SiO_2 负载的 Pt-Ag 催化剂，第一步先采用离子交换负载 Pt；第二步 Ag 的负载，可采用络合银在液相还原。因为 $Ag(NH_3)_2^+$ 络离子还原，受到 Pt 的催化，故粒子上原负载 Pt 处，Ag 络离子优先还原，得到均匀负载的 Pt-Ag 粒子。除此处介绍的控制方法外，还有其他的有效方法。

金属粒子的锚定是防止烧结所必需的。关于金属粒子锚定的报道很多，此处仍以负载 Ag 为例简述。传统的 $Ag/\alpha\text{-}Al_2O_3$ 催化剂，因为银的熔点低，在 873K 下焙烧 24h 分散的银粒子完全烧结成块。为了将银粒子锚定在载体上，可以先沉积 SnO_2 在载体上，这样负载的银即 $Ag/SnO_2/\alpha\text{-}Al_2O_3$。在上述同样的条件下，分散的银基本上不烧结，甚至完全不发生烧结。

除上述几种不同尺度上的组装外，还有关于活性位的组装、反应过程中催化剂的组装等，有兴趣的读者可参考相关文献。

第9章 工业催化剂的制备与使用

工业催化剂的制备与使用是催化工艺的两个主要方面，只有制得性能优良的催化剂并正确地使用，才能发挥其最大的效能，获得良好的工业催化过程。前已述及，工业催化剂要求活性高，选择性好，在使用条件下稳定，具有良好的热稳定性、机械稳定性和抗毒性能，且价格低廉。要满足上述要求实属不易。工业催化剂的制备，长期以来仍保留着许多“技艺”性的因素，大多数催化剂的生产在专门的生产厂内进行。从事工业催化的人员，遇到更多的是催化剂的使用问题。工业催化剂的使用有其自身的特性和要求，催化剂从它开始使用到其寿命结束，所涉及的一切都与工艺过程以及使用规程有关。因此，本章除介绍工业固体催化剂的一些制备方法外，还讨论它们的使用。

工业催化剂的活性、选择性和稳定性，不仅取决于其化学组成，也与其物理性质有关。换言之，单凭催化剂的化学成分并不足以推知其催化性能。在许多情况下，催化剂的各种物理特性，如形状、颗粒大小、物相、相对密度、比表面积、孔结构和机械强度等，都会影响它对某一特定反应的催化活性，影响催化剂的使用寿命，更重要的是影响反应动力学和流体力学的行为。例如，机械强度是工业催化剂的一个重要指标，如果在使用过程中机械强度很快下降，造成催化剂的破碎及粉化，就会使反应气体通过催化剂床层的压力降大大增加，催化效能亦会显著降低。工业上很多时候就是由于催化剂的破碎而造成被迫停车的。催化剂的机械强度既与组成物质的性质有关，也与制备方法有关。对于负载型催化剂来说，载体的选择对机械强度影响很大，成型的方法及使用的设备也直接影响到催化剂的机械强度。此外，催化剂使用时的升温、还原、操作条件和气体组成也是影响因素。工业催化剂的形状和粒度与其制备工艺有关。例如，熔融法制备的熔铁催化剂，多系不规则的形状。催化剂的形状、颗粒大小，还会因催化反应的条件而异。又如，在固定床反应器中操作的催化反应，催化剂最好是一定大小的颗粒，或将催化剂成型为环状；对于由内扩散控制的气-固相催化反应，可将催化剂做成小圆柱状或小球状，以利于反应气体的内扩散，提高催化剂的内表面利用率。在流化床内操作的催化剂则常做成微球状。此外，催化剂的形状和大小还影响反应热的导出、床层的温度分布以及温度的控制。这一切都充分说明了催化剂的物理性质是不能忽视的因素，要在制备和使用中加以考虑。

9.1 工业催化剂的制备 >>>

催化剂是催化工艺的灵魂，它决定着催化工艺的水平及其创新程度。因此，研究工业催化剂的制备方法具有重要的实际意义。

固体催化剂的制备方法很多。由于制法的不同，尽管原料与用量完全相同，但所制得的催化剂性能仍可能有很大的差异。因为工业催化剂的制备过程比较复杂，许多微观因素较难控制，目前的科学水平还不足以说明催化剂的奥秘；另外，催化剂的生产技术高度保密，影响了制备理论的发展，使制备方法在一定程度上还处于半经验的探索阶段。随着生产实践经验的逐渐总结，再配合基础理论研究，现今催化剂制备中的盲目性已大大地减少了。目前，工业上使用的固体催化剂的制备方法主要有：沉淀法、浸渍法、混合法、离子交换法、熔融法等。此外，随着新型催化材料的不断开发，催化剂制备的新技术如微乳液技术、Sol-Gel 技术、超临界技术、膜技术等也日趋成熟，下面将分别介绍。

9.1.1　沉淀法

沉淀法是借助沉淀反应，用沉淀剂（如碱类物质）将可溶性的催化剂组分（金属盐类的水溶液）转化为难溶化合物，再经分离、洗涤、干燥、焙烧、成型等工序制得成品催化剂。沉淀法是制备固体催化剂最常用的方法之一，广泛用于制备高含量的非贵金属、金属氧化物、金属盐催化剂或催化剂载体。

9.1.1.1　沉淀过程和沉淀剂的选择

沉淀作用是沉淀法制备催化剂过程中的第一步，也是最重要的一步，它给予催化剂基本的催化属性。沉淀物实际上是催化剂或载体的“前驱物”，对所得催化剂的活性、寿命和强度有很大影响。

沉淀过程是一个复杂的化学反应过程，当金属盐类水溶液与沉淀剂作用，形成沉淀物的离子浓度积大于该条件下的溶度积时产生沉淀。要得到结构良好且纯净的沉淀物，必须了解沉淀形成的过程和沉淀物的性状。沉淀物的形成包括两个过程：一是晶核的生成；二是晶核的长大。前一过程是形成沉淀物的离子相互碰撞生成沉淀的晶核，晶核在水溶液中处于沉淀与溶解的平衡状态，比表面积大，因而溶解度比晶粒大的沉淀物的溶解度大，形成过饱和溶液，如果在某一温度下溶质的饱和浓度为 c^*，在过饱和溶液中的浓度为 c，则 $S=c/c^*$ 称为过饱和度。晶核的生成是溶液达到一定的过饱和度后，生成固相的速率大于固相溶解的速率，瞬时生成大量的晶核。然后，溶质分子在溶液中扩散到晶核表面，晶核继续长大成为晶体。如图 9-1 所示，晶核生成是从反应后 t_i 开始，t_i 称为诱导时间，在 t_i 瞬间生成大量晶核，随后新生成的晶核数目迅速减少。

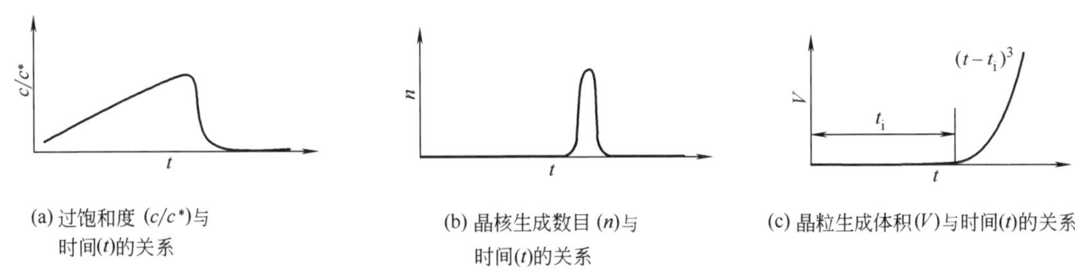

(a) 过饱和度 (c/c^*)与时间(t)的关系　(b) 晶核生成数目 (n)与时间(t)的关系　(c) 晶粒生成体积(V)与时间(t)的关系

图 9-1　难溶沉淀的生成速率

应当指出，晶核生成速率与晶核长大速率的相对大小，直接影响到生成的沉淀物的类型。如果晶核生成的速率远远超过晶核长大的速率，则离子很快聚集为大量的晶核，溶液的过饱和度迅速下降，溶液中没有更多的离子聚集到晶核上，于是晶核迅速聚集成细小的无定形颗粒，这样就会得到非晶型沉淀，甚至是胶体。反之，如果晶核长大的速率远远超过晶核生成的速率，溶液中最初形成的晶核不是很多，有较多的离子以晶核为中心，依次排列长大而成为颗粒较大的晶型沉淀。由此可见，得到什么样的沉淀，取决于沉淀形成过程的两个速率之比。

此外，沉淀反应终了后，沉淀物与溶液在一定条件下接触一段时间，在此期间发生的一切不可逆变化称为沉淀物的老化。由于细小晶体的溶解度较粗大晶体的溶解度大，溶液对粗晶体已达饱和状态，而对细晶体尚未达饱和，于是细晶体逐渐溶解，并沉积在粗晶体上，如此反复溶解、反复沉积的结果，基本上消除了细晶体，获得了颗粒大小较为均匀的粗晶体。此时孔隙结构和表面积也发生了相应的变化。而且，由于粗晶体表面积较小，吸附杂质少，吸留在细晶体之中的杂质也随溶解过程转入溶液。初生的沉淀不一定具有稳定的结构，沉淀与母液在高温下一起放置，将会逐渐变成稳定的结构。新鲜的无定形沉淀在老化过程中逐步晶化也是可能的，例如分子筛、水合氧化铝等。

在沉淀过程中采用何种沉淀反应，选择何种的沉淀剂，是沉淀工艺首先要考虑的问题。在充分保证催化剂性能的前提下，沉淀剂应满足下述技术和经济要求：

① 生产中采用的沉淀剂有：碱类（NH_4OH、NaOH、KOH）、碳酸盐［$(NH_4)_2CO_3$、Na_2CO_3］、CO_2、有机酸（乙酸、草酸）等。其中最常用的是 NH_4OH 和 $(NH_4)_2CO_3$，因为铵盐在洗涤和热处理时容易除去，一般不会遗留在催化剂中，为制备高纯度的催化剂创造了条件；而 NaOH 和 KOH 常会留下 Na^+、K^+ 于沉淀中，尤其是 KOH 价格较昂贵，一般不使用。应用 CO_2 虽可避免引入有害离子，但其溶解度小，难以制成溶液，沉淀反应时为气、液、固三相反应，控制较为困难。有机酸价格昂贵，只在必要时使用。

② 形成的沉淀物必须便于过滤和洗涤，沉淀可分为晶型沉淀和非晶型沉淀，晶型沉淀又分为粗晶和细晶。晶型沉淀带入的杂质少且便于过滤和洗涤。由此可见，应尽量选用能形成晶型沉淀的沉淀剂。上述这些盐类沉淀剂原则上可以形成晶型沉淀，而碱类沉淀剂一般都会生成非晶型沉淀。

③ 沉淀剂的溶解度要大，一方面可以提高阴离子的浓度，使金属离子沉淀完全；另一方面，溶解度大的沉淀剂，可能被沉淀物吸附的量比较少，洗涤脱除也较快。

④ 形成的沉淀物溶解度要小，沉淀反应越完全，原料消耗越少。这对于铜、镍、银等比较贵重的金属特别重要。

⑤ 沉淀剂必须无毒，不应造成环境污染。

9.1.1.2 沉淀法的影响因素

(1) 浓度影响

前已指出，获得何种形状的沉淀物，取决于形成沉淀的过程中晶核生成速率与晶核长大速率的相对大小，而速率又与浓度有关。

① 晶核生成速率　晶核的生成是产生新相的过程，只有当溶质分子或离子具有足够的能量以克服液固界面的阻力时，才能互相碰撞而形成晶核，一般用式(9-1) 表示晶核生成速率

$$N=k(c-c^*)^m \tag{9-1}$$

式中，N 为单位时间内单位体积溶液中生成的晶核数；k 为晶核生成速率常数；$m=3\sim4$。

② 晶核长大速率　晶核长大过程和其他带有化学反应的传质过程相似，过程可分为两步：一是溶质分子首先扩散通过液固界面的滞流层；二是进行表面反应，分子或离子被接受进入晶格之中。

扩散过程的速率

$$\frac{dm}{dt}=\frac{D}{\delta}A(c-c') \tag{9-2}$$

式中，m 为在时间 t 内沉积的固体量；D 为溶质在溶液中的扩散系数；δ 为滞流层的厚度；A 为晶体表面积；c 为液相浓度；c'为界面浓度。

表面反应速率

$$\frac{\mathrm{d}m}{\mathrm{d}t}=k'A(c'-c^*) \tag{9-3}$$

式中，k'为表面反应速率常数；c^* 为固体表面浓度，即饱和溶解度。

稳态平衡时扩散速率等于表面反应速率，由式(9-2)、式(9-3)，得

$$\frac{\mathrm{d}m}{\mathrm{d}t}=\frac{A(c-c^*)}{\frac{1}{k'}+\frac{\delta}{D}}=\frac{A(c-c^*)}{\frac{1}{k'}+\frac{1}{k_{\mathrm{d}}}} \tag{9-4}$$

式中，$k_{\mathrm{d}}=\frac{D}{\delta}$，为传质系数。

当表面反应速率远大于扩散速率时，即 $k'\gg k_{\mathrm{d}}$，式(9-4) 可写为

$$\frac{\mathrm{d}m}{\mathrm{d}t}=k_{\mathrm{d}}A(c-c^*) \tag{9-5}$$

即为一般的扩散速率方程，表明晶核的长大速率决定于溶质分子或离子的扩散速率，这时晶核长大的过程为扩散控制。反之，当扩散速率远大于表面反应速率时，即 $k_{\mathrm{d}}\gg k'$，式(9-4)改写为

$$\frac{\mathrm{d}m}{\mathrm{d}t}=k'A(c-c^*) \tag{9-6}$$

也就是说，过程取决于表面反应。有人根据经验提出反应级数在 1～2 之间，故在表面反应控制阶段，其速率式可写成

$$\frac{\mathrm{d}m}{\mathrm{d}t}=k'A(c-c^*)^n \tag{9-7}$$

式中，n 在 1～2 之间，取决于盐类的性质和温度。过程是扩散控制还是表面反应控制，或者二者各占多少比例，均由实验确定。一般来说，扩散控制时速率取决于湍动情况（搅拌情况），而表面反应控制时则取决于温度。

由上述讨论可知，晶核生成速率和晶核长大速率都与（$c-c^*$）的数值有关，将式(9-1)、式(9-5)和式(9-7)三式进行比较，在晶核长大扩散控制时 $n=1$，表面反应控制时 $n=1\sim2$，而晶核生成速率控制时 $m=3\sim4$。可以看出，溶液浓度增大，即过饱和度增加则更有利于晶核的生成。它们的关系如图 9-2 所示，曲线 1 表示晶核生成速率和溶液过饱和度的关系，随着过饱和度的增加，晶核生成速率急剧增大；曲线 2 表示晶核长大速率随过饱和度增加缓慢增大的情况；总的结果是曲线 3，随着过饱和度的增加，生成晶体颗粒越来越小。

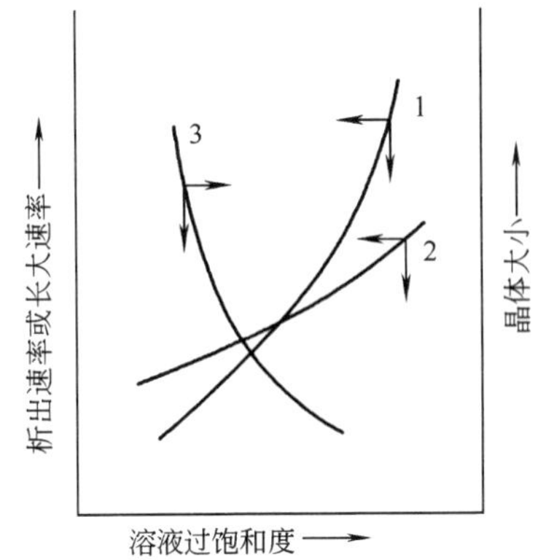

图 9-2　晶核生成速率、晶核长大速率与溶液过饱和度的关系

因此，为了得到预定组成和结构的沉淀物，沉淀应在适当稀释的溶液中进行，这样沉淀开始时，溶液的过饱和度不致太大，可以使晶核生成速率减小，有利于晶体的长大。另一方面，在过饱和度不太大时（$S=1.5\sim2.0$），晶核的长大主要是离子（或分子）沿晶格而长大，可以得到完整的结晶。当过饱和度较大时，结晶速率很快，容易产生

错位和晶格缺陷，也容易包藏杂质。在开始沉淀时，沉淀剂应在不断搅拌下均匀而缓慢地加入，以避免局部过浓现象，同时也能维持一定的过饱和度。

(2) 温度影响

前面已指出，溶液的过饱和度对晶核的生成及长大有直接的影响，而溶液的过饱和度又与温度有密切的关系。当溶液中的溶质数量一定时，升高温度过饱和度降低，使晶核生成速率减小；降低温度溶液的过饱和度增大，因而使晶核生成速率增大。但如果考虑能量作用因素，它们之间的关系就变得复杂了。由于当温度低时，溶质分子的能量很低，所以晶核生成速率仍很小，随着温度的升高，晶核生成速率可达一极大值。继续升高温度，一方面由于过饱和度的下降，同时由于溶质分子动能增加过快，不利于形成稳定的晶核，因此晶核生成速率又趋下降，如图 9-3 所示。研究结果还表明，对应于晶核生成速率最大时的温度，比晶核长大最快所需的温度低得多，即在低温时有利于晶核的生成，而不利于晶核的长大，故低温沉淀时一般得到细小的颗粒。

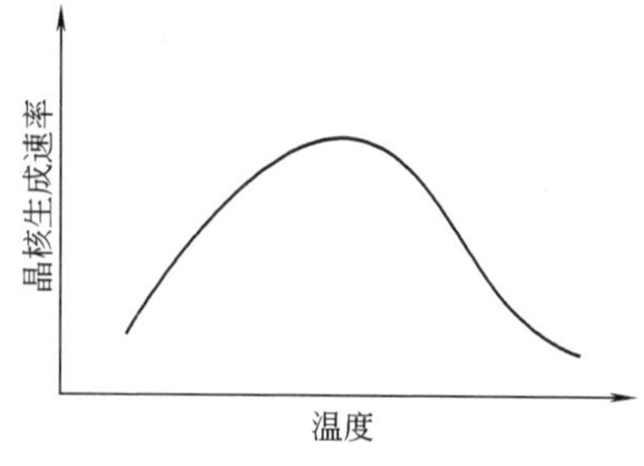

图 9-3 温度对晶核生成速率的影响

(3) 溶液 pH 值影响

沉淀法常用碱性物质作沉淀剂，当然沉淀物的生成过程必然受到溶液 pH 值变化的影响。如铝盐用碱沉淀，在其他条件相同、pH 值不同时可以得到三种产品。

$$Al^{3+} + OH^- \begin{cases} \xrightarrow{pH<7} Al_2O_3 \cdot mH_2O & \text{无定形胶体} \\ \xrightarrow{pH=9} \alpha\text{-}Al_2O_3 \cdot H_2O & \text{针状胶体} \\ \xrightarrow{pH>10} \beta\text{-}Al_2O_3 \cdot nH_2O & \text{球状结晶} \end{cases}$$

在生产上为了控制沉淀颗粒的均一性，有必要保持沉淀过程的 pH 值相对稳定，可以通过加料方式进行控制，这在下面讨论。

(4) 加料顺序影响

加料顺序不同对沉淀物的性能也会有很大的影响。加料顺序可分为“顺加法”“逆加法”和“并加法”。将沉淀剂加入到金属盐溶液中称为顺加法；将金属盐溶液加入到沉淀剂中称为逆加法；将盐溶液和沉淀剂同时按比例加入到中和沉淀槽中则称为并加法。当几种金属盐溶液需要沉淀且溶度积各不相同时，顺加法就会发生先后沉淀，这在催化剂制备时要尽量避免。逆加法则在整个沉淀过程中 pH 值是一个变值。为了避免上述情况，要维持一定的 pH 值，使整个工艺操作稳定，一般采用并加法，但顺加法及逆加法也有采用。加料顺序的影响对后面讨论的共沉淀法制备催化剂尤为重要。

9.1.1.3 均匀沉淀法与共沉淀法

(1) 均匀沉淀法

一般的沉淀法制备催化剂，是在搅拌情况下采用顺加、逆加或并加方法加料，由于溶液在沉淀过程中浓度的变化，或加料流速的波动，或搅拌不均匀，致使过饱和度不一、颗粒粗细不等，乃至介质情况的变化引起晶型的改变，对于要求特别均匀的催化剂，为了克服上述缺点，可采用均匀沉淀法。

均匀沉淀法不是把沉淀剂直接加入到待沉淀溶液中，也不是加入沉淀剂后立即产生沉淀，而是首先使待沉淀溶液与沉淀剂母体充分混合，形成一个十分均匀的体系，然后调节温度，使沉淀剂母体加热分解转化为沉淀剂，从而使金属离子产生均匀沉淀。例如，为了制取氢氧化铝沉淀，可在铝盐溶液中加入尿素（沉淀剂母体），均匀混合后加热至90～100℃，此时溶液中各处的尿素同时水解放出OH^-

$$\underset{\text{(母体)}}{(NH_2)_2CO}+3H_2O \xrightarrow{90\sim100^\circ C} \underset{\text{(沉淀剂)}}{2NH_4^+ +2OH^- +CO_2}$$

于是，氢氧化铝沉淀可在整个体系内均匀地形成。尿素的水解速率随温度的变化而改变，调节温度可以控制沉淀反应在所需的OH^-浓度下进行。采用均匀沉淀法得到的沉淀物，由于过饱和度在整个溶液中都比较均匀，所以沉淀颗粒粗细较一致而且致密，便于过滤和洗涤。

（2）共沉淀法

将含有两种以上金属离子的混合溶液与一种沉淀剂作用，同时形成含有几种金属组分的沉淀物，称为共沉淀法。利用共沉淀的方法可以制备多组分催化剂，这是工业生产中常用的方法之一。

共沉淀法与单组分沉淀法的操作原理基本相同，但共沉淀物的组成比较复杂，由于组分的溶度积不同，不同的沉淀条件会得到明显不均匀的沉淀产物，当生成氢氧化物共沉淀时，沉淀过程的pH值及加料方式对沉淀物的组成有明显的影响。例如，用于甲醇分解的CuO和ZnO催化剂，若采用共沉淀法制备，采用$Cu(NO_3)_2$和$Zn(NO_3)_2$的混合溶液，NaOH为沉淀剂，采用不同的加料方式：

一为顺加法，即将NaOH加入到Cu^{2+}、Zn^{2+}混合溶液中。此时，由于$Cu(OH)_2$溶度积小，易于沉淀；而$Zn(OH)_2$溶度积大，则不易沉淀。因此，共沉淀时常是Cu先沉淀出来，Zn到后期才沉淀。在沉淀过程中，由于各部分沉淀物中Cu与Zn的含量是不同的，因而影响产物的均匀性。

二为逆加法，即将Cu^{2+}、Zn^{2+}加入到NaOH溶液中，这是碱性沉淀，开始时由于溶液浓度远远超过$Cu(OH)_2$和$Zn(OH)_2$的溶度积，因此Cu、Zn同时沉淀出来，各组分之间分布比较均匀。但是由于沉淀过程中pH值不断变化，会出现沉淀组分略有变化和重现性不好的情况。

三为并加法，即Cu^{2+}与Zn^{2+}的混合物为一方，NaOH为另一方，两者以恒定速率加入到强烈搅拌的中和槽中，这样可保持在恒定pH值条件下进行沉淀。如果该pH值能保证溶液中$[Cu^{2+}][OH^-]^2$及$[Zn^{2+}][OH^-]^2$均大于$Cu(OH)_2$及$Zn(OH)_2$的溶度积，则Cu^{2+}与Zn^{2+}就会同时沉淀，获得组成均一的产品。

9.1.1.4 沉淀物的过滤、洗涤、干燥、焙烧、成型和还原

（1）过滤与洗涤

悬浮液的过滤可使沉淀物与水分开，同时除去NO_3^-、SO_4^{2-}、Cl^-及K^+、Na^+、NH_4^+等离子，酸根与沉淀剂中的K^+、Na^+、NH_4^+生成盐类均溶解于水，在过滤时大部分随水除去。目前工业上用于催化剂生产的过滤设备主要有板框过滤机、叶片过滤机、真空转鼓过滤机及悬筐式离心过滤机等。选择过滤设备需根据悬浮液和沉淀物的性质以及工艺上的要求，主要是悬浮液中的固相含量、颗粒的平均直径、液体的性质以及对滤饼含水量的要求、生产能力等而定。

过滤后的滤饼尚含有60%～80%的水分，这些水分中仍含有一部分盐类，同时在中和沉淀时一部分杂质被沉淀物吸附，因此过滤后的滤饼必须进行洗涤，洗涤的主要目的就是从催化剂中除去杂质。由于制备催化剂的原料不同，常使成品中所含的杂质不同，而不同的制备方法亦使杂质存在的形态不同。一般来说，杂质存在的形态为：机械地掺杂于沉淀中；黏

着于沉淀表面；吸附于沉淀表面；包藏于沉淀内部；为沉淀中的化学组分之一。各种杂质的清除，随上述顺序越来越难。前三种形态的杂质可采用洗涤除去。后两种则不能用洗涤方法除去。为了减少包藏性杂质，要求原料溶液的浓度较低，沉淀过程中应进行充分的搅拌。为了避免第五种形态的杂质，应慎重地选择沉淀反应。

洗涤沉淀的方法，是将除去母液后的沉淀物滤饼放于大容器内，加水强烈地搅拌，使分散的沉淀悬浮于水中，然后进行过滤，如此反复数次，直至杂质含量达到要求为止。一般可在洗涤滤液中加入试剂检定洗净的程度。洗涤沉淀的效率主要取决于杂质离子从表面脱附的速率和从界面至溶液体相的扩散速率，因此要求有充分的搅拌和一定的洗涤时间。升高温度，提高了过程的速率，有利于洗涤。凝胶物质可在适当干燥收缩后再行洗涤，这将有利于杂质从孔隙中向外扩散。另外，洗涤时间过长，由于沉淀物吸附的反离子被脱除，可能会导致沉淀物因胶溶而流失，因此可向洗液中加入少量的 NH_4^+，以防止这种胶溶现象。

(2) 干燥

是固体物料的脱水过程，通常在 60～200℃下的空气中进行，一般对化学结构没有影响，但对催化剂的物理结构特别是孔结构的形成及机械强度会产生影响。

经过滤洗涤后的沉淀物还含有相当一部分水分，有润湿水分、毛细管水分和化学结合水分。润湿水分是物料粗糙外表面附着的水分；毛细管水分是沉淀物微孔内或晶体内孔穴所含的水分；化学结合水是与沉淀物组成化学结合的水分。化学结合水的去除需经焙烧后才能完全。干燥时，大孔中的水分由于蒸气压较大而首先蒸发，当较小的孔中的水分蒸发时，由于毛细管作用，所减少的水分会从较大的孔中抽吸过来而得到补充。因此，在干燥过程中，大孔中的水分总是首先减少，大孔中的水分蒸发完毕后，较小的孔中可能还会存有水分。这时如采用较高温度下的快速干燥，常会导致颗粒强度降低和产生裂缝。因此，要达到较好的干燥效果，要求在逐步升高温度和逐步降低周围介质湿度的条件下干燥，用较长的时间来完成，并且最好将湿物料不断进行翻动。大块的多孔性凝胶物料干燥时，物料收缩率较大，如果外层或大孔中的水分先失去而收缩，而内层细孔中的水分不易挥发，其体积保持不变，收缩的外层向体积未变形的内部施加压力，就可能造成龟裂和变形。此外，水分的扩散速率与水分浓度有关，表面干燥的外层水分浓度较低，扩散推动力小，在极端的情况下，可能造成表面结起一层水分完全不透过的皮层，将物料包住，以致内部水分不能除去，这一现象称为表面结壳。降低干燥速率或添加降低界面张力的表面活性剂，则可缓和或消除这种现象。

9.1.2 节将要讨论的浸渍法制备催化剂也有干燥工序，这时干燥过程除影响催化剂的宏观结构外，还会对负载的活性组分分布产生明显的影响。

(3) 焙烧

经干燥后的物料通常含有水合氧化物（氢氧化物）或可热分解的碳酸盐、铵盐等。一般来说，这些化合形态既不是催化剂所要求的化学状态，也尚未具备适宜的物理结构，没有形成活性中心，对反应不起催化作用，称为催化剂的钝态。当把它们进一步焙烧或再进一步还原处理，使之具有所要求的化学价态、相结构、比表面积和孔结构，并具有一定性质和数量的活性中心时，便转变为催化剂的活泼态。这种催化剂从钝态变为活泼态的过程称作催化剂的活化。活化过程是工业催化剂从制备到使用的重要步骤。

焙烧是使催化剂具有活性的重要步骤，过程中既发生化学变化，也发生物理变化。有些钝态催化剂只要经过焙烧便具有催化活性；有些钝态催化剂（如金属催化剂）经焙烧后还要进一步活化（如还原）。

焙烧有三个作用：

第一个作用是通过物料的热分解，除去化学结合水和挥发性物质（如 CO_2、NO_2、NH_3 等），使其转化成所需的化学成分和化学形态。例如，异丁烷脱氢使用的催化剂，其基体物料含 $Al_2O_3 \cdot nH_2O$、CrO_3、KNO_3，它们在空气气氛中于 550℃下发生热分解。

$$Al_2O_3 \cdot nH_2O = Al_2O_3 + nH_2O\uparrow$$

$$4CrO_3 = 2Cr_2O_3 + 3O_2\uparrow$$

$$2KNO_3 = 2KNO_2 + O_2\uparrow$$

$$\hookrightarrow K_2O + NO\uparrow + NO_2\uparrow$$

第二个作用是借助固态反应、互溶和再结晶获得一定的晶型、微晶粒度、孔径和比表面积等。由于焙烧过程常伴有气体产生，气体逸出后在催化剂中留下空隙，就会使内表面增加。通过焙烧进行再结晶过程和烧结过程，以得到一定的晶型和晶粒大小。

对于成型后再焙烧的催化剂，第三个作用是使微晶适当烧结，以提高催化剂的机械强度，还可以通过造孔作用使催化剂获得较大的孔隙率。

焙烧过程一般为吸热过程，所以升高温度有利于焙烧时分解反应的进行，降低压力（例如将系统抽真空）或降低气体分压也对分解反应有利。要指出的是，焙烧温度也不是越高越好，焙烧温度过高会造成烧结，使催化剂活性下降，而焙烧温度降低则达不到活化的目的，因此必须很好地控制。在实际操作中焙烧通常在略高于催化过程的温度下进行。

(4) 成型

催化剂的几何形状和颗粒大小是根据工业过程的需要而定的，因为它们对流体阻力、气流的速度梯度、温度梯度及浓度梯度等都有影响，并直接影响实际生产能力和生产费用。因此，必须根据催化反应工艺过程的实际情况，如使用反应器的类型、操作压力、流速、床层允许的压降、反应动力学及催化剂的物化性能、成型性能和经济因素等综合起来考虑，正确地选择催化剂的外形及成型方法，以获得良好的工业催化过程。

催化剂常用的形状有圆柱状、环状、球状、片状、网状、颗粒状、不规则状及条状等（见图 9-4），近年来还相继出现了许多特殊形状的催化剂，如碗状、三叶状、车轮状、蜂窝状及膜状等。催化剂对流体的阻力是由固体的形状、外表面的粗糙度和床层的空隙率所决定的。具有良好的流线型的固体阻力较小，一般固定床中球形催化剂的阻力最小，不规则者则甚大。对于生产上使用的大型列管式反应器来说，使流经各管的气体阻力一致是非常重要的。因此必须十分认真地进行催化剂的填充，要求催化剂的形状和大小基本一致。从实际使用来看，当粒径与管径之比小于 1∶8 时容易避免壁效应、沟流和短路现象，使各管阻力基本一致，得到气体的均匀分布。但粒径过小又会增加床层阻力，通常要求粒径与管径之比小于 1∶5。为了提高反应器的生产能力，总希望单位反应器容积具有较高的填装量，一般球形催化剂的填装量最高，其次是柱形催化剂，对于柱形催化剂为了同时考虑强度和填装量，常采用径/高＝1 的形状。流化床反应器则采用细粒或微球状催化剂，要求催化剂具有较高

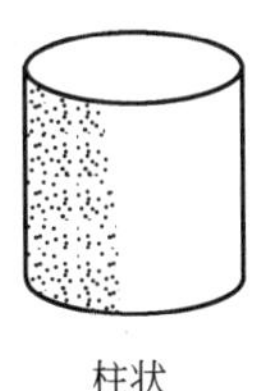
柱状

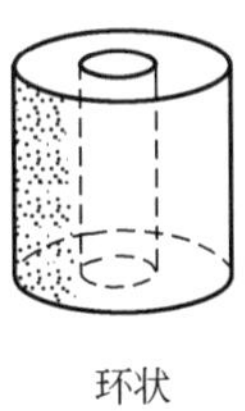
环状

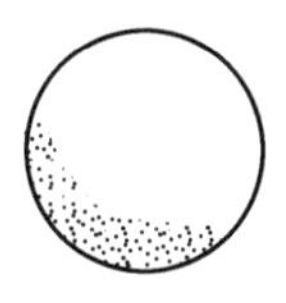
球状

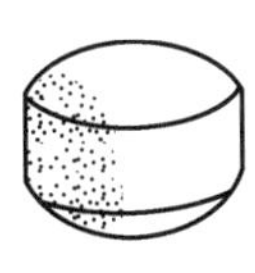
片状

颗粒状

条状

图 9-4 常用催化剂的形状

的耐磨性。

催化剂的成型方法通常有破碎、压片、挤出、滚动、凝聚成球及喷雾。成型催化剂可分为以下几种：

① 片状和条状催化剂　系由催化剂半成品通过压片或挤条成型制取。压片制得的产品具有形状一致、大小均匀、表面光滑、机械强度高等特点，适用于高压、高流速固定床反应器。而挤出成型则可得到固定直径、长度可在较广范围内变化的颗粒，与压片成型相比，其生产能力大得多。

② 球状及微球状催化剂　球状催化剂可采用凝聚成球法成型，将溶胶滴入加热的油柱中，利用溶胶的表面张力形成球状的催化剂；也有些球状催化剂采用滚动造粒法，在盘式或鼓式造粒机中成型。微球状催化剂的成型，则是将催化剂半成品溶胶喷雾干燥制成，流化床催化剂常用此法制得。

③ 不规则形状的催化剂　多采用破碎法制得，所得的催化剂大小不一且有棱角，使用前要进行筛分，并在角磨机内磨去棱角。

④ 粉状催化剂　将干燥后的块状催化剂粉碎、磨细即得。

⑤ 网状催化剂　一般是将丝织成网状，如铂丝网催化剂等。

其他特殊构型的催化剂，需要专门的设备和方法，此处从略。

(5) 还原

某些催化剂经焙烧后已具有催化活性，不必进行还原。但焙烧后以高价氧化物形式存在的某些催化剂，尚未具备催化活性，必须用氢气或其他还原性气体还原处理，变成金属或低价氧化物活泼态。如氧化镍、氧化铁及钯盐的还原

$$NiO + H_2 = Ni + H_2O\uparrow$$

$$Fe_2O_3 + 3H_2 = 2Fe + 3H_2O\uparrow$$

$$\text{Pd 盐} \xrightarrow{\text{还原剂}} Pd$$

还原过程通常在催化剂使用装置中进行，这是由于还原后的催化剂暴露于空气中容易失活，某些甚至会引起燃烧，因此一经活化立即投入使用。故催化剂制造厂家常以未活化的催化剂包装作为成品，如加氢用的 $Ni\text{-}Al_2O_3$ 催化剂、加氢精制用的 $Co\text{-}Mo\text{-}S\text{-}Al_2O_3$ 催化剂，都常以氧化态作为成品，由催化剂制造厂家为催化剂使用者提供完备而详细的还原步骤。

催化剂的还原有时也在制造厂进行，即预还原。这是由于某些催化剂或是由于还原时间长，占用反应器的生产时间；或是由于要在特殊条件下还原，才可以获得最佳的还原质量；或是由于还原与使用条件相差过大，在反应器内无法进行还原，要求在专用设备内预先还原并稍加纯化，提供预还原的催化剂，使用时只要略加活化即可投入使用。这种预还原催化剂，既能满足使用者对质量与时间方面的要求，又能保证产品在贮存、运输、装填时安全操作。用于合成氨的熔铁催化剂即属此例。

影响还原的因素有：还原温度、气氛、还原气体的空速与压力、催化剂的组成与粒度等。就还原温度来说，每种催化剂都有一特定的起始还原温度、最快还原温度及最高允许还原温度，因此，还原时要根据催化剂的性质，选择并控制升温速率和还原温度，按程序进行。在还原时不同的还原剂有不同的还原能力，具有不同的还原速率和还原深度，因此采用不同的还原气体所得结果都不相同。还原气体的空速和压力也能影响还原质量，催化剂的还原是从颗粒的外表面开始的，然后逐渐向内扩展，空速大可以提高还原速率。如果还原是分子数减少的反应，则增大压力可以提高催化剂的还原度。催化剂的组成也影响其自身的还原

行为，负载的氧化物较纯氧化物所需的还原温度要高些。例如，负载的 NiO 较纯 NiO 显示出较低的还原度。相反，难还原的铝酸镍，如果加入少量铜化合物，还原时生成铜金属中心，使氢分子解离并迁移到铝酸镍中，加速铝酸镍的还原。此外，催化剂颗粒的大小也是影响还原效果的一个因素。

9.1.1.5　沉淀法制备催化剂案例——活性 Al_2O_3 的制备

氧化铝在催化领域中具有重要的作用，不同晶型的氧化铝不仅可作为催化剂，也可作为催化剂的载体。目前已知氧化铝共有 8 种变体，即 α-Al_2O_3、κ-Al_2O_3、δ-Al_2O_3、γ-Al_2O_3、η-Al_2O_3、χ-Al_2O_3、θ-Al_2O_3 及 ρ-Al_2O_3。其中，γ-Al_2O_3 和 η-Al_2O_3 具有较高的化学活性（酸性），称为活性氧化铝，是一种良好的催化剂及载体。而 α-Al_2O_3（刚玉）因结构稳定（其他变体加热到 1200℃以上都会转变为此变体），是一种耐高温、低表面、高强度的载体。

各种变体的氧化铝，都是经先制取氧化铝水合物，然后再转化而得来的（一般要经过脱水）。水合氧化铝的化学组成为 $Al_2O_3 \cdot nH_2O$，其变体也很多，通常按所含结晶水数目的不同，分为三水氧化铝及一水氧化铝。依据水合氧化铝制造方法的不同，活性氧化铝的制备也有不同的类型，下面仅以酸中和法及碱中和法进行说明。

(1) 酸中和法

以酸（HNO_3）或 CO_2 气体等作为沉淀剂，从偏铝酸盐溶液中沉淀出水合氧化铝

$$AlO_2^- + H^+ \longrightarrow Al_2O_3 \cdot nH_2O \downarrow$$

而偏铝酸钠通常用 $Al(OH)_3$ 与 NaOH 作用而得

$$Al(OH)_3 + NaOH \xlongequal{加热} NaAlO_2 + 2H_2O$$

用硝酸中和偏铝酸钠制备 γ-Al_2O_3 的流程示意如图 9-5 所示。将配制好的偏铝酸钠溶液、硝酸溶液和纯水，并流加入到带有搅拌的中和器内进行中和反应，生成的沉淀物经过滤、洗涤，洗净的滤饼经干燥、粉碎、机械成型，最后经 500℃焙烧活化得到成品活性氧化铝。该法生产设备简单，原料易得，且产品质量也较稳定。

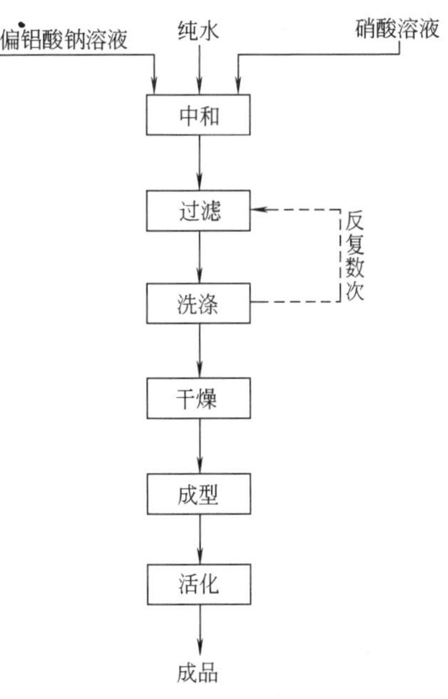

图 9-5　酸中和法生产 γ-Al_2O_3 的流程示意

(2) 碱中和法

碱中和法是将铝盐溶液［$Al(NO_3)_3$、$AlCl_3$ 和 $Al_2(SO_4)_3$ 等］用碱液（NaOH、KOH、NH_4OH 和 Na_2CO_3 等）中和，得到水合氧化铝

$$Al^{3+} + OH^- \longrightarrow Al_2O_3 \cdot nH_2O \downarrow$$

用氨水中和 $AlCl_3$ 溶液制备 η-Al_2O_3 的流程如图 9-6 所示。将配制好的三氯化铝溶液先导入中和器内，在搅拌情况下加入氨水，反应完毕即可进行过滤和洗涤，水洗后的滤饼在 40℃、pH＝9.3～9.5 条件下老化 14h，老化后的滤饼经酸化滴球成型，得到小球再干燥、焙烧得到成品 η-Al_2O_3。该法老化操作非常重要，同时要注意控制老

化的温度和 pH 值，才能得到较纯的产品。

用沉淀法制备水合氧化铝各工序的工艺条件，如原料的种类和浓度、沉淀温度和 pH 值、加料方式和搅拌情况、洗涤及老化的条件等，都对产品的质量特别是结构参数产生影响，下面进行讨论。

① 原料种类　用 NH_3 从 $Al(NO_3)_3$、$AlCl_3$ 和 $Al_2(SO_4)_3$ 溶液沉淀时，由 $Al_2(SO_4)_3$ 沉淀得到的晶粒，比由 $AlCl_3$ 和 $Al(NO_3)_3$ 沉淀所得到的晶粒小得多，因而具有更强的吸附能力，因此以 $Al_2(SO_4)_3$ 为原料制成的微球氧化铝具有更高的机械强度。使用不同的沉淀剂从 $Al_2(SO_4)_3$ 溶液中沉淀时，所得晶粒的大小按 NaOH、NH_4OH、Na_2CO_3 的顺序递减。$Al_2(SO_4)_3$ 和 Na_2CO_3 溶液在 pH＝5.5～6.5 时可得到最高分散度的结晶。

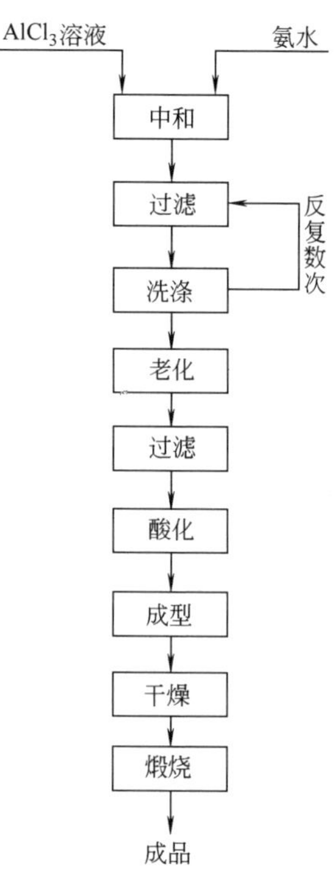

图 9-6　碱中和法生产 η-Al_2O_3 的流程示意

② 溶液浓度　在其他条件一定时，用浓溶液所得的沉淀物粒子较细，比表面积大，但孔径小；用稀溶液所得的沉淀物晶体粒子较粗，孔径大，但比表面积较小。而且，用浓溶液沉淀容易增加对杂质的吸附作用，使洗涤工序增加负荷。溶液过浓也会造成沉淀物的不均匀。

③ 沉淀温度和 pH 值　pH 值对晶粒大小和晶型的影响，在一般情况下具有下述规律，即：在较低温度下，低 pH 值时生成无定形氢氧化铝及假一水软铝石；高 pH 值时生成大晶粒的 β-Al_2O_3·$3H_2O$ 及 α-Al_2O_3·$3H_2O$；在较高的温度下还会转变成大晶粒的α-Al_2O_3·H_2O。例如，pH＜7 时生成无定形沉淀；pH＝9 时生成假一水软铝石；pH＞9 时形成β-Al_2O_3·$3H_2O$ 及 α-Al_2O_3·$3H_2O$。中和沉淀时的温度对 α-Al_2O_3·H_2O 的生成速率也有重要影响。例如，用氨水中和氯化铝溶液，中和沉淀温度对氧化铝性质的影响见表 9-1。中和温度升高使氧化铝小孔减少、大孔增加，平均孔径增大，孔容也有所增加。

表 9-1　不同中和沉淀温度对氧化铝性质的影响

参　数	中和温度/℃			
	50	60	70	80
孔分布　0～50Å/%	44.0	35.1	30.1	27.6
50～200Å/%	47.3	45.6	50.4	51.0
200～372Å/%	8.7	19.3	19.5	21.4
比表面积/(m^2/g)	227	265	253	257
BET 孔容/(mL/g)	0.495	0.667	0.777	0.766
平均孔径/Å	43.6	50.4	61.5	60.5

④ 老化　可加速凝胶向晶体转化。例如，将 $Al(OH)_3$ 凝胶在 pH≥9 的介质中老化一段时间，即可转化成 β-Al_2O_3·$3H_2O$ 晶体。将 $Al(OH)_3$ 凝胶在 pH＞12、80℃下老化，可得到晶型良好的 α-Al_2O_3·H_2O。

⑤ 洗涤　用不同的洗涤介质洗涤氢氧化铝凝胶，造成干燥时凝胶毛细管力的不同，影

响氧化铝的孔结构。实验证明，用水洗涤氧化铝水合物时，孔容、比表面积都会降低；而用异丙醇洗涤时，孔容、比表面积都会增加。使用甲醇、乙醇、正丁醇等醇类洗涤时，也有类似的结果。

9.1.2　浸渍法

浸渍法是将载体浸泡在含有活性组分（主、助催化剂组分）的可溶性化合物溶液中，接触一定的时间后除去过剩的溶液，再经干燥、焙烧和活化，即可制得催化剂。

9.1.2.1　载体的选择和浸渍液的配制

(1) 载体的选择

浸渍催化剂的物理性能在很大程度上取决于载体的物理性质，载体甚至还影响催化剂的化学活性。因此正确地选择载体和对载体进行必要的预处理，是采用浸渍法制备催化剂时首先要考虑的问题。载体种类繁多、作用各异，有关载体的选择要从物理因素和化学因素两方面考虑。

从物理因素考虑首先是颗粒的大小、比表面积和孔结构。通常采用已成型好的、具有一定尺寸和外形的载体进行浸渍，省去催化剂的成型。浸渍前载体的比表面积和孔结构与浸渍后催化剂的比表面积和孔结构之间存在着一定的关系，即后者随前者的增减而增减。例如，银催化剂与载体 γ-Al_2O_3 比表面积的关系见表 9-2。对于 Ni/SiO_2 催化剂，Ni 组分的比表面积随载体 SiO_2 的比表面积增大而增大，而 Ni 晶粒的粒径则随 SiO_2 的比表面积增大而减小（见图 9-7）。以上事实说明，首先要根据催化剂成品性能的要求，选择载体颗粒的大小、比表面积和孔结构。其次要考虑载体的导热性，对于强放热反应，要选用导热性能良好的载体，可以防止催化剂因内部过热而失活。再次要考虑催化剂的机械强度，载体要经得起热波动、机械冲击等因素的影响。

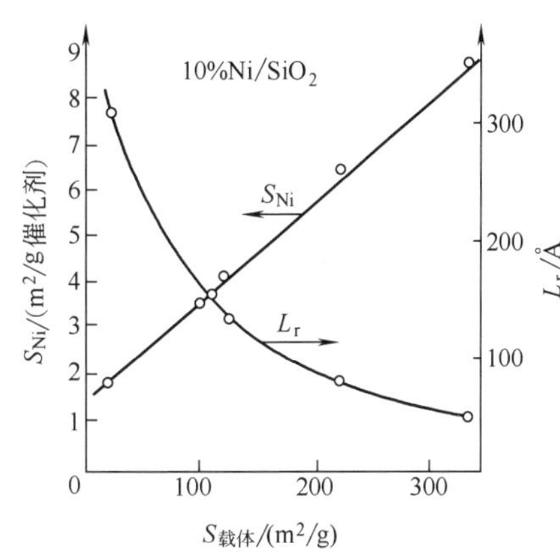

图 9-7　载体的比表面积对镍比表面积 S_{Ni}、镍晶体大小 L_r 的影响

表 9-2　银催化剂及其载体 γ-Al_2O_3 比表面积的比较

载体的比表面积/(m^2/g)	170	120	80	10
催化剂的比表面积/(m^2/g)	100	73	39	6

从化学因素考虑，根据载体性质的不同区分为以下三种情况：

① 惰性载体　这种情况下载体的作用是使活性组分得到适当的分布，使催化剂具有一定的形状、孔结构和机械强度。小比表面积、低孔容的 α-Al_2O_3 等就属于这一类。

② 载体与活性组分具有相互作用　它使活性组分有良好的分散并趋于稳定，从而改变催化剂的性能。例如，丁烯气相氧化反应，分别将活性组分 MoO_3 负载于 SiO_2、Al_2O_3、MgO、TiO_2 之上。结果发现，采用前三种载体负载的催化剂活性都很低，而用 TiO_2 作载

体时，获得了较高的活性和稳定性。分析表明，MoO_3 与 TiO_2 发生作用生成了固溶体。

③ 载体具有催化作用　载体除具有负载活性组分的功能外，还与所负载的活性组分一起发挥自身的催化作用。如用于重整的 Pt 负载于 Al_2O_3 上的双功能催化剂就是一例；用氯处理过的 Al_2O_3 作为固体酸性载体，本身能促进异构化反应，而 Pt 则促进加氢、脱氢反应。

购入或贮存过的载体，由于与空气接触性质会发生变化而影响负载能力，因此在使用前常需进行预处理，预处理条件应根据载体本身的物理化学性质和使用要求而定。例如，通过热处理使载体结构稳定；当载体孔径不够大时可采用扩孔处理；而载体对吸附质的吸附速率过快时，为保证载体内外吸附质的均匀，也可进行增湿处理。但对人工合成的载体，除有特殊需要外一般不做化学处理。选用天然的载体如硅藻土时，除选矿外还需经水煮、酸洗等化学处理除去杂质，且要注意产地不同载体性质可能有很大的差异，可能影响到催化剂的性能。

(2) 浸渍液的配制

进行浸渍时，通常并不是用活性组分本身制成溶液，而是用活性组分金属的易溶盐配成溶液。所用的活性组分化合物应该是易溶于水（或其他溶剂）的，且在焙烧时能分解成所需的活性组分，或在还原后变成金属活性组分；同时还必须使无用组分，特别是对催化剂有毒的物质在热分解或还原过程中挥发除去。因此，最常用的是硝酸盐、铵盐、有机酸盐（乙酸盐、乳酸盐等）。一般以去离子水为溶剂，但当载体能溶于水或活性组分不溶于水时，则可用醇或烃作为溶剂。

浸渍液的浓度必须控制恰当，溶液过浓不易渗透粒状催化剂的微孔，活性组分在载体上也就分布不均，在制备金属负载催化剂时，用高浓度浸渍液容易得到较粗的金属晶粒，并且使催化剂中金属晶粒的粒径分布变宽。溶液过稀，一次浸渍达不到所要求的负载量，而要采用反复多次浸渍法。

浸渍液的浓度取决于催化剂中活性组分的含量。对于惰性载体，即对活性组分既不吸附又不发生离子交换的载体，假设制备的催化剂要求活性组分含量（以氧化物计）为 a(%，质量分数)，所用载体的比孔容为 V_p(mL/g)，以氧化物计算的浸渍液浓度为 c(g/mL)，则 1g 载体中浸入溶液所负载的氧化物量为 V_pc。因此

$$a=\frac{V_pc}{1+V_pc}\times 100\% \tag{9-8}$$

采用上述方法，根据催化剂中所要求活性组分的含量 a，以及载体的比孔容 V_p，即可确定所需配制的浸渍液的浓度。

9.1.2.2 活性组分在载体上的分布与控制

浸渍时溶解在溶剂中含活性组分的盐类（溶质）在载体表面的分布，与载体对溶质和溶剂的吸附性能有很大的关系。

Maatman 等曾提出活性组分在孔内吸附的动态平衡过程模型，如图 9-8 所示。图中列举了可能出现的四种情况，为简化起见，用一个孔内分布情况来说明。浸渍时，如果活性组分在孔内的吸附速率快于它在孔内的扩散，则溶液在孔中向前渗透的过程中，活性组分就被孔壁吸附，渗透至孔内部的液体就完全不含活性组分，这时活性组分主要吸附在孔口近处的孔壁上，如图 9-8(a) 所示。如果分离出过多的浸渍液，并立即快速干燥，则活性组分只负载在颗粒孔口与颗粒外表面，分布显然是不均匀的。图 9-8(b) 所示为到达图 9-8(a) 所示的状态后，马上分离出过多的浸渍液，但不立即进行干燥，而是静置一段时间，这时孔中仍

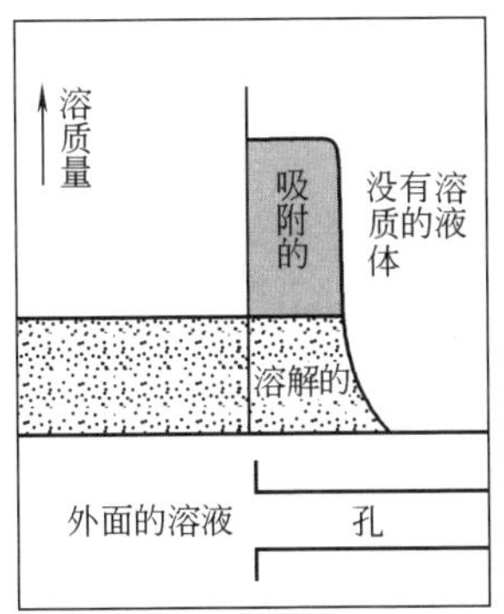

(a) 孔刚刚充满溶液以后的情况

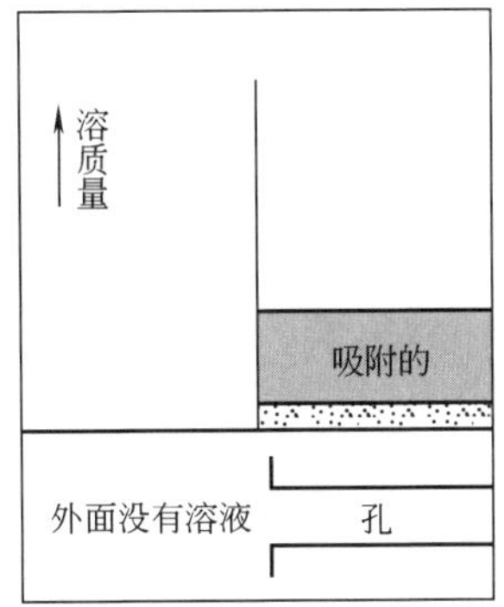

(b) 孔充满了溶液以后与外面的溶液隔离并待其达到平衡以后的情况

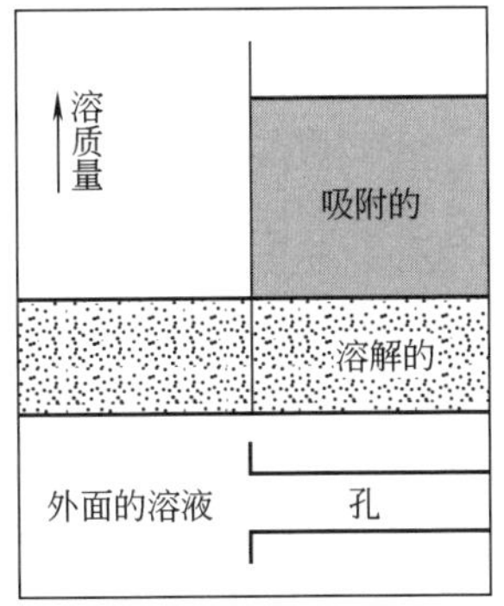

(c) 在过量的浸渍液中达到平衡以后的情况

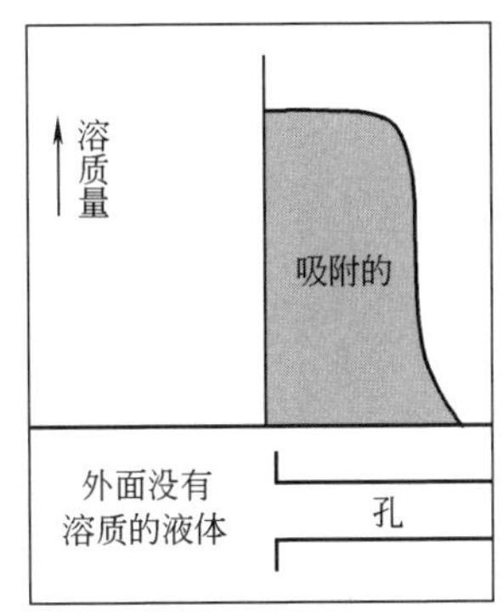

(d) 在达到平衡以前外面的溶液中的溶质已耗尽了的情况

图 9-8　活性组分在孔内吸附的情况

充满液体，如果被吸附的活性组分能以适当的速率进行解吸，则由于活性组分从孔壁上解吸下来，增大了孔中液体的浓度，活性组分从浓度较大的孔的前端扩散到浓度较小的孔的末端液体中去，使末端的孔壁上也能吸附上活性组分，这样活性组分通过脱附和扩散，从而实现再分配，最后活性组分就均匀分布在孔的内壁上。图 9-8(c) 所示为让过多的浸渍液留在孔外，载体颗粒外面的溶液中的活性组分通过扩散不断补充到孔中，直到达到平衡为止，这时吸附量将更多，而且在孔内呈均一性分布。图 9-8(d) 表明，当活性组分浓度较低，如果在到达均匀分布前，颗粒外面溶液中的活性组分已耗尽，则活性组分的分布仍可能是不均匀的。一些实验结果证明了上述的吸附、平衡、扩散模型。由此可见，要获得活性组分的均匀分布，浸渍液中活性组分的含量要多于载体内外表面能吸附的活性组分的数量，以免出现孔外浸渍液的活性组分已耗尽的情况，并且分离出过多的浸渍液后，不要马上干燥，要静置一段时间，使吸附、脱附、扩散达到平衡，使活性组分均匀地分布在孔内的孔壁上。

对于贵金属负载型催化剂，由于贵金属含量低，要在大表面积上得到均匀分布，除活性组分外，常在浸渍液中再加入适量的第二组分，载体在吸附活性组分的同时必吸附第二组分。新加入的第二组分就称为竞争吸附剂，这种作用称作竞争吸附。由于竞争吸附剂的参与，载体表面一部分被竞争吸附剂所占据，另一部分吸附了活性组分，这就使少量的活性组分不只是分布在颗粒的外部，也能渗透到颗粒的内部。加入适量竞争吸附剂，可使活性组分达到均匀分布，图 9-9 所示为竞争吸附的模型。常使用的竞争吸附剂有盐酸、硝酸、三氯乙

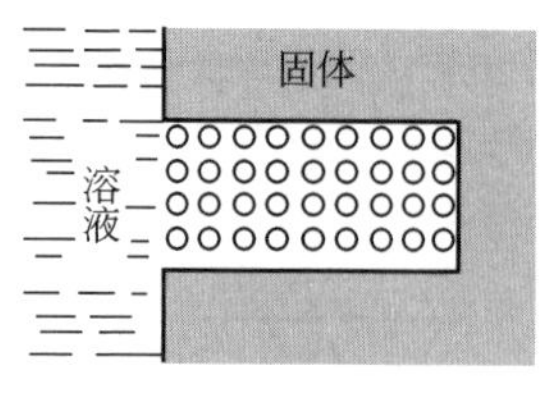

(a) 浸渍前

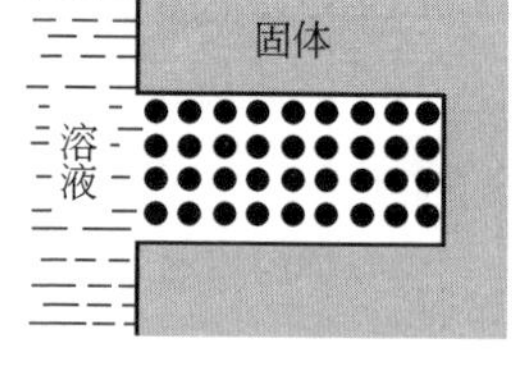

(b) 氯铂酸溶液浸渍后

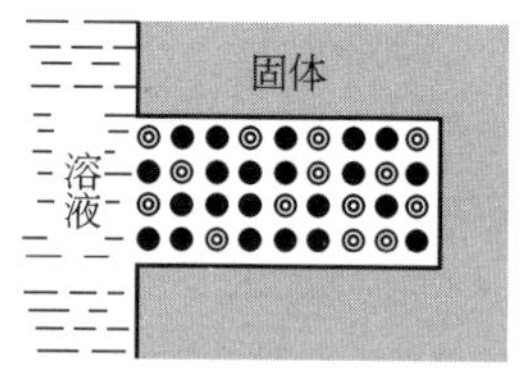

(c) 氯铂酸和竞争吸附剂混合溶液浸渍后

图 9-9　竞争吸附模型

○ 未吸附点；●铂的吸附点；◎竞争剂吸附点

酸、乙酸等。例如，在制备 $Pt/\gamma\text{-}Al_2O_3$ 重整催化剂时，加入乙酸竞争吸附剂后使少量的氯铂酸能均匀地渗透到孔的内表面，由于铂的均匀负载，使活性得到了提高，如图 9-10 所示。

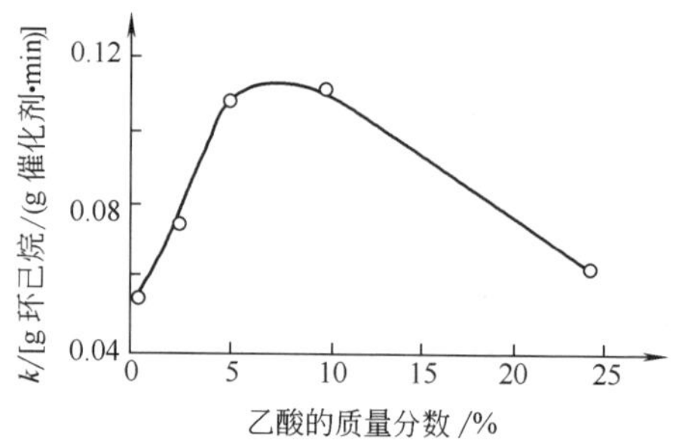

图 9-10　$Pt/\gamma\text{-}Al_2O_3$（含 Pt 0.36%，质量分数）的加氢活性与 H_2PtCl_6 溶液中乙酸含量的关系

还应指出，并不是所有的催化剂都要求孔内外均匀的负载。粒状载体，活性组分在载体上可以形成各种不同的分布。以球形催化剂为例，有均匀、蛋壳、蛋黄和蛋白型四种，如图 9-11所示。在上述四种类型中，蛋白型及蛋黄型都属于埋藏型，可视为一种类型，所以实际上只存在三种类型。究竟选择何种类型，主要取决于催化反应的宏观动力学。当催化反应由外扩散控制时，应以蛋壳型为宜，因为在这种情况下处于孔内部深处的活性组分对反应已无效用，这对于节省活性组分量特别是贵金属更有意义。当催化反应由动力学控制时，则以均匀型为宜，因为这时催化剂的内表面可以利用，而一定量的活性组分分布在较大面积上，可以得到较高的分散度，增加了催化剂的热稳定性。当介质中含有毒物，而载体又能吸附毒物时，这时催化剂外层载体起到对毒物的过滤

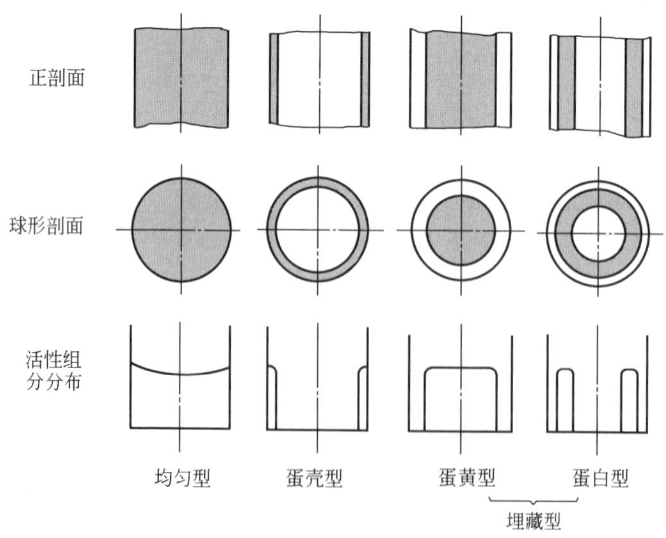

图 9-11　活性组分在载体上的不同分布

作用，为了延长催化剂的寿命，则应选择蛋白型。由于在这种情况下，活性组分处于外表层下呈埋藏型的分布，既可减少活性组分的中毒，又可减少由于磨损而引起活性组分的剥落。

上述各种活性组分在载体上分布而形成的各种不同类型，也可以采用竞争吸附剂来获得。选择竞争吸附剂时，要考虑活性组分与竞争吸附剂间吸附特性的差异、扩散系数的不同以及用量不同的影响，还需注意残留在载体上的竞争吸附剂对催化作用是否产生有害的影响，最好选用易于分解挥发的物质。如用氯铂酸溶液浸渍 Al_2O_3 载体，由于浸渍液与 Al_2O_3 的作用迅速，铂集中吸附在载体外表层上，形成蛋壳型分布。用无机酸或一元酸作竞争吸附剂时，由于竞争吸附从而得到均匀型的催化剂。若用多元有机酸（柠檬酸、酒石酸、草酸）作竞争吸附剂，由于一个二元羧酸或三元羧酸分子可以占据一个以上的吸附中心，在二元或三元羧酸区域可供铂吸附的空位很少，大量的氯铂酸必须穿过该区域而吸附在小球内部。根据使用二元或三元羧酸竞争吸附剂分布区域的大小，以及穿过该区域的氯铂酸能否到达小球中心处，可以得到蛋白型或蛋黄型的分布。由此可见，选择适合的竞争吸附剂，可以获得活性组分不同类型的分布；而采用不同用量的吸附剂，又可以控制金属组分的浸渍深度，这就可以满足催化反应的不同要求。

9.1.2.3　各种浸渍法及其评价

(1) 过量溶液浸渍法

过量溶液浸渍法是将载体泡入过量的浸渍溶液中，待吸附平衡后滤去过剩溶液，干燥、活化后便得催化剂成品。在操作过程中，如载体孔隙吸附大量空气，就会使浸渍溶液不能完全渗入，因此可以先进行抽空，使活性组分更易渗入孔内得到均匀的分布（如目前我国铂重整催化剂的制备），此步骤一般也可省略。这种方法常用于已成型的大颗粒载体的浸渍，或用于多组分的分段浸渍，浸渍时要注意选用适当的液固比，通常是借助调节浸渍液的浓度和体积控制吸附量。在生产过程中，可以在盘式或槽式容器中间歇进行。如要连续生产则可采用传送带式浸渍装置，将装有载体的小筐安装在输送皮带上，送入浸渍液池中浸泡一定时间（取决于池的长度和传送带的速度），经过回收带出的残余溶液，随后将浸渍物送入热处理系统内干燥、活化。

(2) 等体积溶液浸渍法

预先测定载体吸入溶液的能力，然后加入恰好使载体完全浸渍所需的溶液量，这种方法称为等体积浸渍法。应用这种方法可以省去过滤多余的浸渍溶液的步骤，而且便于控制催化剂中活性组分的含量。浸渍可以在转鼓式拌和机中进行，将溶液喷洒到不断翻滚着的载体上；也可以在流化床中进行，称为流化床浸渍法，如图 9-12 所示。该法是在流化床内放置一定量的多孔性载体，通入气体使载体流化，再通过喷嘴将浸渍液向下或沿切线方向喷入床内负载在载体上，当溶液喷完后，用热空气或烟道气对浸渍物进行流化干燥，然后升高床温进行焙烧，活化后卸出催化剂。流化床浸渍流程简单，操作方便，周期短，可在同一设备内完成浸渍、干燥、焙

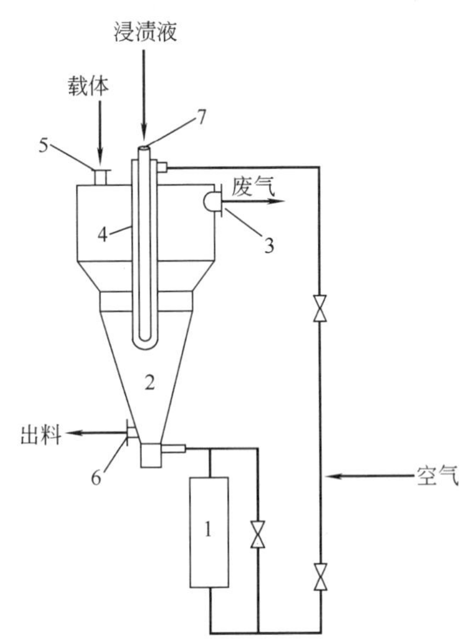

图 9-12　流化床浸渍法流程示意

1—加热器；2—锥形流化床；3—废气排出管；4—套管式喷嘴；5—载体加料口；6—卸料口；7—浸渍液加入口

烧、活化等过程，且劳动条件好等，一般适用于多孔性微球或小粒状载体的浸渍。对于无孔载体，由于流化时常将表面的活性组分磨脱，故不宜采用。

（3）多次浸渍法

多次浸渍法是将浸渍、干燥、焙烧反复进行数次。采用这种方法有下面两种情况：第一，浸渍化合物的溶解度小，一次浸渍不能得到足够大的吸附量，需要重复浸渍多次；第二，多组分溶液浸渍时，由于各组分的吸附能力不同，常使吸附能力强的活性组分浓集于孔口，而吸附能力弱的组分则分布在孔内，造成分布不均，改进方法之一就是用多次浸渍法，将各组分按顺序先后浸渍。每次浸渍后，必须进行干燥和焙烧，使其转化为不溶性物质，这样可以防止上次浸渍在载体上的化合物在下次浸渍时又溶解到溶液中，也可以提高下一次浸渍时载体的吸入量。多次浸渍法工艺操作复杂，劳动效率低，生产成本高，一般情况下应尽量少用。

（4）蒸气浸渍法

借助浸渍化合物的挥发性以蒸气相的形式将其负载于载体上。例如，用于正丁烷异构化的 $AlCl_3$/铁钒土催化剂，在反应器内先装入铁钒土载体，然后用热的正丁烷气流将活性组分 $AlCl_3$ 气化，并带入反应器，使其沉渍在载体上。当负载量已足够时，即可切断气流中的 $AlCl_3$，通入正丁烷进行反应。用此法制备的催化剂在使用过程中活性组分易于流失，为了维持催化剂性能的稳定，必须随时通入 $AlCl_3$ 进行补充。

9.1.2.4 浸渍颗粒的热处理过程

（1）干燥过程中活性组分的迁移

用浸渍法制备催化剂时，毛细管中浸渍液所含的溶质在干燥过程中会发生迁移，造成活性组分的不均匀分布。这是由于在缓慢干燥过程中，热量从颗粒外部传递到其内部，颗粒外部总是先达到液体的蒸发温度，因而孔口部分先蒸发使一部分溶质析出，由于毛细管上升现象，含有活性组分的溶液不断地从毛细管内部上升到孔口，并随溶剂的蒸发，溶质不断析出，活性组分就会向表层集中，留在孔内的活性组分减少。因此，为了减少干燥过程中溶质的迁移，常采用快速干燥法，使溶质迅速析出。有时亦可采用稀溶液多次浸渍法来改善。

（2）负载型催化剂的焙烧与活化

负载型催化剂中的活性组分（例如金属）是以高度分散的形式存在于高熔点的载体上，对于这类催化剂在焙烧过程中活性组分的比表面积会发生变化，一般是由于金属晶粒大小的变化导致活性比表面积的变化。也就是说，由于较小的晶粒长成较大的晶粒，在此过程中表面自由能也有相应的减小。图 9-13 所示为 Pd/Al_2O_3 催化剂金属的活性比表面积与温度的关系。由图可知，随着热处理温度的升高，金属 Pd 的比表面积下降。对于金属铂催化剂，也得到了类似的结果，如图 9-14 所示，随着焙烧温度的升高，Pt 平均晶粒大小增加。由图可知，采用离子交换法制备（后面将介绍）的催化剂，在同样的焙烧条件下较浸渍法制备的催化剂更为稳定。对于金属微晶烧结的机理还存在许多争论，到目前为止还没有一种理论能够完全解释在这类催化剂烧结过程中所观察到的现象。

有些情况下载体和金属微晶都可能发生烧结；但更多的情况，只是活性金属总面积减少，而载体的比表面积并不因此而降低。

在实际使用中，为了抑制活性组分的烧结，可以加入耐高温作用的稳定剂起间隔作用，以防止容易烧结的微晶相互接触，从而抑制烧结。易烧结物在烧结后的平均结晶粒度与加入稳定剂的量及其晶粒大小有关。在金属负载型催化剂中，载体实际上也起间隔的作用，

图 9-15示出了分散在载体中的金属含量越低，烧结后的金属晶粒越小；载体的晶粒越小，则烧结后的金属晶粒也越小。

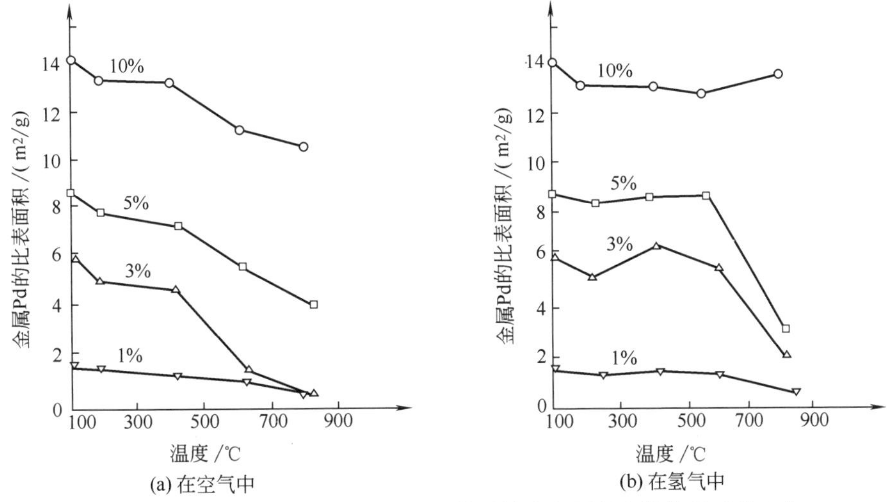

图 9-13　Pd/Al_2O_3 催化剂金属 Pd 的活性比表面积在热处理时的变化

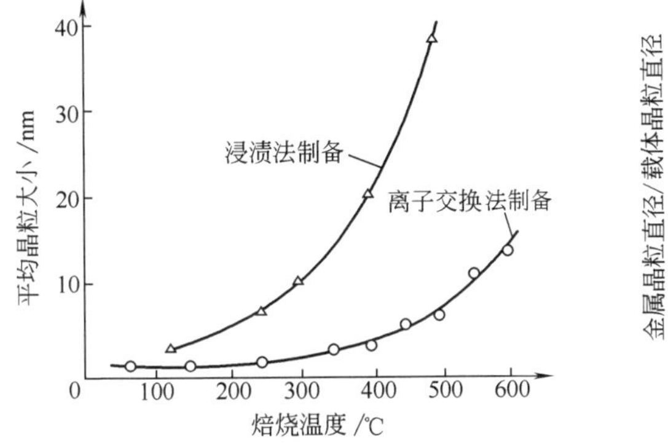

图 9-14　在热处理过程中 Pt 平均晶粒长大的情况

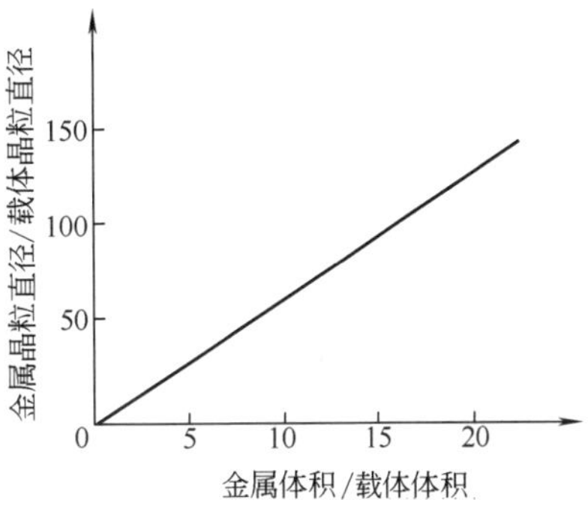

金属晶粒直径/载体晶粒直径

金属体积/载体体积

图 9-15　金属负载型催化剂中载体对金属晶粒烧结的影响

对于负载型催化剂，除了焙烧可影响金属晶粒大小外，还原条件对金属的分散度也有影响。为了得到高活性金属催化剂，希望在还原后得到高分散度的金属微晶。按照结晶学原理，在还原过程中增大晶核生成的速率，有利于生成高分散度的金属微晶；而提高还原速率，特别是还原初期的速率，可以增大晶核的生成速率。在实际操作中，可采用下述方法提高还原速率，以获得金属的高分散度：

① 在不发生烧结的前提下，尽可能高地升高还原温度。升高还原温度可以大大增加催化剂的还原速率，缩短还原时间，而且由于还原过程有水分产生，可以减少已还原的催化剂暴露在水汽中的时间，减少反复氧化还原的机会。

② 采用较高的还原气空速，高空速有利于还原反应平衡向右移动，提高还原速率。另外，空速大气相水汽浓度低，水汽扩散快，催化剂孔内的水分容易逸出。

③ 尽可能地降低还原气体中水蒸气的分压。一般来说，还原气体中水分和氧含量越多，还原后的金属晶粒越大。因此，可在还原前先将催化剂进行脱水，或用干燥的惰性气体通过

催化剂层等。

还原后金属晶粒的大小与负载催化剂中金属含量和还原气氛的关系如图 9-16 所示。催化剂中金属含量低，还原气体中 H_2 含量高，水汽分压低，还原所得的金属晶粒小，即金属分散度大。

(3) 互溶与固相反应

在热处理过程中活性组分和载体之间可能生成固体溶液（固溶体）或化合物，可以根据需要采用不同的操作条件，促使它们生成或避免它们生成。

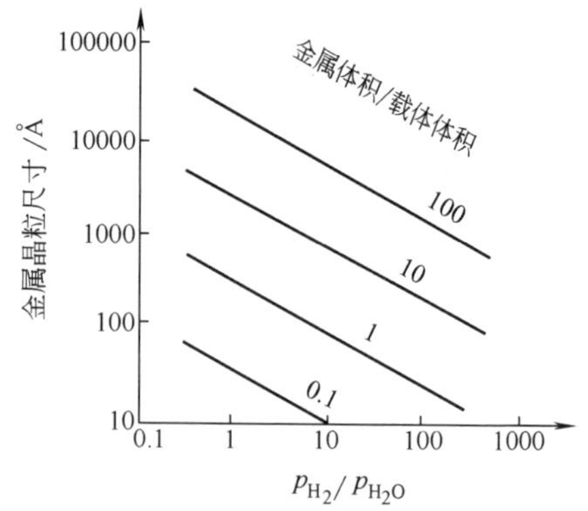

图 9-16 附载金属催化剂还原时生成的金属晶粒尺寸

Andrew 把催化剂生产中常用的 Cu、Fe、Ni、Zn、Mg、Ca、Al 的二元氧化物在 700℃ 以下（焙烧常用温度）的相互溶性列于表 9-3 中。如果负载的活性组分能与载体生成固溶体，而催化剂还原时，负载的活性组分最后能被还原，互溶将促使金属与载体最密切的混合；如果负载的活性物质最后不能还原，这部分金属氧化物是无效的。固体溶液的生成，一般可以减缓晶体长大的速率。如纯 NiO 样品在 500℃ 下焙烧 4h，NiO 晶粒大小成长到30～40μm；而 NiO 与 MgO 形成固溶体后，在同样的焙烧条件下，固体溶液中 NiO 的粒度仅为 8.0μm 左右。

表 9-3 在 700℃ 以下二元氧化物的互溶性

金属	Al	Mg	Ca	Zn
Cu	很小	很小	很小	小
Fe	$FeO \cdot Al_2O_3$ $Fe_2O_3 \cdot Al_2O_3$	全部互溶 $MgO \cdot Fe_2O_3$	$CaO \cdot FeO$ $CaO \cdot Fe_2O_3$	$ZnO \cdot Fe_2O_3$
Ni	$NiO \cdot Al_2O_3$	全部互溶	很小	小
Zn	$ZnO \cdot Al_2O_3$	很小	很小	—
Mg	$MgO \cdot Al_2O_3$	—	很小	很小
Ca	$CaO \cdot Al_2O_3$	很小	—	很小

活性组分与载体之间发生固相反应也是可能的，与前述生成固溶体一样，当金属氧化物与作为分散剂（载体）的耐高温氧化物发生固相反应后，而金属氧化物在最后的还原阶段又能被还原成金属时，由于金属与载体形成最紧密的混合，阻止了金属微晶的烧结，使催化剂具有高活性和长寿命。然而如果活性金属氧化物与载体生成的化合物不能被还原时，则化合物中这部分金属就无催化效能而被浪费。例如，用于生产苯乙烯的 $ZnO-Al_2O_3$ 催化剂，在焙烧时可能生成没有催化活性的 $ZnAl_2O_4$，所以在制备和使用中要设法防止这种锌铝尖晶石的生成。也有这种情况，如 NiO 与载体 Al_2O_3 进行固相反应时会生成铝酸镍尖晶石（$NiAl_2O_3$），它虽然较难还原，但一旦还原成金属 Ni 后，则具有与用 NiO 还原所得 Ni 不同的催化活性。在催化剂制备热处理过程中，有意识地利用互溶或固相反应，对催化剂进行调变，有可能改变或提高催化剂的性能。

9.1.3 混合法

混合法是工业上制备多组分固体催化剂时常采用的方法。它是将几种组分用机械混合的方法制成多组分催化剂。混合的目的是促进物料间的均匀分布，提高分散度。因此，在制备时应尽可能使各组分混合均匀。尽管如此，这种单纯的机械混合，组分间的分散度不及其他方法。为了提高机械强度，在混合过程中一般要加入一定量的黏结剂。

混合法又分为干混法和湿混法两种。干混法操作步骤最为简单，只要把制备催化剂的活性组分、助催化剂、载体或黏结剂、润滑剂、造孔剂等放入混合器内进行机械混合，然后送往成型工序，滚成球状或压成柱状、环状的催化剂，再经热处理后即为成品。例如，天然气蒸汽转化制合成气的镍催化剂，便是由典型的干混法工艺制备的。

湿混法的制备工艺要复杂一些，活性组分往往以沉淀得到的盐类或氢氧化物形式，与干的助催化剂或载体、黏结剂进行湿式碾合，然后进行挤条成型，经干燥、焙烧、过筛、包装，即为成品。目前国内 SO_2 接触氧化使用的钒催化剂，就是将 V_2O_5、碱金属硫酸盐与硅藻土共混而成。

9.1.4　离子交换法

离子交换法是利用载体表面上存在可进行交换的离子，将活性组分通过离子交换（通常是阳离子交换）交换到载体上，然后再经过适当的后处理，如洗涤、干燥、焙烧、还原，最后得到金属负载型催化剂。离子交换反应在载体表面的交换基团和具有催化性能的离子之间进行，遵循化学计量关系，一般是可逆的过程。该法制得的催化剂分散度好、活性高，尤其适用于制备低含量、高利用率的贵金属催化剂。均相络合催化剂的固相化和沸石分子筛、离子交换树脂的改性过程也常采用这种方法。

例如，焙烧过的硅酸铝（SA）表面带有羟基，是很强的质子酸。然而这些质子（H^+）不能直接与过渡金属离子或金属氨络离子进行交换，若将表面的质子先以 NH_4^+ 代替，离子交换就能进行，过程如图 9-17 所示。硅酸铝的离子交换反应为

$$\overline{H_2}SA + 2NH_4^+ \rightleftharpoons \overline{(NH_4)_2}SA + 2H^+$$

$$\overline{(NH_4)_2}SA + M^{2+} \rightleftharpoons \overline{M}SA + 2NH_4^+$$

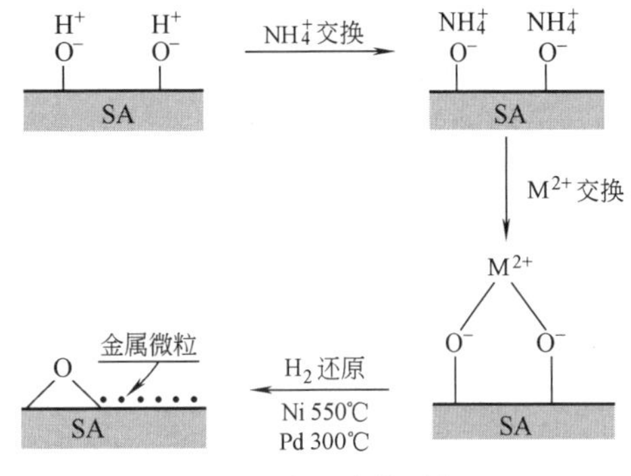

图 9-17　离子交换过程

该法制得的催化剂经还原后所得的金属微粒极细，催化剂的活性及选择性极高。如 Pd/SA 催化剂，当 Pd 含量小于 0.03mg/g 硅酸铝时，Pd 几乎以原子状态分散。离子交换法制备的 Pd/SA 催化剂只加速苯环加氢反应，而不会进一步断裂环己烷的 C—C。

离子交换法常用于 Na 型分子筛及 Na 型离子交换树脂经离子交换除去 Na^+，而制得许多不同用途的催化剂。例如，用酸（H^+）与 Na 型离子交换树脂交换时，制得的 H 型离子交换树脂可用作某些酸、碱反应的催化剂。而用 NH_4^+、碱土金属离子、稀土金属离子或贵金属离子与分子筛交换，可得到多种相对应的分子筛型催化剂，其中 NH_4^+ 分子筛加热分解，又可得到 H 型分子筛。

9.1.5　熔融法

熔融法是在高温条件下进行催化剂组分的熔合，使其成为均匀的混合体、合金固溶体或氧化物固溶体。在熔融温度下金属、金属氧化物均呈流体状态，有利于它们的混合均匀，促使助催化剂组分在主活性相上的分布，无论在晶相内或晶相间都达到高度分散，并以混晶或固溶体形态出现。

熔融法制造工艺显然是高温下的过程，因此温度是关键性的控制因素。熔融温度的高

低，视金属或金属氧化物的种类和组分而定。熔融法制备的催化剂活性好、机械强度高且生产能力大；局限性是通用性不大，主要用于制备氨合成的熔铁催化剂、F-T 合成催化剂、甲醇氧化的 Zn-Ga-Al 合金催化剂及 Raney 型骨架催化剂的前驱物等。其制备程序一般为：固体的粉碎；高温熔融或烧结；冷却、破碎成一定的粒度；活化。例如，目前合成氨工业中使用的熔铁催化剂，就是将磁铁矿（Fe_3O_4）、硝酸钾、氧化铝于 1600℃ 高温熔融，冷却后破碎，然后在氢气或合成气中还原，即得 $Fe-K_2O-Al_2O_3$ 催化剂。

有关分子筛催化剂的制备方法此处不讨论。

9.2 催化剂制备技术新进展 >>>

随着催化新反应和新型催化材料的不断开发，纳米催化材料、膜催化反应器等的研究进展，促成了众多催化剂制备新技术的不断涌现。纳米技术、超临界流体技术、成膜技术等都被认为是与催化剂制备直接或间接相关的新技术，这些技术均各有特点，且各种技术常可相互关联运用并取得令人满意的结果，因而受到人们广泛的关注。

纳米技术是一门在 0.1～100nm 尺寸空间研究电子、原子和分子运动规律和特性的高新技术学科。在这里，首先介绍超细粒子的概念。超细粒子通常是指粒径在 1～100nm 范围内的粒子，由超细粒子构成的松散集合体称为超细粉。当超细粒子粒径在 1～10nm 时，则称为纳米粒子，由纳米微晶颗粒聚集而成的块状或薄膜状人工固体又称为纳米固体材料。超细粒子是介于宏观物质与微观原子或分子之间的过渡亚稳态物质。随着纳米催化技术的快速发展，已经开发了许多制备纳米粒子的方法，归结起来大致可分为两大类：物理方法和化学方法。常用的物理方法有粉碎法、机械合金法和蒸发冷凝法。粉碎法是通过机械粉碎等手段获得纳米粒子。机械合金法是利用高能球磨，使元素、合金或复合材料粉碎。这两种方法操作简单、成本低，但纳米粒子的粒度均匀性差。蒸发冷凝法又称为惰性气体冷凝法（IGC），是在真空条件下通过加热、激光或电弧高频感应等手段将原料气化或形成等离子体，然后与惰性气体（He 或 Ar）碰撞而失去能量，凝聚成纳米尺度的团簇，并在液氮棒上骤冷凝结下来的方法，此法可得到高品质的纳米粒子，粒度可控，但成本高，技术要求也很高。化学制备方法有化学气相沉积（CVD）法、沉淀法、溶胶-凝胶（Sol-Gel）法、微乳液法等。化学气相沉积法是利用气体原料在气相中通过化学反应形成基本粒子，并经过成核长大成纳米粒子，该法具有产品纯度高、工艺可控、过程连续等优点，但也存在反应器内温度梯度小、合成粒子不够细、易团聚等缺点。沉淀法、Sol-Gel 法、微乳液法等均属于液相法的范畴。由于其初始物是在分子水平上的均匀混合，最终制备出的粒子小。此外，操作简单、设备投资少、安全，所以是目前实验室或工业上广泛采用的制备超细粒子及催化剂的方法。沉淀法在 9.1.1 节已经述及，这里不再赘述。Sol-Gel 法有一定的应用范围，适用于制备某些易于相变换的纳米材料，能获得高品质的纳米粒子。微乳液法制备超细粒子是近年发展起来的新方法，操作容易，并且可以很好地控制微粒的粒度，受到人们的重视。本节将重点介绍微乳液法和 Sol-Gel 法。此外，还将就超临界流体技术、膜技术、水热/溶剂热技术等展开论述。

9.2.1 微乳液技术

微乳液是由两种不互溶液体形成的热力学稳定的、各向同性的、外观透明或半透明的分散体系，微观上由表面活性剂界面膜所稳定的一种或两种液体的微滴所构成。该体系最早是由 Hoar 和 Schulma 于 1943 年报道的。报道说水和油与大量的表面活性剂及助表面活性剂（一般为中等链长的醇）混合能自发地形成透明或半透明的分散体系，可以是油分散在水中

（O/W型），也可以是水分散在油中（W/O型）。分散相质点为球形，半径非常小，通常为10～100nm，而且是热力学稳定的体系。但直至1959年，Schulman等才首次将上述体系称为“微乳液”。

在结构方面，微乳液类似于普通乳状液，但有根本的区别：普通乳状液是热力学不稳定体系，一般需要外界提供能量，如经过搅拌、超声粉碎、胶体磨处理等方能形成，且分散相质点较大、不均匀，外观不透明，依靠表面活性剂维持动态稳定；而微乳液是热力学稳定体系，即使没有外界提供能量也能自发形成，且分散相质点很小，外观透明或近乎透明，即使经高速离心分离后也不发生分层现象，或即使分层也是短暂的，在离心力消失后很快恢复原状。从稳定性方面来看，微乳液更接近胶团溶液；从质点大小来看，微乳液是胶团和普通乳状液之间的过渡物，因此它兼有胶团和普通乳状液的性质。

9.2.1.1 微乳液的形成机理

关于微乳液的自发形成，Schulma和Prince提出了瞬间界面张力形成机理。他们认为在界面活性剂的作用下，油水界面张力下降至几毫牛/米，这样的界面张力只能形成普通的乳状液。在助表面活性剂的存在下产生混合吸附，界面张力进一步降低至超低（10^{-5}～10^{-3}mN/m），以致产生瞬间的负界面张力（$\gamma<0$）。由于负界面张力是不存在的，因而体系将自发扩张界面，使更多的表面活性剂和助表面活性剂吸附于界面而使其体积浓度降低，直至界面张力恢复至零或微小的正值。这种由瞬间负界面张力而导致的体系界面自发扩张的结果就形成了微乳液。如果微乳液发生聚结，则界面面积缩小，又产生负界面张力，从而对抗微乳液的聚结，使得微乳液保持其稳定性。

根据这一机理，助表面活性剂在微乳液的形成中是必不可少的。但事实上，有些离子型表面活性剂如AOT和非离子型表面活性剂也能形成微乳液，零界面张力也不一定能确保形成微乳液。还有，所谓的负界面张力无法测定，也不能解释为什么会形成W/O和O/W型微乳液，因此该机理有其局限性。具体的理论在这里不展开讨论，有兴趣的读者可参阅有关的参考书。

9.2.1.2 微乳液法制备催化剂基本原理

用微乳法制备纳米催化剂，首先要制备稳定的微乳体系。微乳体系一般含有四种组分：表面活性剂、助表面活性剂、有机溶剂（油相）和水。常用的表面活性剂有AOT、SDS（阴离子型）、CTAB（阳离子型）以及Triton-X（聚氧乙烯醚类非离子型）。用作助表面活性剂的往往是中等碳链的脂肪醇。有些体系中可以不加助表面活性剂。有机溶剂多为C_6～C_8直链烃或环烷烃。在制备微乳体系时，通常使用Schulman法或Shah法。Schulman法是把油、表面活性剂和水混合均匀，然后向该乳液中滴加助表面活性剂，从而形成微乳液。Shah法是先把油、表面活性剂和助表面活性剂混合为乳化体系，然后加入水得到微乳液。根据油和水的比例及其微观结构，可分为O/W型、W/O型和中间态的双连续相微乳液。其中W/O型微乳液在纳米催化剂制备中应用较为普遍。在W/O型微乳液中，水核被表面活性剂和助表面活性剂所组成的界面所包围，尺度小（可控制在几个或几十纳米之间）且彼此分离，故可以看做是一个“微型反应器”，或称为纳米反应器。该反应器具有很大的界面，在其中可增溶各种不同的化合物。微乳液的水核半径与体系中的H_2O和表面活性剂的浓度及种类有关。在一定范围内，水核半径随H_2O和表面活性剂的浓度比的增大而增大。由于化学反应被限制在水核内，最终得到的颗粒粒径将受到水核大小的影响。而水核的大小是可以控制的，这就为制备不同粒度范围的纳米催化剂提供了良好的基础。

微乳液法制备纳米（或超细）粒子的特点在于：粒子表面包裹一层表面活性剂分子，使粒子间不易聚集；通过选择不同的表面活性剂分子可对粒子表面进行修饰，并可在很宽的范围内控制微粒的大小且粒径分布窄。对于催化剂而言，还可在室温下制备双金属催化剂；可在微乳内直接合成纳米金属粒子，无需进一步的热处理即可用于悬浮液中的催化；在颗粒形成时没有载体的影响等。

在微乳内形成超细粒子可以有三种情况，如图 9-18 所示。

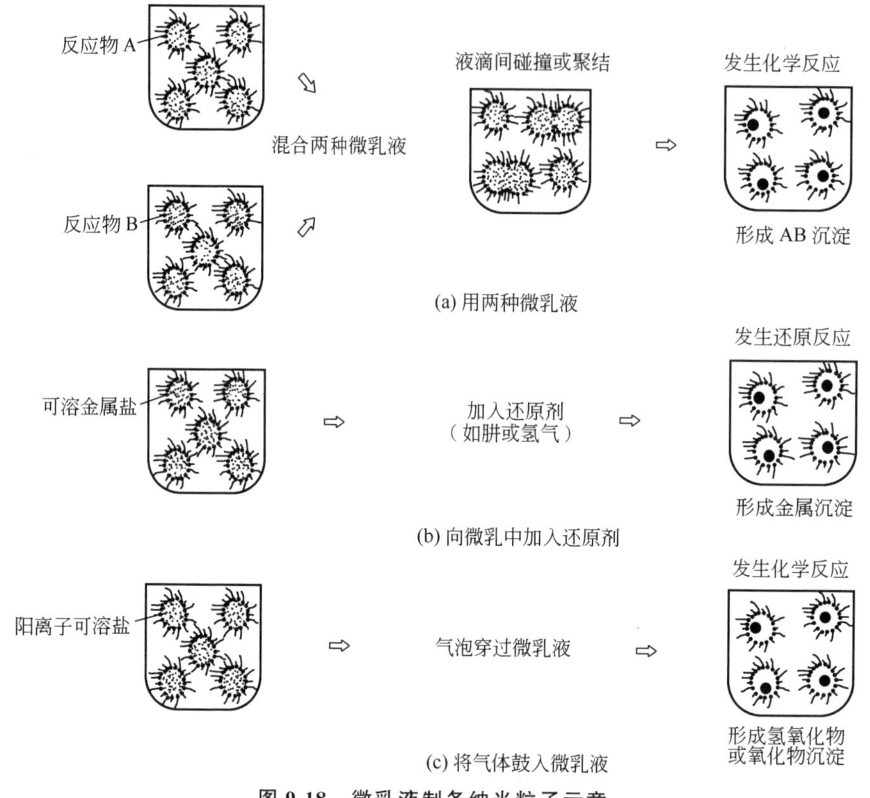

图 9-18 微乳液制备纳米粒子示意

图（a）将分别增溶有反应物的微乳液 A、B 混合，由于液滴间的碰撞或聚集，水核内的物质发生相互交换或传递，引起水核内的化学反应，而生成的粒子被限定在水核内，水核的大小就控制了超细粒子的最终粒径。

图（b）反应物（如可溶性金属盐）增溶在微乳液的水核内，通入的另一种反应物（如还原剂）穿过微乳液界面膜进入水核内，与水核内的反应物反应生成产物粒子，其最终粒径由水核大小决定。从微乳相中可进一步分离得到超细粒子。

图（c）反应物（阳离子可溶盐）增溶在微乳液的水核内，另一种反应物为气体。将气体通入微乳液中，充分混合使二者发生反应，反应仍局限在水核内。

9.2.1.3 微乳液法制备纳米催化剂

用微乳液制备纳米（或超细）催化剂的方法一般是将制备催化剂的反应物溶解在微乳液的水核中，在剧烈搅拌下使另一反应物进入水核进行反应（沉淀反应、氧化还原反应等），产生催化剂的前驱体或催化剂的粒子，待水核内的粒子长到最终尺寸，表面活性剂就会吸附在粒子的表面，使粒子稳定下来并阻止其进一步长大。反应完全后加入水或有机溶剂（如丙酮、四氢呋喃等）除去附在粒子表面的油相和表面活性剂，然后在一定温度下进行干燥和焙烧，最终得到纳米催化剂。

用微乳液方法制备纳米（或超细）粒子，需注意以下几点。

① 确定适合的微乳体系。分析所需催化剂的组成，选定制备纳米（超细）颗粒的适合的化学反应，从而决定选用反应试剂。然后再选择一个能够增溶有关试剂的微乳体系，其增溶能力越大越好，这样可以获得较高的收率。另外，构成微乳液体系的组分（油相、表面活性剂和助表面活性剂）应该不与试剂发生反应，也不应该抑制所选定的化学反应。在微乳液的制备过程中，表面活性剂的选择是至关重要的。表面活性剂对不同油相和水相组成体系的作用相当复杂，涉及表面活性剂在两相的溶解度及分配系数、化学亲和力、表面活性剂浓度及各种影响因素，如温度、添加剂等。表面活性剂的选择原则是：必须有良好的表面活性和低的界面张力；必须能形成一个被压缩的界面膜；必须在界面张力降到较低值时及时迁移到界面，即有足够的迁移速率。

② 确定适合的沉淀条件，以获得分散性好、粒度均匀的纳米（超细）微粒。在确定微乳体系后，要研究影响生成超细微粒的因素。这些因素中包括水和表面活性剂的浓度、相对量、反应试剂的浓度以及微乳中水核界面膜的性质等。如微乳液中水和表面活性剂的相对比例是一个重要因素，在许多情况下，微乳的水核半径是由该比值决定的，而水核的大小直接决定了纳米（超细）粒子的尺寸。当水和油的量一定时，表面活性剂量的增加会导致微乳液液滴数目的增多，每个液滴内所包含的反应物的量就减少，从而使每个液滴内生成的粒子就小。又如还原剂的性质问题，肼是过渡金属盐（如氯铂酸）的良好还原剂，相比于氢气，其还原速度快且完全。通常情况下，快的化学还原速度可得到快的成核速度，从而导致更小更多的粒子的生成。

③ 确定适合的后处理条件以保证纳米（超细）粒子聚集体的均匀性。上面制得的粒度均匀的纳米（超细）微粒在沉淀、洗涤、干燥后总是以某种聚集态的形式出现。这种聚集体应该是进行再分散仍能得到纳米（超细）微粒的。如果经高温焙烧发生固相反应，得到的聚集体一般比原有的纳米（超细）粒子要大得多，而且难以再分散。因此，要确定适合的后处理条件，才能得到粒度均匀的纳米（超细）粒子的聚集体。

微乳液技术用于制备纳米催化剂主要集中在负载型金属纳米催化剂、金属氧化物纳米催化剂、复合氧化物纳米催化剂等。现举一例简要说明催化剂的制备过程。

在合成气合成甲醇的反应中，Won-Young Kim 等发现使用 W/O 型微乳液技术制备的负载 Pd 催化剂中 Pd 的粒径较传统浸渍法制备的催化剂中 Pd 的小得多，且粒径分布窄，表现出较高的 CO 加氢活性。他们制备的微乳液体系成分为：表面活性剂为壬基酚聚氧乙烯醚 NP-5，环己酮/氯化钯水溶液。氯化钯溶解在 2 倍量的盐酸溶液中，氯化钯的浓度为 0.1～0.2mol/L。将氯化钯水溶液注入 NP-5 的环己酮溶液中，水：NP-5＝4：1（物质的量之比），制得微乳液。再将 3 倍量于氯化钯的水合肼在 25℃下直接加入微乳液中，还原得到 Pd 金属粒子。另外，将蒸馏水和金属醇盐（如三丁醇锆、异丙醇铝和四丁醇钛）加入微乳液中，保持 pH 值为 1.5～2，水解过程中水和烷氧基的物质的量之比为 22：1，剧烈搅拌 1h，水解得到含有 Pd 的沉淀物。离心分离出沉淀物，用乙醇洗涤 3 次，然后在 80℃下干燥过夜，再于空气气氛下 350℃焙烧 2h，最后在 350℃、流动氢气气氛下还原 2h，得到负载型的 Pd 催化剂。制备工艺如图 9-19 所示。

微乳液法和普通浸渍法制备的 CO 加氢 Pd/ZrO_2 催化剂中 Pd 粒子的粒径分布及其反应性能如图 9-20 和图 9-21 所示。可以看出，微乳液法制备的催化剂具有更好的性能。

微乳液法具有上述许多特点，但在工业生产催化剂前还面临一些挑战，例如如何回收和循环利用微乳液中的油相物质、工业规模生产催化剂等问题。目前还出现了超临界微乳液、陶瓷超滤膜结合微乳液的技术，这里就不再展开了。

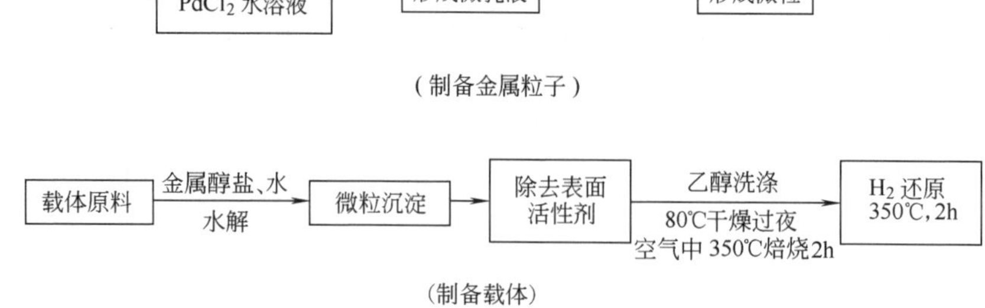

图 9-19 微乳液法制备催化剂的工艺流程

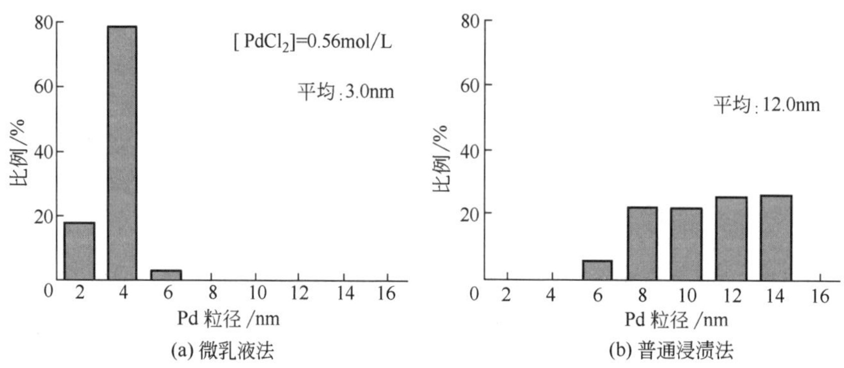

图 9-20 Pd/ZrO_2 催化剂中 Pd 的粒径分布

（Pd 含量为 5.0%）

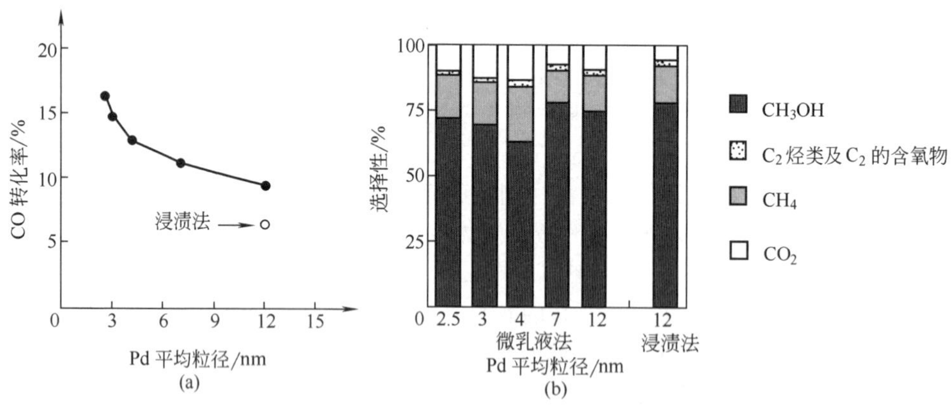

图 9-21 Pd/ZrO_2 催化剂中 Pd 粒径对 CO 加氢的影响

（Pd 含量 5%，T=240℃，p=4.0MPa）

9.2.2 溶胶-凝胶技术

溶胶-凝胶技术是20世纪70年代迅速发展起来的一项新技术。由于其反应条件温和、制备的产品纯度高、结构可控且操作简单，因而受到人们的关注。在电子、陶瓷、光学、热学、生物和材料等技术领域得到应用。在化学方面，主要用于无机氧化物分离膜、金属氧化物催化剂、杂多酸催化剂和非晶态催化剂等的制备。

为了更好地了解溶胶-凝胶技术，需要对胶体化学知识有一个认识，这里仅简单介绍一些胶体化学的基本常识（详细内容可以参考相关的专著），然后再对溶胶-凝胶技术展开讨论。

9.2.2.1　溶胶

胶体是物质存在的一种特殊状态。当分散在介质中的分散相颗粒粒径为 1～100nm 时，这种溶液称为胶体溶液，简称溶胶。介质为水时称为水溶胶。按分散相与分散介质之间亲和力的大小，溶胶可分为两类：亲液溶胶和憎液溶胶。溶胶是高度分散的非均相体系，有巨大的界面能，在热力学上是不稳定的。

溶胶制备从方式上可分为分散法与凝聚法两种。

分散法是利用机械设备、气流粉碎、超声波、电弧和胶溶等各种方法将较大的颗粒分散成胶体状态。其中胶溶法是在新生成的沉淀中，加入适合的电解质（如 HCl、HNO_3 等）或置于某一温度下，通过胶溶作用使沉淀重新分散成溶胶的方法；而凝聚法则是利用物理或化学方法使分子或离子聚集成胶体粒子的方法，有以下几种：

① 还原法　主要用于制备各种金属溶胶。如

$$Au^{3+} + \text{单宁(还原剂)} \xrightarrow[\text{加热}]{\text{少量 } K_2CO_3} Au\text{(溶胶)}$$

② 氧化法　用硝酸等氧化剂氧化硫化氢水溶液可得到硫溶胶。如

$$2H_2S + O_2 = 2S\text{(溶胶)} + 2H_2O$$

③ 水解法　多用于制备金属氧化物溶胶。如

$$FeCl_3 + 3H_2O \xrightarrow{\text{煮沸}} Fe(OH)_3\text{(溶胶)} + 3HCl$$

④ 复分解法　常用来制备盐类溶胶。如

$$AgNO_3\text{(稍过量)} + KI = AgI\text{(溶胶)} + KNO_3$$

由凝聚法直接生成的胶粒称为一次粒子（初级粒子）。一次粒子往往聚集成较大的粒子，这时粒子称为二次粒子（次级粒子），这种粒子大小对催化剂或载体的比表面积、孔结构有很大影响，如图 9-22 所示。

溶胶的稳定性一般可用扩散的双电层结构理论来解释。改变溶胶的稳定性将导致溶胶的聚沉或胶凝成凝胶。

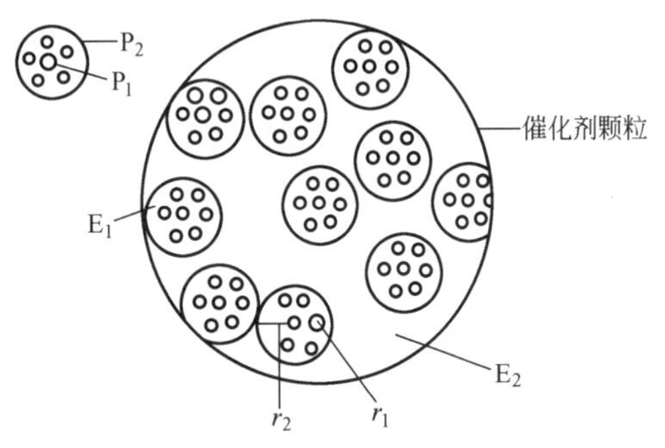

图 9-22　二次粒子的结构示意

P_1——一次粒子；P_2——二次粒子；r_1——一次粒子半径；r_2——二次粒子半径；E_1——一次粒子间空隙；E_2——二次粒子空隙

9.2.2.2　凝胶

凝胶是一种体积庞大、疏松、含有大量介质液体的无定形沉淀。它实际上是溶胶通过胶凝作用，胶体粒子相互凝结或缩聚而形成立体网络结构，从而失去流动性而生成的。凝胶具有一定的几何外形，显示出固体力学的一些性质，如具有一定的强度、弹性、屈服值等。只是从结构上来看与通常的固体不一样，它是由固-液（或气）两相组成的，也具有液体的某些性质。按分散介质的不同，又可分为水凝胶、醇凝胶和气凝胶（气凝胶又

分为三种：采用普通蒸发干燥方法除去凝胶中的介质液体称为 xerogel；采用升华方法的称为 cryogel；采用超临界方法的称为 aerogel）。催化剂制备过程中介质液体通常为水，称为水凝胶。在新生成的水凝胶中，不仅分散相（网状结构）是连续相，分散介质（水）也是连续相，这是凝胶的主要特征。水凝胶经脱水后可得到多孔、大比表面积的固体材料。生成凝胶的胶凝过程是沉淀的一种特殊情况，是制备固体催化剂的重要步骤。

凝胶具有三维网状结构，视质点的形状和性质不同，可以分为如图 9-23 所示的四种类型。

(a) 球形质点联结，如催化剂制备中的 SiO_2、TiO_2 等凝胶

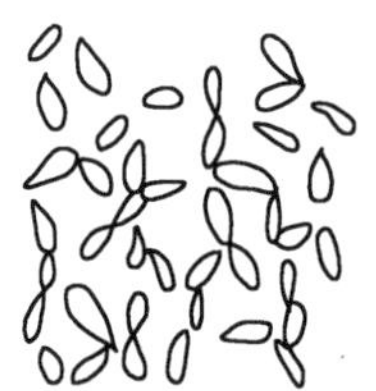

(b) 棒状或线状质点联结，如 V_2O_5、白土凝胶等

(c) 由线型大分子构成，如明胶等

(d) 由线型大分子团化学交联而成，如硫化橡胶等

图 9-23 凝胶结构的类型

溶胶的胶凝过程主要受以下一些因素的影响。

① 加入的电解质 在溶胶中加入适量的电解质，破坏了溶胶中扩散的双电层结构，溶胶的稳定性下降，使得胶粒能相互碰撞而凝结，从介质溶液中沉降下来（称作聚沉）。只有与胶粒电荷相反的离子，才能起凝结作用，它不仅与其浓度有关，还与离子价态有关，在相同浓度时，离子价态越高凝结作用越强。如五氧化二钒溶胶中加入适量的 $BaCl_2$ 溶液，可得到 V_2O_5 凝胶。

② 溶胶浓度 溶胶浓度高，胶粒间缩合凝结的机会大，易于胶凝。而且由于开始时缩聚的速率大，往往生成量大且细小的一次粒子，这些粒子距离近，在没有充分长大时就连接在一起形成凝胶，这样得到的二次粒子也相对较小且均匀；反之，如果浓度低则较难胶凝，而且这时在外界条件干扰下还容易发生新的胶溶现象。所以，为缩短胶凝时间，提高凝胶的均匀性，可尽量提高溶胶的浓度。

③ pH 值 对于氢氧化物溶胶，提高 pH 值，可增大其水解聚合速率，从而提高溶胶的浓度。此外，OH^- 是胶团的反离子，增大 pH 值还能降低扩散双电层的“电位”，促进氢氧化物溶胶的凝结。

④ 改变温度 一般来说，升高温度可加速胶凝，这是化学反应的基本规律；但如果温度过高，也可能使缩合的凝胶解聚。

9.2.2.3 溶胶-凝胶法制备催化剂的过程

溶胶-凝胶技术制备催化剂的基本过程是：将易于水解的金属化合物（金属盐、金属醇盐或酯）在某种溶剂中与水发生反应，通过水解生成水合金属氧化物或氢氧化物，胶溶得到稳定的溶胶，再经缩聚（或凝结）作用而逐渐凝胶化，最后经干燥、焙烧等后处理制得所需的材料。该技术的关键是获得高质量的溶胶和凝胶。以金属醇盐胶溶法制备溶胶的 Sol-Gel 过程如图 9-24 所示。

9.2.2.4 催化剂制备过程分析

由上述可知，溶胶-凝胶法制备催化剂主要包括金属醇盐水解、胶溶、陈化胶凝、干燥、焙烧等步骤。最终催化剂的结构和性能与所采用的原料、制备工艺条件密切相关。

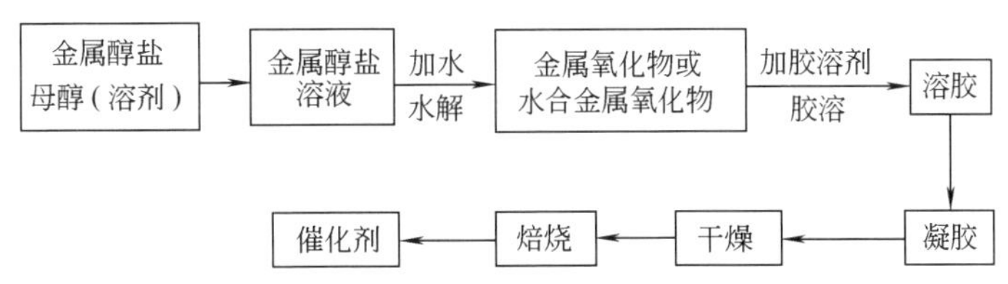

图 9-24 Sol-Gel 法制备催化剂的流程示意

(1) 原料——金属醇盐

首先是制取包含金属醇盐和水在内的均相溶液，以保证金属醇盐的水解反应是在分子水平上均匀进行的。由于一般金属醇盐在水中的溶解度不大，因而常常用与金属醇盐和水都互溶的醇作溶剂先将金属醇盐溶解。醇的加入量要适当，如果加入量过多，将会延长水解和胶凝的时间。这是因为水解反应是可逆的，醇是醇盐的水解产物，对水解反应有抑制作用，而且醇的增多必然导致醇盐浓度降低，使已水解的醇盐分子之间的碰撞概率下降，因而对缩聚反应不利。如果醇加入量过少，醇盐浓度过高，水解缩聚产物浓度过高，又容易引起粒子的聚集或沉淀而得不到高质量的凝胶。

通常，是将醇盐溶解于其母醇中，例如异丙醇铝溶于异丙醇中，仲丁醇铝溶于仲丁醇中。在某些情况下，当醇盐不完全溶于母醇时，可通过醇交换反应（醇解反应）进行调整。由于受到空间位阻因素的影响，醇解反应速率依 MeO＞EtO＞i-PrO＞i-BuO 顺序下降。此外，醇解反应还会受到中心金属原子化学性质的影响，而同一中心金属原子不同的醇盐水解速率也不同。例如用 $Si(OR)_4$ 来制备 SiO_2 溶胶，胶凝时间随烷基中碳原子数的增加而延长，这是由于随烷基中碳原子数的增加，醇盐水解速率降低的结果。在制备多组分氧化物溶胶时，不同金属原子的醇盐水解活性不同，但如果选择适合的醇品种，可使不同金属醇盐的水解速率达到较好的匹配，从而保证溶胶的均匀性。

(2) 水解

使金属醇盐在过量的水中完全水解，生成金属氧化物或水合金属氧化物的沉淀，在水解过程中存在两个反应。

① 水解反应 金属醇盐与水反应

$$\rangle Al—OR + H_2O \longrightarrow \rangle Al—OH + ROH$$

② 缩聚反应 氢氧化物一旦形成，缩聚反应就会发生。缩聚反应又分为失水缩聚和失醇缩聚。

失水缩聚 $$\rangle Al—OH + HO—Al\langle \longrightarrow \rangle Al—O—Al\langle + H_2O$$

失醇缩聚 $$\rangle Al—OH + RO—Al\langle \longrightarrow \rangle Al—O—Al\langle + ROH$$

上述三个反应几乎同时发生，生成物是不同大小和结构的溶胶粒子，影响水解反应的主要因素是水的加入量和水解温度。

由于水本身是一种反应物，水的加入量对溶胶的制备及其后续工艺过程都有重要的影响，如水的加入量对溶胶的黏度、溶胶向凝胶的转化、胶凝作用以及后续的干燥过程均有影响，因而被认为是溶胶-凝胶法工艺中的一个关键参数。

升高水解温度有利于增大醇盐水解速率。特别是对水解活性低的醇盐（如硅醇盐），常常升高温度以缩短水解时间，此时制备溶胶的时间和胶凝时间会明显缩短。水解温度还影响水解产物的相变化，从而影响溶胶的稳定性。

对于制备组成、结构都均匀的多组分催化剂，要特别注意在制备溶胶的过程中，要尽量保持各醇盐的水解速率相近。解决的办法是：对水解速率不同的醇盐可以采用适当的水解步骤依次水解；选择水解活性相近的醇盐；或采用多核金属的醇盐来水解；还有就是采用螯合剂（如乙二醇、有机酸等）的办法降低高活性醇盐的水解速率，以达到同步水解的目的。

(3) 胶溶

胶溶过程是向水解产物中加入一定量的胶溶剂，使沉淀重新分散为大小在胶体范围内的粒子，从而形成金属氧化物或水合氧化物溶胶。只有加入胶溶剂才能使沉淀成为胶体分散而且被稳定下来。胶溶是静电相互作用引起的，向水解产物中加入酸或碱胶溶剂时，H^+或OH^-吸附在粒子表面，反应离子在液相中重新分布从而在粒子表面形成双电层。双电层的存在使粒子间产生相互排斥。当排斥力大于粒子间的吸引力时，聚集的粒子便分散为小粒子而形成溶胶。

在溶胶-凝胶法中，最终产品的结构在溶胶中已初步形成，而且后续工艺与溶胶的性质有直接关系，因此溶胶的质量十分重要。多孔材料可能形成的最小孔径，取决于溶胶一次粒子的大小，而孔径分布及孔的形状则分别取决于胶粒的粒径分布及胶粒的形状。因此，制得超微胶粒，单一粒径分布的溶胶是获得细孔径和窄孔径分布材料的关键。

实际过程中胶溶剂一般多采用酸。实验表明，酸的种类及加入量常影响胶粒的大小、溶胶的黏度和流变性等性能。就不同种类的酸对AlOOH溶胶的胶溶效果而言，发现HCl、HNO_3、CH_3COOH均能使体系胶溶，但H_2SO_4、HF则不能。对不同类型的酸对SiO_2凝胶孔径分布影响的考察结果表明，随着酸强度的增加，孔径分布范围增大，但平均孔径变小。此外，酸胶溶剂种类对溶胶的黏度和流动性也有影响。例如制备AlOOH溶胶，以盐酸作胶溶剂，溶胶表现出强烈的触变性，并具有较高的黏度，易于胶凝；而以硝酸作胶溶剂，溶胶具有较低的黏度和良好的流动性，无有机添加剂存在时，在室温下长期存放也不会胶凝。酸加入量对溶胶粒子的大小也有影响。如在制备TiO_2溶胶时，当酸加入量过少时，会造成粒子的沉淀；而加入量过多又会造成粒子的团聚。只有酸加入量适当时才能制得稳定的溶胶，这时H^+（来自酸）与Ti的物质的量之比应为（0.1～1.0）∶1。当溶胶被水稀释时，上述比值范围还可以扩大，这可能是由于在稀溶液中粒子距离增加，使聚集更困难之故。

为了改善溶胶粒子的结构，制得性能较好的溶胶，可以采用一定方式向溶胶体系提供能量，使胶粒的分散与聚集尽快达到相对稳定的平衡，从而使胶体具有较为单一的粒径分布和稳定性。该过程包括将醇盐水解生成的醇（如异丙醇或仲丁醇）全部蒸出，然后保持在一定的温度、强烈搅拌和回流条件下进行陈化。影响陈化结果的主要因素是陈化时间和陈化温度。

(4) 胶凝

溶胶中的胶粒在水化膜或双电层的保护下，可以保持相对独立而暂时稳定下来。但如果加入脱水剂或电解质，破坏上述保护作用，胶粒便会凝结，逐渐连接形成三维网状结构，把所有液体都包进去，成为冻胶状的水凝胶，这就是胶凝作用。溶胶-凝胶法大致可分为溶胶制备和凝胶形成两个阶段，即原料水解、缩合成溶胶基本粒子和由基本粒子凝集成为水凝胶。这两个阶段并没有明显的界限，缩合反应一直延续到过程的终了，凝结作用也并非基本粒子的机械堆砌，而是缩合反应的中间阶段。溶胶凝结成凝胶后，还处于热力学不稳定状态，其性质还没有全部固定下来，也要经过陈化过程处理。在此阶段的陈化中，随着时间的延长，凝胶中的固体颗粒将发生再凝结和聚集、脱水收缩、粒子重排、凝胶网络空间的缩小，粒子间结合得更为紧密，从而增强了网络骨架的强度。如对于Si、Al、Fe等高价金属的氢氧化物则是通过羟基桥连接初级粒子形成网络结构，而羟基桥又能脱水形成氧桥，这对催化剂的制备具有重要意义。

由上述可以看出，溶胶-凝胶法是从原料水解到形成湿凝胶的一个连续复杂的漫长过程。过程中的影响因素众多，各影响因素在前面已经进行过讨论。

(5) 干燥和焙烧

9.1.1 节介绍的干燥和焙烧，其规律和条件一般也适用于湿凝胶的干燥和焙烧。凝胶的干燥过程中需要除去其孔隙中大量的液体介质，干燥的方式直接影响干凝胶的性质。使用普通的干燥过程中，凝胶孔中气液两相共存，产生表面张力和毛细管作用力，产生压力的大小可以由平衡静电力计算

$$2\sigma r\cos\theta = r^2 h\rho g \tag{9-9}$$

即

$$p_s = h\rho g = \frac{2\sigma}{r}\cos\theta \tag{9-10}$$

式中，θ 为液体和毛细管壁的接触角；σ 为表面张力；r 为孔半径。

若以在半径为 20nm 的圆形直通孔中干燥酒精来计算，乙醇的密度 $\rho=0.789\text{g/cm}^3$，表面张力 $\sigma=2.275\times10^{-4}\text{N/cm}$，计算出其静液压为 0.225MPa。这样大的压力，将使干凝胶的孔结构产生孔壁塌陷，直接影响到最终的孔结构。这里以 SiO_2 凝胶的干燥为例来说明干燥过程对产品宏观结构的影响。

硅胶凝胶干燥阶段形成的结构取决于促使粒子更紧密堆积的毛细管力和低分子量的 SiO_2 转变的共同作用。干燥有三个典型的步骤，如图 9-25 所示。

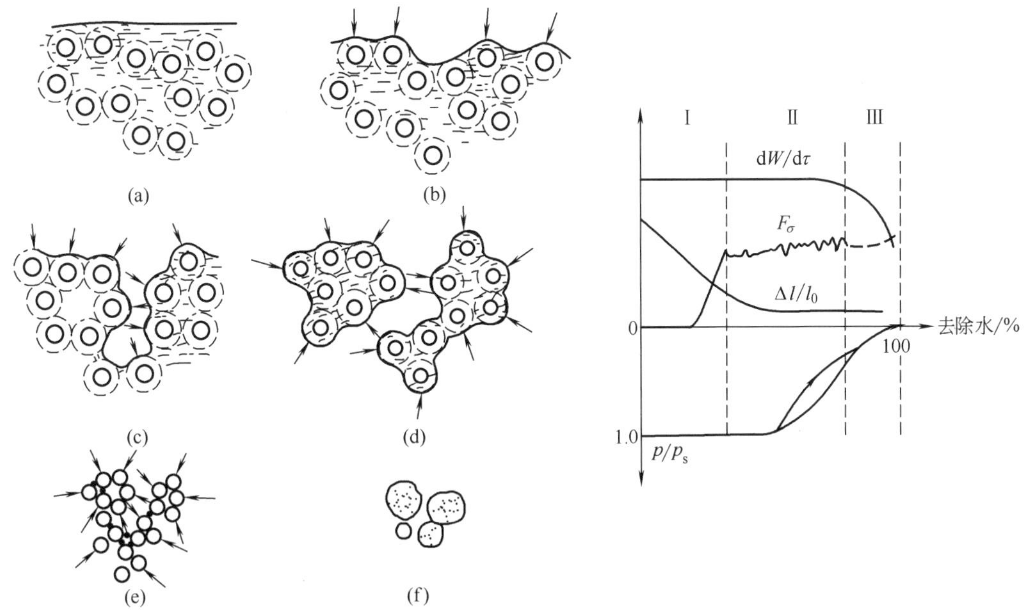

图 9-25　硅胶凝胶干燥过程中干胶结构的形成

干燥步骤Ⅰ［(a)、(b)］；干燥步骤Ⅱ［(c)、(d)］；干燥步骤Ⅲ［(e)、(f)］

$dW/d\tau$—干燥速率的变化；F_σ—毛细管收缩力；$\Delta l/l_0$—变形程度；p/p_s—相对蒸气压

步骤Ⅰ：决定干凝胶的总孔容。此阶段一直延续到蒸发表面出现粒子层［见图 9-25(a)、(b)］。表面水分蒸发时形成液体的弯月面，出现毛细管压力 p_c。

步骤Ⅱ：决定孔径大小分布和残余湿含量达到边界值。随着蒸发表面在粒子聚集体内的迁移，形成单个充满液体的区域［见图 9-25(c)、(d)］。毛细管压力垂直指向这些区域表面，

某些区域局部收缩，总孔容下降。

步骤Ⅲ：主要影响干凝胶的比表面积。当干燥继续，凝胶粒子聚集体的外壳破裂，造成粒子小球的直接碰撞，在粒子间相撞点上加剧了低分子量的 SiO_2 的转化，然后再从松散到紧密堆积，粒子小球长大（所谓的小球共同生长或黏合机理），低分子量的 SiO_2 的转化决定着干凝胶的表面和孔隙的形成［见图 9-25(e)、(f)］。在溶胶形成过程中，低分子量的 SiO_2 的转化导致比表面积的减少，而在水凝胶形成阶段则导致总孔容的增大。

所以，采用溶胶-凝胶法制备催化剂，与沉淀法制备催化剂一样，催化剂质量的保证要贯穿到催化剂制备全过程的控制中去。

9.2.2.5 溶胶-凝胶法制备催化剂的优点

溶胶-凝胶法制备催化剂，有以下优点：

① 可以制得组成高度均匀、高比表面积的催化材料；

② 制得的催化剂孔径分布较均匀，且可控；

③ 可以制得金属组分高度分散的负载型催化剂，催化剂活性高。

9.2.3 超临界流体技术

超临界流体技术是近年来迅速发展起来的一项技术，在化工、环保、材料、生物、食品、医药等工业得到了广泛的应用。在催化剂研究中，主要集中在催化剂的超临界流体干燥、气凝胶以及超细颗粒催化剂的制备上。

9.2.3.1 超临界流体

稳定（是指化学性质稳定，在达到超临界温度时不会分解）的纯物质都可以有超临界状态，都有固定的临界点：临界温度（t_c）和临界压力（p_c）。超临界流体是指物质温度和压力处于其临界温度和临界压力之上时的一种特殊流体状态。如图 9-26 所示为单组分物质相图。处于气-液平衡的物质升温升压时（图中沿 TC 线变化），热膨胀引起液体密度减小，压力增高使气相密度增大。当物质的温度和压力达某一点（C 点）时，气-液分界面消失，体系的性质变得均一而不再分气体与液体，C 点就称为临界点，该点对应的温度与压力分别称为临界温度 t_c 和临界压力 p_c。在临界温度之上，加压不再使物质呈现出液体状态，而只能成为超临界流体。图中高于临界温度和临界压力的区域就属于超临界流体状态。表 9-4 列出了常见的超临界流体的物理性质。例如通常所说的超临界 CO_2 流体，指的就是温度和压力超过其临界温度（t_c=31.3℃）和临界压力（p_c=7.15MPa）条件下的 CO_2。

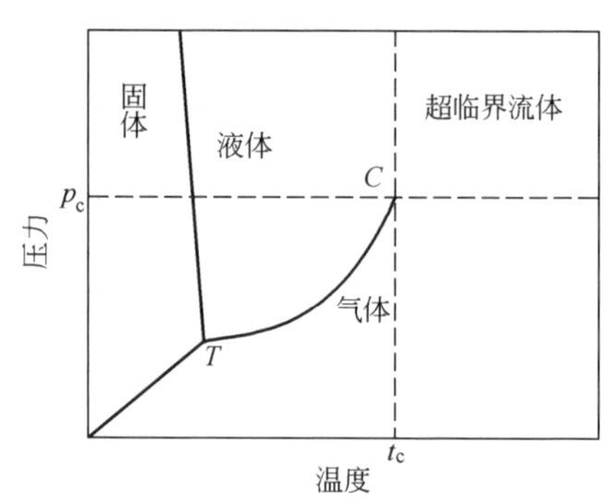

图 9-26 单组分物质相图

超临界流体兼具气体和液体的优点，其黏度小、扩散系数较大（与气体的扩散系数相近）、密度大（与液体的密度相近），具有优异的溶解性能和传质性能。且在超临界状态下，气体和液体的两相界面消失，热容量、热传导等物性出现峰值。此外，在临界点附近，微小的温度和压力变化就会给流体的密度、扩散系数、表面张力、黏度、溶解度、介电常数带来明显的改变。超临界流体的这些特性，使得其既是良好的分离介质，又是良好的反应介质，因而在化工分离、反应、材料合成等领域得到了广泛应用。在超临界流体的各种特性中，对

表 9-4 常见的超临界流体的物理性质

化合物	蒸发潜热(25℃)/(kJ/mol)	沸点/℃	临界参数		
			t_c/℃	p_c/MPa	d_c/(g/cm³)
二氧化碳	22.25	−78.5	31.3	7.15	0.448
氨	23.27	−33.4	132.3	11.27	0.240
甲醇	35.32	64.7	240.5	8.1	0.272
乙醇	38.95	78.4	243.4	6.2	0.276
异丙醇	40.06	82.5	235.5	4.6	0.273
丙烷	15.1	−44.5	96.8	4.12	0.220
正丁烷	22.5	0.05	152.0	3.68	0.228
正戊烷	27.98	36.3	196.6	3.27	0.232
正己烷	33.12	39.0	234.0	2.90	0.234
苯	33.9	80.1	288.9	4.89	0.302
乙醚	26.02	34.6	193.6	3.56	0.267

溶解特性的利用最为广泛，如超临界 CO_2 萃取技术就取得了很大的进步和长足的发展。

9.2.3.2 催化剂的超临界流体干燥

溶胶或凝胶干燥中需要除去孔隙中的液体，通常采用加热蒸发干燥方法。由于表面张力和毛细管作用力，使凝胶骨架塌陷，凝胶收缩、团聚、开裂，骨架遭到破坏，直至孔壁的强度变得足够大而能忍耐这一压力时，塌陷才停止。利用超临界流体干燥技术，在高压釜中使被除去液体处于超临界状态，从而消除了表面张力和毛细管作用力。凝胶中的流体可缓慢脱出，不影响凝胶骨架结构，防止凝胶骨架塌陷和凝聚，从而得到具有大孔、高比表面积的超细氧化物，其催化活性和选择性也得到很大改善。

超临界流体干燥实际上也可看作是使用超临界流体萃取的工艺将固体材料中所含的介质液体抽提出来以达到干燥的目的，只不过萃取是以其中的萃取物为产品而已。超临界流体技术的工艺大同小异，图 9-27 为常规超临界流体技术的示意图。这里要特别提醒的是，在超临界流体干燥中，要根据具体情况选择好适合的超临界流体，这直接关系到干燥（或萃取）的效果。

9.2.3.3 气凝胶催化剂的制备

气凝胶具有高比表面积和孔体积，既可作催化剂载体，也是某些反应的良好催化剂。如某些混合金属氧化物气凝胶（或再经一些特殊处理后），就是很好的催化剂。多组分金属氧化物气凝胶催化剂的制备与单组分气凝胶的制备相似，不同的是用盐或醇盐（或酩）的混合物代替单一的盐或醇盐（或酶）为起始原料。由溶胶-凝胶法先制成水凝胶，然后用相关的醇取代水凝胶中的水，再经超临界流体技术干燥制得催化剂。也就是经水凝胶-醇凝胶-气凝胶路线而获得最终产物。具有良好催化性能的氧化物气凝胶有：SiO_2、Al_2O_3、ZrO_2、MgO、TiO_2、Al_2O_3-MgO、TiO_2-MgO、ZrO_2-MgO、Al_2O_3-NiO、Al_2O_3-Cr_2O_3、SiO_2-NiO、ZrO_2-SiO_2、CeO_x-BaO_y-Al_2O_3 等。

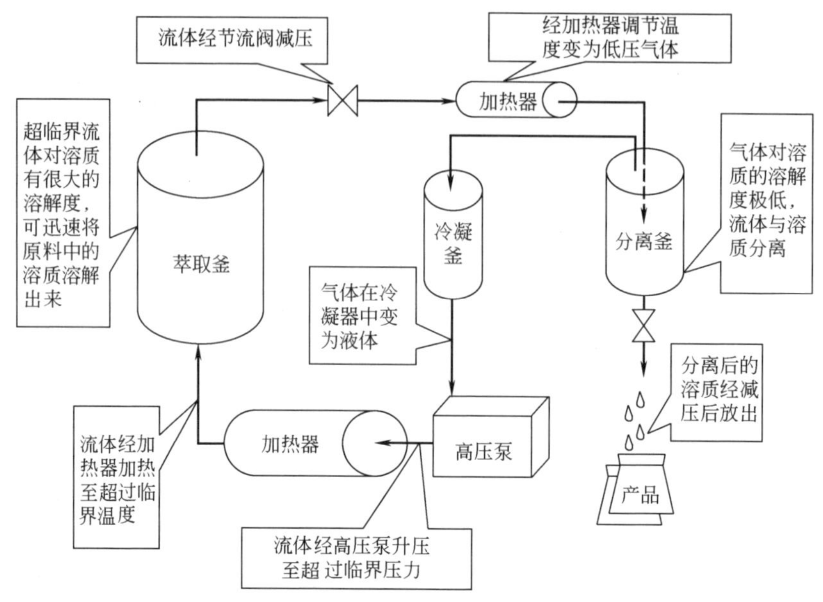

图 9-27 常规超临界流体技术示意

9.2.4 膜技术

前面已介绍了金属膜催化剂的一些知识。作为催化剂或作为分离组件的膜材料，按有无孔的情况来区分，有致密膜和微孔膜两类。无孔的金属和氧化物电解质致密材料形成的膜属于致密膜，如 Pd 膜、Ag 膜、Pd 合金膜、固体电解质 ZrO_2 膜等。多孔金属、多孔陶瓷、分子筛等微孔材料形成的膜属于多孔膜。若根据孔结构可以进一步区分为对称和非对称膜。前者整个膜显示均匀孔径，如分子筛膜；后者孔结构随膜层而变化，由多层结构组成。一般情况是：顶层为微孔，中间为过渡层（中孔，可以是多层的），底层为支撑层（大孔），如 Al_2O_3 膜、TiO_2 膜等。膜催化剂的制备技术实际上就是成膜技术。

多相催化反应一般是在较高温度（大于 200℃）下进行，能够适应这一条件的膜材料多为金属、合金和无机化合物。所以，本节主要介绍这些材料的成膜技术，另外尤其注重于化学成膜技术的讨论。

9.2.4.1 固态粒子烧结法

此法是将无机粉料微小颗粒或超细粒子与适当的介质混合，分散形成稳定的悬浮物，制成生坯，干燥，然后在高温（1000～1600℃）下进行烧结处理。这种方法不仅可以制备微孔陶瓷膜或陶瓷膜载体，也可用于制备微孔金属膜。例如，多孔 Al_2O_3 基膜（底膜）的制备，其成型可采用干压成型、注浆成型或挤出成型等方法，类似于陶瓷成型的情况。

9.2.4.2 溶胶-凝胶法

关于溶胶、凝胶的形成前面已做过介绍。这里要补充的是成膜方法，主要是浸涂制膜。浸涂就是采用适当方式使多孔基体表面和溶胶相接触。在基体毛细孔产生的附加压力作用下，溶胶进入孔中；当其中的介质水被吸入孔道内时，胶粒流动受阻，在表面截留、增浓、聚集，从而形成一层凝胶膜。

浸涂通常有浸渍提拉和粉浆浇注两种方法。前者是将洁净的载体（多数为片状）浸入溶胶中，然后提起拉出，使溶胶自然流淌成膜。后者是将多孔管垂直放置倒满溶胶后，保留一段时间再将其放掉。溶剂（在这里是水）被载体吸附在多孔结构上，水的吸附速率是溶胶黏度的函数。如果溶胶的黏度过大（>0.1Pa·s），则浸涂层的厚度会造成从管的顶部到底部的不均匀；反之，黏度过小（<0.1Pa·s），则全部溶胶都被吸附在载体上。

浸涂过程类似于陶瓷加工技术中的釉浆浇注。膜的厚度和性能与浸涂吸浆时间、浸涂温度、溶胶浓度等有关。此外，载体的孔径与结构对膜的形成也至关重要，它们必须与溶胶微粒的大小相匹配，以利于浸涂。例如，分别以平均孔径为 3.0μm、0.9μm、0.1μm 的三种不同的 α-Al_2O_3 陶瓷底膜为载体，在其表面复合 γ-Al_2O_3 膜，结果发现只有孔径为 0.1μm 的细孔陶瓷膜，因其底膜表面光滑、孔径分布窄、孔细小、与溶胶粒径相适应，才能顺利地镀膜，制成完整、无裂缝及无针孔的 γ-Al_2O_3 复合膜。一般来说，一次浸涂难以得到连续、无缺陷、无裂纹的载体膜，必须进行多次浸涂，而且每次浸涂干燥后都必须进行焙烧；否则，膜与载体的附着力降低，易出现剥落及裂缝。经多次反复浸涂后，可使膜表面光滑均匀。

图 9-28 所示为以异丙醇铝为原料，采用溶胶-凝胶法制备 Al_2O_3 膜的工艺流程。将去离子水加热到所需温度（>80℃），恒温后再将异丙醇铝的醇溶液加入其中，回流状态下搅拌水解，形成一水氧化铝沉淀。再加入胶溶剂（HNO_3），继续搅拌回流，使一水氧化铝重新分散形成溶胶。适当升高温度以蒸发脱除异丙醇，然后再在 80℃ 下搅拌，充分回流陈化，即可得到均匀、单一粒径分布的稳定的一水氧化铝溶胶。

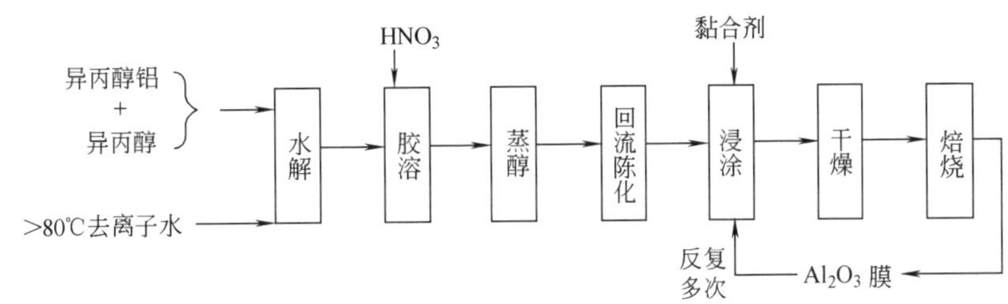

图 9-28　溶胶-凝胶法制备 Al_2O_3 膜的工艺流程

在浸涂一水氧化铝溶胶之前，最好先加入某些有机黏合剂，如 CMC、PVA，以调节溶胶黏度，防止在后续的干燥、焙烧过程中形成针孔和裂缝。浸涂时胶液在支撑微孔入口处浓集，当溶胶浓度增至一定程度时，溶胶即转变成凝胶。经反复多次浸涂，再经干燥、焙烧处理，最终制得所需的 Al_2O_3 膜。

9.2.4.3　薄膜沉积法

薄膜沉积法是采用溅射、离子镀、金属镀及气相沉积等方法，将膜材料沉积在载体上制造薄膜的技术。薄膜沉积过程大致分为两个步骤：一是膜料（源物种）的气化；二是膜料的蒸气依附于其他材料制成的载体上形成薄膜。

(1) 化学气相沉积

化学气相沉积是制备薄膜的常规方法之一，包括常压、低压、等离子体辅助气相沉积等。利用气相反应，在高温、等离子或激光辅助等条件下控制反应气压、气流速率、基片材料温度等因素，从而控制微粒薄膜的成核生长过程；或者通过薄膜后处理，控制非晶薄膜的晶化过程，从而获得超细结构的薄膜材料。这一方法在半导体、氧化物、氮化物、碳化物等薄膜制备中应用较多。

（2）化学镀膜法

化学镀通常也称为无电源镀，它是属于反应沉积镀膜法的一种。其原理是：在还原剂的作用下，将金属盐中的金属离子还原成原子状态，析出和沉积在载体的固液界面上，从而得到镀层。在这种镀覆过程中，溶液中的金属离子被生长着的镀层表面所催化，并因不断还原沉积在载体表面上。化学镀是一种受控的自催化化学还原过程，周期表中的第Ⅷ族金属元素都具有化学镀过程中所需的催化效应。对于无催化性能的载体材料，如陶瓷、玻璃等可以人为地赋予其催化能力，即通过敏化处理来加以活化，以利于化学还原沉积。化学镀的特点是可以制得非常均匀和薄的膜层，涂层紧密不疏松，机械强度高，设备简单，不需要电源，而且可以在任何多孔的载体上进行。化学镀在制备选择性通过氢的复合致密型 Pd 膜和 Pd 合金膜方面有着广泛的应用前景。

9.2.4.4 阳极氧化法

阳极氧化法是目前制备多孔 Al_2O_3 膜的重要方法之一。该法的特点是：制得的膜的孔径是同向的，几乎相互平行并垂直于膜表面，这是其他方法难以达到的。

阳极氧化过程的基本原理是：以高纯度的合金铝箔为阳极，并使一侧表面与酸性电解质溶液（如草酸、硫酸、磷酸）接触，通过电解作用在该表面上形成微孔 Al_2O_3 膜，然后用适当方法除去未被氧化的铝载体和阻挡层，便得到孔径均匀、孔道与膜平面垂直的微孔氧化铝膜。

9.2.4.5 相分离-沥滤法

相分离-沥滤法可以制备微孔玻璃膜、复合微孔玻璃膜和微孔金属膜。

（1）微孔玻璃膜

微孔玻璃膜是一种耐热、耐腐蚀、性能优良、具有许多细孔的透明体。其比表面积大，因此吸附性能良好，热膨胀小，含有大量的 SiO_2，化学性能稳定，可在高温（880℃）下使用，且成型性能好，可用作反应分离膜和催化剂载体膜。其制法一般为将原料硅砂、硼酸、无水碳酸钠、氧化铝和碱金属氧化物等按一定比例调配好后，于 1200～1400℃熔融，再在 800～1100℃下成型（如管状、板状等），得到未分相的硼硅玻璃。再将硼硅玻璃进行热处理（500～600℃），使之经过相分离形成两个彼此不混溶的相，即富 Na_2O-B_2O_3 相和富 SiO_2 相的分相玻璃，成为相互联结的网络结构。再用 5%左右的盐酸、硫酸浸提，将 Na_2O-B_2O_3 溶出，留下 SiO_2 骨架，形成具有连续的、相互连通的细孔和高 SiO_2 含量的微孔玻璃。

（2）复合微孔玻璃膜

这是将溶胶-凝胶法与沥滤法相结合起来的成膜技术。首先在一多孔陶瓷管上用溶胶-凝胶法制成含有 B_2O_3 的 SiO_2 玻璃膜，然后用酸对陶瓷膜进行沥滤，制得复合微孔玻璃膜。

（3）微孔金属膜

为了增加 Pd 膜的渗透性，在钯箔表面通过电解沉积法形成一层厚度为 10μm 的锌表层，然后在 250℃下加热 2h，冷却后用沸腾的 20%的盐酸把锌沥滤掉，即得到多孔叠层型 Pd 膜。这种膜大幅度地提高了氢渗透率，100℃时氢渗透率增加 15 倍，常温下提高 130 倍。该膜用于 1,3-环戊二烯加氢反应，100℃时转化率为 100%，环戊烷选择性高达 95%，而未经锌处理的钯箔的转化率仅为 50%。

9.2.5 水热/溶剂热技术

水热反应是指在密闭系统中，高于室温、大于 1atm 的条件下，在水中发生的多相或均相反应。而溶剂热反应则是以非水溶剂作为反应介质，在高温高压条件下进行的化学反应。通过水热/溶剂热反应制取新材料的技术称为水热/溶剂热技术。水可以看作是一种特殊溶剂，根据溶剂的类型不同，水热/溶剂热技术可分为水热法、醇热法、氨热法等。

(1) 水热技术

水热技术最初用于研究矿物在超临界条件下的形成过程。通常水热反应在100～1000℃、1～100MPa环境下进行，而水的临界温度、压力分别是374.2℃、22.12MPa，所以水热反应是在高温高压、亚临界或超临界条件下进行。在超临界状态下，水的密度、黏度、离子积、介电常数等性质会发生很大的变化。另外，在水热条件下，水既可作为反应介质，也可作为反应物直接参与反应，甚至发生解离而呈现酸催化剂的性质。这些异于常态下的独特性质，可被用于调控各种水热反应，包括水热氧化/还原、水热晶化、水热合成以及水热分解等。水热技术可用于制备不同结构、不同形貌和不同性能的晶体材料，特别适于制备过渡金属化合物、组成均匀的掺杂化合物以及晶格完美的晶体材料，也可用于合成具有特殊结构、特种凝聚态的新化合物。

水热法制备的粉体材料粒径小且分布均匀，团聚程度低，在烧结过程中表现出很高的活性。

(2) 溶剂热技术

溶剂热技术是在水热法的基础上发展起来的，水可以视为一种特殊的溶剂。在溶剂热过程中，非水溶剂像水一样传递压力和起到矿化剂的作用。由于溶剂自身的特性，溶剂热技术可以用于制备各种非氧化物的纳米晶体。

溶剂热技术常用溶剂有醇类、胺类、醇胺类、二甲基亚砜、二甲基甲酰胺、酚类等。溶剂热反应也可以在溶剂热和半水溶剂热条件下进行，合成一系列三维骨架、二维层状、一维链状及零维簇状无机化合物催化剂。

例如，在不同的溶剂中经溶剂热反应得到亚稳相（β和γ）和稳定相（α）MnS纳米晶；在四氢呋喃和苯中，产物是亚稳相β和γ-MnS纳米晶；在水、氨水和乙二胺中，亚稳相转变为稳定相α-MnS纳米晶。在NaOH水溶液和丙三醇的混合溶液中以$Bi(NO_3)_3$和$Na_2S_2O_3$为反应物制备了Bi_2S_3超长纳米带。

(3) 水热/溶剂热技术的应用

水热/溶剂热反应过程受水/溶剂的物理化学性质影响很大，而水/溶剂的性质直接与温度和压力相关，因而可以通过改变温度和压力来调控水/溶剂的理化性质（如溶解性、反应性和选择性），进而控制反应的进行，而这些方式在一般的制备方法中是很难实现的。由于整个过程是在密闭系统中进行，工艺操作弹性大，污染小，环境友好。

在密闭的水热/溶剂热反应釜中进行催化剂制备时，反应物的量会影响水热/溶剂热的条件。如图9-29所示，釜中放置不同水量对水热条件的影响是巨大的。一般反应器（见图9-30）的内衬为聚四氟乙烯，以防止腐蚀和引入杂质。

在传统的催化剂制备中，水热法主要用于分子筛的合成。在催化新材料制备中，水热法应用广泛，如在制备多晶薄膜催化剂时，不需要对样品进行高温煅烧就可实现由无定形向结晶态的转变，从而避免在煅烧过程中造成薄膜的开裂或脱离；亚临界水热/溶剂热技术可通过对溶剂成分、温度和压力的调控来控制样品的形貌和结构，为石墨烯基催化剂（石墨烯片、量子点、纤维、气凝胶/水凝胶等）的合成、掺杂、复合以及表面功能化提供了新的加工方法；水热合成技术还是制备高质量无机半导体纳米结构的关键技术，而无机半导体纳米结构由于其独特的化学和物理性质，在热催化、特别是光/电催化等领域中有着重要的应用。

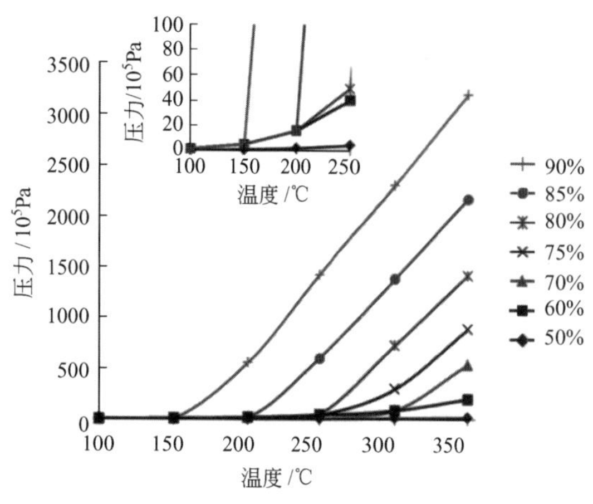

图 9-29　水的体积占比不同时水温与压力的关系

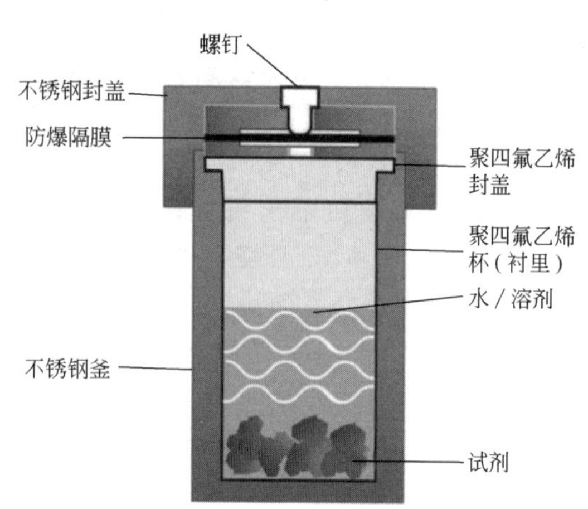

图 9-30　水/溶剂热反应器示意

9.3 工业催化剂的使用 >>>

9.3.1 运输、贮存与填装

催化剂通常是装桶供应的，有金属桶（如 CO 变换催化剂）或纤维板桶（如 SO_2 接触氧化催化剂）包装。用纤维板桶包装时，桶内有一塑料袋，以防止催化剂吸收空气中的水分而受潮。装有催化剂的桶在运输时应尽可能轻轻搬运，严禁摔、滚、碰、撞击，以防催化剂破碎。

催化剂的贮藏要求防潮、防污染。例如，SO_2 接触氧化使用的钒催化剂，在贮藏过程中不与空气接触则可保存数年，性能不发生变化。催化剂受潮与否，就钒催化剂来说大致可由其外观颜色来判别，新的未受潮的催化剂是淡黄色或深黄色的，因为 V_2O_5 和 K_2SO_4 生成不同化合物的缘故；如催化剂变为绿色，那就肯定是与空气接触受潮了，因为催化剂很容易与任何还原性物质作用，还原成四价钒之故。对于合成氨催化剂，如用金属桶包装，存放时间为数月，甚至可置于户外，只是要注意防雨防污做好密封工作，如有空气漏入桶中，空气中含有的水汽和硫化物等会与催化剂发生反应，有时可以看到催化剂上有一层淡淡的白色物质，这就是空气中的水汽和催化剂长期作用使钾盐析出的结果。在贮藏期间如有雨水浸入催化剂表面润湿，这些催化剂就不宜使用了。

催化剂的填装是非常重要的工作，填装的好坏对催化剂床层气流的均匀分布以及降低床层的阻力，有效地发挥催化剂的效能有重要的作用。催化剂在装入反应器之前先要过筛，因为运输中所产生的碎末细粉会增加床层阻力，甚至被气流带出反应器阻塞管道阀门。在填装之前要认真检查催化剂支撑箅条或金属支网的状况，因为这方面的缺陷在填装后很难矫正。

在填装工业固定床反应器时，要注意两个问题：一是要避免催化剂从高处落下造成破损；二是在填装床层时一定要分布均匀。如果在填装时造成严重破碎或出现不均匀的情况，形成反应器断面各部分颗粒大小不均，小颗粒或粉尘集中的地方空隙率小，阻力大；而大颗粒集中的地方空隙率大，阻力小，气体将更多地从空隙率大、阻力小的地方通过。气体分布不均将严重影响催化剂的利用率。理想的填装通常是采用装有加料斗的布袋，加料斗架于人孔外，当布袋装满催化剂时，便缓缓提起使催化剂有控制地填进反应器，并不断地移动布袋以防止总是卸在同一地点，在移动时要避免布袋的扭结，催化剂装进一层布袋就要提升一段，直至最后将催化剂装满为止。也可使用金属管代替布袋，这样更易于控制方向，更适合于填装像合成氨那样密度较大、磨损作用较严重的催化剂。另一种填装方法称为绳斗法，该法使用的料斗如图 9-31所示，斗子的底部装有活动的开口，上部则有双绳装置，一根绳子吊起料斗，另一根绳子控制下部的开口，当料斗装满催化剂后，吊绳向下传送使料斗到达反应器的底部，而后放松另一根绳子使活动开口松开，催化剂即从斗内流出。此外，填装这一类的反应器也可用人工将一小桶一小桶或一塑料袋一塑料袋的催化剂逐一递进反应器内，再小心倒出并分散均匀。催化剂填装好后，在催化剂床层顶部要安放固定栅条或一层重的惰性物质，以防止由于高速气流引起催化剂的移动。

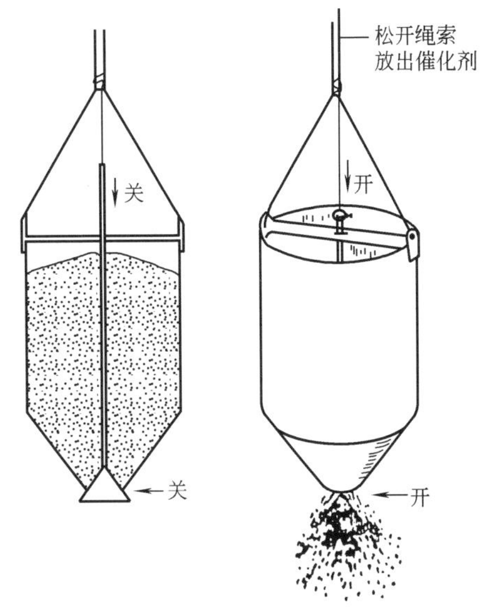

图 9-31　绳斗法填装催化剂的料斗

对于固定床列管式反应器，有的从管口到管底可高达 10m。当催化剂装于管内时，催化剂不能直接从高处落下加到管中，这时不仅会造成催化剂的大量破碎，而且容易形成“桥接”现象，使床层形成空洞，出现沟流，不利于催化反应，严重时还会造成管壁过热。因此，填装时要特别小心，管内填装的方法由可利用的入口而定，可采用“布袋法”或“多节杆法”。前者是在一个细长的布袋内（直径比管子直径稍小）装入催化剂，布袋顶端系一绳子，底端折起 300mm 左右，将折叠处朝下放入管内，当布袋落于管底时轻轻抖动绳子，折叠处在袋内催化剂的冲击下自行打开，催化剂便慢慢地堆放在管中。例如，天然气-蒸汽一段转化炉就用此法填装。后者则是采用多节杆来顶住管底支撑催化剂的箅条板，然后将其推举到管顶，倒入催化剂后抽去短杆，使箅条慢慢地落下，催化剂不断地加入，直到箅条落到原来管底的位置。以上是管式催化床中常用的催化剂填装方法，其中尤以布袋法更为普遍采用。为了检查每根管子的填装量是否一致，催化剂在填装前应先称重。为了防止“桥接”现象，在填装过程中对管子应定时地振动。填装后应仔细地测量催化剂的料面，以确保每根反应管的有效加热段内均有催化剂。最后，对每根装有催化剂的反应管进行阻力降的测定，使每根管子阻力降相同或尽可能接近，以保证在生产运行中各根管子气量分配均匀。

9.3.2　升温与还原

催化剂的升温与还原实际上是其制备过程的继续，是投入使用前的最后一道工序，也是催化剂形成活性结构的过程。在此过程中，既有化学变化也有宏观物性的变化。例如，一些金属氧化物（如 CuO、NiO、CoO、F_2O_3 等）在氢或其他还原性气体作用下还原成金属时，表面积将大大增加，而催化活性和表面状态也与还原条件有关，用 CO 还原时还可能析炭。因此，升温还原的好坏将直接影响催化剂的使用性能。目前国内有些催化剂生产厂是以预还原的形态提供催化剂的，使用者必须将催化剂活化后才能进入负荷运转；但更多的是未经还原的催化剂。因此，在这里有必要对催化剂的还原性做一简单介绍。由于工业上使用的催化剂是多种多样的，还原的方法和条件也各异，这里仅就一些共同问题进行讨论。

催化剂的还原必须达到一定的温度后才能进行。因此，从室温到还原开始以及从开始还原到还原终点，催化剂床层都需逐渐升温，稳定而缓慢地进行，并不断脱除催化剂表面所吸附的水分。升温所需的热量是通过安装在反应器内的加热器（多为电加热器）或器外的加热器将惰性气体或还原气体经预热而带入。为使催化剂床层的径向温度均匀分布，通常升温到某一阶段需恒温一段时间，特别是在接近还原温度时恒温显得更加重要。还原开始后，一般有热量放出，许多催化剂床层能自身维持热量或部分维持热量，但仍要控制好温度，必须均匀地进行，严格遵守操作规程，密切注意不要使温度发生急剧的改变。例如，低温 CO 变换用的 CuO-ZnO 催化剂，还原时还原热高达 88kJ/mol 铜，而铜催化剂对温度又很敏感，极易烧结，在这种情况下可用氮气等惰性气体稀释还原气，降低还原速率。再一种情况，如果催化反应是放热的，也可利用反应热来维持和升高温度。例如，使用 N_2-H_2 混合气体合成氨用的熔铁催化剂时，当部分 Fe_3O_4 被氢还原成金属铁后，即具有催化活性，部分 N_2 与 H_2 反应生成 NH_3 而放出热量，利用这一反应热可逐步升高还原温度。但也要适当控制其反应量，以免温度过高使微晶烧结而影响活性。

对于还原气体也可用水蒸气稀释，但要注意的是，如果是氧化物的还原，由于有水的生成，还原过程中有水蒸气存在会影响还原反应的平衡，使还原度降低。此外，水汽的存在还会使还原后的金属重新氧化，使催化剂中毒。还原气的空速也有影响，氢气流量大，可以加快还原时生成的水从颗粒内部向外扩散，从而提高还原速率，也有利于提高还原度，减小水汽的中毒效应。但提高空速会增加系统带走的热量，特别是对于吸热的还原反应，则增加了加热设备的负荷。因此，要综合分析决定还原气的空速。

9.3.3 开、停车及催化剂钝化

9.3.3.1 开车

若催化剂为点火开车，则首先要用纯氮气或惰性气体置换整个系统，然后用气体循环加热至一定温度，再通入工艺气体（或还原性气体）。对于某些催化剂，还必须通入一定量的蒸汽进行升温还原。当催化剂不是用工艺气还原时，则在还原后期逐步加入工艺气体。如合成甲醇用催化剂，通常是用 H_2、N_2 混合气还原，然后逐步换入工艺气体，如果是停车后再开车，催化剂只是表面钝化，即可用工艺气直接进行升温开车，不需再进行长时间的还原处理。

9.3.3.2 停车及催化剂钝化

临时性的短期停车，只需关闭催化反应器的进、出口阀门，保持催化剂床层的温度，维持系统正压即可。当短时停车检修时，为了防止空气漏入引起已还原催化剂的剧烈氧化，可用纯氮气充满床层，保护催化剂不与空气接触。停车期间如果床层温度不低于该催化剂的起燃温度，可直接开车，否则需开加热炉用工艺气体升温。

若系统停车时间较长，生产使用的催化剂又是具有活性的金属或低价金属氧化物，为防止催化剂与空气中的氧反应，放热烧坏催化剂和反应器，则需对催化剂进行钝化处理。即用含有少量氧的氮气或水蒸气处理，使催化剂缓慢氧化，氮气或水蒸气作为载热体带走热量，逐步降温。钝化使用的气体要视具体情况而定。操作的关键是通过控制适宜的配氧浓度来控制温度，开始钝化时氧的浓度不能过大，在催化剂无明显升温的情况下再逐步增加氧含量。

若是更换催化剂的停车，则应包括催化剂的降温、氧化和卸出几个步骤。先将催化剂床层降至一定的温度，用惰性气体或过热蒸汽置换床层，并逐步加入空气进行氧化。要求氧化温度不超过正常操作温度，空气量要逐步加大。当进出口空气中的氧含量不变时，可以认为氧化结束，再将反应器的温度降至50℃以下。有些催化剂床层采用惰性气体循环法降温，催化剂也可以不氧化。但当温度降到50℃以下时，需加入少量空气，看看有没有温度回升现象。如果没有温度回升，则可加大空气量吹一段时间后，再打开人孔，即可卸出催化剂。

9.3.4　催化剂的使用、失活与再生

9.3.4.1　催化剂使用中的变化

工业催化剂不可能无限期地使用，有其发生、发展和衰亡的过程。固体工业催化剂在使用过程中活性随时间的变化关系如图3-5所示。由图可知，催化剂的活性随时间变化的规律大体上可分为三个阶段：在开始时往往有一段诱导期或称成熟期，在这段时间内活性随时间的延长而增加或降低；稳定期，活性一般保持稳定不变，这是催化剂充分发挥作用的时期；衰老期，催化剂经过一段时间使用后，活性出现明显的下降，直至最后活性消失。引起催化剂活性下降的原因是多方面的，在催化研究工作中，研究催化剂活性的衰退和研究催化性能的产生一样，对催化理论和实践均有重要的意义。

催化剂的寿命和活性是其三大指标中的两个。对于工业催化剂来说，常常不追求过高的活性，而更重要的是要求催化剂活性稳定和有较长的寿命。

催化剂在整个使用过程中，尤其是在使用的后期，活性是逐渐下降的。影响催化剂活性衰退的原因是多种多样的：有的是活性组分的熔融或烧结（不可逆）；也有的是化学组成发生了变化（不可逆），生成新的化合物（不可逆）或暂时生成化合物（可逆）；或是吸附反应物或其他物质（可逆或不可逆）；还有的是发生破碎或剥落、流失（不可逆）等。采用物理或化学方法能够恢复活性的称为可逆的，不能恢复的则为不可逆的。在使用中很少只发生一种过程，多数场合下是有几种过程同时发生，导致催化剂活性的下降。

9.3.4.2　催化剂的失活

(1) 中毒

催化剂的活性和选择性可能由于外来物质的存在而下降，这种现象称作催化剂的中毒，而外来的物质则称作催化剂毒物。许多事实表明，极少量的毒物就可导致大量催化剂活性的完全丧失。能引起催化剂活性失效的毒物有很多，对于同一种催化剂只有联系到其催化的反应时，才能清楚地指出什么是毒物。换言之，毒物不仅是针对催化剂，而且是针对该催化剂所催化的反应来说的。反应不同，毒物也不同，见表9-5。

表9-5　某些催化剂及催化反应中的毒物

催化剂	反应	毒物
Ni,Pt,Pd,Cu	加氢,脱氢 氧化	S,Se,Te,P,As,Sb,Bi,Zn,卤化物,Hg,Pb,NH_3,吡啶,O_2,CO(<180℃) 铁的氧化物,银化物,砷化物,乙炔,H_2S,PH_3
Co	加氢裂解	NH_3,S、Se、Te、P的化合物
Ag	氧化	CH_4,乙烷
V_2O_5,V_2O_3	氧化	砷化物
Fe	合成氨 加氢 氧化 F-T合成	硫化物,PH_3,O_2,H_2O,CO,乙炔 Bi、Se、Te、P的化合物,H_2O Bi 硫化物
SiO_2-Al_2O_3	裂化	吡啶,喹啉,碱性的有机物,H_2O,重金属化合物

按照毒物作用的特性，中毒过程分为可逆的和不可逆的。如果从反应混合物中除去毒物后，被毒化的催化剂与纯反应物接触一段时间后，就恢复了初始的化学组成和活性，则通常认为中毒是可逆的，如图 9-32 所示，在这种情况下一定的毒物浓度与一定的活性损失百分数相对应。不可逆中毒时催化剂的活性不断降低，直到完全失活，从反应介质中除去毒物后活性仍不恢复，如图 9-33 所示。例如，烯烃采用镍催化剂加氢时，如果原料中含有炔烃，由于炔烃的强化学吸附而覆盖活性中心，故炔烃对烯烃的加氢催化剂为毒物。如果提高原料气的纯度，降低炔烃的含量，则吸附的炔烃将在高纯原料气的流洗下脱附，催化活性得以恢复。这种中毒属于可逆中毒。如果原料气中含有硫，硫与镍催化剂的活性中心强烈结合，原料气脱硫后已毒化的活性中心亦不能恢复，这种中毒属于不可逆中毒。

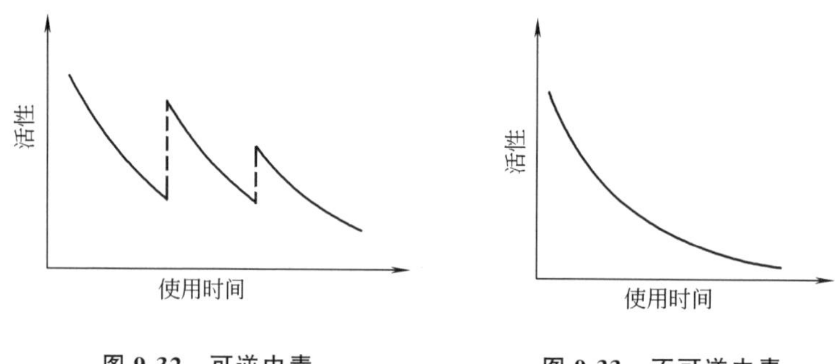

图 9-32 可逆中毒　　图 9-33 不可逆中毒

温度对中毒作用也有影响，在某个温度下属于不可逆毒化作用的物质，在较高的温度下可能转变为可逆的。以硫化物为例，对金属催化剂来说有三个温度范围。当温度低于 100℃时，硫的价电子层中存在的自由电子对是产生毒性的因素，这种自由电子对与催化剂中过渡金属的 d 电子形成配位键，毒化催化剂。例如，硫化氢对铂的中毒就属于这种类型。而没有自由电子对的硫酸，在低温下对加氢反应没有毒性。当温度在 200～300℃时，不论硫化物的结构如何，都具有毒性。这是由于在较高的温度下，各种结构的硫化物都能与这些金属发生作用。现代工业催化过程大多在较高的温度下进行，因此对原料中所有的硫化物都要进行严格地脱除。当温度高于 800℃时，硫的中毒作用则变为可逆的，因为在这样高的温度下，硫与活性物质原子间的化学键不再是稳固的。

已中毒的催化剂常常可以观察到它对催化的这个反应失去催化能力，但对另一个反应仍具有催化活性，这种现象称做催化剂的选择性中毒。例如，被 CS_2 中毒的铂黑，失去了苯乙酮的加氢能力，但对环己烯的加氢反应仍有活性。选择性中毒对工业催化来说是有意义的，在某种情况下它可以提高反应的选择性。例如，乙烯在银催化剂上氧化生成环氧乙烷，副产物是 CO_2 和 H_2O，如果在原料气中混有微量的 $C_2H_4Cl_2$，它能选择性地毒化催化剂上促进副反应的活性点，抑制 CO_2 的生成，使环氧乙烷的选择性得到提高。

(2) 积炭

在有机催化反应中如裂化、重整、选择性氧化、脱氢、脱氢环化、加氢裂化、聚合、乙炔气相水合等，除毒化作用外，积炭也是导致催化剂活性衰退的主要原因。积炭是催化剂在使用过程中，逐渐在表面上沉积一层炭质化合物，减少了可利用的表面积，引起催化活性衰退。故积炭也可看作是副产物的毒化作用。

产生积炭的原因很多，通常是催化剂导热性不好或孔隙过细时容易发生。积炭过程是催化系统中的分子经脱氢-聚合而形成难挥发的高聚物，它们还可以进一步脱氢而形成含氢量很低的类焦物质，所以积炭又常称为结焦。例如，丁烷在Al-Cr催化剂上脱氢时，结焦相当激烈，已结焦的催化剂粘在反应器壁上，并占据反应器相当部分的空间，催化剂使用1.5～3.0个月后必须停止生产以清洗反应器。研究工业反应器发现，焦炭是从边缘向中心累积的，而且渐渐地只留下气体流动的狭窄通道，在结焦最多的部分，通道只占整个反应器有效截面的15%～20%，如图9-34所示。含有异构烷烃和环戊烷的正庚烷馏分，在固定床Al-Cr-K催化剂中芳构化时，操作12h后的结焦量为8.4%，使催化剂的活性大大降低，510℃时芳烃产率从25%降至16%。

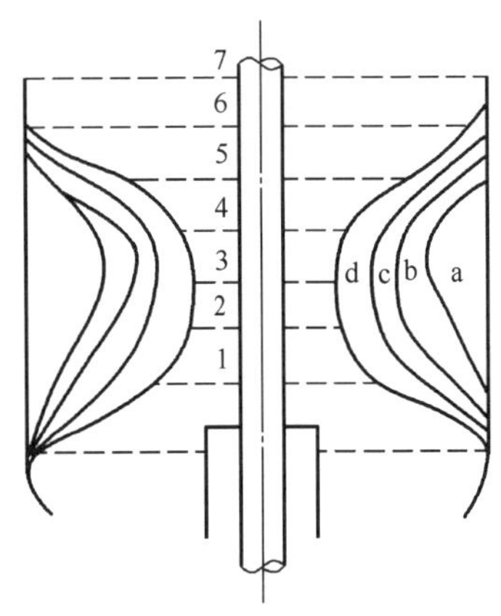

图9-34　丁烷脱氢反应器中结焦的情况

a—最初结焦区；b～d—后来结焦区；1～7—反应器挡板

研究表明，催化剂上不适宜的酸中心常常是导致结焦的原因，这些酸中心可能来自活性组分，亦可能来自载体表面。催化剂过细的孔隙结构，增加了反应产物在活性表面上的停留时间，使产物进一步聚合脱氢，亦是造成结焦的原因。

在工业生产中，总是力求避免或推迟结焦造成的催化剂活性衰退，可以根据上述结焦的机理来改善催化剂系统。例如，可用碱来毒化催化剂上那些引起结焦的酸中心；用热处理来消除那些过细的孔隙；在临氢条件下进行作业，抑制造成结焦的脱氢作用；在催化剂中添加某些具有加氢功能的组分，在氢气存在下使初始生成的类焦物质随即加氢而气化，称为自身净化；在含水蒸气的条件下作业，可在催化剂中添加某种助催化剂来促进水煤气反应，使生成的焦气化。有些催化剂，如用于催化裂化的分子筛，几秒钟后就会在其表面产生严重的结焦，工业上只能采用双器（反应器-再生器）操作以连续烧焦的方法来清除。

(3) 烧结、挥发与剥落

烧结是引起催化剂活性下降的另一个重要因素。由于催化剂长期处于高温下操作，金属会熔结而导致晶粒长大，减少了催化金属的比表面积。烧结的反向过程是通过降低金属颗粒的大小，而增加具有催化活性金属的数目，称为“再分散”。再分散也是已烧结的负载型金属催化剂的再生过程。

温度是影响烧结过程的一个重要参数，烧结过程的性质随温度的变化而变化。例如，负载于SiO_2表面上的金属铂，在高温下会发生迁移、黏结长大的现象。当温度升至500℃时，发现铂粒子长大，同时铂的比表面积和苯加氢反应的转化率相应降低。当温度升至600～800℃时，铂催化剂实际上完全丧失活性，见表9-6。此外，催化剂所处的气氛类型，如氧化的（空气、O_2、Cl_2）、还原的（CO、H_2）或惰性（He、Ar、N_2）气体，以及金属类型、载体性质、杂质含量等，都对烧结和再分散有影响。负载在Al_2O_3、SiO_2和SiO_2-Al_2O_3上的铂金属，在氧气或空气中，当温度高于或等于600℃时发生严重的烧结。但负载在γ-Al_2O_3上的铂，当温度低于600℃时，在氧气氛中处理，则会增加分散度。从上面的情况来看，工业上使用的催化剂要注意使用的工艺条件，重要的是要了解其烧结温度，催化剂不允许在出现烧结的温度下操作。

表 9-6 温度对 Pt/SiO_2 催化剂的金属比表面积和催化活性的影响

温度/℃	100	250	300	400	500	600	800
金属的比表面积/(m^2/g 催化剂)	2.06	0.74	0.47	0.30	0.03	0.03	0.06
苯的转化率/%	52.0	16.6	11.3	4.7	1.9	0	0

催化剂活性组分的挥发或剥落，造成活性组分的流失，导致其活性下降。例如，乙烯水合反应所用的磷酸-硅藻土催化剂的活性组分磷酸的损失；正丁烷异构化反应所用的 $AlCl_3$ 催化剂的损失，都是由挥发造成的。而乙烯氧化制环氧乙烷的负载银催化剂，在使用中则会出现银剥落的现象。上述也都是引起催化剂活性衰退的原因。

9.3.4.3 催化剂的再生

催化剂的再生是在催化活性下降后，通过适当的处理使其活性得到恢复的操作。因此，再生对于延长催化剂的寿命、降低生产成本是一种重要的手段。催化剂能否再生及其再生的方法，要根据催化剂失活的原因来决定。在工业上对于可逆中毒的情况可以再生，这在前面已经述及。对于积炭现象，由于只是一种简单的物理覆盖，并不破坏催化剂的活性表面结构，只要把炭烧掉即可再生。总之，催化剂的再生是指催化剂的暂时性中毒或物理中毒，如微孔结构阻塞等。如果催化剂受到毒物的永久中毒或结构毒化，就难以进行再生。

工业上常用的再生方法有下述几种。

（1）蒸汽处理

如轻油水蒸气转化制合成气的镍基催化剂，当处理积炭现象时，可采用加大水蒸气比或停止加油，单独使用水蒸气方法吹洗催化剂床层，直至所有的积炭全部被清除掉为止。其反应式为

$$C+2H_2O \longrightarrow CO_2+2H_2$$

对于中温一氧化碳变换催化剂，当气体中含有 H_2S 时，活性相的 Fe_3O_4 会与 H_2S 反应生成 FeS，使催化剂受到一定的毒害作用，反应式为

$$Fe_3O_4+3H_2S+H_2 \rightleftharpoons 3FeS+4H_2O$$

由上式可知，加大蒸汽量有利于反应朝向生成 Fe_3O_4 的方向移动。因此，工业上常采用加大原料气中水蒸气比例的方法，使受硫毒害的变换催化剂得以再生。

（2）空气处理

当催化剂表面吸附了炭或碳氢化合物，阻塞微孔结构时，可通入空气进行燃烧或氧化，使催化剂表面的炭及类焦状化合物与氧反应，将碳转化成二氧化碳释放出去。例如，原油加氢脱硫用的 Co-Mo 或 Fe-Mo 催化剂，当吸附上述物质时活性显著下降，常采用通入空气的方法，把这些物质烧尽，这样催化剂即可继续使用。

（3）通入氢气或不含毒物的还原性气体

如当原料气中含氧或氧的化合物浓度过高时，合成氨使用的熔铁催化剂会受到毒害，可停止通入该原料气，而改用合格的 H_2、N_2 混合气体进行处理，催化剂可获得再生。有时采用加氢的方法，也是除去催化剂中焦油状物质的一种有效途径。

（4）用酸或碱溶液处理

如加氢用的骨架镍催化剂被毒化后，通常采用酸或碱以除去毒物。

催化剂经再生后基本可以恢复到原来的活性，但也受到再生次数的制约。如用烧焦的方法再生，由于催化剂在高温的反复作用下，其活性结构也会发生变化。因结构毒化而失活的催化剂，一般不容易恢复到毒化前的结构和活性。如合成氨的熔铁催化剂，若被含氧化合物

多次毒化然后再生，则 α-Fe 的微晶由于多次氧化还原，晶粒长大，使结构受到破坏，即使用纯净的 H_2、N_2 混合气，也不能使催化剂恢复到原来的活性。因此，催化剂再生次数受到一定的限制。

催化剂再生的操作，可以在固定床、移动床或流化床中进行。再生操作方式取决于多种因素，但首要的是取决于催化剂活性下降的速率。一般说来，当催化剂的活性下降比较缓慢，可允许数月或 1 年再生时，可采用设备投资少、操作也容易的固定床再生。但对于反应周期短，需要进行频繁再生的催化剂，最好采用移动床或流化床连续再生。例如，催化裂化反应装置就是一个典型的例子。该催化剂使用几秒钟后就会产生严重的积炭，在这种情况下，工业上只能采用连续烧焦的方法来清除。即在一个流化床反应器中进行催化反应，随即气固分离，连续地将已积炭的催化剂送入另一个流化床再生器，在再生器中通入空气，用烧焦的方法进行连续再生。最佳的再生条件，应以催化剂在再生中的烧结最少为准。显然，这种再生方法设备投资大、操作复杂。但连续再生的方法，使催化剂始终保持新鲜的表面，提供了催化剂充分发挥催化效能的条件。

第 10 章 工业催化剂宏观物性测试与性能评价

在评估一种催化剂的价值时，通常认为有四个重要的指标：活性、选择性、寿命和价格。在实验室中，检测催化剂的目的在于确定前三个指标中的一个或几个，其中，活性是催化剂最重要的性质。根据任务的不同，如研制新催化剂、对现有催化剂的改进、催化剂的生产控制、动力学数据的测定以及在进行催化基础研究时，可以采用不同的活性测定方法。测定方法也可因反应及其所要求的条件不同而不同，如针对强烈的放热和吸热反应、高温和低温、高压和低压等反应条件时，就可区别对待。理论上，实验室测定催化剂活性的条件应该与催化剂实际使用时的条件完全相同，因为催化剂最终要用在生产规模的反应器内。出于经济性与方便性的原因，活性评价往往是在实验室小规模的装置上进行，所测得的活性常常不可能用来准确地估计大规模装置内的催化性能。工业装置内催化剂存在内扩散和外扩散现象，反应器内存在温度梯度、化学组分浓度梯度，这些都将导致工业放大效应。因此，在评价催化剂的活性时，必须先弄清催化反应器的性能，以便正确判断所测数据的意义。

催化剂除了本征的反应特性，其自身的宏观物性，包括表面积、孔结构以及机械强度和抗毒性能等也会影响催化剂的活性、选择性和寿命，影响到对催化剂性能评价的结论。因此，了解催化剂的宏观结构、机械性能以及抗毒性能与催化剂作用、催化剂使用寿命之间的关系，对指导催化剂研究和工业生产有着十分重要的意义。

本章首先介绍工业催化剂活性测试的基本概念及方法，再讨论工业催化剂的宏观结构与催化反应活性和选择性的关系，以及表面积、孔结构、机械强度等宏观物性的测试原理与方法，最后介绍催化剂抗毒性能的评估和寿命考察方法。

10.1 催化剂活性测试的基本概念 >>>

10.1.1 活性测试的目标

催化剂活性的测试包括各种各样的试验，这些试验就其所采用的试验装置和解释所获信息的完善程度而言差别很大。因此，首先必须十分明确地区别所需的是什么信息，以及它用于何种最终用途。最常见的目的如下：

① 由催化剂制造商或用户进行的常规质量控制检验，这种检验可能包括在标准化条件下，在特定类型催化剂的个别批量或试样上进行的反应。

② 快速筛选大量催化剂，以便为特定的反应确定一个催化剂以评价其优劣。这种试验通常是在比较简单的装置和实验室条件下进行的，根据单个反应参数的测定来做解释。

③ 更详尽地比较几种催化剂。这可能涉及在最接近于工业应用的条件下进行测试，以确定各种催化剂的最佳操作区域。可以根据若干判据，对已知毒物的抗毒性能以及所测的反应气氛来加以评价。

④ 测定特定反应的机理，这可能涉及标记分子和高级分析设备的使用。这种信息有助于列出适合的动力学模型，或在探索改进催化剂性能时提供有价值的线索。

⑤ 测定在特定催化剂上反应的动力学，包括失活或再生的动力学都是有价值的。这种信息是设计工业装置或演示装置所必需的。

⑥ 模拟工业反应条件下催化剂的连续长期运转。通常这是在与工业体系结构相同的反应器中进行的，可能采用一个单独的模件（例如一根与反应器管长相同的单管），或者采用按实际尺寸缩小的反应器。

上述试验项目，有些可以构成新型催化剂开发的条件，有些构成为特定过程寻找最佳现存催化剂的条件。显而易见，催化剂测试可能是很昂贵的。因此，事先仔细考虑试验的程序和实验室反应器的选择是很重要的。

选择用何种参量衡量催化剂的活性并非易事。总转化速率可以直观表达活性，也可使用下述一些表达方式：

① 在给定的反应温度下原料达到的转化率；

② 原料达到给定转化程度所需的温度；

③ 在给定条件下的总反应速率；

④ 在特定温度下对于给定转化率所需的空速；

⑤ 由体系的试验研究所推导的动力学参数。

尽管所有这些表达参量都可以由实验室反应器获得，但没有哪一种完全令人满意。催化剂的优劣次序常常会随选定的表达参量的不同而改变。例如，按上述第①或第③种表达所给出的活性次序，就会与所选定的温度有关，因为不同催化剂的活化能是不同的。同样，对于第②种表达来说，相对活性将会随选定的转化程度而改变。由于每次测试将在不同的温度下进行，体系的其他物理性能也会改变。这些不确定性在第④种表达中也会出现。另外，随空速的改变，体系的其他特征也会改变。按速率常数的排列顺序也可能与温度有关。体系的化学平衡位置也应加以考虑。

活性表达参量的选择，将依所需信息的用途和可利用的工作时间而定。例如，在活性顺序的粗略筛选试验中，最常采用第①种表达方式。而寻求与反应器设计有关的数据，则需要在规定的条件下进行精确的动力学试验。不论测试的目的如何，所选定的条件应该尽可能切合实际，尽可能与预期的工业操作条件接近。

10.1.2 实验室催化剂活性测试反应器的类型

正确选择反应器是任何催化剂活性测试的一个决定性步骤。任何一个体系不可能总是理想的。选择实验室反应器最适合的类型，主要取决于反应体系的物理性质、反应速率、热性质、过程的条件、所需信息的种类和可得到的资金。

实验室反应器的分类方法有许多种。为便于后面的讨论，这里提出图 10-1 所示的分类法。

实验室各种反应器间最本质的差别是间歇式和连续式之间的差异。目前，在催化研究中应用最多的是连续式反应器。采用间歇式反应器进行催化动力学研究，现在比较少。这些体系，大多用于必须使用压力釜的高压反应，作为初步筛选试验之用。在这种场合下，催化剂的活性，通常直接按给定的反应条件和反应时间下的转化率来评价。

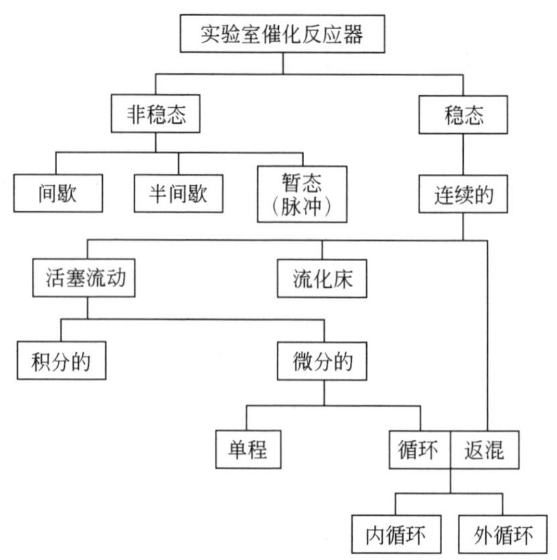

图 10-1 实验室反应器的类型

连续式工业反应器，其操作特性受以下因素影响：流体流动的方式，催化剂粒子内和粒子之间存在的浓度梯度，以及温度的径向和轴向梯度等。而对于实验室用的反应器，通常也需要采取各种措施来消除这些影响，以便使所获得的信息简单明确。另外，测试催化剂时所采用的反应器类型不同，分析和处理数据的方法也不同。具体反应器知识在此不再讨论，可参阅反应工程教材或其他相关专著。

10.2 催化剂活性的测定 >>>

工业上使用的催化剂，不论是自己研制的、由厂家生产的，还是从市售催化剂中选择的，都必须具备下述条件：①反应活性高；②选择性好；③构型规则；④机械强度大；⑤寿命长。

其中最重要的因素是①、②、⑤，有些反应类型可以不考虑③，粉末催化剂可以不强调④。

厂家提供给用户的催化剂，评价值多为比活性、比表面积、粒度分布、成型催化剂的机械强度等。其中最重要的是比活性，与催化剂的使用条件有关。所以无论是催化剂的研究者还是使用者，都必须依据目的反应测定催化剂的活性。

这里主要以一般流动法（积分反应器）为例，介绍活性测试的原理和方法。由于流动法与工业生产的实际流程接近，测定装置比较简单，所以普遍采用这种方法测定催化剂活性。

10.2.1 影响催化剂活性测定的因素

10.2.1.1 催化剂颗粒直径与反应管直径的关系

采用流动法测定催化剂的活性时，要考虑气体在反应器中的流动状况和扩散现象，才能得到关于催化剂活性的正确数值。

现在已经拟出了应用流动法测定催化剂活性的原则和方法。利用这些原则和方法，可将宏观因素对测定活性和对研究动力学的影响减小到最低限度。其中为了消除气流的管壁效应和床层的过热，反应管直径（d_T）和催化剂颗粒直径（d_g）之比应为

$$6<\frac{d_T}{d_g}<12 \tag{10-1}$$

当 $d_T/d_g>12$ 时，可以消除管壁效应。但也有人指出，当 $d_T/d_g>30$ 时，流体靠近管壁的流速已经超过床层轴心方向流速的 10%～20%。

另一方面，对于热效应较大的反应，$d_T/d_g>12$ 时，给床层散热带来困难。因为催化

剂床层横截面中心与其径向之间的温度差由式(10-2)决定

$$\Delta t_0 = \frac{\omega Q d_T^2}{16\lambda^*} \tag{10-2}$$

式中，ω 为单位催化剂体积的反应速率；Q 为反应的热效应；d_T 为反应管的直径；λ^* 为催化剂床层的有效传热系数。

由式(10-2)可知，温度差与反应速率、热效应和反应器直径的平方成正比，与有效传热系数成反比。由于有效传热系数 λ^* 随催化剂颗粒减小而减小，所以温度差随粒径减小而增加。为了消除内扩散对反应的影响而降低粒径时，则增强了温度差升高的因素。另一方面，温度差随反应器直径的增大而迅速升高。因此，要权衡这几方面的因素，以确定最适宜的催化剂粒径和反应管的直径。

10.2.1.2 外扩散限制的消除

应用流动法测定催化剂的活性时，要考虑外扩散的阻滞作用。在第 3 章中从多相催化过程的角度讨论过外扩散，此处着眼于外扩散限制的消除。为了避免外扩散的影响，应当使气流处于湍流条件，因为层流会影响外扩散速率。反应是否存在外扩散的影响，可由下述简单试验查明：安排两个试验，两个反应器中催化剂的填装量不等，在其他相同的条件下，用不同的气流速度进行反应，测定随气流速度变化的转化率。

若以 V 表示催化剂的体积填装量，F 表示气流速度，试验Ⅱ中催化剂的填装量是试验Ⅰ的 2 倍，则可能出现三种情况，如图 10-2 所示。只有出现图 10-2(a) 所示的情况时，才可以认为试验中不存在外扩散影响。

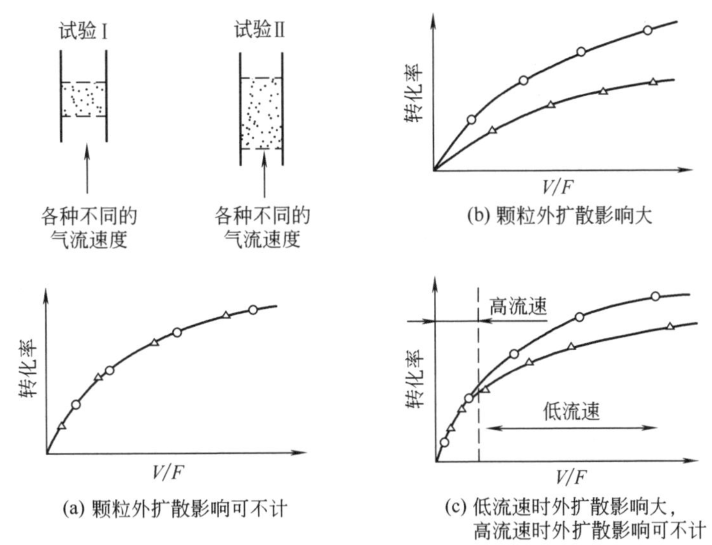

图 10-2 有无外扩散影响的试验方法

○ 试验Ⅰ；△ 试验Ⅱ

10.2.1.3 内表面利用率与内扩散限制的消除

内扩散阻力和催化剂宏观结构（颗粒粒度、孔径分布、比表面积等）密切相关。这一点在前文中已经论述过了。根据反应体系和微孔结构的不同，粒内各点浓度和温度的不均匀程度也不同。因此，反应速率应是催化剂内各点浓度和温度的函数。如果没有内扩散阻力，则催化剂内各点的浓度和温度与其表面上的浓度和温度相等，此时测得的反应速率 r_s 是表示消除了内扩散影响的。如果有内扩散阻力存在，则测得的反应速率 r_p 一般低于 r_s。故由式

(3-29）定义催化剂的内表面利用率或效率因子 η。如果测得无扩散阻力存在时的反应速率为 r_s，即催化剂的本征活性，利用催化剂效率因子 η 即可求得有内扩散效应时的反应速率 r_p，即催化剂的表观活性。换言之，考虑内扩散阻力对反应速率的影响就转化为对效率因子的测定和计算。

催化剂本身的催化活性是其活性组分的化学本性和比表面积的函数，除构成它的化学组元及其结构以外，也与宏观结构有关。而后者决定了扩散速率，成为影响催化反应的主要因素之一。Boreskov 曾指出，工业催化剂的催化活性可用三个参数的乘积表示

$$A_t = a_s S\eta \tag{10-3}$$

式中，A_t 为单位体积催化剂的催化活性；S 为单位体积催化剂的总表面积；a_s 为单位表面积催化剂的比活性；η 为催化剂的内表面利用率。

当反应级数为 n 时，对于球形颗粒催化剂，η 用式(10-4）表达

$$\eta = \frac{1}{h_s}\left[\frac{1}{\tanh(3h_s)} - \frac{1}{3h_s}\right] = \frac{3}{\phi_s}\left(\frac{1}{\tanh\phi_s} - \frac{1}{\phi_s}\right) \tag{10-4}$$

式中，h_s（$=\phi_s/3$）为无量纲模数，称为 Thiele 模数，它描述了反应速率与扩散速率的相对关系，也揭示了催化剂颗粒大小、颗粒密度、比表面积等宏观物性对它的影响。

$$h_s = \frac{R}{3}\sqrt{\frac{\rho_p S_g k_s c_A^{n-1}}{D_s}} = \frac{R}{3}\sqrt{\frac{k_v c_A^{n-1}}{D_s}} \tag{10-5}$$

式中，ρ_p 为催化剂颗粒的密度，g/cm^3；S_g 为催化剂的比表面积，m^2/g；k_s 为以单位表面积催化剂表示的速率常数；k_v 为以单位体积催化剂表示的速率常数，$k_v = \rho_p S_g k_s$；c_A 为反应物 A 的浓度；n 为反应级数；R 为球形催化剂颗粒的半径；D_s 为球形催化剂颗粒的总有效扩散系数，cm^2/s，当以 D 表示单位孔截面的扩散系数时，D_s 与 D 的关系为

$$D_s = \frac{1}{2}\rho_p V_g D$$

式中，V_g 为每克催化剂的孔体积，mL/g。

当以 d 表示颗粒直径（$d=2R$），以 $\bar{r}$ 表示孔隙的近似平均孔半径并等于 $2V_g/S_g$ 时，将 D_s 和 $\bar{r}$ 代入式(10-5)，当 $n=1$ 时，得到

$$h_s = \frac{d}{3}\sqrt{\frac{k_s}{\bar{r}D}} \tag{10-6}$$

比较式(10-6）与式(10-4）可以看出，颗粒直径 d 大则 h_s 大，即内表面利用率降低。对于小孔（$\bar{r}$ 小）、快反应（k 大），h_s 大而内表面利用率低，内扩散限制显著；反之，d 小、大孔、慢反应，内表面利用率增加，达到 $\eta \approx 1$ 时，可以忽略内扩散限制，属于化学动力学区。

综上所述，多孔催化剂的活性与催化剂的内表面利用率成正比（即与催化剂的颗粒半径成反比，与有效扩散系数的平方根成正比），这对实际工作有重要的意义。因为如果希望提高催化剂的生产能力，就必须减小催化剂的粒径，或者改变催化剂的孔结构以便最大限度地增大有效扩散系数，又不降低比表面积。

当反应在内扩散区进行时，在多孔催化剂颗粒内部，反应物受到扩散阻碍。这时能观察到催化剂的生产能力与其颗粒大小有关，粒径减小，生产能力增大。当粒径减小到一定程度时，生产能力不再随之增加。这时过程就在动力学区进行了。这也是在实验室内检验反应是否受内扩散影响的最常用和最简便的方法。

10.2.2 测定活性的试验方法

在实验室中使用的管式反应器，通常随温度和压力条件的不同，可采用硬质玻璃、石英

玻璃或金属材料。将催化剂样品放入反应管中。催化剂层中的温度，用热电偶测量。为了保持反应所需的温度，反应管安装在各式各样的恒温装置中，例如水浴、油浴、熔盐浴或电炉等。

原料加入的方式，根据原料性状和实验目的也各有不同。当原料为常用的气体时，可直接用钢瓶，通过减压阀送入反应系统，例如 H_2、O_2、N_2 等。当然对于某些不常用的气体，需要增加发生装置。在氧化反应中常用空气，除可用钢瓶装精制空气外，还可用压缩机将空气压入系统。若反应组分中有液体时，可用鼓泡法、蒸发法或微型加料装置，将液体反应组分加入反应系统。

根据分析反应产物的组成，可算出表征催化剂活性的转化率。在许多情况下，只需分析反应后混合物中一种未反应组分或一种产物的浓度。混合物的分析可采用各种化学或物理方法。

为使测定的数据准确可靠，测量工具和仪器如流量计、热电偶和加料装置等，都要严格校正。

10.3 催化剂的宏观物性及其测定 >>>

催化剂的宏观物性，是指由组成各粒子或粒子聚集体的大小、形状与孔隙结构所构成的表面积、孔体积、形状及大小分布的特点，以及与此有关的传递特性及机械强度等。

这些性质不仅对降低催化剂装运过程中的损耗，满足各类反应器操作中流体力学因素的要求是十分重要的，而且直接影响催化反应的动力学过程。

本节讨论催化剂宏观结构（表面积、孔结构、密度、机械强度等物理量）及其测定原理和方法。

10.3.1 催化剂的表面积及其测定

10.3.1.1 表面积与活性

催化剂表面是提供反应中心的场所。一般而言，表面积越大，催化剂的活性越高，所以常把催化剂做成粉末或分散在表面积较大的载体上以获得较高的活性。在某些情况，甚至发现催化活性与表面积呈直线关系。例如，表 10-1 列出了 2,3-二甲基丁烷在硅酸铝催化剂上 527℃时裂解反应的数据。由不同方法得到的硅酸铝的比表面积，相差最大有 10 倍，而它的裂解活性也线性增加，活化能则始终保持不变。活性与比表面积成正比关系，如图 10-3 所示。

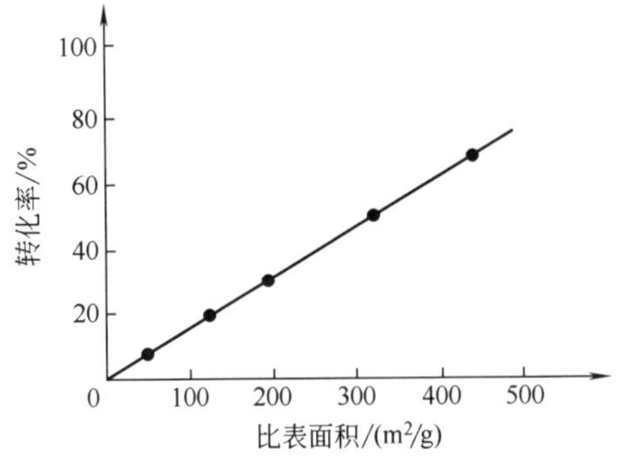

图 10-3　硅酸铝的比表面积与 2,3-二甲基丁烷转化率的关系

表 10-1　工业硅酸铝催化剂比表面积的大小与 2,3-二甲基丁烷裂解反应的关系（527℃）

催化剂编号	比表面积/(m^2/g)	转化率/%	活化能/(kJ/mol)
1	42	2.0	92.11
2	117	20.5	92.11
3	190	31.5	87.92
4	310	53.5	87.92
5	425	69.5	87.92

在硅酸铝催化剂上进行的烃类裂解反应，常可观察到上述直线关系。可以认为在这种化学组成一定的催化剂的表面上，活性中心是均匀分布的。但这种关系并不普遍，因为具有催化活性的面积只是总表面积的很小一部分，而且活性中心往往具有一定的结构，由于制备或操作方法不同，活性中心的分布及其结构都可能发生变化。因此，用某种方法制得表面积大的催化剂并不一定意味着它的活性表面大且具有适合的活性中心结构。所以催化活性和表面积常常不能成正比关系。

催化剂表面积的测定工作十分重要。对于同一种化学组成的催化剂，改变制备条件或添加助催化剂后，引起活性的改变，其原因往往可通过测定表面积得到启示。例如，甲醇制甲醛所用的电解银和浮石载银催化剂，制备方法不同，催化剂的活性也不同。表面积的测量结果表明，两者的比表面积相差不大。因此，活性的提高不是由表面积的增大而引起的，而可能是由于电解银的表面性质与浮石银不同。若在银中加入少量氧化钼，甲醛的产率亦增高。表面积的测量结果表明，两者的比表面积没有差别。因此，可以认为钼氧化物的存在改变了银的表面性质（电子结构有变化），使脱氢反应容易进行，因而活性增加。

10.3.1.2 比表面积测定原理

测定比表面积的方法很多，各有优缺点。常用的方法是吸附法，它又可分为化学吸附法及物理吸附法。化学吸附法是通过吸附质对多组分固体催化剂进行选择吸附而测定各组分的表面积。物理吸附法是通过吸附质对多孔物质进行非选择性吸附来测定比表面积，它又分为BET 法及气相色谱法两类。下面简单介绍物理吸附法的测定原理。

BET 法创立于 20 世纪 40 年代，一直被认为是测定载体及催化剂比表面积标准的方法，它是基于式(3-20) 表达的多层吸附理论。由式(3-20) 可以看出求比表面积的关键，是用实验测出不同相对压力p/p_0下所对应的一组平衡吸附体积，然后由 $p/[V(p_0-p)]$ 对 p/p_0 作图，可得到图 10-4 所示的直线，直线在纵轴上的截距为 $1/(V_mC)$，直线的斜率为 $(C-1)/(V_mC)$，这样即可求得

$$V_m=\frac{1}{截距+斜率}$$

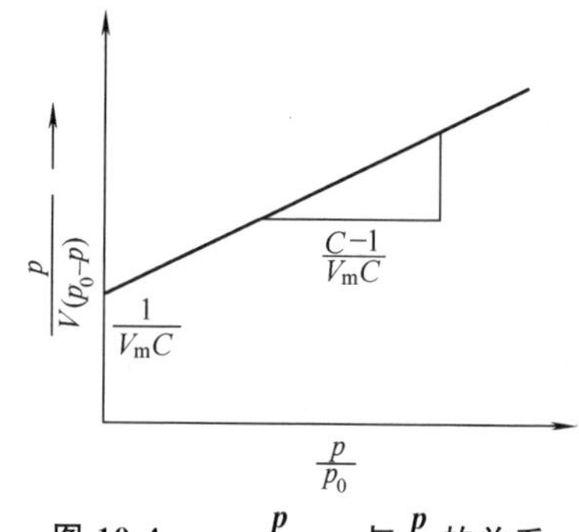

图 10-4 $\frac{p}{V(p_0-p)}$与$\frac{p}{p_0}$的关系

如果已知每个吸附分子的横截面积，即可用式(10-7) 求出吸附剂（载体或催化剂）的比表面积

$$S_g=\frac{NA_mV_m}{22400W}\ (m^2/g) \tag{10-7}$$

式中，N 为阿伏伽德罗常数；A_m 为吸附质分子的横截面积，m^2；W 为样品质量，g；V_m 为单分子层饱和吸附所需气体的体积，cm^3。

目前应用最广泛的吸附质是 N_2，其 $A_m=0.162nm^2$。采用其他气体或蒸气作吸附质时，A_m 的值见表 10-2。在没有一个比较标准的数值下，A_m 的数值也可以按液化或固化吸附质的密度来计算

$$A_m=4\times0.866\times\left(\frac{M}{4\sqrt{2}Nd}\right)^{2/3} \tag{10-8}$$

式中，M 为吸附质的分子量；d 为液化或固化吸附质的密度。

表 10-2 一些气体分子的横截面积

气体	固体			液体		
	d	温度/℃	横截面积/nm^2	d	温度/℃	横截面积/nm^2
N_2	1.026	−252.5	0.138	0.571	−183	0.17
				0.808	−195.8	0.162
O_2	1.426	−252.5	0.121	1.14	−183	0.141
Ar	1.65	−233	0.128	1.374	−183	0.144
CO		−253	0.137	0.763	−183	0.168
CO_2	1.565	−80	0.141	1.179	−56.6	0.17
CH_4		−253	0.15	0.392	−140	0.181
$n-C_4H_{10}$				0.601	0	0.321
NH_3		−80	0.117	0.688	36	0.129
SO_2					0	0.192

10.3.1.3 单点法比表面积和 Langmuir 比表面积

以 N_2 作吸附质时，常数 C 值在 50～200 之间，当 C 较大且用 BET 法作图时，图中直线的截距 $1/(V_mC)$ 常常很小，在计算时往往可以忽略不计，即可以把 $p/p_0=0.2\sim0.25$ 左右的一个实验点和原点连成一条直线，由直线斜率的倒数计算 V_m，此法通常称为单点法（或一点法）。测出的比表面积称为单点法比表面积。此法实验程序简单，可以大大缩短测试时间，许多 BET 氮吸附法比表面积快速测定仪就是采用单点法。单点法测得的结果比较接近常规 BET 方法的测定值，二者的误差一般在 10%以内。

目前，比表面积的计算方法所使用的理论基础都采用 BET 的吸附模型。对于微孔（$d<2.5$nm）的物理吸附，也可以使用 Langmuir 等温方程式来描述。在这种情况下，可以利用 Langmuir 方程式先求出气体单层饱和吸附量 V_m，然后再根据式(10-7) 求出该微孔吸附剂的比表面积，即 Langmuir 比表面积。目前一些先进的比表面积测定仪的程序计算结果中，往往也给出了 Langmuir 比表面积数据以供参考。

10.3.2 催化剂的孔结构及其测定

催化剂由微小晶粒凝集而成，内部含有大小不一的微孔。孔结构不同，催化剂的比表面积也不同，并直接影响到反应速率。这是因为反应物在孔中的扩散情况及表面利用率都会因孔结构不同而不同，从而影响反应速率。孔结构对催化剂的选择性、寿命和机械强度也有很大影响。

10.3.2.1 孔结构与活性和选择性

当化学反应在动力学区进行时，催化剂的活性和选择性与孔结构无关。但是，当反应分子由颗粒外部向内表面扩散或当反应产物由内表面向颗粒外表面扩散受到阻碍时，催化剂的活性和选择性就与孔结构有关。大多数工业催化过程都处于这种条件下。10.2.1 节已讨论过关于扩散对反应速率的影响。这里仅举几个孔结构对活性和选择性影响的例子。

(1) 孔结构对活性的影响

很多研究工作者发现，燃料油脱硫催化剂的活性与孔结构有密切的关系，并导出了各种形式的活性与催化剂孔结构因素的关系式。例如，锡尔和惠勒用中东直馏汽油，在 375℃、3.5MPa 下进行脱硫反应时，求得了催化剂的活性和孔结构之间的关系式

$$\ln\frac{c_{入}}{c_{出}}=\frac{3S\sqrt{KD^{*}r}}{S_{v}R\sqrt{2}} \tag{10-9}$$

式中，$c_{入}$ 为反应器进口原料油中硫的浓度；$c_{出}$ 为反应器出口物料中硫的浓度；S 为催化剂的比表面积；K 为反应速率常数；D^{*} 为硫化物在孔内的有效扩散系数；r 为平均孔半径；S_{v} 为空间速度；R 为催化剂颗粒半径。

由式(10-9) 可知，当比表面积和孔半径增大时，公式左端的数值也增大，即催化剂的活性也增大。

不仅反应物向孔内的扩散能影响反应速率，而且反应产物的逆扩散同样能影响反应速率，即孔径也影响这类反应的表观活性。中压法乙烯催化聚合反应就是一个例子。聚乙烯的生成量与催化剂平均孔径的关系如图 10-5所示。当催化剂平均孔径为 16nm 时，催化剂的活性最高。曲线的形式可以这样解释，催化剂既需要具有足够的内表面以便进行乙烯的聚合反应，又必须提供足够大的孔径，使生成的大分子量聚乙烯向外逆扩散。

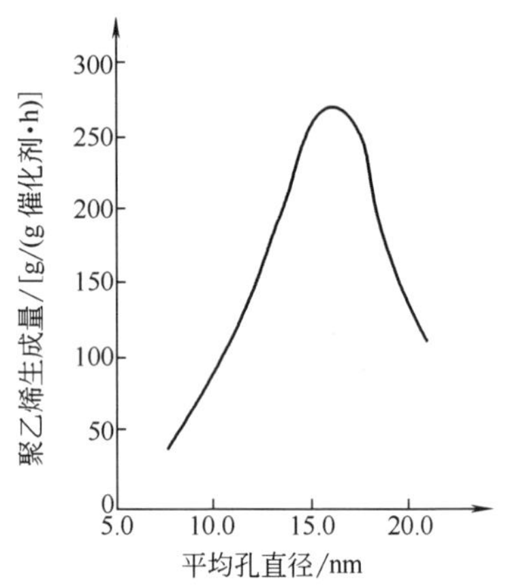

图 10-5 聚乙烯催化剂孔直径与生成量的关系

（2）孔结构对选择性的影响

如果催化反应中同时存在两个以上的反应，则由于内扩散效应的存在，催化剂的宏观结构将直接影响每个反应速率的相对值，即直接影响反应的选择性。利用物理传质过程的规律，可以设法控制催化剂的宏观结构以提高目的产物的选择性。

对于两个互不相关的平行反应，例如，烯烃和芳烃混合物的加氢就属于这类反应。人们希望烯烃加氢，而不希望芳烃加氢。动力学研究表明，有内扩散存在时的选择性与无内扩散时不同。如果主反应的速率常数大过副反应的，则主反应更易受到内扩散影响而导致选择性降低，因为主反应表面利用率的降低要比副反应表面利用率的降低快得多，此时应采用大孔结构的催化剂；反之，如果副反应的速率常数大过主反应的，则内扩散的存在使主反应的选择性提高，这时应选用小孔结构的催化剂。

对于同一种起始物质的平行反应，例如，乙醇脱氢可生成乙醛，也可以脱水生成乙烯；乙烯可以氧化为环氧乙烷，也可以氧化为 CO_2。对于级数相同的平行反应，由于两个竞争反应在催化剂孔内每一点以相同的相对速率进行，它们受同样的扩散影响，因而选择性与孔结构无关，也与反应起始物的浓度无关。然而，当这两个相互竞争的反应级数不同时，则选择性与孔的大小有关。在孔中反应物分压的降低，对这两个竞争反应速率的影响不同。对于级数高的反应影响大，对于级数低的反应影响小。设主反应为一级的，副反应为二级或更高级数，则由于内扩散阻力存在，使反应物的浓度在催化剂孔内降低时，引起二级或更高级反应速率的降低要比一级反应快得多，这样就有利于主反应，而不利于副反应的进行，因而提高了主反应的选择性。对于这种情况，采用小孔结构的催化剂有利于生成目的产物。

对于最简单的连串反应，例如，$A\xrightarrow{k_1}B\xrightarrow{k_2}C$。它们在有机化学中最为常见，也最重要，所需要的产物常常是比较不稳定的中间产物。例如有机物的氧化反应即属这一类，反应产物容易进一步氧化为 CO_2 和 H_2O。乙炔选择加氢制乙烯的反应也属这一类，因为乙烯较不稳定，容易加氢为乙烷。图 10-6 所示为孔径大小对连串反应选择性的典型影响。曲线 1 的极大值相当于 A 的转化率为 80%，A 变为 B 的转化率（即 B 的单程收率）为 62%。B 在这一点的选择性为 62/80=78%。但是，对于有内扩散影响的小孔径催化剂（曲线 2），极大值的位置相当于 B 的单程收率为 33%，A 的转化率为 75%。这时 B 的选择性为 33/75=44%。由此可见，在小孔径催化剂上生成 B 的选择性必然降低。这是因为在小孔催化剂中生成的不稳定中间产物不容易扩散到孔外来。在扩散过程中，容易进一步转化为反应最终产物，这就导致了选择性的下降。

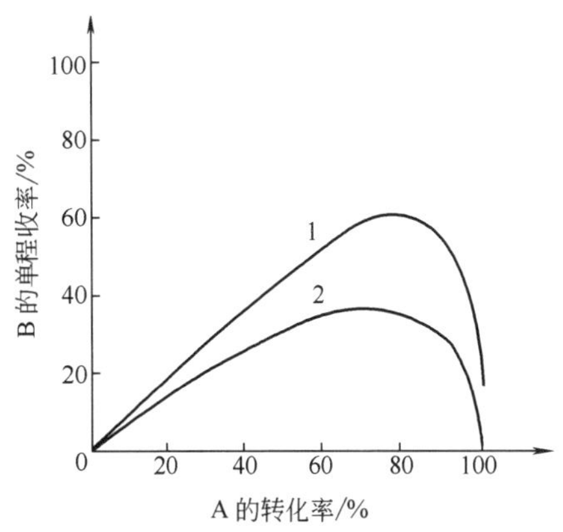

图 10-6　孔径大小对连串反应选择性的影响

（反应　$A \xrightarrow{k_1} B \xrightarrow{k_2} C$，$k_1/k_2=4.0$）

1—大孔径催化剂；2—小孔径催化剂

催化剂的孔结构对活性和选择性的影响，是工业催化剂制备中最复杂的问题之一。为了研制出工业上优良的催化剂，除掌握催化剂制备技术以外，还应了解催化反应的动力学，以便根据反应的特点来研制具有最佳孔结构的催化剂。

10.3.2.2　催化剂孔结构的测定

(1) 催化剂的密度测定

催化剂密度的大小反映出催化剂的孔结构与化学组成、晶相组成之间的关系。一般地说，催化剂的孔体积越大，其密度越小；催化剂组分中重金属含量越高，则密度越大；载体的晶相组成不同，密度也不同，如载体 γ-Al_2O_3、α-Al_2O_3 的密度各不相同。

催化剂的密度是指单位体积内含有的催化剂的质量（通常也称重量），即

$$\rho=\frac{m}{V} \tag{10-10}$$

由于体积 V 包含的内容不同，所以催化剂的密度也有不同的表示内容，通常可分为堆密度、颗粒密度和真密度。

① 堆密度　当用量筒测量催化剂的体积时，所得到的密度称为堆积密度或堆密度，这时测量的体积 V 中，包括三部分：颗粒与颗粒之间的空隙 $V_{隙}$、颗粒内部孔占的空间 $V_{孔}$ 和催化剂骨架所占的体积 $V_{真}$。即

$$V_{堆}=V_{隙}+V_{孔}+V_{真} \tag{10-11}$$

由此得到催化剂的堆密度为

$$\rho_{堆}=\frac{m}{V_{堆}}=\frac{m}{V_{隙}+V_{孔}+V_{真}} \tag{10-12}$$

通常是将一定质量 W 的催化剂放在量筒中，使量筒振动至体积不变后，测出体积，然后用式(10-12) 算得 $\rho_{堆}$。当催化剂的颗粒较大时，量筒的直径不能过小，以免被测体积受到影响。

② 颗粒密度　是单粒催化剂的质（重）量与其几何体积之比。实际上很难做到准确测量单粒催化剂的几何体积，而是取一定堆积体积 $V_{堆}$ 的催化剂精确测量颗粒间的空隙 $V_{隙}$ 后换算求得，并按式(10-13) 计算

$$\rho_{颗}=\frac{m}{V_{堆}-V_{隙}}=\frac{m}{V_{孔}+V_{真}} \tag{10-13}$$

测定堆积颗粒之间的空隙体积常采用汞置换法，利用汞在常压下只能进入孔半径大于5000nm的孔的原理测量$V_{隙}$。测量时先将催化剂放入特制的已知容积的瓶中，加入汞，保持恒温，然后倒出汞，称其质量（换算成$V_{Hg}=V_{隙}$），即可算出$V_{孔}+V_{真}$的体积。采用这种方法得到的密度，也称作汞置换密度。

③ 真密度　当测量的体积仅仅是催化剂的实际固体骨架的体积时，测得的密度称为真密度，又称为骨架密度。按下式计算

$$\rho_{真}=\frac{m}{V_{真}} \tag{10-14}$$

测定$V_{真}$的方法和用汞测量颗粒之间的空隙$V_{隙}$的方法相似，只是使用氦而不使用汞。因为氦分子小，可以认为能进入颗粒内的所有细孔。由引入的氦气量，根据气体定律和实验时的温度、压力可算得氦气占据的体积V_{He}，它是催化剂颗粒之间的空隙体积$V_{隙}$和催化剂孔体积$V_{孔}$之和，即$V_{He}=V_{隙}+V_{孔}$。由此可求得$V_{真}$。

(2) 比孔体积、孔隙率、平均孔半径和孔长

① 比孔体积的测定　每克催化剂颗粒内所有孔的体积总和称为比孔体积，或比孔容，亦称孔体积（孔容）。根据该定义，比孔容可由上述方法测得的颗粒密度与真密度按式(10-15)算得

$$V_{比孔容}=\frac{1}{\rho_{颗}}-\frac{1}{\rho_{真}} \tag{10-15}$$

式中，$1/\rho_{颗}$表示每克催化剂的骨架和颗粒内孔所占的体积；$1/\rho_{真}$表示每克催化剂中骨架的体积。

由氦汞置换法可知

$$V_{Hg}=V_{隙} \tag{10-16}$$

$$V_{He}=V_{隙}+V_{孔} \tag{10-17}$$

所以，$V_{He}-V_{Hg}$就等于样品的孔体积，即

$$V_{孔}=V_{He}-V_{Hg} \tag{10-18}$$

因此，每克催化剂的比孔体积为

$$V_{比孔容}=\frac{V_{He}-V_{Hg}}{W} \tag{10-19}$$

式中，W为催化剂样品的质量。此法所得的结果较精确。

② 孔隙率　催化剂孔隙率为每克催化剂内孔体积与催化剂颗粒体积（不包括颗粒之间的空隙体积）之比，以θ表示

$$\theta=\frac{1/\rho_{颗}-1/\rho_{真}}{1/\rho_{颗}} \tag{10-20}$$

式中，分子即为1g催化剂颗粒中孔的体积$V_{比孔容}$；分母表示1g催化剂颗粒的体积。整理可得

$$\theta=V_{比孔容}\rho_{颗} \tag{10-21}$$

因此，以氦、汞置换法测出颗粒密度与真密度后即可算出孔隙率。

③ 平均孔半径和平均孔长的简化计算　实际催化剂颗粒中孔的结构是复杂、无序的。孔具有各种不同的形状、半径和长度。为了计算方便，将结构简化，以求得平均孔半径和平均孔长。

最简单的模型是假定一颗粒催化剂具有 n_p 个圆柱形孔，每个孔的平均长度为 $\overline{L}$，孔的平均半径为 $\overline{r}$，通过下面的简单推导可以得到 $\overline{r}$、$\overline{L}$ 与实验量（比孔容 V_g、比表面积 S_g）之间的关系，从而可由 V_g、S_g 数据计算 $\overline{r}$、$\overline{L}$。

设每粒催化剂的质量为 m，其中含有 n_p 个圆柱形孔，从简单的几何考虑即可得到颗粒的孔体积为

$$m_p V_g = n_p(\pi \overline{r}^2 \overline{L}) \tag{10-22}$$

由于 $\overline{L} \gg \overline{r}$，故颗粒的外表面积可略去不计，因此颗粒的表面积为

$$m_p S_g = n_p(2\pi \overline{r}\, \overline{L}) \tag{10-23}$$

将上述两式相除得

$$\overline{r} = \frac{2V_g}{S_g} \tag{10-24}$$

在实际工作中，常用测得的比孔容 V_g 和比表面积 S_g 值计算催化剂的平均孔半径 $\overline{r}$。$\overline{r}$ 是表征孔结构情况的一个很有用的平均指标。研究同一种催化剂，比较孔结构对反应活性、选择性的影响时，常以平均孔半径作为孔结构变化的比较指标。

为了计算平均孔长，可以认为孔隙率不仅代表颗粒中孔体积的分数，也代表任一截面上开口孔所占面积的分数。如果每个孔的平均开口面积假定为 $\pi\overline{r}^2$，则由孔隙率定义得

$$\theta = \frac{m_p V_g}{V_p} = \frac{n_p \pi \overline{r}^2}{S_x} \tag{10-25}$$

式中，V_p 和 S_x 分别表示颗粒的总几何体积和几何表面积。

将式(10-22) 代入式(10-25)，得

$$\frac{n_p(\pi \overline{r}^2 \overline{L})}{V_p} = \frac{n_p \pi \overline{r}^2}{S_x}$$

整理后，得

$$\overline{L} = \frac{V_p}{S_x} \tag{10-26}$$

对于半径为 R 的球形催化剂

$$\overline{L} = \frac{\frac{4}{3}\pi R^3}{4\pi R^2} = \frac{R}{3} \tag{10-27}$$

由式(10-25) 和式(10-24) 可得到每粒催化剂的孔数

$$n_p = \frac{\theta S_x S_g^2}{4\pi V_g^2} \tag{10-28}$$

式中，θ、S_g、V_g 均可由实验测得；S_x 可根据催化剂的几何形状求得。

(3) 孔隙分布

孔隙分布是指催化剂的孔体积随孔径的变化。孔隙分布也与催化剂的其他宏观物理性质一样，取决于组成催化剂物质的固有性质和催化剂的制备方法。多相催化剂的内表面主要分布在晶粒堆积的孔隙及其晶内孔道，而且反应过程中的扩散传质又直接取决于孔隙结构，所以研究孔大小和孔体积在不同孔径范围内的贡献，即孔隙分布，可得到非常重要的孔结构信息。

一般认为，若干原子、分子或离子可组成晶粒，若干晶粒可组成颗粒，若干颗粒可组成球状、条状催化剂。颗粒与颗粒之间形成的孔称为粗孔，其孔半径大于 100nm；晶粒与晶

粒间形成的孔称为细孔，其孔半径小于 10nm；粗孔与细孔之间为过渡孔，孔半径在 10～100nm 之间。

孔隙分布的测定方法很多，孔径范围不同，可以选用不同的测定方法。大孔可用光学显微镜直接观察和用压汞法测定。细孔可采用气体吸附法。

① 气体吸附法　气体吸附法测定细孔半径及分布是以毛细管凝聚理论为基础的，通过 Kelvin 公式计算孔半径

$$r_k=-\frac{2\sigma\overline{V}_L\cos\varphi}{RT\ln(p/p_0)} \tag{10-29}$$

式中，r_k 为孔半径（开尔文半径）；σ 为用作吸附质的液体的表面张力；$\overline{V}_L$ 为在温度 T 下吸附质的摩尔体积；φ 为接触角；p 为在温度 T 下吸附质吸附平衡时的蒸气压力；p_0 为在温度 T 下吸附质的饱和蒸气压力。

式(10-29) 表明，在 $\varphi<90°$的情况下，低于 p_0 的任一 p 下，吸附质蒸气将在相应的孔径为 r_k 的毛细管孔中凝聚为液体，并与液相平衡。r_k 越小，p 越小，所以在吸附实验时，p/p_0 由小到大，凝聚作用由小孔开始逐渐向大孔发展；反之，脱附时，p/p_0 由大到小，毛细管中凝聚液的解凝作用由大孔向小孔发展。

液氮温度下氮的开尔文半径由以下参数求出：$\sigma=8.85\times10^{-5}$ N/cm，$\overline{V}_L=34.65\text{cm}^3/\text{mol}$，$R=8.31\text{J}/(\text{mol}\cdot\text{K})$，$T=77\text{K}$，$\varphi=0°$。

$$r_{k,nm}=-\frac{0.414}{\lg(p/p_0)} \tag{10-30}$$

实际发生毛细管凝聚时，管壁上已覆盖有吸附膜，所以相应于一定压力 p 的 r_k 仅是孔心半径的尺寸，如将孔简化为圆柱模型，真实的孔径尺寸 r_p 应加以多层吸附厚度 t 的校正，如图 10-7 所示，即

$$r_p=r_k+t \tag{10-31}$$

所以对于圆柱形孔半径 r_p 可表示为

$$r_p=-\frac{2\sigma\overline{V}_L}{RT\ln(p/p_0)}+t \tag{10-32}$$

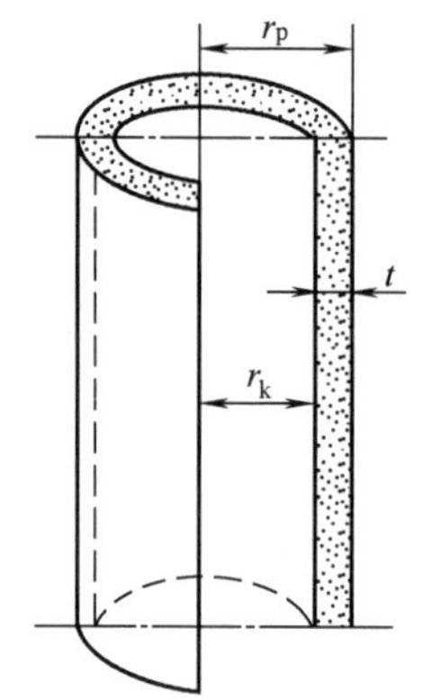

图 10-7　等效圆柱模型

式中，t 为校正的多分子吸附层厚度。对于氮，取其多层吸附的平均层厚度为 0.354nm，t 与 p/p_0 的关系可由下述经验式决定

$$t=0.354\left[\frac{-5}{\ln(p/p_0)}\right]^{1/3} \tag{10-33}$$

因此，实际孔半径应为 $r_p=r_k+t$。

在多孔催化剂上吸附等温线常常存在滞后环，即吸附等温线和脱附等温线中有一段不重叠，形成一个环，如图 10-8 所示。在此区域内，在相等压力下脱附时的吸附量总是大于吸附时的吸附量。这种现象可以做如下解释，即吸附由孔壁的多分子层吸附和孔中凝聚两种因素产生，而脱附则仅由毛细管解凝聚所引起。就是说吸附时首先发生多分子层吸附，只有当孔壁上的吸附层达到足够厚时才能发生凝聚现象，而脱附时则仅发生毛细管中的液面蒸发。

因此，为了得到按孔径大小顺序的孔容积的分布曲线，应采用脱附曲线，而不采用吸附

曲线。

计算孔径分布的具体步骤如下：

Ⅰ. 从脱附等温线上找出相对压力 p/p_0 所对应的 $V_{脱}$（mL/g）。

Ⅱ. 将 $V_{脱}$ 按式(10-34) 换算为液体体积 V_L（mL/g），液氮的密度为 0.808g/mL。

$$V_L=\frac{V_{脱}}{22400}\times 28\times\frac{1}{0.808}=1.55\times 10^{-3}\times V_{脱} \tag{10-34}$$

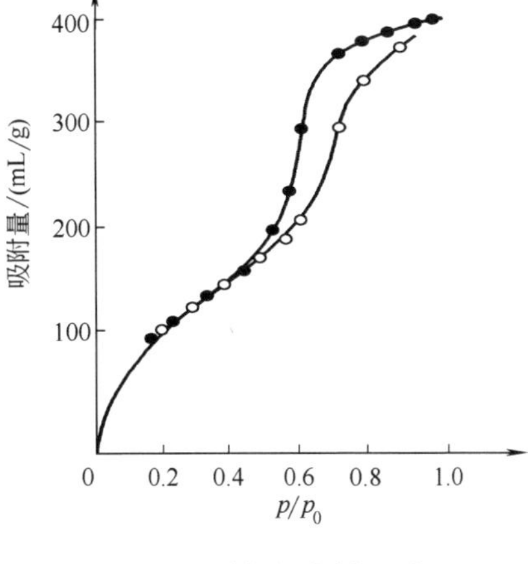

图 10-8　硅酸铝催化剂吸附（○）和脱附（●）等温线

Ⅲ. 计算 $V_{孔}$，它等于 $p/p_0=0.95$ 时的 V_L，即吸附剂内孔全部填满液体的总吸附量，即

$$V_{孔}=(V_L)_{p/p_0=0.95} \tag{10-35}$$

Ⅳ. 将 $V_L/V_{孔}$（%）对 r_p 作图，得到孔径分布的积分曲线，如图 10-9 所示。

由该图可算出在某 r_p 区间的孔所占体积对总孔体积的百分数。例如，孔半径 $r_{p1}\sim r_{p2}$ 的孔，所占的体积百分数为

$$\left(\frac{V_L}{V_{孔}}\%\right)_2-\left(\frac{V_L}{V_{孔}}\%\right)_1$$

Ⅴ. 将 $\Delta V/\Delta r_p$ 对 $\bar{r}_p$ 作图，得到如图 10-10 所示的孔径分布微分曲线。对应于峰最高处的 $\bar{r}_p$ 值称做最可几孔半径 r_m，即 r_m 是孔半径分布最多的。对孔径分布曲线积分还可以算出总孔体积。

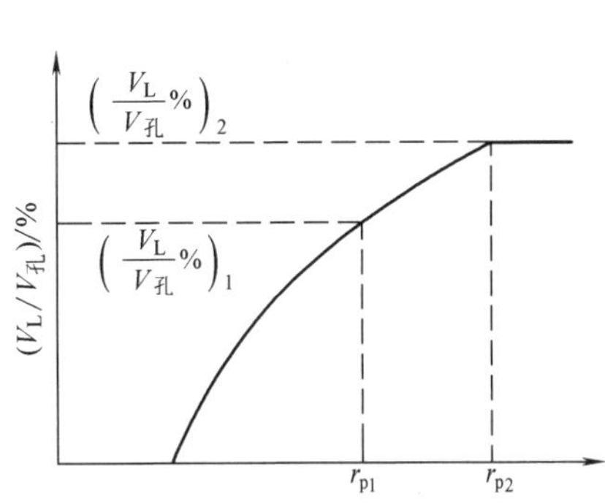

图 10-9　孔径分布积分曲线

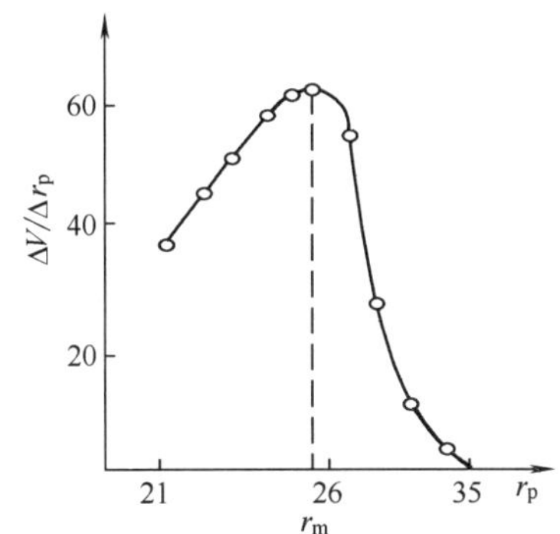

图 10-10　硅酸铝催化剂的孔径分布微分曲线

例如，在比表面积为 242m^2/g、比孔容为 0.65mL/g 的 Al_2O_3 上的孔半径分布如下：

孔半径/nm	0～2	2～3	3～4	4～5	5～10	10～20	>20
所占百分数/%	13.75	4.64	8.05	8.20	46.90	11.60	3.25

② 压汞法　气体吸附法不能测定较大的孔隙，而压汞法可以测得 7.5～7500nm 的孔分布，因而弥补了吸附法的不足。压汞测孔法的原理如下：

汞对于多数固体是非润湿的，汞与固体的接触角大于 90°，需加外力才能进入固体孔

中，如图 10-11 所示。以 σ 表示汞的表面张力，汞与固体的接触角为 φ，汞进入半径为 r 的孔所需的压力为 p，则孔截面上受到的力为 $\pi r^2 p$，而由表面张力产生的反方向张力为 $-2\pi r\sigma\cos\varphi$，当平衡时，二力相等，则

$$\pi r^2 p = -2\pi r\sigma\cos\varphi \qquad (10\text{-}36)$$

即

$$r = -\frac{2\sigma\cos\varphi}{p} \qquad (10\text{-}37)$$

式(10-37) 表示压力为 p 时，汞能进入孔内的最小半径。可见，孔径越小，所需的外压就越大。压汞法就是利用此原理，测量压入孔中汞的体积。

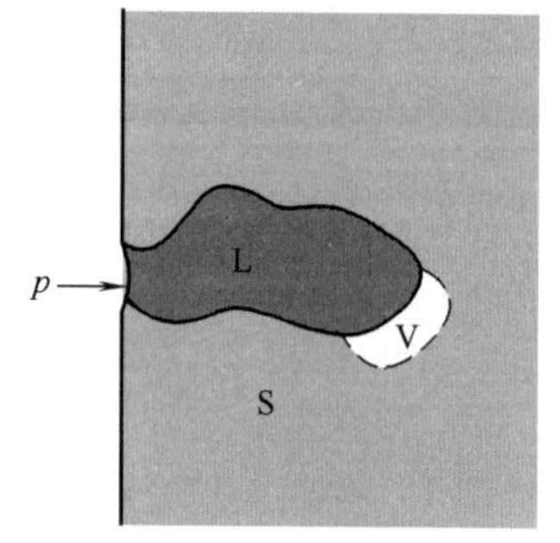

图 10-11　压汞进入固体孔中

p—外压力；V—汞蒸气；L—汞液体；S—固体多孔体

在常温下汞的表面张力 $\sigma = 480\times10^{-5}$ N/cm，随固体的不同，接触角 φ 有所变化，但变化不大，对于各种氧化物来说，约为 140°。若压力 p 的单位为 kg/cm²，孔半径的单位为 nm，则式(10-37) 可写成

$$r = \frac{7500}{p} \qquad (10\text{-}38)$$

式中，p 的单位为 kg/cm²。如按法定计量单位，压力 p 的单位应为 Pa，故式(10-38) 应写成

$$r = \frac{735}{p} \qquad (10\text{-}39)$$

式中，p 的单位为 MPa；r 的单位为 nm。

由式(10-39) 可知，当 $p=0.1$MPa 时，孔的半径 $r=7350$nm；当压力增加至 100MPa 时，$r=7.35$nm。因此，当压力从 0.1MPa 增至 100MPa 时，即可求得 7.35～7350nm 的孔分布。

10.3.3　催化剂机械强度的测定

一种成功的工业催化剂，除具有足够的活性、选择性和耐热性以外，还必须具有足够的与寿命有密切关系的机械强度。这是因为催化剂在工业使用过程中都会经受不同程度的几种应力：

① 运输及搬运过程中的磨损；

② 反应器装卸料时引起的碰撞；

③ 在还原或开始投入运转时由于相变所引起的应力；

④ 因压力降、热循环以及催化剂本身重量所产生的外应力。

基于这些因素，成品催化剂往往需要进行机械强度测定。通常测定机械强度的方法是根据使用条件而定，一般情况下对于固定床用催化剂常用抗压强度来衡量，对于流化床用催化剂常用磨损强度来衡量。

10.3.3.1　抗压碎强度

对被测催化剂均匀施加压力直至颗粒粒片被压碎为止前所能承受的最大压力或负荷，称为抗压（碎）强度，或称压碎强度。一般多采用单颗粒压碎试验法，有时也使用堆积压碎法。适合的测定对象主要是条状、锭片、球形等成型催化剂颗粒。

(1) 单颗粒压碎强度

本方法要求测试大小均匀、足够数量的颗粒，以它们的平均值作为测定结果。常用的测

试方法有正、侧压试验法和刀刃试验法两种，前者较为通用。

① 正、侧压压碎强度试验　将具有代表性的单颗粒催化剂以正向（轴向）、侧向（径向）或任意方向（球形颗粒）放置在两平直表面间使其经受压缩负荷，测量粒片被压碎时所施加的外力作为强度值。球形颗粒以 N/粒表示；柱状或锭片表示为正向（轴向）N/cm^2，侧向（径向）N/cm^2。

抗压碎强度可按下述关系式计算：

单颗粒轴向（正向）抗压碎强度

$$\sigma_{轴}=\frac{F}{\pi\left(\frac{d}{2}\right)^2}=\frac{F}{0.785d^2} \tag{10-40}$$

单颗粒径向（侧向）抗压碎强度

$$\sigma_{径}=\frac{F}{L} \tag{10-41}$$

球形催化剂点压抗压碎强度

$$\sigma_{点}=F \tag{10-42}$$

式中，F 为单颗粒催化剂破碎时的牛顿值；L 为单颗粒催化剂的长度（样品承受负荷长度），cm；d 为单颗粒催化剂的直径，cm。

测试时应注意以下几点：

a. 取样必须在形状和粒度两方面具有大样的代表性。

b. 样品需在 400℃预处理 3h 以上，对于分子筛和氧化铝等样品，应经 450～500℃处理。处理后在干燥器中冷却，然后立即测定，并且控制各次平行试验尽量一致；否则，在外界空气中暴露时间过长，因吸湿造成测定结果出现较大的波动。

c. 要求加压速率恒定，并且大小适宜。

② 刀刃压碎强度试验　用一个 0.3cm 的刀刃取代正、侧压压碎强度仪的垂直移动平面顶板，即为刀刃试验法的设备。本试验方法又称刀口硬度法。测试强度时，将 25 粒待测的锭片状或圆柱状催化剂分别放在刀刃下施加压力，先施加 10N 的力，观察催化剂断裂的粒数，将它乘以 4 得到 10N 压力下实有断裂数的百分率（25×4=100），再按 10N 的增重量逐次加压，直到全部 25 粒催化剂断裂为止，记下每一加重压力下的断裂粒数×4 的值，即可得到最低刀刃压碎强度与最高刀刃压碎强度之间的压力范围平均值。圆柱状催化剂的刀刃压碎强度的单位为 N/cm^2。

(2) 堆积压碎强度

催化剂在使用过程中，有时破损百分之几就可能造成床层压降猛增而被迫停车。对此，单颗粒催化剂压碎强度试验不能反映催化剂的破碎情况，需要以某压力下一定量催化剂的破碎率表示，这就是堆积压碎强度。对于不规则形状催化剂也只能用这种方法测定其压碎强度。实现上述测定手续的方法很多，下面介绍一种实用的方法：

图 10-12 所示为基本设备。样品池安装在有指针的天平盘上，由螺纹杆传动的驱动柱塞向试样施加负荷。样品池为圆筒状的金属杯，其横截面积为 $600mm^2$（内直径为 27.6mm），高度为 50mm。天平的量程为 100kg，精密度为 0.1kg。驱动柱塞的直径为 27.0mm。

将堆积体积 $20cm^3$ 且已知质量的催化剂样品装入池中。振动 20s（3kHz）或拍打约 10

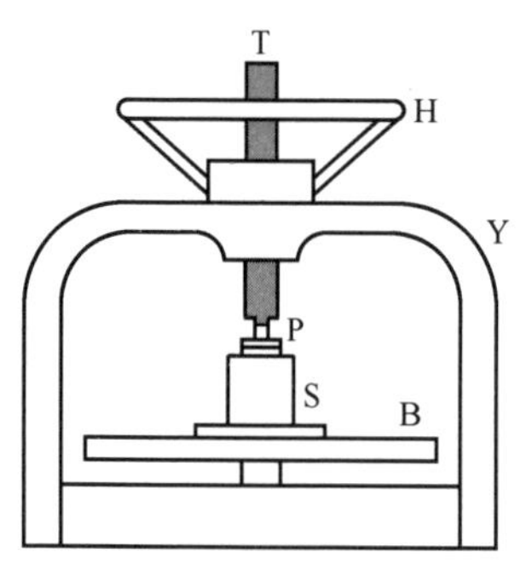

图 10-12 测定堆积压碎强度的仪器

样品池 S 安装在天平盘 B 上。由手轮 H 和螺纹杆 T、驱动柱塞 P 向试样施加负荷。由支架 Y 对天平底座产生反压力。为防止施加负荷时 P 转动，T 应有销槽

次以使池中样品填装密实。然后用约 $5cm^3$、3～6mm 直径的小钢球覆盖在样品上面。将样品池放在天平上，推进驱动柱塞施加负荷，3min 内使负荷增加到 10kg。然后去掉负荷，将样品池内的物料移入 425μm 的筛子，捡出钢球然后将样品过筛，收集通过 425μm 筛网的细粉并称重。除去细粉的样品再放入样品池，分别在 20kg、40kg、60kg、80kg、95kg 负荷下重复前面的操作，再次操作时均测量细粉的累计重量。产生 0.5%（质量分数）细粉所需施加的压力（MPa）就定义为堆积压碎强度。

应仔细地准备供试验用的催化剂样品。催化剂颗粒大小不应大于 3～6mm。如果原来比较大，则需将其破碎并过筛，取 3～6mm 的颗粒。试样事先应以 425μm 筛孔进行过筛，使其开始不含能通过 425μm 筛孔的细粉。堆积压碎强度对于催化剂中吸附的杂质很敏感。水蒸气的影响最大，有机物的影响稍小一些。为除去水分，应先将催化剂在 573K 下干燥 1h。如果干燥后的样品暴露在空气中，则应在 30min 内进行试验。实验室的相对湿度最好低于 50%，并且应记录试验时的实际湿度。若催化剂含有机物质，可用 Soxhlet 抽提器，以甲苯抽提 24h，再以戊烷抽提 2h，然后于 373K 下干燥。

10.3.3.2 磨损强度

当固体之间发生摩擦、撞击时，相互接触的表面在一定程度上发生剥蚀。对于催化剂而言，人们感兴趣的是固定床填装或卸出时催化剂颗粒的抗磨损性能，以及在流化床中催化剂颗粒的抗磨损性能。

催化剂磨损强度的测试依据通常熟知的破碎-研磨方法。因此，实验室的试验装置是基于工业用的球磨机、振动磨、喷射磨、离心磨的设计而建立的。需要指出的是，无论哪一类方法，都必须保证催化剂的颗粒破损主要由磨损造成，而不是起因于破碎；前者造成细球形粒子，后者则形成不规则的颗粒。

磨损强度定义为一定时间内磨损前后样品质量的比值

$$\text{磨损强度}=\frac{W_t}{W_0}\times 100\% \tag{10-43}$$

式中，W_t 为时间 t 内未被磨损脱落的试样质量；W_0 为原始试样质量。

显然，磨损强度越大，催化剂的抗摩擦能力也就越大。

同理，可将磨损率定义为一定时间内被磨损掉的样品质量与原始样品质量的比值

$$\text{磨损率}=\frac{W_0-W_t}{W_0}\times 100\% \tag{10-44}$$

例如取氧化铝催化剂 100g，其中 60～160 目的 40g，160～200 目的 60g，放在磨损强度测定器上振动 15min 后，取出过筛，称出 60～200 目的质量，磨损强度即可用下式计算

$$\text{磨损强度}=\frac{\text{振动过筛后 60～200 目氧化铝的质量}}{100}\times 100\%$$

催化剂的机械强度除采用上述试验方法测定外，还有一些研究者根据催化剂的结构性质

提出计算经验式，这里不做讨论。

10.4 催化剂抗毒性能的评价 >>>

催化剂的抗毒性能是指催化剂抵抗反应体系中有毒、有害物质的能力。简单地说，催化剂的中毒是指反应体系中存在一些有害、有毒的物质使催化剂的活性、选择性和稳定性降低或完全失去的现象。催化剂的毒物主要有含硫化物（如 H_2S、SO_2、CS_2、硫醇、硫醚、噻吩等）、含氧化合物（如 O_2、CO、CO_2、H_2O 等）、含卤素化合物、含氮化合物、含磷化合物、含砷化合物以及重金属、有机金属化合物等。这些毒物对特定的催化剂及其催化反应体系可造成永久性中毒（不可逆中毒）或暂时性中毒（可逆中毒）。不同的催化剂对这些毒物有着不同的抗毒性能。同一种催化剂对同一毒物在不同的反应条件下也可能具有不同的抗毒能力。以硫化物为例，当反应体系温度低于 100℃时，硫的价电子层中的自由电子可与过渡金属的 d 电子形成配位键，使过渡金属催化剂中毒，如 H_2S 对铂金属的毒化作用；温度为 200～300℃时，不论何种结构的硫化物都能与过渡金属发生作用；但在高于 800℃时，这类中毒作用则变为可逆的，因为此时硫与活性物质原子间形成的化学键不再是稳定的了。

对催化剂抗毒性能的评价应尽可能在接近工业条件下进行，通常采用以下几种方法：

① 针对具体的催化剂，在分析了可能的催化剂毒物后，可以在反应原料中加入一定量的可能的毒物，使催化剂中毒。然后再用洁净的原料进行催化剂性能测试，检测催化剂活性和选择性能否恢复。

② 在反应原料中逐渐加入有关毒物至催化剂活性和选择性维持在某一水准上，根据加入毒物的量高低，加入量高者其抗毒性能较强。

③ 将中毒后的催化剂再生，根据催化剂活性和选择性恢复的程度，恢复程度好的其抗毒性能较好。

10.5 工业催化剂寿命的考察 >>>

前面介绍了工业催化剂寿命的概念，并描述了催化剂活性随运行时间变化而经历的成熟期、稳定期和衰老期三个过程（见图 3-5），以及催化剂再生、运转时间与催化剂寿命的关系（见图 3-6）。工业催化剂的寿命是催化剂性能的最重要的指标之一。理论上，希望工业催化剂的寿命越长越好，但在实际使用过程中由于各种原因而使得工业催化剂有一定的使用寿命。对于工业生产，保持催化剂活性和选择性的长期稳定至关重要，否则催化剂必须经常再生或进行频繁的更换操作。装置的开车、停车既影响正常的生产，也给企业带来人力、物力的巨大消耗，因而催化剂寿命的长短常常是决定是否能实现工业化的关键因素。

10.5.1 影响催化剂寿命的因素

影响催化剂寿命的因素很多，也很复杂。一般而言，有以下几种情况的：

① 催化剂热稳定性的影响　催化剂在一定温度下，特别是在高温下发生熔融和烧结，固相间的化学反应、相变、相分离等导致催化活性下降甚至失活。

② 催化剂化学稳定性的影响　在实际的反应条件下，催化剂的活性组分可能发生流失或活性组分的结构发生变化，从而导致催化剂活性下降和失活。如石油炼制过程中的铂重整工序，在反应进行了一段时间后，催化剂中的卤素组分发生流失现象而致使其酸催化功能下降，从而导致催化剂整体活性的下降。在苯氧化制顺酐过程中，经过一定的反应历程后，

V-Mo 氧化物催化剂因生成无活性的钼物相而造成催化剂活性和选择性的下降。

③ 催化剂中毒或被污染的影响　催化剂在实际使用过程中，发生结焦污染现象或被含硫、氮、氧、卤素和磷等非金属组分以及含砷化合物、重金属元素等毒化而出现暂时性或永久性失活。

④ 催化剂力学性能的影响　催化剂在实际使用过程中，由于机械强度和抗磨损强度不够，导致催化剂发生破碎、磨损，造成催化剂床层压力降增大、传质差等，影响了最终的使用效果。

典型的工业催化剂失活情况见表 10-3。

表 10-3　典型的工业催化剂失活

反应	操作条件	催化剂	典型寿命/年	影响催化剂寿命的因素	催化剂受影响的性质
合成氨 $N_2+3H_2 \xlongequal{} 2NH_3$	450～550℃，20～50MPa	$Fe-Al_2O_3-K_2O$	5～10	缓慢烧结	活性
乙烯选择性氧化 $2C_2H_4+O_2 \xlongequal{} 2C_2H_4O$	200～270℃，1～2MPa	$Ag/\alpha-Al_2O_3$（加有助剂）	1～4	缓慢烧结，床层温度升高	活性和选择性
$2SO_2+O_2 \xlongequal{} 2SO_3$	420～600℃，0.1MPa	V 与 K 的硫酸盐/SiO_2	5～10	缓慢破碎成粉	压力降增大，传质性能变差
油品加氢脱硫 $R_2S+2H_2 \xlongequal{} 2RH+H_2S$	300～400℃，3MPa	硫化钴和钼/Al_2O_3	2～8	缓慢结焦，金属沉积	活性，传质
石脑油重整	460～525℃，0.8～5.0MPa	Pt/Al_2O_3	0.01～0.5（周期）	结焦，Pb、As、S 以及有机氮化物引起中毒	传质，活性，选择性
油品催化裂化	500～560℃，0.2～0.3MPa	稀土 Y 型分子筛	2×10^{-6}（催化剂在反应器中的停留时间）	快速结焦，烧结，连续再生，S、N、碱金属引起中毒	传质，活性，选择性
天然气水蒸气转化 $CH_4+H_2O \xlongequal{} CO+3H_2$	500～800℃，3MPa	$Ni/CaAl_2O_3$ 或 $\alpha-Al_2O_3$	2～4	烧结，积炭或装置内催化剂颗粒破碎（偶尔发生），S、As 和卤素中毒	活性，压力降
氨氧化 $2NH_3+\frac{5}{2}O_2 \xlongequal{} 2NO+3H_2O$	800～900℃，0.1～1MPa	Pt 网	0.1～0.5	表面粗糙，Pt 损失及中毒	选择性

10.5.2　催化剂寿命的测试

对催化剂寿命的测试，最直观的方法就是在实际反应工况下考察催化剂的性能（活性和选择性）随时间的变化，直至其在技术和经济上不能满足要求为止。由于工业催化剂的寿命常常是短则数日长则数年，应用这种方法虽然结果可靠，但是费时费力。对于新过程、新型催化剂的研发而言，也不现实。因而需要发展实验室规模的催化剂寿命评价方法。

在催化剂的研发过程中，为了评估催化剂的寿命（或稳定性），一般是在实验室小型或中型装置上按照反应所需的工艺条件运行较长的时间来进行考察。典型的是要运行 1000h 以上，然后再逐步放大，进行单管试验、工业侧线试验，最后才引入工业装置，从而取得催化剂寿命的数据。由于工业生产过程中催化剂的失活往往由很多因素引起或者受各种因素的综合影响，且催化剂在工业反应器中不同部位所经受的反应条件和过程也不尽相同，因此，在实验室中完全模拟工业情况来预测催化剂的绝对寿命是很困难的。通过对已使用过的催化剂进行表征，全面考察和分析造成催化剂失活的各种因素，进而得出催化剂失活的机理。然后在实验室中可以通过强化导致催化剂失活的因素，在比实际反应更为苛刻的条件下对催化剂进行“快速失活”（又称“催速”）的寿命试验，以工业装置上现用的已知其寿命和失活原因的催化剂作为参比催化剂，进行对比试验，以预测新型催化剂的相对寿命还是可行的。这也可以大大提高催化剂研发过程的效率。

（1）实验基本原理

通过对已用的催化剂（最好是工业装置上使用的同类型催化剂）进行表征，摸清催化剂的失活机理。然后强化影响催化剂失活的主要因素，进行新型催化剂的催速失活试验，从而大大缩短测定新型催化剂寿命的试验时间。在进行催速失活试验时，如何做到既加快失活又能确保强化因素尽可能地反映工业操作中的真实情况，是准确测试催化剂寿命的关键。对于较为简单的反应，一般只选择一个参数进行催速，其余条件尽可能与工业条件相近。若要进行该试验，对于所选的强化因素，必须能给出相应的响应值，以便能将试验结果关联并外推。

（2）实验方法

目前进行催化剂“催速”寿命试验的方法有两种：

第一种称为连续试验法，是考察催化剂的活性和选择性对应于运行时间的关系。试验可在通常用于动力学研究的试验装置上进行。在试验过程中，要在尽可能保持各种过程参数与工业反应器相一致的情况下来考察其中某一强化参数的影响。如果还要考虑失活过程中催化剂的破碎和磨损问题，即机械稳定性问题，则还要在试验装置上备有催化剂的采样口并制定取出催化剂的操作方案，以获得催化剂机械稳定性对失活影响的结论。

第二种是中间失活法（或中间老化法）。此法是选择在适合的强化条件下处理催化剂，对处理前后的催化剂进行相同的标准测试，比较催化剂活性和选择性的差异，最后得到催化剂寿命的相关数据。对于催化剂力学性能的考察，也可参照连续试验法进行。催化剂“催速”寿命试验条件的选择，见表 10-4。

表 10-4　“催速”寿命试验条件的选取

失活原因	失活方式	催速参数及范围（与正常生产情况相比）	催速方法
化学中毒	毒物可逆或不可逆吸附	毒物浓度高达 10～100 倍	多采用连续法
沉积失活	焦炭或无机物覆盖活性表面	反应温度升高 20%～50% 进料浓度增加 50%～100%	连续法
热烧结	高温引起烧结	温度升高 20%～50%	中间失活法
化学烧结	原料杂质与催化剂活性组分反应生成新化合物	杂质浓度增加 10～100 倍	连续法
固态反应失活	催化剂活性相组分与催化剂其他组分（如载体）反应；物相变化	温度升高 20%～100% 浓度增加 10%～100%	连续法或中间失活法
活性组分流失	活性组分挥发	温度升高 20%～100% 进料浓度增加 50%～100%	连续法或中间失活法

这里需要指出的是，表 10-4 中催速参数的选择必须非常慎重。特别是对一些较为复杂的化学反应，如平行反应、串联反应以及具有复杂化学反应网络的催化体系，改变催速条件可能导致反应类型的变化。某些在低温时影响不甚明显的反应在催速条件下（较高温度或压力）可能变得不可忽视。特别是对于那些受多因素共同影响而失活的情况，更会给催速条件的选择带来困难。因此催速试验条件的确定应该建立在对原催化剂进行细致表征、弄清催化剂失活机理的情况下才较为可靠。

(3) 铂重整催化剂催速寿命实验实例

铂重整是石油炼制过程中为提高油品品质而进行的一道工序。该过程主要采用铂及铼、铱等贵金属负载在活性氧化铝上制成双功能催化剂。贵金属组分主要起脱氢、加氢作用，而酸性活性氧化铝主要起裂化和异构化作用，还添加了少量含卤素的物质作为助催化剂。在石脑油铂重整过程中，积炭失活被认为是催化剂失活的主要原因。以 Pt/γ-Al_2O_3 双功能催化剂为例，对已结焦的催化剂进行程序升温氧化（TPO）研究，测得的 TPO 结果如图 10-13 所示。

图谱中在 200℃和 380℃出现两个焦炭脱除峰。若在 250℃将催化剂上的焦炭烧除后再用于重整反应，可恢复到相同 Pt 含量的原新鲜催化剂的活性水平。这说明对应于 250℃能烧焦脱除的积炭（相当于图中的第一个峰），是导致 Pt 失活的原因。试验表明，在 380℃烧去的主要是沉积在 Al_2O_3 上的焦炭，与 Pt 金属的活性无关。积炭的多少对催化剂的活性、选择性有很大的影响。

采用中间失活法进行的催化寿命试验表明，反应的压力、温度、氢/油比等对积炭的影响显著。当中间过程反应压力小于 0.76MPa 时，催化剂积炭严重；大于 0.76MPa 时，催化剂积炭和正常运行（压力 3.04MPa）时的情况一致。所以可以在大于 0.76MPa 压力下，降低压力或氢/石脑油比，以及升高温度，来达到催速失活的目的。

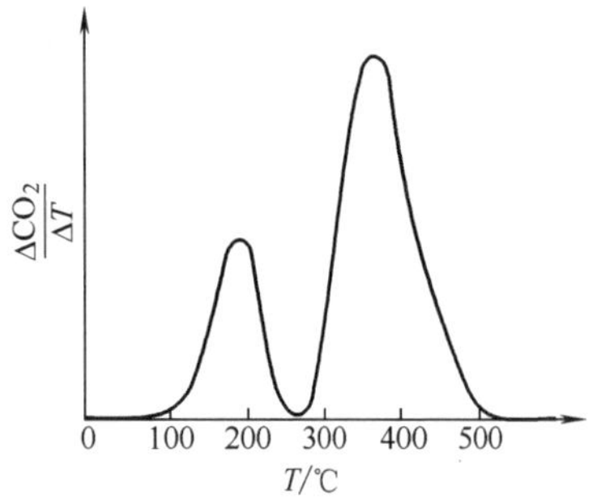

图 10-13 TPO 图谱：CO_2 生成速率与温度的关系

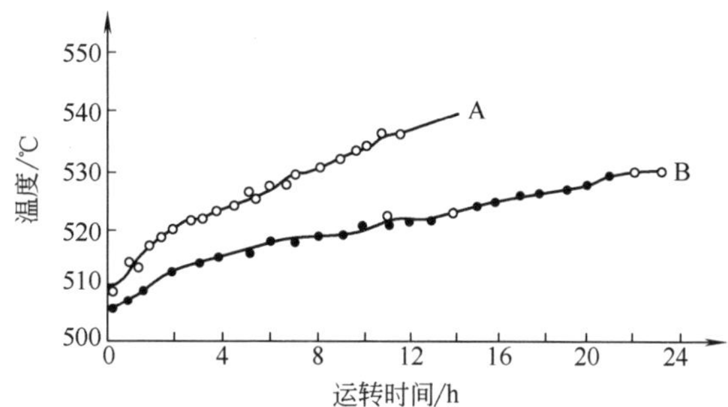

图 10-14 重整催化剂 A、B 的温度-运转时间曲线

使用两种铂重整催化剂 A 和 B 对石脑油进行重整的催速寿命试验，在催速失活条件为：压力 1.0MPa、温度 500～540℃、氢/石脑油＝500 时，得到的结果如图 10-14 所示。

在规定的最高允许温度（确定为 530℃）下，以催化剂所经历的这段时间作为衡量催化剂稳定性的指标，除去建立工艺条件所需的时间，催化剂样品 A、B 可操作的时间分别为 7h 和 20h，也就是说催化剂 B 的稳定性为 A 的 3 倍左右。

同样，从反应所得的液体产品的得率也可证明催化剂 B 优于催化剂 A。

第11章 催化剂表征技术

催化剂是催化反应工程和工艺的核心，催化剂自身的结构、物理化学性质、催化作用极其复杂，加之催化科学涉及化学、物理、材料、工程等多学科的理论和知识，要完全了解催化剂的本质与其催化行为的关系，并不是一件容易的事情。自20世纪70年代以来，科学技术的迅猛发展使表面科学的研究手段得到极大的丰富，色谱仪、X射线衍射仪、电子显微镜、红外光谱、电子能谱等各种分析谱仪在催化研究中得到广泛的应用，各种表征手段常相互补充印证，使得催化剂表征的技术和试验方法更趋于全面，为更好地了解催化剂的作用本质提供了基础。由于催化剂表征技术涉及的基础理论精深、内容繁杂，鉴于篇幅，本章将略去繁杂的各种理论及谱仪结构等方面的知识，仅对其基本原理及其在催化研究中的应用做一简单介绍。详细了解可以参考《工业催化剂手册》（黄仲涛主编，化学工业出版社出版）、《固体催化剂研究方法》（辛勤主编，科学出版社出版）以及其他相关专著。

11.1 气相色谱技术 >>>

气相色谱是催化剂表征中常用的技术，特别是在研究催化剂表面性质、吸附和脱附过程上应用得很成熟。表11-1列出了其应用范围。

表11-1 气相色谱技术在固体催化剂研究上的应用

气-固相体系平衡与动力学	总表面积与选择性表面积
测定吸附等温线	吸附剂-吸附质相互关系
吸附热力学函数	固体上吸附剂-吸附质相互关系
表面吸附势	固体表面反应
表面酸性	催化过程

本节主要对常用的程序升温脱附法（TPD）、程序升温还原法（TPR）和氢氧滴定脉冲色谱法（HOT）进行介绍。

11.1.1 程序升温脱附法

（1）基本原理

先使吸附管中的催化剂饱和吸附吸附质，然后程序升温，吸附质在稳定载气流速条件下脱附出来，经色谱柱后被记录并计算出吸附质脱附速率随温度变化的关系，即得到TPD曲线（脱附谱图）。如以反应物质取代吸附质，可得反应产物与脱附温度的关系曲线，称为程序升温反应法（TPSR）。装置流程如图11-1所示。

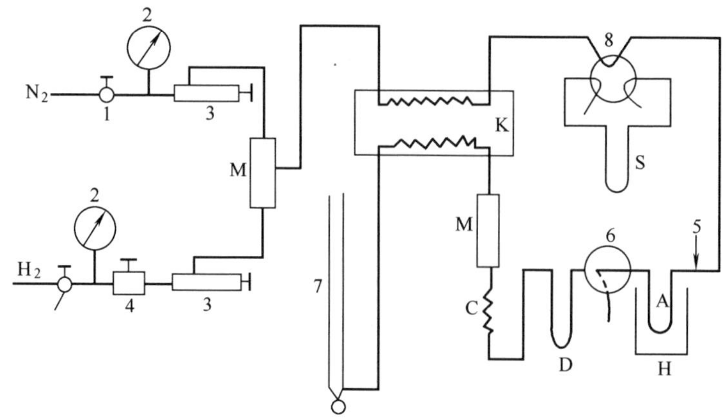

图 11-1 TPD、TPSR 联合装置流程图

1—稳压阀；2—压力表；3—针形阀；4—稳流阀；5—进样阀；6—三通阀；7—流量计；8—六通阀；A—吸附管；C—冷却器；D—干燥管；H—加热炉；K—热导池；M—混合器；S—定量管

假定催化剂表面为均匀的，脱附时不发生再吸附且表面脱附不受扩散效应影响。在这种情况下，单一组成的吸附速率 r_d为

$$r_d = -\frac{d\theta}{dt} = k_d\theta^n \tag{11-1}$$

式中，θ 为表面覆盖度；k_d为脱附速率常数；n 为脱附级数；t 为时间。因为 k_d与 θ 无关，仅是温度的函数，符合阿累尼乌斯方程，于是式(11-1) 可变为

$$r_d = A_n\theta^n \exp\left(-\frac{E_d}{RT}\right) \tag{11-2}$$

式中，A_n为指前因子；E_d为脱附活化能。因为程序升温脱附过程中，脱附速率受时间和温度两个因素制约，线性升温为

$$T = T_0 + \phi t$$

式中，ϕ 为升温速率，K/min，即 dT/dt。当 $t=0$ 时，温度 T_0开始程序升温，随温度升高吸附质开始脱附并出现一脱附速率最大值，即得到相应的程序升温脱附峰，如以脱附量对温度绘制 TPD 曲线（见图 11-2)，得到一最大峰温 T_m。

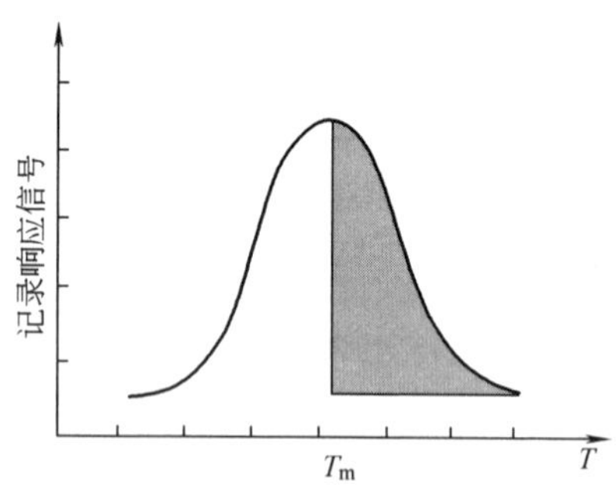

图 11-2 程序升温脱附峰

由于在峰温 T_m处$\frac{d}{dT}\left(\frac{d\theta}{dT}\right)=0$，$A_n$和 E_d与温度无关，经过推导得到 TPD 方程

$$\frac{E_d}{RT_m^2} = \left(\frac{nA_n\theta_m^{n-1}}{\phi}\right)\exp\frac{-E_d}{RT_m} \tag{11-3}$$

式中，θ_m为 $T=T_m$时的覆盖度。对于一级 TPD 过程，式(11-3) 可化简为对数方程式

$$2\lg T_m - \lg\phi = \frac{E_d}{2.303RT_m} + \lg\frac{E_d}{A_nR} \tag{11-4}$$

(2) 在催化研究中的应用

① 表征固体酸催化剂表面酸性质。TPD 图谱上不同的 T_m 反映不同的酸中心的强度，较高的 T_m 对应于较强的酸中心；每一峰面积对应强度的酸中心的酸量。NH_3 和吡啶、脂肪胺等碱性气体均可在 B 酸和 L 酸中心上吸附，但 2,6-二甲基吡啶只吸附于 B 酸中心，因

此可用这些物质作为吸附质，测定 B 酸的量和总酸量后，通过差减法可得知 L 酸量。

② 研究金属催化剂的表面性质，如 H_2 在金属表面的脱附行为等。

③ 研究脱附动力学参数。

11.1.2 程序升温还原法

TPR 装置的流程如图 11-1 所示。在程序升温过程中，利用 H_2 还原金属氧化物时还原温度的变化，可以表征金属催化剂金属间或金属-载体间的相互作用及还原过程。

设金属氧化物（MO）的还原过程

$$H_2 + MO \longrightarrow M_{Re} \tag{11-5}$$

氢浓度变化为

$$\Delta c_H = c_{H_{in}} - c_{H_{out}} \tag{11-6}$$

则还原速率为

$$r = -\frac{dc_H}{dt} = -\frac{d[M_{ax}]}{dt} = kC_H^P[M_{ax}]^2 \tag{11-7}$$

式中，$[M_{ax}]$ 为金属氧化物的浓度。根据阿累尼乌斯公式，采用与 TPD 方程相似的推导方法可得 TPR 对数方程

$$2\lg T_m - \lg\phi + \lg c_{H_m} = \left(\frac{E_R}{2.303RT_m}\right) + \lg\left(\frac{E_R}{A_n R}\right) \tag{11-8}$$

式中，c_{H_m} 为还原速率达最大时的氢气浓度。由 $2\lg T_m - \lg\phi + \lg c_{H_m}$ 对 $1/T_m$ 作图，由直线斜率可求出还原活化能 E_R。

TPR 典型的试验过程是：5%～15%（体积分数）的 H_2/N_2 混合气，升温速率 1～20K/min，催化剂样品量 1.0g，载气流速 100mL/min。主要用于负载金属与载体间相互作用的研究。

11.1.3 氢氧滴定脉冲色谱法

所谓 HOT 法，就是先将 O_2 化学吸附到金属上，然后用 H_2 滴定化学吸附的氧，最后利用滴定氧消耗的 H_2 的量来计算金属的分散度。对于测定负载铂催化剂的 Pt 分散度而言，氢氧滴定的反应如下：

氧吸附 $$Pt + \frac{1}{2}O_2 \longrightarrow Pt\text{-}O \tag{11-9}$$

氢滴定 $$Pt\text{-}O + \frac{3}{2}H_2 \longrightarrow Pt\text{-}H + H_2O \tag{11-10}$$

氢吸附 $$Pt + \frac{1}{2}H_2 \longrightarrow Pt\text{-}H \tag{11-11}$$

氧滴定 $$2Pt\text{-}H + \frac{3}{2}O_2 \longrightarrow 2Pt\text{-}O + H_2O \tag{11-12}$$

1 个 Pt 原子消耗 3 个 H 原子。

HOT 法的流程图如图 11-3 所示。操作如下：Ar 经净化处理后（使含氧量小于 1μL/L）进入吸附样品管。H_2 和 O_2 分别经过净化脱除痕量氧和氢。试验催化剂样品称重约 1g，氢气流速 40mL/min，以约 5℃/min 升温速率加热样品管至 200℃，恒温 30min 干燥处理后，升温至 450℃继续通 H_2 还原催化剂 2h，并在该温度下通 Ar 吹扫 1h，降温至室温，待 30min 后脉冲 H_2 进样，并保持 1min 间隔脉冲 1 次，直至色谱峰面积（或峰高）不变为止。改通

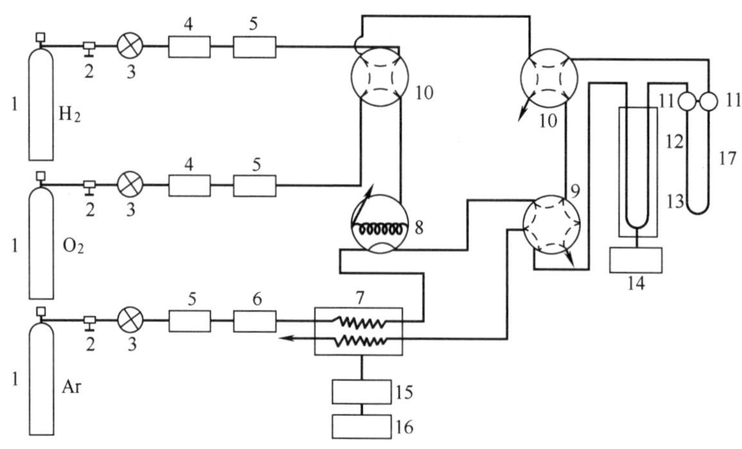

图 11-3 氢氧滴定脉冲色谱法装置流程

1—气源；2—减压阀；3—微调阀；4—105 催化剂；5—5A 分子筛；6—401 脱氧剂；7—热导池；8—进样阀；9—六通阀；10—四通阀；11—三通转向阀；12—样品管；13—电炉；14—温控系统；15—电桥；16—记录仪；17—脱氧支管

氧脉冲，操作到同样达到吸附饱和为止，通 Ar 吹扫 5～10min，再以 H_2滴定到吸附饱和为止。

由色谱峰面积换算出 H_2吸附量 a_H（mL），然后计算 Pt（或 Pd）等金属的分散度

$$d_\varepsilon=\frac{2a_H A_m}{22400P_m} \tag{11-13}$$

式中，A_m为 Pt 或 Pd 等金属的相对原子质量；P_m为催化剂上铂等活性金属的含量。

应用该法测定催化剂的金属分散度时，应注意以下几点：除要检测的金属组分以外，催化剂的其他组分不参与吸附；载体或金属颗粒度的差异不改变吸附态；吸附质不与金属体相发生反应，也不溶于金属体相；要选择适宜的吸附温度，因为每种物质发生化学吸附的温度范围都是不同的。

11.2 热分析法 >>>

热分析研究的是物质的量、物性与温度变化的关系。下面仅就差热分析法（DTA）、热重分析法（TG）和差示扫描量热法（DSC）做一简介。

11.2.1 差热分析法

(1) 基本原理

差热分析（DTA）是把试样和参比物放在相同的热条件下，记录两者随温度变化所产生的温差（ΔT）。由于采用试样与参比物相比较的方法，所以要求参比物的热性质为已知，而且在加热或冷却过程中比较稳定。两者之间的温差测量采用差示热电偶，它的两个工作端分别插入试样和参比物中。在加热或冷却过程中，当试样无变化时，两者温度相等，无温差信号；当试样有变化时，则两者温度不等，有温差信号输出。由于记录的是温差随温度的变

化，故称差热分析。

典型的差热曲线如图 11-4 所示。

根据差热分析的定义，DTA 曲线的数学表示为：$\Delta T = f$（T 或 t），其记录曲线如图 11-4 所示。纵坐标为温差，曲线向下表示吸热反应，向上表示放热反应。横坐标为温度 T 或时间 t。

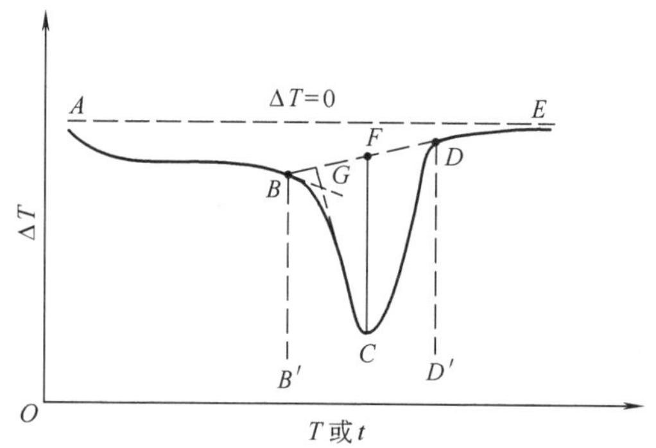

图 11-4　典型的差热分析曲线

（2）差热曲线定性或定量的依据

① 峰的位置　通常用起始转变温度（开始偏离基线的温度）或峰温表示。同一物质发生不同的物理或化学变化，其对应的峰温不同。不同物质发生的同一物理或化学变化，其对应的峰温也不同。因此，峰温可作为鉴别物质或其变化的定性依据。

② 峰面积　试验表明，在一定样品量范围内，样品量与峰面积呈线性关系，而后者又与热效应成正比，故峰面积可表征热效应的大小，是计量热效应的定量依据。

③ 峰形状　与试验条件（如加热速率、纸速、灵敏度）有密切的关系。在给定条件下，峰的形状取决于样品的变化过程。因此，从峰的大小、峰宽和峰的对称性等还可以得到有关动力学行为的信息。

11.2.2　热重分析法

在程序温度控制下，使用热天平测量样品物质发生质量变化的技术称为热重分析法（TG）。热天平将物质的质量变化转换为电讯号进行检测，同时记录样品质量随温度变化的情况。根据热重分析法的定义，热重曲线的数学表示式为：$W = f$（T 或 t），其记录曲线如图 11-5 所示。

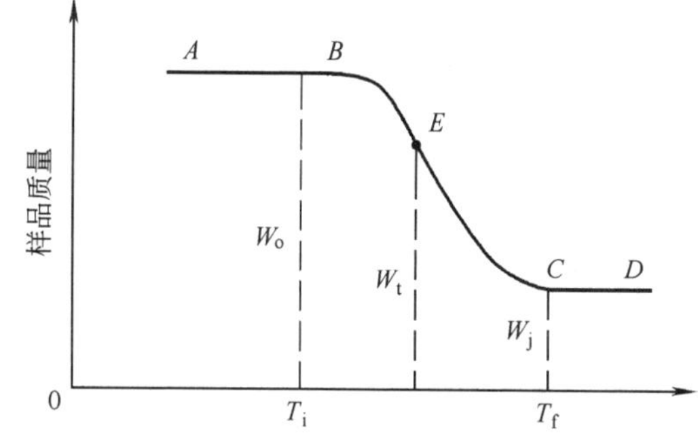

图 11-5　典型的 TG 曲线

热重曲线定性或定量的依据如下。

① 阶梯位置　由于热重分析法是测量反应过程中的质量变化，所以凡是伴随质量改变的物理或化学变化，在 TG 曲线上都有相对应的阶梯出现，阶梯位置通常用反应温度区间表示。同一物质发生不同的变化时，如蒸发和分解，其阶梯对应的温度区间是不同的。不同物质发生同一变化时，如分解，其阶梯对应的温度区间也是不同的。因此，阶梯的温度区间可作为鉴别质量变化的定性依据。

② 阶梯高度　代表质量变化的多少，由它可以计算中间产物或最终产物的质量以及结晶水分子数、水含量等。故阶梯高度是进行各种质量参数计算的定量依据。

③ 阶梯斜度　其与试验条件有关，但在给定的试验条件下阶梯斜度取决于变化过程。一般阶梯斜度越大，质量变化速率越快；反之，则慢。若是涉及化学反应过程，由于阶梯斜度与反应速率有关，由此可得到动力学信息。

11.2.3 差示扫描量热法

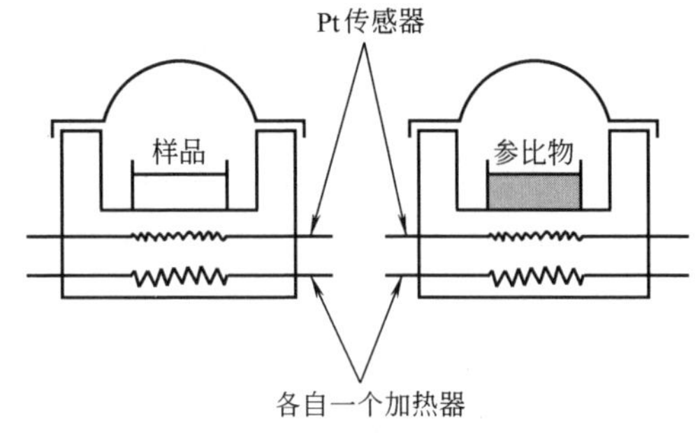

图 11-6 DSC 的原理

ICTA 对差示扫描量热法（DSC）按采用的测量方法分为功率补偿型差示扫描量热法和热流型差示扫描量热法。这里介绍功率补偿型差示扫描量热法，其原理如图 11-6 所示。

它采用零位平衡原理，要求试样与参比物的温度差不论试样吸热或放热都要处于零位平衡状态，即 $\Delta T \rightarrow 0$。为此，在试样和参比物下面除设有测温元件以外，还设有加热器，借助加热器的功率补偿作用以随时保持试样和参比物之间的温差为零。连续记录功率差随温度或时间的变化曲线，即为 DSC 曲线。

DSC 曲线的数学表达式为

$$\frac{\mathrm{d}H}{\mathrm{d}t}=f(T\ 或\ t) \tag{11-14}$$

其记录曲线与 DTA 曲线相似，只是纵坐标为热流率$\frac{\mathrm{d}H}{\mathrm{d}t}$或功率差$\frac{\mathrm{d}p}{\mathrm{d}t}$，横坐标为温度 T 或时间 t。对纵坐标放热和吸热的方向问题未作规定。其定性和定量依据与 DTA 相同。

11.2.4 热分析法在催化研究中的应用

① 催化剂制备条件的选择，如焙烧温度、还原温度等的确定；
② 研究活性金属离子的配位状态及其分布；
③ 研究活性组分与载体的相互作用；
④ 固体催化剂表面酸碱性表征；
⑤ 催化剂老化和失活机理的研究；
⑥ 沸石催化剂积炭行为的研究；
⑦ 吸附与反应机理的研究。

11.3 X 射线衍射分析法 >>>

（1）基本原理

X 射线是波长范围为 0.001～10nm 的电磁波。用于测定晶体结构的 X 射线的波长为 0.05～0.25nm，与晶体点阵面的间距大致相当，由 X 射线发生器发生。

X 射线发生器产生由阳极靶材（如 Cu 靶）成分决定的特征 X 射线（用金属滤波片已将“白色”连续 X 射线除去）入射到晶体上会产生衍射，其衍射方向由晶体结构周期的重复方向决定，即晶体对 X 射线的衍射方向与晶体的晶胞大小和形状有函数关系。对于晶体空间点阵的平行点阵族（hkl），设其晶面间距为 d_{hkl}，射线入射角为 θ，波长为 λ，只有满足 Bragg 衍射方程，才能发生相互加强的衍射。

$$2d_{\mathrm{hkl}}\sin\theta_n=n\lambda \tag{11-15}$$

式中，n 为自然整数。用衍射指标代替晶面指标（hkl），则得到通用的 Bragg 衍射方程，用来计算衍射面间距 d_{hkl}。

$$2d_{hkl}\sin\theta_n=\lambda \tag{11-16}$$

晶体对 X 射线的衍射起源于电子对 X 射线的散射，在波的叠加方向上的散射总结果表现为衍射。晶体由晶胞排列不同的原子构成，原子又包括不同的电子，所以 X 射线衍射的强度是各电子散射线强度的总贡献，与衍射方向和晶胞中的原子分布有关。多晶的粉末衍射谱（衍射花样）上的衍射线强度是试验测量的相对强度，除与具体测量方法及试验影响因素有关外，主要受以下六个主要因子的影响：偏振化因子 P；结构因子 F_{hkl}；倍数因子 J；洛伦兹因子 L；吸收因子 $A(\theta)$；温度因子 $\exp(-2M)$。粉末衍射强度 I_{hkl}的通式为

$$I_{hkl}=|F_{hkl}|^2 JA(\theta)\exp(-2M)\left(\frac{1+\cos^2 2\theta}{\sin^2\theta\cos\theta}\right) \tag{11-17}$$

X 射线衍射（XRD）在物质物相分析上，主要是进行定性、定量以及晶粒大小的分析。每种晶体粉末衍射图上各衍射线的分布和强度大小都具有一定的特征规律，它所对应的衍射“d-I”数据是每种晶体的指纹数据，用作鉴定物相的基础。如 Al_2O_3 的制备过程中，在不同的焙烧温度下处理，可以得到不同晶型的 Al_2O_3、γ-Al_2O_3 和 η-Al_2O_3 的酸性强，可用作催化剂或载体，而 α-Al_2O_3 则是惰性的，可以作为载体。用 XRD 对不同焙烧条件下制得的 Al_2O_3 进行分析，得到图 11-7 所示的谱图。图中峰的位置用衍射角表示，强度用峰高表示，将此信息与“d-I”标准卡的指纹数据相对照，即可对其晶型进行定性分析。而从峰宽的情况可以推知晶粒的大小，当晶粒小于 200nm 时，晶粒越小其衍射峰越宽。

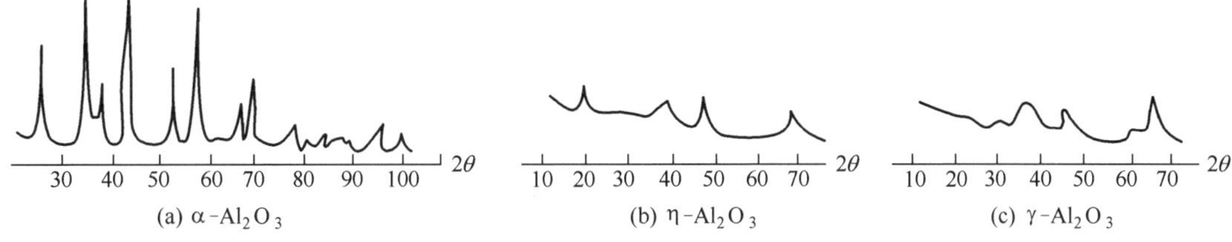

图 11-7　不同晶型 Al_2O_3 的 XRD 图

(2) 在催化剂研究中的应用

① 鉴定催化剂的物相结构以及定量分析该物相；

② 与其他表征手段（如 DTA、TG、IR 等）联合，结合催化反应数据，分析物相和反应特性之间的关系。

11.4 光谱法 >>>

多相催化反应的基本过程为反应物吸附在催化剂表面，被吸附的分子被活化并与另一个被吸附活化的分子（或气相中的分子）发生表面反应，生成产物并最终脱附，使表面再生而回复活性再进行下一轮的表面反应。使用光谱技术对吸附分子进行表征，给出表面吸附物种的变化及结构信息，对于了解催化反应的机理是必不可少的。应用最广泛的光谱技术是红外光谱技术，其中又细分为透射红外吸收光谱、漫反射红外光谱、红外发射光谱技术等，另外还有激光拉曼光谱技术。这里仅对红外吸收光谱（IR）和拉曼（Raman）光谱技术做一简介。

11.4.1 红外吸收光谱法

红外光谱属于分子光谱。分子光谱与分子内部的运动有着密切的关系，涉及分子运动的

方式有三种：分子转动、分子间原子的振动和分子中电子的跃迁。能量都是量子化的。三者的运动能量分别是 E_R、E_V、E_E，三者之和即为分子的运动能量 E。

$$E = E_R + E_V + E_E \tag{11-18}$$

分子的转动绕质心运动，跃迁能级间隔较小，对应的吸收或发射波长处于远红外或微波区；分子中的原子在其平衡位置附近振动，振动跃迁能级差大于转动能级差，其光谱落在近红外或中红外区，通称为红外光谱，谱线一般呈宽带的谱带；分子中电子运动的不同分子轨道间的跃迁能级差，比转动和振动的能级差都大，实际观察到的是电子运动-振动-转动兼有的谱带，位于紫外-可见光区。

红外光谱即分子振动光谱，其最有效的部分位于电磁频率 $4000\sim400\text{cm}^{-1}$ 范围。分子振动能级的跃迁只有引起或发生分子偶极矩的变化时才能产生红外光谱。振动偶极矩变化越大，红外吸收带越强，称为红外活性；偶极矩不变，不发生红外吸收，称为非红外活性。非红外活性的基团特征频率可由拉曼光谱测定。所谓特征频率，是对应红外光谱上的一个吸收峰（带）的一个红外活性的简谐振动特征频率，虽然任一振动包括所有原子的振动运动，但实际上与特征频率有关的振动常常是几个原子的官能团占优势，也就是官能团的特征频率与分子其余部分无关，因此反过来可以由各红外光谱带的特征频率鉴定官能团、基团和化学键。

红外吸收谱图的表示方法：相对透射光能量随透射光频率的变化。用于识别表面吸附分子时，一般都是基于识别基团的特征频率或同已知化合物的红外光谱相对照而进行的。只是由于催化研究中主要涉及化学吸附，吸附分子与表面形成某种键合，吸附分子的红外光谱图和吸附前的相比有较大的变化，除了出现新的吸附键以外，还可能改变原来分子的振动频率，导致一定的位移，这是需要注意的。图 11-8 所示为 CO 在不同状态下的红外光谱图。

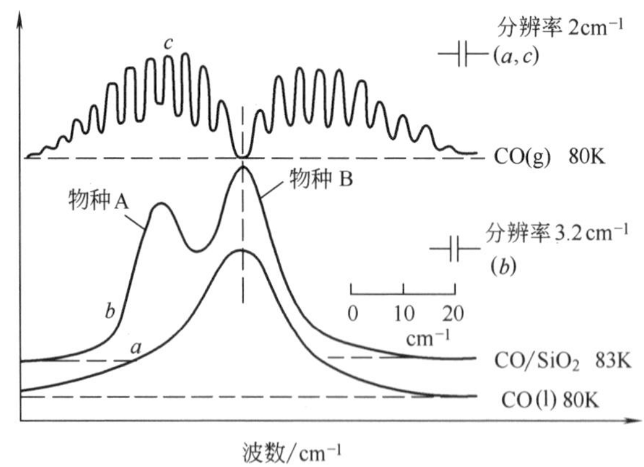

图 11-8 CO 在不同状态下的红外光谱图

由图 11-8 中曲线 c 的 CO 气相红外光谱可以看出，CO 除了振动运动以外，还可以转动，即 CO 气相红外光谱是 CO 分子的振动-转动光谱；曲线 a 为液态 CO 分子，已经不能转动，只有振动光谱；曲线 b 为物理吸附在 SiO_2 上的 CO，由于同 SiO_2 表面上的羟基相互作用，使 CO 的振动、转动受到很大的影响。

图 11-9 所示为红外光谱在催化研究中的应用。图中探针分子为 CO、NO、CO_2、H_2O、NH_3、C_2H_4、C_2H_2、HCHO、CH_3OH、苯、喹啉以及同位素取代物等。

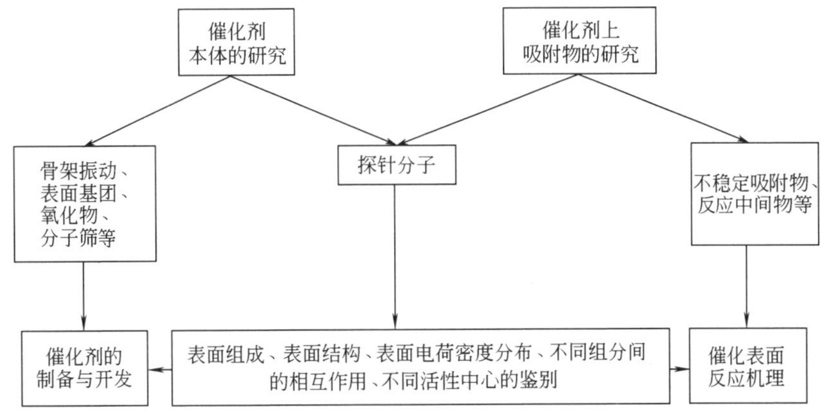

图 11-9　红外光谱在催化研究中的应用

11.4.2　拉曼光谱法

(1) 基本原理

可见光区的辐射受分子非弹性散射而产生拉曼效应。其光谱反映分子振动或转动能级的跃迁，本质上还是分子的振动或转动光谱。与单光子共振吸收的红外光谱不同，它是双光子散射过程。同一分子之所以产生红外吸收或拉曼散射光谱，与其分子的对称性密切相关，取决于分子振动的情况。引起分子永久偶极矩改变的是红外活性振动，产生红外吸收光谱。引起分子极化率改变的振动拉曼散射，其强度比例于分子极化率的导数的平方。红外光谱适用于分子端基的鉴定；激光拉曼光谱适用于分子骨架的测定，给出红外光谱不能观察到的低频振动信息，且不受水的影响，可以对水溶液和固体催化剂进行表征。

谱图的表示方法：散射光能量随拉曼位移的变化。

(2) 在催化剂研究中的应用

① 沸石分子筛骨架结构的表征；

② 负载氧化物催化剂的表征（拉曼光谱较红外光谱的干扰少）；

③ 吸附物种与表面吸附中心的研究；

④ 水相催化体系的研究。

11.5　显微分析法 >>>

11.5.1　扫描电镜法

(1) 基本原理

具有一定能量的电子（束）与固体试样作用，会发生电子透射和被固体吸收、散射等多种物理效应。利用这些效应的电子光学特性，可以得到固体表面特性的电子显微图像。也就是利用电子技术检测高能电子束与样品作用时产生的二次电子、背散射电子、吸收电子、X 射线等并放大成像。

由扫描线圈控制电子束对试样进行扫描，二次电子探头探测到的二次电子信号经电子学处理后输入到调制显像亮度的栅极，然后严格同步电子束扫描线圈和显像管偏转线圈的扫描电流，即可在显像管上得到对应试样扫描区不同的形貌显示出不同亮度的二次电子像。

扫描电镜（SEM）的样品，一般采用原颗粒固定-真空喷涂法制取，要求保持样品有良好的导电性。由于 SEM 成像衬度机制是信号，所以除试验参数调节以外，使用电子计算机对信号进行甄别处理，提高信噪比，常可达到提高衬度质量的要求。

SEM 谱图的表示方法：背散射像、二次电子像、吸收电流像、元素的线分布和面分布等。所提供的信息包括样品断口形貌、表面显微结构、薄膜内部的显微结构、微区元素分析与定量元素分析等。

(2) 扫描电镜的特点

① 可以观察直径为 0～30mm 的大块试样，场深大，适用于粗糙表面和断口的分析观察；图像富有立体感、真实感，易于识别和解释。

② 放大倍数变化范围大，一般为 15～200000 倍，具有相当高的分辨率，一般为 3.5～6nm。对于多相、多组成的非均匀材料便于低倍数下的普查和高倍数下的观察分析。

③ 可以通过电子学方法有效地控制和改善图像的质量，如通过调制可改善图像反差的宽容度，使图像各部分亮暗适中。采用双放大倍数装置或图像选择器，可在荧光屏上同时观察不同放大倍数的图像或不同形式的图像。

④ 可进行多种功能的分析。与 X 射线谱仪配接，可在观察形貌的同时进行微区成分分析；配有光学显微镜和单色仪等附件时，可观察阴极荧光图像和进行阴极荧光光谱分析等。

11.5.2 透射电镜法

本法是利用磁透镜对电子束作用于固体试样所产生的弹性散射衬度来放大成像的。实际透射电镜（TEM）的电子束是一可对电子聚焦成束的电子枪。由物镜得到的放大试样像，通过中间（透）镜在一定范围内连续调节放大倍数，物镜光阑挡住衍射束，仅允许透射电子的衍射衬度成像，得到试样明场像；反之，物镜光阑挡住直接透射电子，仅允许由散射电子成像，则得到暗场像。由于电子束的穿透力很弱，因此 TEM 的测试要求使用薄试样，多数情况限于数十纳米。但 TEM 的放大倍数可达近百万倍，分辨力可达 0.2nm。当 TEM 配备电子束扫描试样微区和接受该微区发射特征 X 射线的器件时，即可在获得试样几何结构信息的同时获得组成元素分布的信息。这类电镜称为分析电镜（AEM），主要使用能量色散波谱仪（简称能谱仪 EDX）探测扫描微区特征 X 射线，不仅定性给出元素分析结果，且可定量分析元素含量及其面或线分布；也可以用波长色散（WDX）型谱仪分析。

TEM 谱图的表示方法：质厚衬度像、明场衍衬像、暗场衍衬像、晶格条纹像和分子像。提供的信息包括：晶体形貌、分子量分布、微孔尺寸分布、多相结构、晶格与缺陷等。

11.5.3 扫描隧道显微镜法

(1) 基本原理

扫描隧道显微镜（STM）的原理是基于 20 世纪 60 年代所发现的量子隧道效应。其工作原理如图 11-10 所示。将极细的磁探针和待研究样品表面作为两个电极，当二者间距非常接

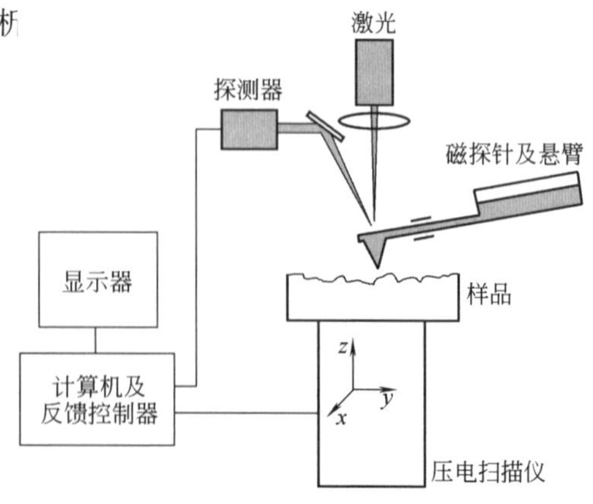

图 11-10 扫描隧道显微镜的工作原理

近时（通常小于 1nm），电子在外加电场作用下会穿过两电极间的绝缘层从一极流向另一极，产生与极间距和样品表面性质有关的隧道电流，这种效应是电子具有二象性的直接结果。隧道电流对极间距非常敏感，如果间距减少 0.1nm，电流将增加一个数量级。因此，通过电子反馈线路以控制隧道电流的恒定，通过压电陶瓷材料以控制针尖在样品表面的扫描，探针在垂直于样品方向上的高低变化就反映出样品表面的起伏。若将扫描运动轨迹直接在荧光屏或记录纸上显示出来，就得到了样品表面态密度的分布或原子/分子排列的图像。

另外，如果表面原子/分子种类不同，或表面吸附有原子/分子时，由于不同种类的原子或分子具有不同的电子态密度和功函数，此时 STM 给出的等电子态密度轮廓不再对应于样品表面的几何起伏，而是原子起伏和表面不同性质组合的综合结果。此时可采用扫描隧道谱（STS）对表面性质进行分析，从曲线上峰的位置和高度推知样品表面的能量状态，进而获得与表面电子结构相关的信息。

(2) 扫描隧道显微镜法的特点

① 具有原子级的分辨力，横向分辨率为 0.1nm，垂直分辨率高达 0.01nm，即可分辨出单个原子。

② 能够实时获得表面的三维图像，可用于表面结构研究和表面扩散等动态过程研究。

③ 可直接观察到表面缺陷、表面重构和表面吸附体的形态和部位。

④ 可以在大气、真空、常温、低温甚至液体中工作，不需要特别的制样技术，探测过程对样品无损伤，特别适用于研究生物制品。

⑤ 配合 STS 可以获得有关表面不同层次的电子密度、表面势垒的变化和能隙结构等。

⑥ 利用 STM 针尖可以对原子和分子进行操纵。

STM 所观测的样品必然具有一定程度的导电性，对于半导体观测的效果就不及导体，对于绝缘体则根本无法直接观测。如果在样品表面覆盖导电层，则由于导电层的粒度和均匀性等问题限制了图像对真实表面的分辨率。为了弥补 STM 的不足，经各国科学家的共同努力，后来又陆续发展了一系列新型的扫描探针显微镜，如原子力显微镜（AFM）、激光力显微镜（LFM）、摩擦力显微镜、磁力显微镜（MFM）、静电力显微镜等。下面仅介绍原子力显微镜。

11.5.4　原子力显微镜

原子力显微镜（AFM）的简单工作原理如图 11-11 所示。AFM 由四部分构成，即扫描探头、电子控制系统、计算机控制及软件系统、步进电机和自动逼近控制电路。将一个对微弱力极敏感的悬臂一端固定，另一端有一微小的针尖，针尖与样品表面轻轻接触，由于针尖端原子与样品表面原子间存在极微弱的排斥力（10^{-8}～10^{-6}N），通过在扫描时控制这种力的恒定，带有针尖的微悬臂将对应于针尖与样品表面原子间作用力的等位面而在垂直于样品的表面方向起伏运动。可以采用光学法或隧道电流观测法进行观测。半导体激光器发出的激光束，经透镜汇聚后打到微探针的头部，并反射进入四象限位置检测器

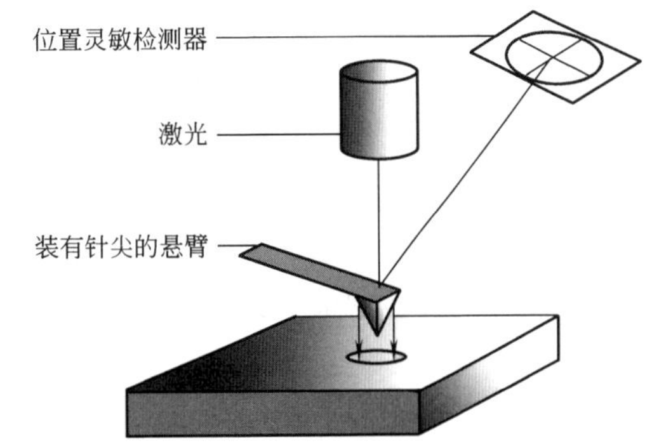

图 11-11　原子力显微镜的工作原理

中，转化为电信号后再由前置放大器放大后送给反馈电路。计算机发出的数字信号在转化为模拟信号，经高压运算放大器放大后驱动压电陶瓷管在二维平面内进行扫描。测出扫描各点的位置变化，从而获得样品表面形貌的信息。原子力显微镜与扫描隧道显微镜最大的差别在于并非利用电子隧道效应，而是利用原子之间的范德华力来呈现样品的表面特性。

应用 AFM 已经获得了包括绝缘体和导体在内的许多不同材料的原子级分辨率图像。首先获得的是层状化合物，如石墨、二硫化钼和氮化硼等。另外还在大气和水覆盖下获得了在云母上外延生长的金膜表面的原子图像，也观察到亮氨酸晶体表面分子有序排列等彩图。

11.5.5 显微技术在催化剂研究中的应用

以上介绍的几种显微技术在使用性能方面有一定的区别，见表 11-2。

表 11-2 几种显微技术使用的性能指标

显微技术	分辨率	工作环境	样品环境温度	对样品的破坏程度	检测深度
STM	原子级（垂直 0.01nm）（横向 0.1nm）	实际环境、大气、溶液、真空	室温或低温	无	1～2 原子层
TEM	点分辨（0.3～0.5nm）晶格分辨（0.1～0.2nm）	高真空	室温	小	接近扫描电镜，但实际上为样品厚度所限，一般小于 100nm
SEM	6～10nm	高真空	室温	小	10mm（10 倍时）1μm（10000 倍时）
AFM	原子级（垂直 0.1nm）（横向 0.2～0.3nm）	实际环境	室温	无	原子厚度

显微技术在催化研究中的应用如下：①催化材料常规形貌检测；②负载型催化剂表征；③氧化物催化剂表征。

11.6 能谱法 >>>

11.6.1 俄歇电子能谱法

（1）基本原理

用一定能量的电子［或光子，在俄歇电子能谱法（AES）中一般采用电子束］轰击样品，使样品原子的内层电子电离，产生无辐射的俄歇跃迁，发射出俄歇电子。由于俄歇（Auger）电子的特征能量只与样品的原子种类有关，与激发能量无关，因此根据电子能谱中俄歇峰位置所对应的俄歇电子能量，即“指纹”，就可以鉴定原子种类（样品表面存在的元素组成），并在一定试验条件下，根据俄歇信号强度确定原子含量，还可根据俄歇峰能量位移和峰形变化，鉴别样品表面原子的化学价态。

（2）在催化研究中的应用

① 氧化铁 Auger 线性的化学价态分析；

② AES 测定吸附分子内部的分子电荷变化。

11.6.2　X射线光电子能谱法

(1) 基本原理

具有足够能量的入射光子（$h\nu$）与样品相互作用时，光子把它的全部能量转移给原子、分子或固体的某一束缚电子，使之电离。因此光子的一部分能量用来克服轨道电子结合能（E_B），余下的能量便成为发射光电子（e^-）所具有的动能（E_K），这就是光电效应。可表示为

$$A + h\nu \longrightarrow A^{+*} + e^- \tag{11-19}$$

式中，A 为光电离前的原子、分子或固体；A^{+*} 为光致电离后形成的激发态离子。

由于原子、分子或固体的静止质量远大于电子的静止质量，故在发射光电子后，原子、分子或固体的反冲能量（E_r）通常可忽略不计。上述过程满足爱因斯坦能量守恒定律

$$h\nu = E_B + E_K \tag{11-20}$$

实际上，内层电子被电离后，造成原来体系平衡势场的破坏，使形成的离子处于激发态，其余轨道电子结构将重新调整。这种电子结构的重新调整，称为电子弛豫。弛豫的结果是使离子回到基态，同时释放出弛豫能（E_{rel}）。此外电离出一个电子后，轨道电子间的相关作用也有所变化，即体系的相关能有所变化，事实上还应考虑到相对论效应。由于常用的 X 射线光电子能谱（XPS）中，光电子能量小于或等于 1keV，所以相对论效应可忽略不计。这样，正确的结合能 E_B 应表示为

$$A_i + h\nu = A_F + E_K \tag{11-21}$$

所以

$$E_B = A_F - A_i = h\nu - E_K \tag{11-22}$$

式中，A_i为光电离前被分析（中性）体系的初态能量；A_F为光电离后被分析（中性）体系的终态能量。

严格地说，体系的光电子结合能应为体系的终态和初态的能量差。

对于固体样品，E_B和 E_K通常以费米能级 E_F为参考能级（对于气体样品，通常以真空能级 E_V为参考能级）。对于固体样品，与谱仪间存在接触电势，因而在实际测试中，设计谱仪材料的逸出功 ϕ_{SP}。只要谱仪材料的表面状态没有多大变化，则 ϕ_{SP}是一个常数。它可用已知结合能的标样（如 Au 片等）进行测定并校准。XPS 可以再现原子从内层到介层的全部电子能级结构。

(2) 在催化研究中的应用

① 用 XPS 强度比测定活性物质在载体上的分散状态；

② 氧化物模型催化剂中的内标和氧化数研究；

③ 载体催化剂中氧表面基团对载体的影响。

11.6.3　紫外光电子能谱法

(1) 基本原理

紫外光电子能谱（UPS）是光电子能谱的一种，基本原理类似于 XPS。与 XPS 的不同之处在于入射光子能量为 16～41eV，它只能使原子外层电子，即价电子、价带电子电离，所以主要用于研究价电子和价带结构的特征。另外，这些特征受表面状态的影响较大，因此

UPS 也是研究样品表面态的重要工具。能带结构和表面态情况与化学反应和固体特征密切相关。加之固体中由紫外光激发的能量为 16～41eV 的光电子，其非弹性平均自由程较小，故对表面状态比较灵敏。因此，UPS 被广泛地用来研究固体样品表面的原子、电子结构，如提供有关原子簇价带的丰富信息。

(2) 在催化研究中的应用

① UPS 和亚稳碰撞电子能谱（metastable impact electron spectroscopy，MIES）在清洁和钝化的 W(110)表面上研究碘的吸附；

② LaC_{82}的电子结构；

③ 利用 MIES、UPS（HeI）、XPS 研究 Ca、CaO 表面的 CO_2化学吸附；

④ WC(001) 表面与不同吸附质相互作用；

⑤ LaB_6(100) 表面上初始氧吸附位的研究。

11.7 核磁共振法 >>>

(1) 基本原理

若物质的原子核存在自旋，产生核磁矩，核磁矩在外磁场的作用下旋进，可以求得其旋进角速度为 $\omega=\gamma B_0$，若再在垂直于 B_0 的方向施加一个频率在射频范围内的交变磁场 B（见图 11-12），当其频率与核磁矩旋进频率一致时，便产生共振吸收；当射频场被撤去后，磁场又将这部分能量以辐射的形式释放出来，这就是共振发射，共振吸收和共振发射的过程称为核磁共振（NMR）。物质质子的共振频率与其结构（化学环境）有关，在高分辨率下，吸收峰产生化学位移和裂分，根据这些变化就可以得到物质的结构信息。

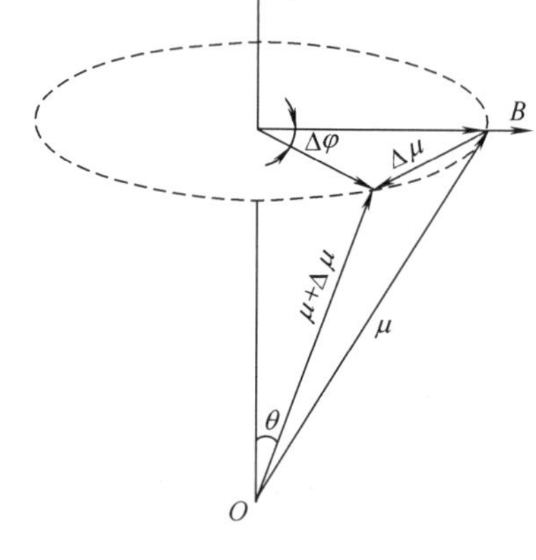

图 11-12 核磁共振原理

C、H 是有机化合物的主要组成元素。研究 ^{1}H 的核磁共振现象称为氢谱，研究 ^{13}C的核磁共振现象称为碳谱。NMR 谱图用吸收光能量随化学位移的变化来表示，所提供的信息包括：峰的化学位移、强度、裂分数和偶合常数、核的数目、所处化学环境和几何构型的信息。

广泛用于多相催化剂结构表征的是 MAS NMR。高分辨率的固体 MAS NMR 可以探测分子筛催化剂骨架上的所有元素组分和晶体结构，对局部结构和几何特性也很敏感。原位 MAS NMR 技术近年取得了很大的发展，应用于催化剂结构、催化过程和催化机理的研究。如 ^{13}C NMR 能够根据有机物分子的特征化学位移来区分反应物、中间物和产物，很适合通过确定反应中间物来跟踪反应进程、探索反应机理。

(2) 在催化研究中的应用

① 研究分子筛结构，如确定其骨架结构、骨架脱铝和引入铝对结构的影响，确定阳离子的位置等；

② 研究固体酸的表面性质，如 B 酸或 L 酸；

③ 晶体孔道内吸附物的化学状态及催化性质等；

④ 采用^{1}H MAS NMR 技术研究催化剂表面不同结构的羟基。

11.8 穆斯堡尔谱 >>>

(1) 基本原理

放射源电子核由激发态跃迁到基态发射 γ 射线，会发生被同种原子核共振吸收的现象，激发该原子核由基态跃迁到激发态。自由原子的核发射或吸收 γ 射线时，因为核反冲而不发生共振吸收现象；对于处于固体晶格中的发射或吸收 γ 射线的原子核，如若反冲能小于晶格中原子间的束缚能，则该原子核发射或吸收 γ 射线时就不离开其所在晶格中的位置，实际上没有反冲能量损失，实现无反冲的共振吸收，称为穆斯堡尔（Mössbaur）效应。当由放射源发射的 γ 射线经过一个多普勒速度发生装置调制后，能被作为吸收体的催化剂内相同穆斯堡尔同位素原子共振吸收，即可通过测量透过的或吸收的 γ 射线强度，对多普勒速度作图，即得到穆斯堡尔谱。

吸收体（催化剂）原子核周围的物理、化学环境（如价态、配位情况）发生变化，穆斯堡尔谱图上即可显现出共振吸收峰位移（同质异能移或化学位移）、四极分裂或磁超精细分裂，以及谱线宽度变化和二次多普勒能移等穆斯堡尔参量变动，它们反映吸收体微观结构的信息。通常用 δ 表示同质异能移；Δ 表示四极分裂；H 表示磁分裂后的内磁场强度。于是通过测定这些参数值，可以确定催化剂上物种的化学状态，就铁磁材料而言，由磁分裂后磁场强度的数值可判定物种的粒子尺寸、物种归属及化学配位情况。

穆斯堡尔谱试验测量多利用能量为 keV 级的 γ 射线，一般取 25～50mCi（毫居里，$1Ci=3.7\times10^{10}Bq$）^{57}Co 源。采用 α-Fe 箔进行多普勒速度标定，无需超高真空，可在一定温度、压力和反应气氛下原位表征催化剂，这是此项技术的主要优点；但应用元素有限，是其主要缺点。

(2) 在催化研究中的应用

① 联合 TPR 技术考察 Fe/Al_2O_3 催化剂的还原过程；

② 研究活性组分与载体间的相互作用；

③ 确定催化剂的组成。

11.9 工作状态下的催化剂表征技术 >>>

多相催化剂的表/界面结构决定其催化性能。多相催化反应实际上是在纳米或亚纳米尺度上发生的。在这个尺度范围，材料的比表面大，且表面缺陷类型多，如表面原子失配、表面极化、非晶化、掺杂、杂质吸附以及表面空位和复合空位等，这些缺陷对半导体材料的电子结构、载流子的行为均有重要的影响，也将导致催化剂表面的不均匀性。不同部位对催化剂活性的贡献是不同的，而这些部位又具有微区化、电子态密度低的特点，因而也给人们准确认识催化的本质带来挑战。传统的催化剂表征，一般是在远离实际反应条件，如高真空下进行的，这样所得到的结果和信息与真实反应环境中催化剂的表面微结构、电子信息、分子的吸附和扩散行为以及反应路径等存在很大的距离。要从原子、分子水平上了解催化剂的表/界面结构和反应过程的关系，只有借助原位（in-situ）谱学技术，对在真实反应状态下的催化剂进行原位表征，更准确地说是对“工作状态”下的催化剂进行表征才能得到，进而为后续科学设计、合成高效催化剂提供指导。以下对常用的原位表征技术作一简要介绍。

(1) 高分辨率透射电子显微镜技术

高分辨率透射电子显微镜（HRTEM）技术可以在高温、反应气流环境中提供原子级别分辨率的成像。对于在工作状态下，具有各种表面和界面的负载纳米晶簇金属催化剂，可以方便地观测到催化剂裸露的表面本质、金属活性位、金属与载体的表/界面状况，并了解相应的表面动力学过程的信息，为人们提供了前所未有的深刻认识。例如由于球差校正透射电镜（STEM）可以清楚地观察到样品中的原子排布，因而在近年来的热点“单原子催化剂”表征研究中得到很多的应用。

(2) 扫描隧道显微镜技术

扫描隧道显微镜（STM）技术已成为一种多功能的形貌表征技术，可在原子水平上、在实际环境中直接对催化剂进行研究和表征，给出催化剂活性位和纳米结构的原子级别成像，有助于阐述和理解工作态下的催化剂的行为，为设计新的催化剂和改进高比表面积催化剂性能提供支持。

(3) 光致发光光谱技术

光致发光光谱用于催化剂表面活性位的鉴定（识别），特别是用于光催化剂。鉴于其高的敏感性和非破坏性，特别适用于高分散、低负载量的过渡金属氧化物和分子筛催化剂的表征；用光流明强度和寿命的动态变化监测活性位与反应分子的相互关系。

(4) 红外光谱技术

衰减全反射红外光谱（ATR-IR）是一种强大的表征工具，仪器价格不高，但用途广泛，可对固体、液体进行检测，在催化反应过程中，有强吸收剂存在时，可提供催化剂上吸附物种的大量信息。如傅里叶变换红外光谱（FT-IR）可用于催化剂表面瞬态物种的识别研究、红外-可见光和频发生器光谱（IR-Vis SFG Spectroscopy）和偏振调制红外反射吸收光谱（PM-IRAS）可用于研究从超高真空到 1×10^5 Pa 压力下钯、铂、铑、金、钌等过渡金属表面上小分子的吸附、共吸附和进行的反应过程，进而阐明多相催化的反应步骤。一般情况下表面科学研究都是在真空环境下对模型催化剂单晶或团簇的“洁净”表面，这和实际反应过程中所使用催化剂的材料以及工作环境有很大的不同。若将上述红外技术用于催化剂单晶表面以及工作状态下负载的纳米粒子催化剂进行表征，则可弥合表面科学研究和真实工作状态下多相催化剂作用之间存在的压力和材料的“鸿沟”。

(5) 拉曼光谱技术

多晶催化剂表面的结构复杂多样，为反应提供了大量的活性中心，其表面态也会受到温度和化学环境强烈的影响。这些情况在模型催化剂中是体现不了的，因此表面科学研究使用的传统光谱技术很难实现对真实工作状态下催化剂的表征。随着现代光纤技术的应用，拉曼光谱目前可在反应器中方便地使用，如在高温高压和排除气相干扰的情况下，开展时间分辨的瞬间温度和压力响应实验，对静态和/或流动状态下气体混合物进行测量；也可用于液相或者超临界条件下催化剂的原位表征，直接测得动力学数据并关联光谱数据，进行定量分析并研究催化剂的构效关系，是表征工作态下催化剂的最有效工具之一。拉曼光谱的应用包括真空条件下对催化剂化学吸附，水合、脱水过程的表征，也可对氧化物、分子筛、金属催化剂以及催化剂表面上氧物种、氧化态、氧还原和积碳行为等进行表征。

(6) X-射线光电子能谱技术

X-射线光电子能谱（XPS）通常用于高真空下表征催化剂的表面，也可通过气相分析、光电子能量的变化，测定并关联催化剂的表面电子结构与活性。如果配合同步加速器，则为测定催化剂深度剖面信息提供了可能。其应用实例有：①Cu 催化剂上甲醇的氧化；②Ag 催化剂上乙烯环氧化；③Pd 催化剂上的 CO 吸附和甲醇分解，以及 Ru 催化剂上 CO 的氧化。

(7) X-射线衍射技术

X-射线衍射（XRD）可提供固体催化剂的物相和粒径信息，包括在工作态下活性物种的组成和结构。从这些信息数据中，可以描述催化活性材料的纳米结构信息，还可与其他手段结合起来进行更详细的催化剂表征。

由于固体催化剂表面本身的复杂性，在真实反应环境中，又受到不同温度、压力以及反应物系等的影响，其表面和界面、结构和形貌、缺陷类型、浓度和分布以及电子结构、电荷的转移等都可能发生变化，因而对催化剂的原位表征，常常是通过各种不同的技术手段组合来进行并相互佐证的。

近年来，催化剂原位表征的研究受到人们的广泛关注，也获得了许多高水平成果。新的表征测试手段不断发展，也必将推动催化剂研究更广泛、更深入、更快速的进步。

参 考 文 献

[1] 黄仲涛．工业催化剂手册［M］. 北京：化学工业出版社，2004.

[2] 田部浩三，等．新固体酸和碱及其催化作用［M］. 郑禄彬，等译．北京：化学工业出版社，1992.

[3] 桑切斯马可 约瑟 G，托迪斯 西奥多丁．催化膜及膜反应器［M］. 张卫东，高坚，译．北京：化学工业出版社，2004.

[4] 耶马科夫 Ю И，库兹涅佐 Б Н，扎察罗夫 В А. 负载络合物催化作用［M］. 高滋，郑纯安，等译．北京：烃加工出版社，1989.

[5] Bruno Pignataro. New Strategies in Chemical Synthesis and Catalysis［M］. Wiley-vch，2012.

[6] Thomas J M. Design and Applications of Single-Site Heterogeneous Catalysts［M］. Imperial College Press，2012.

[7] Kolasinski K W. Surface Science：Foundations of Catalysis and Nanoscience［M］. 3rd. ed. Wiley，2012.

[8] Cybulski A，Moulijn J，Stankiewicz A. Novel Concepts in Catalysis and Chemical Reactors［M］. Wiley-vch，2010.

[9] Rothenberg C. Catalysis：Concepts of Green Applications［M］. Wiley-vch，2008.

[10] Bell A T. The Impact of Nanoscience on Heterogeneous Catalysis［J］. Science，299（2003）：1688-1691.

[11] Francisco Zaera. New Challenges in Heterogeneous Catalysis for the 21st Century［J］. Catal Lett，142（2012）：501-516.

[12] Hegedus L L，et al. Catalyst Design［M］. New York：Wiley-Ingersei，1987.

[13] 辛勤．固体催化剂研究方法［M］. 北京：科学出版社，2004.

[14] Jean-Marie Lehn. 超分子化学——概念和展望［M］. 沈兴海，译．北京：北京大学出版社，2002.

[15] Li J，Liu J，Zhang T. Preface to the Special Issue of the International Symposium on Single-Atom Catalysis［J］. Chinese Journal of Catalysis，2017，38：1431.

[16] Chen F，Jiang X Z，Zhang L L，et al. Single-Atom Catalysis：Bridging the Homo- and Heterogeneous Catalysis［J］. Chin J of Catal，2018，39：893-898.

[17] Yang X F，Wang A Q，Qiao B T，et al. Single-Atom Catalysts：A New Frontier in Heterogeneous Catalysis［J］. Acc Chem Res，2013，46（8）：1740-1748.

[18] 包信和．催化的纳米特性和调控［C］. 成都：中国化学会第 28 届学术年会摘要集，2012.

[19] Wang H W，Gu X K，Zheng X S，et al. Disentangling the Size-Dependent Geometric and Electronic Effects of Palladium Nanocatalysts beyond Selectivity［J］. Sci Adv，2019，5（1）：eaat6413.

[20] Somorjai G A，Li Y M. Introduction to Surface Chemistry and Catalysis［M］. 2nd ed. Wiley，2010.

[21] Bratlie K M，Lee H，Komvopoulos K，et al. Platinum Nanoparticle Shape Effects on Benzene Hydrogenation Selectivity［J］. Nano Lett，2007，7：3097-3101.

[22] Zhong L S，Yu F，Sun Y H，et al. Cobalt Carbide Nanoprisms for Direct Production of Lower Olefins from Syngas［J］. Nature，2016，538：84-87.

[23] Chen G X，Zhao Y，Fu G，et al. Interfacial Effects in Iron-Nickel Hydroxide-Platinum Nanoparticles Enhance Catalytic Oxidation［J］. Science，2014，344（6183）：495-499.

[24] Liu P X，Qin R X，Fu G，et al. Surface Coordination Chemistry of Metal Nanomaterials［J］. J Am Chem Soc，2017，139：2122-2131.

[25] Liu P X，Zhao Y，Qin R X，et al. Photochemical Route for Synthesizing Atomically Dispersed Palladium Catalysts［J］. Science，2016，352（6287）：797-800.

[26] 包信和．催化基础理论研究发展浅析——兼述催化中的限域效应［J］. 中国科学：化学，2012，42（4）：355-362.

[27] Pan X L，Bao X H. Reactions over Catalysts Confined in Carbon Nanotubes［J］. Chem Comm，2008：6271-6281.

[28] Pan X L，Bao X H. The Effects of Confinement inside Carbon Nanotubes on Catalysis［J］. Acc Chem Res，2011，44（8）：553-562.

[29] Chen W，Pan X L，Bao X L. Tuning of Redox Properties of Iron and Iron Oxides via Encapsulation within Carbon Nanotubes［J］. J Am Chem Soc，2007，129（23）：7421-7426.

[30] Pan X L，Fan Z L，Chen W，et al. Enhanced Ethanol Production inside Carbon Nanotube Reactors Containing Catalytic Particles［J］. Nature Materials，2007，6：507-511.

[31] Fu Q，Li W X，Yao Y，et al. Interface-Confined Ferrous Centers for Catalytic Oxidation [J]. Science，2010，328 (5982)：1141-1144.
[32] 包信和．纳米限域及能源分子的催化转化 [J]. 科学通报，2018，63 (14)：1266-1274.
[33] Guo X G，Fang G Z，Li G，et al. Direct，Nonoxidative Conversion of Methane to Ethylene，Aromatics，and Hydrogen [J]. Science，2014，344：616-619.
[34] Jiao F，Li J J，Pan X L，et al. Selective Conversion of Syngas to Light Olefins [J]. Science，2016，351：1065-1068.
[35] 孙世刚，陈胜利．电催化 [M]. 北京：化学工业出版社，2013.
[36] Serpone N，Emeline A V. Suggested Terms and Definitions in Photocatalysis and Radiocatalysis [J]. Int J Photoenergy，2002，4：91-131.
[37] Fujishima A，Honda K. Photolysis-Decomposition of Water at the Surface of an Irradiated Semiconductor [J]. Nature，1972，238：37-38.
[38] Kudo A，Miseki Y. Heterogeneous Photocatalyst Materials for Water Splitting [J]. Chem Soc Rev，2009，38：253-278.
[39] Linsebigler A L，Lu G Q，John T，et al. Photocatalysis on TiO_2 Surfaces：Principles，Mechanisms，and Selected Results [J]. Chem Rev，1995，95：735-758.
[40] 李曹龙．CdS-TiO_2 的形貌结构调控及其光解水产氢性能研究 [D]. 上海交通大学，2011.
[41] 苗慧，崔玉民．二氧化钛光催化活性 [M]. 北京：化学工业出版社，2014.
[42] 刘守新，刘鸿．光催化及光电催化基础与应用 [M]. 北京：化学工业出版社，2006.
[43] Li H J，Tu W G，Zhou Y，et al. Z-Scheme Photocatalytic Systems for Promoting Photocatalytic Performance：Recent Progress and Future Challenges [J]. Adv Sci，2016，3，1500389.
[44] Hoffinann M R，Martin S T，Choi W，et al. Environmental Application of Semiconductor Photocatalysis [J]. Chemical Reviews，1995，95：69-96.
[45] Fujishima A，Rao T N，Tryk D A. Titanium Dioxide Photocatalysis [J]. J of Photochem and Photobio. C：Reviews，2000，1：1-21.
[46] 辛勤，徐杰．现代催化化学 [M]. 北京：科学出版社，2016.
[47] Anderson J A，Fernandez-Garcia M. Catalytic and Photocatalytic Removal of Pollutions from Aqueous Sources，Catalysis (Edited by J J Spivey and K M Dooley，RSC Publishing)，2009，21：51-81.
[48] 荆洁颖．高分散纳米催化剂制备及光催化应用 [M]. 北京：冶金工业出版社，2017.
[49] Gaya U I，Abdullah A H. Heterogeneous Photocatalytic Degradation of Organic Contaminants over Titanium Dioxide：A Review of Fundamentals，Progress and Problems [J]. J Photochem Photobiol，2008，9：1-12.
[50] Carp O，Huisman C L，Reller A. Photoinduced Reactivity of Titanium Dioxide [J]. Prog Solid State Chem，2004，32，33-177.
[51] Chen X B，Mao S S. Titanium Dioxide Nanomaterials：Synthesis，Properties，Modifications，and Application [J]. Chemical Reviews，2007，107：2891-2959.
[52] 肖羽堂．生物难降解有机废水新型光催化剂处理研究 [M]. 北京：科学出版社，2017.
[53] 李灿．太阳能光催化制氢的科学机遇和挑战．光学与光电技术，2013，11 (1)：1-6.
[54] Li K F，Martin D，Tang J W. Conversion of Solar Energy to Fuels by Inorganic Heterogeneous Systems [J]. Chin J Catal，2011，32：879-890.
[55] Colmenares J C，Xu Y J. Heterogeneous Photocatalysis From Fundamentals to Green Applications [M]. Springer-Verlag Berlin Heidelberg，2016.
[56] Yuan L，Han C，Yang M Q，et al. Photocatalytic Water Splitting for Solar Hydrogen Generation：Fundamentals and Recent Advancements [J]. International Reviews in Physical Chemistry，2016，35 (1)：1-36.
[57] Akihiko K，Miseki Y. Heterogeneous Photocatalyst Materials for Water Splitting [J]. Chem Soc Rev，2009，38，253-278.
[58] Zhao G X，Huang X B，Fina F，et al. Facile Structure Design Based on C_3N_4 for Mediator-Free *Z*-Scheme Water Splitting under Visible Light [J]. Catal Sci Technol，2015，5：3416.
[59] Yang J H，Wang D，Han H X，et al. Roles of Cocatalysts in Photocatalysis and Photoelectrocatalysis [J]. Acc Chem Res，2013，46 (8)：1900-1909.
[60] Goto Y，Hisatomi T，Wang Q，et al. A Particulate Photocatalyst Water-Splitting Panel for Large-

Scale Solar Hydrogen Generation [J]. Joule，2018，2：509-520.

[61] Hisatomi T，Domen K. Reaction Systems for Solar Hydrogen Production via Water Splitting with Particulate Semiconductor Photocatalysts [J]. Nat Catal，2019，2：387-399.

[62] Pinaud B A，et al. Technical and Economic Feasibility of Centralized Facilities for Solar Hydrogen Production via Photocatalysis and Photoelectrochemistry [J]. Energy Environ，Sci，2013，6：1983-2002.

[63] 孙世刚．电催化：电化学能源转换和物质转化的关键与挑战 [C]. 北京：中国化学会第 29 届学术年会摘要集，2014.

[64] 冯玉杰，刘峻峰，崔玉虹，等．环境电催化电极——结构、性能与制备 [M]. 北京：科学出版社，2010.

[65] 郭亚肖，商昌帅，李敬，等．电催化析氢、析氧及氧还原的研究进展 [J]. 中国科学：化学，2018，48 (8)：926-940.

[66] 王培灿，雷青，刘帅，等．电解水制氢 MoS_2 催化剂研究与氢能技术展望 [J]. 化工进展，2019，38 (1)：278-290.

[67] 俞红梅，衣宝廉．电解制氢与氢储能 [J]. 中国工程科学，2018，20 (3)：58-65.

[68] 王璐，牟佳琪，侯建平，等．电解水制氢的电极选择问题研究进展 [J]. 化工进展，2009，V28 (增刊)：512-515.

[69] Halmann M. Photoelectrochemical Reduction of Aqueous Carbon Dioxide on P-Type Gallium Phosphide in Liquid Junction Solar Cells [J]. Nature，1978，275 (5676)：115-116.

[70] 景维云，毛庆，石越，等．CO_2 电催化还原制烃类产物的研究进展 [J]. 化工进展，2017，36 (6)：2150-2157.

[71] 邱月．Bi 基催化剂电催化还原 CO_2 的研究 [D]. 重庆大学，2018.

[72] Schouten K J P，Kwon Y，van der Ham C J M，et al. A New Mechanism for The Selectivity to C1 and C2 Species in the Electrochemical Reduction of Carbon Dioxide on Copper Electrodes [J]. Chemical Science，2011，2：1902-1909.

[73] Delacourt C. Electrochemical Reduction of Carbon Dioxide and Water to Syngas ($CO+H_2$) at Room Temperature [D]. Berkeley：Department of Chemical Engineering，University of California Berkeley，2006-2007.

[74] Seh Z W，Kibsgaard J，Dickens C F，et al. Combining Theory and Experiment in Electrocatalysis：Insights into Materials Design [J]. Science，2017，355 (6321).

[75] Chen C，Khosrowabadi Kotyk J F，Sheehan S W. Progress toward Commercial Application of Electrochemical Carbon Dioxide Reduction [J]. Chem，2018，4 (11)：2571-2586.

[76] Zheng T T，Jiang K，Ta N，et al. Large-Scale and Highly Selective CO_2 Electrocatalytic Reduction on Nickel Single-Atom Catalyst [J]. Joule，2019，3：265-278.

[77] Byrappa K，Yoshimura M. Handbook of Hydrothermal Technology [M]. 2nd ed. Elsevier Inc.，2013.

[78] 刘小华，孙荣林．水热与溶剂热合成技术在无机合成中的应用 [J]. 盐湖研究，2008，16 (2)：60-65.

[79] 朱永春，钱逸泰．低温液相合成纳米材料 [J]. 中国科学，2008，38 (11)：1468-1476.

[80] Suchithra Padmajan Sasikala，Philippe Poulin，Cyril Aymonier. Advances in Subcritical Hydro-/Solvothermal Processing of Graphene Materials [J]. Adv Mater，2017，29：1605473.

[81] Byrappa K，Adschiri T. Hydrothermal Technology for Nanotechnology [J]. Progress in Crystal Growth and Characterization of Materials，2007，53：117-166.

[82] Xu X T，Pan L，Zhang X W，et al. Rational Design and Construction of Cocatalysts for Semiconductor-Based Photo-Electrochemical Oxygen Evolution：A Comprehensive Review [J]. Adv Sci，2019，6：1801505.

[83] Qiao B T，Wang A Q，Yang X F，et al. Single-Atom Catalysis of CO Oxidation using Pt1/FeO_x. Nature Chemistry，2011，3：634-641.

[84] Choi J M，Han S S，Kim H S. Industrial Applications of Enzyme Biocatalysis：Current Status and Future Aspects [J]. Biotechnology Advances，2015，33：1443-1454.

[85] Kim J B，Jia H F，Wang P. Challenges in Biocatalysis for Enzyme-Based Biofuel Cells [J]. Biosearch Advances，2006，24：96-308.

[86] Wohlgemuth R. Biocatalysis-Key to Sustainable Industrial Chemistry [J]. Current Opinion in Biotechnology，2010，21：713-724.